U0348769

多媒体
技术与应用

DUOMEITI
JISHU YU YINGYONG

主　编◎陈　莲
撰稿人◎陈　莲　郭　梅　王立梅

中国政法大学出版社
2014·北京

前　言

　　多媒体技术（Multimedia Technology）是利用计算机对文本、图形、图像、声音、动画、视频等多种信息综合处理，建立逻辑关系和人机交互作用的技术。随着计算机技术与通信技术的飞速发展，多媒体技术已经越来越广泛地应用在各个领域，并且改变着人们的学习、工作、生活、娱乐等方式。因此，掌握基本的多媒体技术基础知识和技能，也是当前高等院校学生所必需的。

　　本书是根据教育部发布的《高等学校文科计算机课程教学大纲》中有关"多媒体知识和应用基础"模块的目录和要求，结合中国政法大学通识必修课《多媒体技术与应用》的教学大纲编写而成的。针对文科学生的特点，在多媒体技术层面不做深入探讨，重点放在相关软件的实际应用上。本书共分为三篇：第一篇为"多媒体技术导论"。在这一篇主要介绍多媒体技术的相关概念、多媒体计算机的系统构成、多媒体的关键技术以及图形图像、音频视频的基础知识。第二篇介绍了 Photoshop CS5 的使用方法，主要内容包括图像的基本操作、选区的创建、绘画与照片修饰、颜色与色调调整、路径、文字和滤镜的使用等。对图层、蒙版和通道等核心功能作了较为详细的介绍和剖析。读者通过学习，能够掌握数码照片处理、平面设计、特效制作等方法，以满足实际工作的需要。第三篇介绍的是 Flash CS5 软件的使用方法。循序渐进地介绍了 Flash CS5 的各种基础知识和操作，以及 Flash 中各种动画的创建方法和技巧。主要内容有 Flash CS5 动画基础知识，Flash CS5 中的图形绘制，Flash 中对象的操作，文本的使用，元件、实例和库，Flash 动画制作，应用声音和视频等，以及 Flash 动画的测试与发布等。

　　本书的第一篇"多媒体技术导论"由王立梅老师编写，第二篇"图像处理软件 Photoshop CS5"由陈莲老师编写，第三篇"动画制作软件 Flash CS5"由郭梅老师编写。

　　本书的部分素材由许绛先生提供，陈天昱参与了本书部分章节的审校工作。在此，向他们表示感谢！

　　本书为中国政法大学青年教师学术创新团队资助项目。

　　由于多媒体技术发展迅速，加之作者水平有限，书中不足之处在所难免，敬请读者批评指正！

编者
2014 年 5 月

目 录

第一篇 多媒体技术导论

第二篇 图像处理软件 Photoshop CS5

第三篇　动画制作软件 Flash CS5

第一篇　多媒体技术导论

第 1 章　多 媒 体 技 术 概 论

自 20 世纪 80 年代以来，随着电子技术和大规模集成电路技术的发展，计算机、广播电视和通信这三大原本各自独立的领域，相互渗透、相互融合，进而形成了一门崭新的技术——多媒体技术，并日益成为人们关注的热点之一。信息技术的革命和发展给人们的工作、生活和娱乐带来了深刻的影响。

1.1　多媒体技术的概念

1.1.1　媒体、多媒体与超媒体

1. 媒体

所谓媒体（Medium），是指信息传递和存储的最基本的技术和手段，即信息的载体。媒体包括两层含义：一是传递信息的载体，称为媒介，是由人类发明创造的记录和表述信息的抽象载体，也称为逻辑载体，如语言、文字、图形、图像、视频、音频等；二是存储信息的实体，称为媒质，如纸、磁盘、光盘、磁带、半导体存储器等。

国际电话电报咨询委员会 CCITT（Consultative Committee on International Telephone and Telegraph，国际电信联盟 ITU 的一个分会）将媒体分成五大类：感觉媒体、表示媒体、显示媒体、存储媒体和传输媒体。

（1）感觉媒体（Perception Medium）：指直接作用于人的感觉器官，使人产生直接感觉的媒体。如引起听觉反应的声音，引起视觉反应的图像等。

（2）表示媒体（Representation Medium）：指传输感觉媒体的中介媒体，即用于数据交换的编码。如图像编码（JPEG、MPEG 等）、文本编码（ASCII 码、GB2312 等）和声音编码等。

（3）显示媒体（Presentation Medium）：指进行信息输入和输出的媒体。如键盘、鼠标、扫描仪、话筒、摄像机等为输入媒体；显示器、打印机、喇叭等为输出媒体。

（4）存储媒体（Storage Medium）：指用于存储表示媒体的物理介质。如硬盘、软盘、磁盘、光盘、ROM 及 RAM 等。

（5）传输媒体（Transmission Medium）：指传输表示媒体的物理介质。如同轴电缆、光缆、双绞线和无线电链路等传输媒体。

这些媒体在多媒体领域中都是密切相关的，但一般来说，如果不是特别强调，我们所说的媒体主要是指表示媒体，因为多媒体技术主要研究的还是各种各样的媒体表示和表现技术。

2. 多媒体

多媒体（Multimedia）是融合两种或两种以上媒体的人—机互动的信息交流和传播的媒体。使用的媒体包括文字、图形、图像、声音（包含音乐、语音旁白、特殊音效）、动画和影片等，并且具有人机交互能力。

一般所说的“多媒体”，不仅指多种媒体信息本身，还指处理和应用多媒体信息的相应技术，因此“多媒体”常被用作“多媒体技术”的同义词。相关的技术也就是“怎样进行多种媒体综合的技术”。

多媒体技术可以从不同的角度作不同的定义。比如有人定义“多媒体计算机是一组硬件和

软件设备，结合了各种视觉和听觉媒体，能够产生令人印象深刻的视听效果。在视觉媒体上，包括图形、动画、图像和文字等媒体；在听觉媒体上，包括声音、立体声响和音乐等媒体。用户可以通过多媒体计算机同时接触到各种各样的媒体来源"。还有人定义多媒体为"传统的计算媒体——文字、图形、图像以及逻辑分析方法等与视频、音频以及为了知识创建和表达的交互式应用的结合体"。

概括起来，多媒体技术用于实时地综合处理声音、文字、图形、图像和视频等信息，是将这多种媒体信息用计算机集成在一起同时进行综合处理，并把它们融合在一起的技术。

3. 超媒体

超媒体（Hypermedia）是多媒体系统中的一个子系统或一个分支，超媒体系统是使用超链接（Hyperlink）构成的全球资讯系统，全球资讯系统是因特网上使用 TCP/IP 协议和 UDP/IP 协议的应用系统。二维的多媒体网页使用 HTML、XML 等语言编写，三维的多媒体网页使用 VRML 等语言编写。目前许多多媒体作品使用光盘发行，以后将更多地使用网络发行。

1.1.2 多媒体技术的特点

多媒体的关键特征主要包括多样性、交互性、集成性、实时性和非线性等，这些特点也是在多媒体研究中必须解决的主要问题。

1. 多样性

多媒体技术的多样性体现在信息载体的多样性及处理信息技术的多样性。信息载体多样性体现在包括磁盘介质、磁光盘介质、光盘介质、语音、图形、图像、视频和动画等内容。而处理信息技术的多样性体现在信息采集或生成、传输、存储、处理及显现的过程中，计算机对信息的处理不仅仅是简单的获取和再现，而是要根据人们的思维、创意、加工、组合与变换，使得这些信息具有更为生动、灵活、自然的特殊效果。

2. 交互性

多媒体的交互性是指用户可以与计算机的多种信息媒体进行交互操作，从而为用户提供更加有效的控制和使用信息的手段。交互可以增加对信息的注意力和理解力，延长信息在头脑中的保留时间。

多媒体信息在人机交互中的巨大潜力，主要来自于它能提高人对信息表现形式的选择和控制能力，同时也能提高信息表现形式与人的逻辑和创造能力结合的程度。当交互性引入时，"活动"本身作为一种媒体介入到数据转变为信息、信息转变为知识的过程之中。因为数据能否转变为信息取决于数据的接收者是否需要这些数据，而信息能否转化为知识则取决于信息的接受者能否接受与理解。例如：从数据库中检索出某人的照片、声音及文字资料，这只是多媒体的初级交互应用；通过交互特征使用户介入到信息进程中才达到了中级交互应用水平。当我们完全地进入到一个与信息环境一体化的虚拟信息空间自由遨游时，这才是交互式应用的高级阶段，也就是我们所说的虚拟现实（Virtual Reality）。

3. 集成性

多媒体系统充分体现了集成性的巨大作用。所谓集成性，一方面是媒体信息的集成，即声音、文字、图像、视频等。另一方面是显示或表现媒体设备的集成，通常我们所称的"多媒体系统"不仅仅指计算机，还包括电视、音响、录像机、激光唱机设备等。首先，各种信息媒体能够同时地、统一地表示某种信息，可能出现多种或多路的输入或者输出，但对用户来说，它们是一体的。当然，在实际应用中每一种媒体都会对另一种媒体所传递信号的多种解释产生某种限制作用，所以多种媒体的同时使用可以减少信息理解上的多义性。其次，多媒体系统是一个大的信息环境，系统的各种设备与设施应当是一个整体的系统。

4．实时性

声音、视频、图像等是和时间密切相关的连续性媒体，所以多媒体技术在处理的过程中必须支持实时性处理，即当用户给出操作命令时，能够实时获取多媒体信息与控制。目前，在多媒体网络和多媒体通信中，信息实时传播和同步是大家关注的一项重要指标，如网络视频会议、IP 电话、视频点播等都能让我们感到实时的效果。

5．非线性

首先了解一下"线性"与"非线性"的基本概念。"线性"与"非线性"是两个数学名词，所谓"线性"，是指两个量之间所存在的正比关系。若在直角坐标系上画出来，则是一条直线。"非线性"是指两个量之间的关系不是"直线"关系，在直角坐标系中呈一条曲线。

在这里我们涉及的"线性"是指传统信息存取的方式以时间顺序的方法（例如，人们读写方式大多采用章、节、页阶梯式结构）即循序渐进地获取知识。而"非线性"将改变传统的读写模式，更具随机特性。在计算机、通讯、网络及超文本链接（Hyper Text Link）等技术支持下可以任意跳转获取各种信息，为我们提供一种更灵活、快捷获取信息的新方法。

1.2　多媒体技术的研究领域

多媒体需要研究的内容几乎遍及所有与信息相关的领域。多媒体的研究一般分为两个主要的方面：一是多媒体技术，主要关心技术层面的内容；二是多媒体系统，主要研究多媒体系统的构成与实现。这两个方面并不是完全割裂开来的，只是侧重点不同而已。随着多媒体应用越来越广，为了使多媒体技术更加人性化、多样化，多媒体技术一直被看作信息技术研究的热门课题。目前，多媒体技术研究的关键问题涉及多媒体数据的压缩编码与解压缩技术、多媒体数据存储技术、多媒体数据库技术、多媒体通信技术、多媒体信息检索技术及虚拟现实技术等。

1.2.1　多媒体数据的压缩编码与解压缩技术

在计算机系统中，各种媒体信息（特别是图像和动态视频）数据量非常大，而这些海量的信息要在有限的磁盘上存储以及在网络上进行传输有时是非常困难的。为了达到令人满意的视频画面质量和音频的听觉效果，必须对视频和音频数据进行实时处理，而实时处理技术的首要问题就是如何解决计算机系统对庞大的视频音频数据的获取、传输和存储。因此，如何有效地减少存储量就成为多媒体技术处理中的一个关键问题。

数据压缩问题的研究开始于 20 世纪 50 年代的 PCM 编码，目前已经制定了一些压缩标准，如 JPEG 和 MPEG 等。当然，人们还在继续寻找更加有效地使用应用软件或者硬件技术来实现多媒体信息压缩的算法。

1.2.2　多媒体数据存储技术

在计算机中，传统的数据类型主要是整型、实型、布尔型和字符型，但是在多媒体数据处理中，主要处理的是图形、图像、声音、视频和动画等复杂数据类型；多媒体信息虽然经过压缩处理，但是仍然需要比较大的存储空间；另外，多媒体数据量大而且无法预估，因此不能用定长的字段或记录块等存储单元组织存储，这使得存储结构非常复杂。

数据的存储技术起源于 20 世纪 70 年代的终端/主机的计算模式。随着个人计算机的发展，客户机/服务器模式的出现使得数据存储分布化，网络上的文件服务器和数据库服务器是重要数据集中的地方。20 世纪 90 年代 Internet 迅速发展，存储技术发生了革命性变化，存储容量激增（即大数据的出现），对重要数据的安全、共享、管理和虚拟化提出了更高的要求，这些都对存储技术提出了新的要求。

1.2.3 多媒体数据库技术

多媒体数据量大且不同媒体之间的特性差异大、对数据的实时性要求高。同时，因为多媒体数据的复合、分散及时序等特性，数据库的查询不能只通过字符，而应该通过基于媒体内容的语义查询。目前，对于海量的多媒体信息，如何进行组织、管理、检索等成了数据库技术迫切需要解决的问题。

目前基于对象的数据库模型对处理复杂的多媒体信息是比较理想的方法，通过面向对象的数据模型把对象的集合、对象的行为、状态联系在一起，面向对象的概念是新一代数据库应用中所需的强有力的数据模型，但是面向对象的数据库仍有很多理论和实现技术没有得到根本的解决，这些仍然是数据库技术研究的重要问题。

1.2.4 多媒体网络和通信技术

多媒体网络和通信技术是多媒体计算机技术和网络通信技术结合的产物。多媒体数据传输对网络环境的要求很高，多媒体数据对网络的迟延特别敏感，所以，多媒体网络必须采用相应的控制机制和技术，以保证多媒体数据对网络实时性和同步性的要求。

1.2.5 多媒体信息检索技术

多媒体技术和 Internet 的发展给人们带来了海量的多媒体信息，进而导致了超大型多媒体信息库的产生，所以凭借关键词很难足够形象和准确地对多媒体信息进行检索，因此，需要找到针对多媒体信息有效的检索方式。如何有效地帮助人们快速、准确地找到所需要的多媒体信息，成为多媒体技术解决的核心问题之一。

基于内容的信息检索作为一种新的检索技术，是对多媒体对象的内容及上下文语义环境进行检索。例如，对图像中的颜色、纹理、形状或视频中的场景、片断进行分析和特征提取，并基于这些特征进行相似性匹配。

1.2.6 虚拟现实技术

虚拟现实（Virtual Reality）是一种先进的计算机用户接口，它通过给用户同时提供诸如视觉、听觉、触觉等各种直观而又自然的实时感知交互手段，最大限度地方便用户的操作。自从虚拟现实技术 20 世纪 90 年代问世，其应用非常广泛，涉及航天、军事、通信、医疗、教育、娱乐、建筑和商业等各个领域。

1.3 多媒体技术的应用

随着多媒体技术的不断发展，多媒体技术的应用也越来越广泛。多媒体技术涉及文字、图形、图像、声音、视频、网络通信等多个领域，多媒体应用系统可以处理的信息种类和数量越来越多，极大地缩短了人与人之间、人与计算机之间的距离，多媒体技术的标准化、集成化以及多媒体软件技术的发展，使信息的接收、处理和传输更加方便快捷。多媒体技术的应用领域主要有以下五个方面。

1.3.1 教育培训领域

教育培训领域是目前多媒体技术应用最为广泛的领域之一，它包括计算机辅助教学（Computer assisted instruction，CAI）、光盘制作、公司和地区的多媒体演示、导游及介绍系统等。

多媒体计算机辅助教学已经在教育教学中得到了广泛的应用，多媒体教材通过图、文、声、像的有机组合，能多角度地展示教学内容。多媒体技术通过视觉和听觉或视听并用等多种方式同时刺激学生的感觉器官，能够激发学生的学习兴趣、提高学习效率，帮助教师将抽象的不易用语言和文字表达的教学内容表达得更清晰、直观。计算机多媒体技术能够以多种方式向学生提供学习材料，包括抽象的教学内容、动态的变化过程、多次的重复等。其利用计算机存储容量大、显示速度快的特点，能快速展现和处理教学信息、拓展教学信息的来源、扩大教学容量，并且能够在有限的时间内检索到所需要的内容。

多媒体教学网络系统在教育培训领域中得到广泛应用，教学网络系统可以提供丰富的教学资源，优化教师的教学，更有利于个别化学习。

1.3.2　电子出版领域

电子出版是多媒体技术应用的一个重要方面。电子出版物是指以数字代码方式将图、文、声、像等信息存储在磁、光、电介质上，通过计算机或类似设备阅读使用，并可复制发行的大众传播媒体。

当 CD－ROM 光盘出现以后，由于 CD－ROM 存储量大，出现了多种电子出版物，如电子杂志、百科全书、地图集、信息咨询、剪报等。电子出版物可以将文字、声音、图像、动画、影像等种类繁多的信息集成为一体，存储密度非常高，而且使用方式灵活、方便、交互性强，这是纸质印刷品所不能比的。

电子出版物的出版形式主要有电子网络出版和单行电子书刊两大类。电子网络出版是以数据库和通信网络为基础的一种出版形式，通过计算机向用户提供网络联机、电子报刊、电子邮件以及影视作品等服务，信息的传播速度快、更新快。电子书刊载体有只读光盘、交互式光盘、图文光盘、照片光盘、集成卡和新闻出版者认定的其他载体等，容量大、成本低是其突出特点。

1.3.3　娱乐领域

随着多媒体技术的日益成熟，多媒体系统已大量进入娱乐领域。多媒体计算机游戏和网络游戏，不仅具有很强的交互性而且人物造型逼真、情节引人入胜，使人容易进入游戏情景，如同身临其境。数字照相机、数字摄像机、DVD 等越来越多地进入到人们的生活和娱乐活动中。

1.3.4　咨询服务领域

多媒体技术在咨询服务领域的应用主要是使用触摸屏查询相应的多媒体信息，如宾馆饭店查询、展览信息查询、图书情报查询、导购信息查询等，查询的内容可以是文字、图形、图像、声音和视频等。查询系统信息存储量较大，使用非常方便。

1.3.5　多媒体网络通信领域

20 世纪 90 年代，随着数据通信的快速发展，局域网（Local Area Network，LAN）、综合业务数字网络（Integrated Services Digital Network，ISDN）、以异步传输模式（Asynchronous transfer mode，ATM）技术为主的宽带综合业务数字网（Broadband Integrated Service Digital Network，B－ISDN）和以 IP 技术为主的宽带 IP 网，为实施多媒体网络通信奠定了技术基础。

多媒体网络是多媒体应用的一个重要方面，通过网络实现图像、语音、动画和视频等多媒体信息的实时传输是多媒体时代用户的极大需求。这方面的应用非常多，主要有如下几点：

1. 视频会议

多媒体会议系统可以是点对点、点对多和多对多的多媒体信息的交互和传输。通过计算机远程参加会议，以可视化的、实时的、交互的方式实现在不同地理位置的参会人员信息交流。多媒体会议系统一般分为两大类，一类是基于会议室的视频会议系统，另一类是桌面视频会议系统。

2. 远程医疗

随着多媒体技术发展，目前已经具备进行远程医疗的条件。利用电视会议进行双向或双工音频及视频交互，与病人面对面地交谈，进行远程咨询和检查，从而进行远程会诊。此外，还可以在远程专家指导下进行复杂的手术，并在医院与医院之间，甚至国家与国家之间的医疗系统建立信息通道，实现信息共享。

3. 远程教学

网络远程教育模式依靠现代通信技术及多媒体技术的发展，大幅度地提高了教育传播的范围和时效，使教育传播不受时间、地点、国界和气候的影响。目前，各大专院校都投入了很多力量重点实施远程教育，以解决边远地区的教育问题，以及进行专业文化的普及和提高。它使传统的教学由单向转向双向，实现了远程教学中师生之间、学生与学生之间的双向交流。

4. 视频点播

视频点播（VOD）系统是一种为用户提供不受时间、空间限制，浏览和播放多媒体信息的人机交互应用系统。通过该系统可以任意点播视频点播系统中的影片、信息、新闻、游戏等内容。

5. 多媒体监控及检测系统

多媒体监控系统的引入可以提高效率、减少人员开销、实现无人管理，在发现问题时，采用自动控制或集中进行人工干预。目前很多地方都安装了多媒体监控系统，如电力系统对电厂、变电站以及石油产业中的一些管理。城市的交通管理部门应用实时监控系统，能够及时准确地观测到城市主要线路的车流、人流的动态分布情况，无疑对解决交通拥堵问题作用显著。

多媒体技术的广泛应用必将给人们的工作和生活的各个方面带来新的体验，而越来越多的应用也必将促进多媒体技术的进一步发展。

1.4　多媒体技术的发展前景

随着社会信息化步伐的加快和低成本高速处理芯片的应用，数字信息的数量在今后几十年中将急剧增加，质量上也将大大地改善，多媒体正以迅速的、意想不到的方式进入人们生活的方方面面。

1.4.1　多媒体技术的发展历程

多媒体计算机是一个不断发展、不断完善的系统。多媒体技术最早起源于 20 世纪 80 年代中期。

1984 年，美国 Apple 公司首先在 Macintosh 机上引入位图（Bitmap）等技术，并提出了视窗和图标的用户界面形式，从而使大多数用户告别了计算机枯燥无味的字符显示风格，开始走向色彩斑斓的新征程。

1985 年，美国 Commodore 公司推出了世界上第一台真正的多媒体系统 Amige，这套系统以其功能完备的视听处理能力、大量丰富的实用工具以及性能优良的硬件，使全世界看到了多媒体技术的美好未来。

1986 年，荷兰 Philips 公司和日本 Sony 公司联合推出了交互式紧凑光盘系统 CD-I，它将高质量的声音、文字、计算机程序、图形、动画及静止图像等都以数字的形式存储在 650MB 的只读光盘上。用户可以通过读取光盘上的数字化内容来进行播放。

1987 年，RCA 公司首次公布了交互式数字视频系统（Digital Video Interactive，DVI）技术的科研成果。它以计算机技术为基础，用标准光盘片来存储和检索静止图像、动态图像、音频和其他数据。1988 年，Intel 公司将其技术购买，并于 1989 年与 IBM 公司合作，在国际市场上推出 DVI 技术产品。

1990 年，为了规范市场，使多媒体计算机进入标准化的发展时代，由 Microsoft 公司会同多家厂商成立了"多媒体计算机市场协会"，并制定了多媒体个人计算机（MPC－1）的第一个标准。

1991 年，在第六届国际多媒体和 CD－ROM 大会上宣布了扩展结构系统标准 CD－ROM/ XA，从而填补了原有标准在音频方面的缺陷，经过几年的发展，CD－ROM 技术日趋完善和成熟。而计算机价格的下降，为多媒体技术的实用化提供了可靠的保证。

1992 年，正式公布 MPEG－1 数字电视标准，它是由运动图像专家组（Moving Picture Expert Group）开发制定的。MPEG 系列的其他标准还有 MPEG－2、MPEG－4、MPEG－7 和 MPEG－21。

1993 年，"多媒体计算机市场协会"又推出了 MPC 的第二个标准，其中包括全动态的视频图像，并将音频信号数字化的采集量化位数提高到 16 位。

1995 年 6 月，多媒体个人计算机市场协会又宣布了新的多媒体计算机技术规范 MPC3.0。随着应用要求的提高和多媒体技术的不断改进，多媒体功能成为新型个人计算机的基本功能。

1.4.2　多媒体技术发展前景

1. 多媒体与宽带网络通信结合的网络化

计算机网络通信系统是现代信息技术的一个重要组成部分。通信技术正在沿着数字化、宽带化、高速化、智能化、综合化、网络化的方向迅速发展。例如，通信网络与多媒体联机数据库和计算机组成一体化网络的信息高速公路，向人们提供语音、数据、图形图像等快速通讯，实现信息资源高速度共享。通信业务种类不断增加，已由传统的电话、传真等基础通讯业务发展到数据、图形图像、可视电话、会议电视、多媒体等通信业务。

多媒体技术的发展将使多媒体计算机形成更完善的计算机支撑的协同工作环境，在网络环境的支持下消除空间距离的障碍，消除时间距离的障碍，为人类提供更完善的信息服务。交互的、动态的多媒体技术能够在网络环境创建出更加生动逼真的二维与三维场景，人们还可以借助摄像等设备，把办公室和娱乐工具集成在终端多媒体计算机上，可与世界任意角落的朋友进行实时交流。

2. 多媒体智能化

1993 年 12 月，英国计算机学会在英国 Leeds 大学举行了多媒体系统和应用国际会议，会上明确提出了研究智能多媒体技术问题。

目前，我国已经初步研制成功了智能多媒体数据库，它的核心技术是将具有推理功能的知识库与多媒体数据库结合起来形成智能多媒体数据库。另外，基于内容检索的多媒体数据库使多媒体终端设备具有更高的智能化，对多媒体终端增加如文字的识别和输入、汉语语音的识别和输入、自然语言理解和机器翻译、图形识别和理解、机器人视觉和计算机视觉等智能。

第 2 章　多媒体计算机系统组成

多媒体计算机（Multimedia Personal Computer）简称 MPC。多媒体计算机系统是指支持多媒体数据，并使数据之间建立逻辑连接，集成为一个具有交互性能的计算机系统，一般是指具有多媒体处理功能的个人计算机。

MPC 与一般的 PC（Personal Computer）个人计算机并无太大的差别，只不过是多了一些软硬件配置。目前所购置的个人计算机大多都具有了多媒体应用的功能。

在多媒体计算机之前，传统的微机或个人机处理的信息往往仅限于文字和数字，同时，由于人机之间的交互只能通过键盘和显示器，故交流信息的途径缺乏多样性。为了改换人机接口，使计算机能够集声、文、图、像处理于一体，人类发明了有多媒体处理能力的计算机。

在 1.4.1 节提及，MPC 源于 1990 年 Micrsoft 公司联合一些主要的计算机硬件厂家与多媒体产品开发商组成的 MPC 联盟。它利用 Microsoft 公司的 Windows 系统，以 PC 现有的设备作为多媒体系统的基础，有利于资源共享和数据交换。

2.1　多媒体计算机系统的硬件组成

多媒体计算机的硬件部分包括基本处理部件、多媒体输入/输出设备、多媒体附加设备、信号转换装置、通信传输设备及接口装置等。

多媒体计算机基本处理部件是指计算机主板、CPU、内存等部件，其中最重要的是根据多媒体技术标准而研制生成的多媒体信息处理芯片和板卡。CPU 芯片中集成了 MMX 技术，使得 CPU 芯片具有高速缓冲、多媒体和通信功能。内存的进步使数据的存储得以提高。主板在标准接口上的扩展增强了其他设备的接入能力，使计算机能协同其他专用多媒体微处理器一起工作，并支持 DVD、TV 及网络功能。

多媒体输入/输出设备包括键盘、鼠标、磁盘存储系统、光盘存储系统、显示屏、扬声器（音箱）、打印机、扫描仪等多种设备，为多媒体数据的输入/输出提供了多种使用方式。

多媒体附加设备是能与计算机连接并具有专用处理能力的适配器，如音频/视频卡、图形卡、压缩/解压缩卡、网卡、MIDI 卡以及调制解调卡，许多适配器具有模拟/数字（A/D）和数字/模拟（D/A）转换功能，以便其他模拟设备能与多媒体计算机联合工作。

2.1.1　MPC 规范

MPC 联盟规定多媒体计算机包括有五个基本部件：个人计算机（PC）、只读光盘驱动器、声卡、Windows 操作系统和一组音箱或耳机。MPC1 - MPC3 标准是 MPC 市场协会在 1990 ~ 1995 年期间陆续制定的一些性能标准，如表 2 - 1 所示。

表 2 - 1　MPC 标准

标准	CPU	RAM	硬盘	CDROM	声卡	显示器
MPC - 1	386SX/16M	2M	30MB	150Kbps 1000ms	8bit	640 * 480 16 色

续表

标准	CPU	RAM	硬盘	CDROM	声卡	显示器
MPC－2	486SX/25M	4M	160M	150Kbps 1000ms	16bit	640＊480 16 色
MPC－3	586/75M	8M	540M	150Kbps 1000ms	16bit	640＊480 16 色

MPC－1~MPC－3 标准制定的目的是规范多媒体计算机的指标要求，但这些标准只是对多媒体计算机提出了最低标准。许多多媒体制作工具软件和应用软件对计算机硬件的要求基本以主流计算机为标准。

2.1.2　MPC 的性能

随着计算机硬件技术和多媒体的高速发展，MPC 的标准将继续不断升级，在实际应用中，我们不必拘泥于计算机的具体配置，只要理解 MPC 的基本性能就可以。

2.1.3　图像处理能力

多媒体计算机对图像的处理包括图像获取、编辑和变换。计算机中的图像是数字化的，分为矢量图和点阵图。

2.1.4　声音处理能力

声音的数字化方法是采样。声音的采样频率有三个标准：44.1KHz、22.05KHz、11.025KHz，频率越高保真越好。每次采样数字化后的位数越多，音质就越好。8 位的采样把每个样本分为28 等份，16 位的采样把每个样本分为216 等份。声音的处理分单声道和立体声道两种。

2.1.5　MIDI 乐器数字接口

MIDI 规定了电子乐器之间电缆的硬件接口标准和设备之间的通信协议。MIDI 信息的标准文件格式包括音乐的各种主要信息，如音高、音长、音量、通道号等。合成器可以根据 MIDI 文件奏出相应的音乐。

2.1.6　动画处理能力

计算机动画有两种，一种是造型动画，另一种是帧动画。造型动画是对每个活动的物体分别进行设计，赋予每个物体一些特征（如形状、大小、颜色等），然后用这些物体组成完整的画面。造型动画的每帧由称为造型元素的有特定内容的成分组成。造型元素可以是图形、声音、文字，也可以是调色板。控制造型元素的剧本称为记分册。记分册是一些表格，它控制动画中每帧的表演和行为。帧动画由一帧帧位图组成连续的画面，在 Windows 下有如下三种方法可以播放动画：①使用多媒体应用程序接口 MMP DLL，这时必须写一个放映动画的程序。②使用 Windows 的 MediaPlayer 软件。该软件是直接放映动画的应用软件。③使用其他含 MCI（Media Control Interface）接口并且支持动画设备的应用软件。

2.1.7　存储能力

对多媒体数据的存储问题需考虑的基本问题是：存储介质的容量、速度和价格。目前常用的存储媒体有以下两种：

（1）硬盘：其平均存取时间为 10ms~28ms，传送速度越快越好。一般要求容量在 40GB 以上。

（2）光盘：光盘可分 CD－ROM、CD－R、DVD 等类型。CD－ROM 适合大量生产，可插光盘适合计算机之间的数据传递。光盘介质存取时间比硬盘稍慢，约 35ms~180ms。常用 CD－ROM 的容量有 230M 与 650MB，DVD 最大有 4.7G。

2.1.8 MPC 之间的通讯

MPC 计算机之间的多媒体信息传递方法主要有以下几种：

（1）可移动式硬盘：包括便携式硬盘片、打印口外接硬盘、抽拉式硬盘盒。

（2）可移动光盘：CD - ROM、DVD、WORM、可擦写光盘。

（3）可移动式闪存盘：U 盘（因它使用 USB 端口而得名）。

（4）网络：电子邮件、局域网、Internet 网。

（5）串口或并口通信。

2.2 多媒体计算机系统的软件组成

计算机多媒体软件主要分为四类：系统软件、多媒体素材创作软件、多媒体应用系统开发软件和多媒体应用软件。多媒体计算机的操作系统必须在原基础上扩充多媒体资源管理与信息处理的功能。

（1）系统软件：包括多媒体操作系统、设备驱动程序、系统维护软件和多媒体程序设计语言。这类软件负责搭建计算机基本工作平台，也包括一些实用工具，如多媒体压缩、播放和传输工具。在 MPC 机上常用的多媒体操作系统至少应该是 Windows 95 以上版本。

（2）多媒体素材创作软件：包括声音录制编辑、图像扫描输入与处理、视频采集与压缩编码、动画制作与生成等软件。例如，Windows 下的 MIDI 可以用来对音乐进行合成；Adobe 公司的 Photoshop 可用来创作和编辑图像。

（3）多媒体应用系统开发软件：也称为多媒体开发平台，可以用来生成各种多媒体应用软件。多媒体开发平台可分为基于时间、卡片、流程或语言等多种类型。例如，当已经具备各种多媒体元素的数据文件之后，就可以利用多媒体应用程序开发工具 Authorware Professional 生成应用系统；而计算机专业设计者更愿意使用编程工具 Visual Basic 和 Visual C + + 进行开发。

（4）多媒体应用软件：是利用多媒体工具软件设计开发的应用系统，包括多媒体辅助软件、多媒体数据管理软件和网络应用软件。如 CAD 辅助设计、软件 CAI 辅助教学、CAT 辅助测试等。

2.3 多媒体 I/O 设备

2.3.1 手写板

手写绘图输入设备对计算机来说是一种输入设备，最常见的是手写板，如图 2 - 1 所示，其作用和键盘类似。当然，其功能基本上只局限于输入文字或者绘画，也带有一些鼠标的功能。

在手写板的日常使用上，除用于文字、符号、图形等输入外，还可提供光标定位功能，从而手写板可以同时替代键盘与鼠标，成为一种独立的输入工具。

市场上常见的手写板通常使用 USB 接口与电脑连接。从单纯的技术上讲，手写板主要有电阻压力板、电容板以及电磁压感板等。其中，电阻

图 2 - 1 手写板

板技术最为古老；电容板则由于手写笔而无需电源供给，多应用于便携式产品；电磁板则是目前最为成熟的技术，已经被市场所认可，应用最为广泛。

在笔的设计上，又分为压感和无压感两种类型。有压感的手写板可以感应到手写笔在手写板上的力度，从而产生粗细不同的笔画，这一技术成果被广泛地应用在美术绘画和银行签名等

专业领域，成了不可缺少的工具之一。

1. 电阻式压力板

电阻式压力板是由一层可变形的电阻薄膜和一层固定的电阻薄膜构成的，中间由空气相隔离。其工作原理是：当用笔或手指接触手写板时，对上层电阻加压使之变形并与下层电阻接触，下层电阻薄膜就能感应出笔或手指的位置。

电阻式压力板的优点是原理简单、工艺不复杂、成本较低、价格也比较便宜。其缺点主要有两点：一是通过感应材料的变形才能判断位置，材料容易疲劳，寿命较短；二是感触不是很灵敏，使用时压力不够则没有感应，压力太大时又易损伤感应板。

2. 电磁式感应板

电磁式感应板是通过在手写板下方的布线电路通电后，在一定空间范围内形成电磁场，来感应带有线圈的笔尖的位置进行工作的，这种技术目前被广泛使用，主要是由其良好的性能决定的。使用者可以用它进行流畅的书写，手感也很好。电磁式感应板分为"有压感"和"无压感"两种，其中，有压感的输入板可以感应到手写笔在手写板上的力度，这样的手写板对于从事美工的人员来说是个很好的工具，可以直接用手写板来进行绘画，很方便。

不过电磁式感应板也有缺点，如对电压要求高，如果使用电压达不到规定的要求，就会出现工作不稳定或不能使用的情况，而且相对耗电量大。另外，电磁式感应板抗电磁干扰较差，有时会受到手机等的干扰。

3. 电容式触控板

电容式触控板的工作原理是通过电容变化来感知手指或手写笔的位置，即当手指接触到触控板的瞬间，就在板的表面产生了一个电容。在触控板表面附着有一种传感矩阵，这种传感矩阵与一块特殊芯片一起持续不断地跟踪手指电容的"轨迹"，能够每时每刻精确定位手指的位置（X、Y 坐标），同时测量由手指与板间距离（压力大小）形成的电容值的变化，确定 Z 坐标，最终完成 X、Y、Z 坐标值的确定。它特别适合于便携式产品。

2.3.2 触摸设备

触摸屏是用于人机交互的一种定位装置，一般安装在显示屏的表面，通过触摸屏上的触摸控制器可以检测触摸信号并精确地计算出触摸位置，然后通过串行接口或其他接口传送到 CPU。

从技术原理来区别触摸屏，可分为以下几种类型：

1. 电阻触摸屏

电阻触摸屏的工作原理主要是通过压力感应原理来实现对屏幕内容的操作和控制的，这种触摸屏屏体部分是一块与显示器表面非常配合的多层复合薄膜，其中，第一层为玻璃或有机玻璃底层，第二层为隔层，第三层为多元树脂表层，表面还涂有一层透明的导电层，上面再盖有一层外表面经硬化处理、光滑防刮的塑料层，如图 2-2 所示。

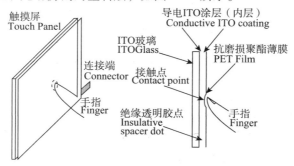

图 2-2 电阻触摸屏工作原理图

多元脂表层表面的传导层及玻璃层感应器,是被许多微小的隔层所分隔电流通过表层的,轻触表层压下时,接触到底层,控制器同时从四个角读出相称的电流及计算手指位置的距离。

当手指触摸屏幕时,平常相互绝缘的两层导电层就在触摸点位置有了一个接触,因其中一面导电层接通 Y 轴方向的 5V 均匀电压场,使得侦测层的电压由零变为非零,控制器侦测到这个接通后,进行 A/D 转换,并将得到的电压值与 5V 相比,即可得出触摸点的 Y 轴坐标,同理得出 X 轴的坐标,这就是所有电阻技术触摸屏共同的最基本原理。

2. 电容技术触摸屏

电容技术触摸屏 CTP(Capacity Touch Panel)是利用人体的电流感应进行工作的。电容屏是一块四层复合玻璃屏,玻璃屏的内表面和夹层各涂一层 ITO(纳米铟锡金属氧化物),最外层是只有 0.0015mm 厚的矽土玻璃保护层,夹层 ITO 涂层作工作面,四个角引出四个电极,内层 ITO 为屏层以保证工作环境,如图 2-3 所示。

当用户触摸电容屏时,由于人体的电场,用户手指和工作面形成一个耦合电容,因为工作面上接有高频信号,于是手指吸收走一个很小的电流,这个电流分别从屏的四个角上的电极中流出,且理论上流经四个电极的电流与手指头到四角的距离成比例,控制器通过对四个电流比例的精密计算,得出位置。

3. 红外触摸屏

红外触摸屏是在紧贴屏幕前密布 X、Y 方向上的红外线矩阵,通过不停地扫描是否有红外线被物体阻挡检测并定位用户的触摸,如图 2-4 所示。这种触摸屏在显示器的前面安装一个外框,外框里设计有电路板,从而在屏幕四边排布红外发射管和红外接收管,一一对应形成横竖交叉的红外线矩阵。每扫描完一圈,如果所有的红外对管通达、绿灯亮,表示一切正常。当有触摸时,手指或其他物就会挡住经过该位置的横竖红外线,触摸屏扫描时发现并确信有一条红外线受阻后,红灯亮,表示有红外线受阻,可能有触摸,同时立刻换到另一坐标再扫描,如果再发现另外一轴也有一条红外线受阻,黄灯亮,表示发现触摸,并将两个发现阻隔的红外对管位置报告给主机,经过计算判断出触摸点在屏幕的位置。

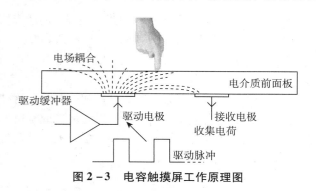 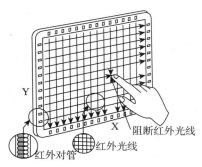

图 2-3　电容触摸屏工作原理图　　　　图 2-4　红外触摸屏工作原理图

4. 表面声波触摸屏

表面声波属于超声波,这种声波是在介质表面浅层传播的机械能量波。表面声波触摸屏的核心是一块玻璃板,其形状可以是平面、球面或柱面,玻璃板安装在显示器屏幕的前面。

表面声波触摸屏信号传递是通过触摸屏电缆将电信号传给控制器的,触摸屏右下角的 X 轴发射换能器可将控制器的这种电信号转化为声波能量向左方表面传递,超声波经换能器下的楔形座折射产生沿玻璃表面传播的分量。超声波在前进途中遇到 45 度倾斜的反射线后产生反射,产生与入射波呈 90 度、与 Y 轴平行的分量,该分量传至玻璃屏 X 方向的另一边也遇到 45 度倾斜的反射线,经反射后沿与发射方向相反的方向传至 X 轴接收换能器。X 轴接收换能器将回收到的声波转换成电信号。控制电路对该电信号进行处理得到表征玻璃屏声波能量分布的波形。有触摸时，手指会吸收部分声波能量，回收到的信号会产生衰减，程序分析衰减情况可以判断出 X 方向上的触摸点坐标。同理可以判断出 Y 轴方向上的坐标，X、Y 两个方向的坐标一确定，触摸点自然就被唯一地确定下来，如图 2-5 所示。

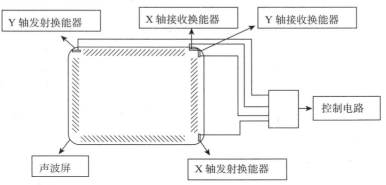

图 2-5 表面声波触摸屏工作原理图

2.3.3 扫描仪

扫描仪（Scanner），是利用光电技术和数字处理技术，以扫描方式将图形或图像信息转换为数字信号的装置。扫描仪通常被用于计算机外部仪器设备，通过捕获图像并将之转换成计算机可以显示、编辑、存储和输出的数字化输入设备。照片、文本页面、图纸、美术图画、照相底片、菲林软片，甚至纺织品、标牌面板、印制板样品等三维对象都可作为扫描对象。扫描仪是提取和将原始的线条、图形、文字、照片、平面实物转换成可以编辑的形式并加入文件中的装置。

1. 扫描仪的工作原理

自然界的每一种物体都会吸收特定的光波，而没被吸收的光波就会反射出去。扫描仪就是利用上述原理来完成对稿件的读取的。扫描仪工作时发出的强光照射在稿件上，没有被吸收的光线将被反射到光学感应器上。光感应器接收到这些信号后，将这些信号传送到模数（A/D）转换器，模数转换器再将其转换成计算机能读取的信号，然后通过驱动程序转换成显示器上能看到的正确图像。

扫描仪主要由上盖、原稿台、光学成像部分、光电转换部分、机械传动五部分组成，如图 2-6 所示。

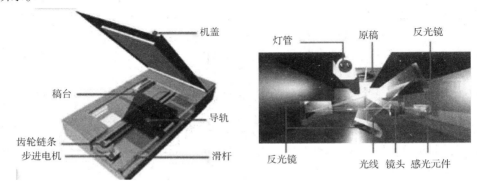

图 2-6 扫描仪的基本结构

2. 扫描仪的性能指标

描述扫描仪的性能参数很多，以下介绍一般用户购买时需要考虑的技术指标。

（1）扫描幅面：扫描幅面通常有 A4、A4 加长、A3、A1、A0 等规格。一般家庭和办公用户建议选用 A4 幅面的扫描仪。

（2）分辨率：分辨率反映扫描图像的清晰程度。分辨率越高的扫描仪，扫描出的图像越清晰。扫描仪的分辨率用每英寸长度上的点数 DPI（Dot Per Inch）表示。一般办公用户建议选购分辨率为 600×1200（水平分辨率×垂直分辨率）的扫描仪。

（3）色彩位数：色彩位数反映对扫描出图像色彩的区分能力。色彩位数越高的扫描仪，扫描出图像色彩越丰富。色彩位数用二进制位数表示。例如，1 位的图像，每个像素点可以携带 1 位的二进制信息，只能产生黑或白两种色彩；8 位的图像可以给每个像素点 8 位的二进制信息，可以产生 256 种色彩。常见扫描仪色彩位数有 24 位、30 位、36 位和 42 位等标准。

（4）感光元件：感光元件是扫描仪的眼睛，扫描质量与扫描仪采用感光元件密切相关，普通扫描仪有用的感光元件有 CCD（Charge Coupled Device）和 CIS（Contact Image Sensor）。CCD 感光元件的扫描仪技术成熟。CIS 是广泛应用于传真机的感光元件，较 CCD 技术存在一定的差距，仅用于低档平板扫描仪中。

3. 扫描仪的分类

扫描仪的种类繁多，根据扫描仪扫描介质和用途的不同，目前市面上的扫描仪大体上分为：平板式扫描仪、名片扫描仪、胶片扫描仪、馈纸式扫描仪、文件扫描仪。除此之外，还有手持式扫描仪、鼓式扫描仪、笔式扫描仪、实物扫描仪和 3D 扫描仪。

（1）平板式扫描仪。平板式扫描仪又称为平台式扫描仪、台式扫描仪，这种扫描仪诞生于 1984 年，是目前办公用扫描仪的主流产品，如图 2-7 所示。

图 2-7　平板式扫描仪

从指标上看，这类扫描仪光学分辨率在 300～8000dpi 之间，色彩位数从 24 位到 48 位。部分产品可安装透明胶片扫描适配器，用于扫描透明胶片，少数产品可安装自动进纸实现高速扫描。扫描幅面一般为 A4 或是 A3。

（2）名片扫描仪。名片扫描仪是能够扫描名片的扫描仪，以其小巧的体积和强大的识别管理功能，成为许多人办公人士最能干的商务小助手。名片扫描仪是由一台高速扫描仪加上一个质量稍高一点的 OCR（光学字符识别系统），再配上一个名片管理软件组成，如图 2-8 所示。

目前市场上主流的名片扫描仪的主要功能大致以高速输入、准确的识别率、快速查找、数据共享、原版再现、在线发送、能够导入 PDA 等为基本标准。尤其是通过计算机可以与掌上电脑或手机连接使用这一功能越来越为使用者所看重。此外，名片扫描仪的操作简便性和携带便携性也是选购者比较重视的两个方面。

（3）胶片扫描仪。胶片扫描仪又称底片扫描仪或接触式扫描仪，胶片扫描仪虽然也是与平板式扫描仪一样以 CCD 传感器为基础的，但是它使用灵敏度更高的传感器，其扫描效果是平板扫描仪不能比拟的，并且具有更高的分辨率，其主要任务就是扫描各种透明胶片，如图 2-9 所示。扫描幅面从 135 底片到 4×6 英寸，甚至更大都可以。光学分辨率最低也在 1000dpi 以上，一般可以达到 2700dpi 水平。

（4）滚筒式扫描仪。滚筒式扫描仪又称为馈纸式扫描仪或是小滚筒式扫描仪，如图 2-10 所示。滚筒式扫描仪一般传用光电信增管 PMT（Photo Multiplier Tube），因此，它的密度范围较大，而且能够分辨出图像更细微的层状变化。

图 2 – 8　名片扫描仪

图 2 – 9　胶片扫描仪

图 2 – 10　滚筒式扫描仪

（5）文件扫描仪。文件扫描仪具有高速度、高质量、多功能等优点，可广泛用于各类型工作站及计算机平台，并能与200多种图像处理软件兼容。文件扫描仪一般会配有自动进纸器（ADF），可以处理多页文件扫描，如图 2 – 11 所示。由于自动进纸器价格昂贵，所以文件扫描仪目前只被专业用户所使用。

（6）手持式扫描仪。手持式扫描仪是一种具有折叠式的超便捷设计的低碳、环保的新型办公用品。它能在1秒钟之内完成文本文档的拍摄，可以将扫描的图片通过 OCR 文字识别功能快速转换成可编辑的文档，从而大大地提高了工作效率。它还能进行拍照、录像、复印、网络无纸传真等操作。它完美的解决方案让办公更轻松、更快捷、更环保。如图 2 – 12 所示。

图 2 – 11　文件扫描仪

图 2 – 12　手持式扫描仪

（7）笔式扫描仪。笔式扫描仪又称为扫描笔，该扫描仪外形与一支笔相似，如图 2 – 13 所示。使用时，贴在纸上一行一行地扫描，主要用于文字识别。

（8）实物扫描仪。真正的实物扫描仪并不是我们市场上见到的有实物扫描能力的平板扫描仪，其结构原理类似于数码相机，不过是固定式结构，拥有支架和扫描平台，分辨率远远高于市场上常见的数码相机，但一般只能拍摄静态物体，扫描一幅图像所花费的时间与扫描仪相当。如图 2 – 14 所示。

图 2 – 13　笔式扫描仪

图 2 – 14　实物扫描仪

（9）3D扫描仪。3D扫描仪，如图 2 – 15 所示。它的结构原理与传统扫描仪完全不同，其生成的文件并不是我们常见的图像文件，而是能够精确描述物体三维结构的一系列坐标数据，可以完整地还原出物体的 3D 模型，由于只记录物体的外形，因此无彩色和黑白之分。

三维数据比常见图像的二维数据庞大得多，因此扫描速度较慢，视物体大小和精度高低，扫描时间从几十分钟到几十个小时不等。

图 2−15　3D 扫描仪

2.3.4　数码相机

数字式相机（Digital Camera，简称 DC）俗称数码相机。有别于传统照相机通过光线引起底片上的化学变化来记录图像，它是一种利用电子传感器把光学影像转换成电子数据的照相机。

数码相机是集光学、机械、电子一体化的产品，最早出现在美国。20 多年前，美国曾利用它通过卫星向地面传送照片，后来数码摄影转为民用并不断拓展应用范围。

由于数码相机小巧轻便、即拍即有、使用成本低、相片方便保存、分享与后期编辑等诸多优点，在短时间得到迅速普及。大部分数码相机兼具有录音、摄录动态影像等功能。2009 年，全球共售出数码相机（包括带数码相机功能的手机）超过 9 亿部，而传统相机已近乎在市场上绝迹，而且越来越多的设备如手机、个人数字助理、个人电脑及平板电脑等也整合进了数码相机功能。

1. 工作原理

在数码相机中，光感应式电荷耦合元件（CCD）或互补式金属氧化物半导体传感器（CMOS）用来取代传统相机底片的化学感光功能。被捕捉的图像数据经集成的微处理器通过一定算法编码后，储存在相机内部数码存储设备（闪存卡、微型硬盘等）中，如图 2 − 16 所示。

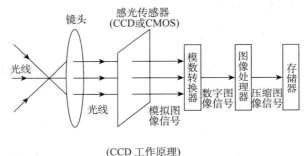

图 2−16　数码相机工作原理图

2. 结构与组成

数码相机的部件包括以下几个部分：镜头模块组包括镜头、分色镜、控制镜头变焦的马达、马达驱动芯片、CCD/CMOS 图像传感器、A/D 转换器、微控器（MCU）、存储部件等。

目前数码相机所使用的影像传感器有 CCD 和 CMOS 两种类型。

（1）CCD（Chagre Couled Device），即电荷耦合器。目前被广泛应用于大部分数码相机上，这是一种特殊的半导体材料，它由大量独立的光敏元件组成，这些光敏元件通常按矩阵排列。光线透过镜头照射到 CCD 上，并转换成电荷，每个元件上的电荷量取决于其受到的光照强度。当摄影者按动快门时，CCD 可将各个元件的信息传送到模/数转换器上，然后将模拟电信号转变为数字信号，数字信号再以一定的格式压缩后存入缓存内，这样就完成了数码相片的整个拍摄。

（2）CMOS（Complementary Metal Oxide Semiconductor），即互补金属氧化物半导体，它在

微处理器和闪存等半导体技术上占有重要的地位，也是一种可用来感受光线变化的半导体，其组成元素主要是硅和锗，通过 CMOS 上带负电和带正电的晶体管来实现基本功能。这两个互补效应所产生的电流即可被处理芯片记录和解读成影像。由于 CMOS 结构相对简单，与现有的大规模集成电路生产工艺相同，从而生产成本可以降低，相较 CCD，CMOS 更为敏感、速度更快、更为省电。

2.3.5　数码摄像机

数码摄像机（Digital Video，简称 DV），译成中文就是数字视频的意思，它是多家著名家电公司联合制定的一种数码视频格式，也可代表数码摄像机。数码相机不仅可以动态录影，也可以静态拍摄。目前，摄影机以松下、索尼两大公司的产品为主，JVC 以及佳能正在逐步扩大其产品的各项性能、特色等，向着高清数字视频方向发展。一些新型的摄像机可以将采集的视频内容记录在 DVD、硬盘、各类快闪存储器上。其前端感光元件将光信号转换成数字信号，然后由 DSP 进行图像处理与压缩，最后将压缩视频通过网络输出 。

1. 工作原理与组成结构

数码摄像机进行工作的基本原理简单地说就是光—电—数字信号的转变与传输，即通过感光元件将光信号转变成电流，再将模拟电信号转变成数字信号，由专门的芯片进行处理和过滤后得到的信息还原出来就是我们看到的动态画面了。

和数码相机的类似，数码摄像机的感光元件主要也有两种：一种是广泛使用的 CCD（电荷耦合）元件；另一种是 CMOS（互补金属氧化物导体）器件。

2. 数码摄像机的分类

（1）广播级机型。这类机型主要应用于广播电视领域，图像质量高、性能全面，但数码摄像机价格较高，体积也比较大，它们的清晰度最高，信噪比最大，如图 2 - 17 所示。

（2）专业级机型。这类机型一般应用在广播电视以外的专业电视领域，如电化教育等，图像质量一般低于广播用摄像机，但相对于消费级机型来说在配置上要高出不少，如图 2 - 18 所示。

（3）消费级机型。主要是适合家庭使用的摄像机，如图 2 - 19 所示。这类摄像机体积小重量轻，便于携带，操作简单，价格便宜。

图 2 - 17　广播级数码摄像机

图 2 - 18　专业级数码摄像机

图 2 - 19　消费级数码摄像机

2.3.6　多媒体显示屏

1. LED 显示屏

LED 显示屏（LED panel）是指直接以 LED（light emitting diode）发光二极管作为像素发光元件组成阵列的显示屏。发光二极管直接发出红、绿、蓝三色的光线，进而形成彩色画面的显示屏幕。但由于发光二极管本身直径较大，因此同色像素之间的距离（点距）也较大，所以 LED 显示屏通常来说只适于大屏。

LED 显示器集微电子技术、计算机技术、信息处理于一体，以其色彩鲜艳、动态范围广、亮度高、寿命长、工作稳定可靠等优点，成为新一代显示媒体。目前，LED 显示器已广泛应用于大型广场、商业广告、体育场馆、信息传播、新闻发布、证券交易等。广场大屏幕等大型公众显示设备通常为 LED 显示屏，如图 2 - 20 所示。

2. OLED 显示屏

OLED（Organic Light Emitting Display），即有机发光显示器，在手机 LCD 上属于新崛起的种类，被誉为"梦幻显示器"。OLED 显示技术与传统的 LCD 显示方式不同，无需背光灯，并且可弯曲、折叠。它采用非常薄的有机材料涂层和玻璃基板，当有电流通过时，这些有机材料就会发光，如图 2 - 21 所示。

图 2 - 20　LED 显示屏

图 2 - 21　OLED 显示屏

（1）OLED 显示屏的优点：

- OLED 可以自身发光，而 LCD 则不能，OLED 比 LCD 要亮得多。
- OLED 对比度更大，色彩效果更加丰富。
- LCD 需要背景灯光点亮，而 OLED 在需要点亮的单元才加电，并且电压很低，因此更加节能。
- 所需材料很少，制造工艺简单，量产时的成本要比 LCD 节省 20%。
- OLED 没有视角范围的限制，可视角度一般可达到 160 度，重量也比 LCD 轻得多。同时 OLED 还可弯曲，应用范围极广。

（2）OLED 显示屏的缺点：

- 寿命：尽管红色和绿色的 OLED 薄膜寿命较长（10000～40000 小时），但根据目前的技术水准，蓝色有机物的寿命要短得多（仅有约 1000 小时）。
- OLED 的造价目前还比较高。
- OLED 如果遇水，很容易就会损毁。
- 屏幕大型化难。

OLED 作为性能优异的平板显示技术而引得人们的重视，全球已经有 100 多家的研究单位和企业投入到 OLED 的研发和生产中。

3. 等离子显示器

PDP（Plasma Display Panel，等离子显示器）是采用了等离子平面屏幕技术的新一代显示设备，如图 2 - 22 所示。

等离子显示器的成像原理，是在显示屏上排列上千个密封的小低压气体室，通过电流激发使其发出肉眼看不见的紫外光，然后紫外光碰击后面玻璃上的红、绿、蓝三色荧光体发出肉眼能看到的可见光，以此成像。

等离子显示器有如下特点：

（1）等离子显示器具有高亮度和高对比度，对比度达到 500∶1，完全能满足眼睛需求；亮度也很高，所以其色彩还原性非常好。

图 2 - 22　等离子显示屏

（2）纯平面图像无扭曲，等离子显示器的 RGB 发光栅格在平面中呈均匀分布，这样就使得图像即使在边缘也没有扭曲的现象发生。而在纯平 CRT 显示器中，由于在边缘的扫描速度不均匀，很难控制到不失真的水平。

（3）超薄设计、超宽视角。

（4）超大屏幕：可以做到 80 英寸以上。

（5）经久耐用：世界各等离子显示屏厂家均以 10 万小时使用寿命为目标开发显示屏，通常估计，其实际寿命约在 6 万小时左右，按每天观看 6 小时计算，PDP 的使用寿命在 30 年以上。

4. 3D 显示器

3D 显示器一直被公认为显示技术发展的终极梦想，多年来有许多企业和研究机构从事这方面的研究，现已开发出需佩戴立体眼镜和不需佩戴立体眼镜的两大立体显示技术体系。

传统的 3D 电影在荧幕上有两组图像，分别来源于在拍摄时的互成角度的两台摄影机。观众戴上偏光镜即可形成视差（parallax），产生立体感。

第 3 章 　多 媒 体 的 关 键 技 术

3.1 　多媒体的压缩技术

在多媒体系统中，为了达到令人满意的图像、视频画面质量和听觉效果，必须解决视频、图像和音频信号数据的大容量存储和实时传输问题。

一方面，数字化的视频信号和音频信号的数据量是非常大的，例如，一幅具有中等分辨率（640×480）的真彩色图像（24bit/像素），它的数据量约为 7.37Mbit/帧，若要达到每秒 25 帧的显示要求，每秒所需的数据量为 184Mbit，而且要求系统的数据传输率也必须达到 184Mbit/s。如果不进行处理，计算机系统对它进行存取和交换的代价太大。

另一方面，视频、图像和声音这些媒体的数据的冗余度很大。因此，在允许一定限度失真的前提下，能够对数据进行压缩。

数据压缩是以一定的质量损失为代价的，按照某种方法从给定的信源中推出已简化的数据表述，而数据之所以能够压缩，是因为原始信源的数据存在冗余度。

数据压缩技术的重要性促使人们不断地进行研究和总结，根据多媒体不同的表现形式和不同场合以及质量方面的应用需求，有针对性地进行设计。

3.1.1 　数据压缩及分类

多媒体数据压缩和编码是多媒体技术基础中的重要内容。上文提到，数据压缩就是取消或减少冗余数据的过程。而编码是用代码替换文字、符号或数据的过程。压缩不一定都用编码，而编码可以压缩数据。

多媒体数据压缩技术可分为两种类型：无损压缩（lossless compression）和有损压缩（lossy compression）。

1.　无损压缩

无损压缩是用压缩后的数据进行重构（也称还原或解压缩），重构后的数据与原来的数据完全相同的数据压缩技术。磁盘文件压缩就是一个应用实例。根据当前的技术水平，无损压缩算法可以把普通文件的数据压缩到原来的 1/2～1/4。

2.　有损压缩

有损压缩是用压缩后的数据进行重构，重构后的数据与原来的数据有所不同，但不影响人对原始资料表达的信息造成误解的数据压缩技术。其适用于重构数据不一定非要和原始数据完全相同的情况。例如，图像、视频和声音数据就可采用有损压缩，因为它们包含的数据往往多于我们的视觉系统和听觉系统所能感受的信息，丢掉一些数据不至于让我们产生误解。

3.1.2 　数据压缩的可能性

数据能够被压缩的主要原因在于媒体数据中存在数据的信息冗余。信息量包含在数据之中，一般的数据冗余主要体现在以下几个方面。

1.　空间冗余

这是最经常存在的一种冗余。比如，一幅图像中，都会有由许多灰度或颜色都相同的或者邻近像素组成的区域，它们就形成了一个性质相同的集合块，这样在图像中就表现为空间冗余。

对空间冗余的压缩方法就是把这种集合块当作一个整体,用极少的信息来表示它,从而节省存储空间。

2. 结构冗余

有些图像有很强的纹理区域或者分布模式,就会造成结构冗余,这样就可以根据已知图像的分布模式,通过某一过程生成图像。

3. 时间冗余

在序列图像(电视图像、运动图像)或者音频的表示中经常包含时间冗余。比如,图像序列中,相邻的图像具有很大的相似性;同样在一个人的讲话或者音乐中也经常存在相邻的声音之间具有相似性。

一般将压缩相邻图像或声音之间冗余的方法称为时间压缩,它的压缩比很高。

空间冗余和时间冗余是将图像信号看作随机信号时所反映出的统计特征,因此,有时把这两种冗余称为统计冗余。它们是多媒体图像数据处理中两种最主要的数据冗余。

4. 视觉冗余

在多媒体技术的应用领域中,由于人类的视觉系统并不能对任何图像画面的变化都准确地作出判断,视觉系统对于图像的注意更是非均匀和非线性的,即主要部分的图像质量,取画面的整体效果,不拘泥于细节。

经科学研究发现,人类视觉系统的一般分辨能力不超过为 2^6 灰度等级,而一般图像的量化采用的是 2^8 灰度等级。这种冗余称为视觉冗余。

5. 知识冗余

有些图像的理解与某些知识有相当大的相关性。这类规律性的结构可以由经验知识和背景知识得到。

3.1.3　数据压缩的性能指标

1. 压缩比

压缩比是指图像数据量和压缩后图像数据量的比值。无损压缩能实现的压缩比一般只有数倍,而且与被压缩的对象有关。文字、图像普遍采用无损压缩。有损压缩有很高的压缩比,采用不同的压缩编码可以得到不同的压缩比。

2. 压缩质量

压缩质量是指压缩后对媒体的感知效果。只有有损压缩会影响人对媒体的感知效果。压缩质量的好坏与压缩算法、数据内容和压缩比有密切的关系。

3. 压缩速度

压缩速度指编码或解码的快慢程度。在不同的应用场合,人们对压缩速度的要求是不同的。对于一个压缩系统而言,有对称压缩和非对称压缩之分。所谓对称压缩,就是压缩和解压缩都需要实时进行(如电视会议的图形传输)。而非对称压缩常常要求解压缩是实时的,但压缩可以不是实时的。例如,多媒体 CD – ROM 的制作过程可以不是实时的,但解压缩必须是实时的,否则用户看到的就不是连续的图像,而是一帧一帧的播放形式。

4. 计算量

压缩图像数据需要进行大量计算,但从目前的技术来看,压缩的计算量比解压缩计算量要大,例如,动态图像的压缩编码计算量约为解压缩计算量的 4 倍。

3.1.4　数据压缩标准

1. 音频压缩标准

音频信号是多媒体信息的重要组成部分。音频信号可分为电话质量的语言、调幅广播质量的音频信号和高保真立体声信号（如调频广播信号、激光唱片音盘信号等）。

数字音频压缩技术标准分为电话语音压缩、调幅广播语音压缩和调频广播及 CD 音质的宽带音频压缩 3 种。

在语音编码技术领域，各个厂家都在大力开发与推广自己的编码技术，使得在语音编码领域编码技术产品种类繁多，兼容性差，各厂家的技术也难于尽快得到推广。所以，需要综合现有的编码技术，制定出全球统一的语言编码标准。自 20 世纪 70 年代起，CCITT 下第十五研究组和国际标准化组织（ISO）已先后推出了一系列的语音编码技术标准。其中，CCITT 推出了 G 系列标准，而 ISO 则推出了 H 系列标准。

（1）电话（200Hz ~ 3.4kHz）语音压缩标准。主要有 ITU 的 G. 722（64kb/s）、G. 721（32kb/s）、G. 728（16kb/s）和 G. 729（8kb/s）建议，用于数字电话通信。

（2）调幅广播（50Hz ~ 7kHz）语音压缩标准。主要采用 ITU 的 G. 722（64kb/s）建议，用于优质语音、音乐、音频会议和视频会议等。

（3）调频广播（20Hz ~ 15kHz）及 CD 音质（20Hz ~ 20kHz）的宽带音频压缩标准。主要采用 MPEG - 1、MPEG - 2 和杜比 AC - 3 等建议，用于 CD、MD、MPC、VCD、DVD、HDTV 和电影配音等。

2. 静止图像压缩标准

对于静止的图像压缩，已有多个国际标准，如 ISO 制定的 JPEG 标准、JBIG 标准和 ITU - T 的 G3、G4 标准等，特别是 JPEG 压缩标准，适用黑白及彩色照片、彩色传真和印刷图片，可以支持很高的图像分辨率和量化精度。因此，本书主要介绍 JPEG 压缩标准。

JPEG 是 Joint Photographic Experts Group（联合图像专家小组）的缩写，是第一个国际图像压缩标准。JPEG 图像压缩算法能够在提供良好的压缩性能的同时，具有比较好的重建质量，被广泛应用于图像、视频处理领域。人们日常使用的“. jpeg”、“. jpg”等文件格式指的是图像数据经压缩编码后在媒体上的封存形式，不能与 JPEG 压缩标准混为一谈。

JPEG 是第一个国际图像压缩标准，用于连续色调静态图像（即包括灰度图像和彩色图像），正式地称为 ISO/IEC IS（国际标准）10918 - 1，连续色调静态图像数字压缩和编码（Digital Compression and Coding of Continuous-tone Still Images）和 ITU - T 建议 T. 81。这个标准的目的在于支持用于连续色调静态图像压缩的各种应用，并对普遍实际的应用提供易处理的计算复杂度。

JPEG 压缩的不自然现象可以很好地调和到细微非均匀材质的相片中，因此允许得到更高的压缩率，如图 3 - 1 所示。

低质量(10%) 　　　　中等质量(50%) 　　　　最高质量(100%)

图 3 - 1　图像压缩质量

使用 JPEG 格式压缩的图片文件一般也被称为 JPEG Files，最普遍被使用的扩展名格式为 . jpg，其他常用的扩展名还包括 . jpeg、. jpe、. jfif 以及 . jif。JPEG 格式的数据也能嵌入其他类型的文件格式中，如 .TIFF 类型的文件格式。

在 Photoshop 软件中以 JPEG 格式储存时，提供 11 级压缩级别，以 0 ~ 10 级表示。其中，0 级压缩比最高、图像品质最差。即使采用细节几乎无损的 10 级质量保存时，压缩比也可达 5 : 1。以 BMP 格式保存时得到 4.28MB 图像文件，在采用 JPG 格式保存时，其文件仅为 178KB，压缩比达到 24 : 1。

JPEG2000 作为 JPEG 的升级版，其压缩率比 JPEG 高约 30% 左右，同时支持有损和无损压缩。JPEG2000 格式有一个极其重要的特征在于它能实现渐进传输，即先传输图像的轮廓，然后逐步传输数据，不断提高图像质量，让图像由朦胧到清晰显示。

3. 视频压缩标准

音频视频编码方案有很多，用百家争鸣形容不算过分，常见的音频视频编码有以下两类：

（1）MPEG 压缩标准。MPEG 是活动图像专家组（Moving Picture Experts Group）的缩写，它是 1988 年成立的为数字视/音频制定压缩标准的专家组，已拥有 300 多名成员，包括 IBM、SUN、BBC、NEC、INTEL、AT&T 等世界知名公司。MPEG 组织最初得到的授权是制定用于"活动图像"编码的各种标准，随后扩充为"及其伴随的音频"及其组合编码。后来针对不同的应用需求，解除了"用于数字存储媒体"的限制，成为制定"活动图像和音频编码"标准的组织。MPEG 组织制定的各个标准都有不同的目标和应用，已提出 MPEG – 1、MPE G – 2、MPEG – 4、MPEG – 7 和 MPEG – 21 标准。

视频压缩技术是计算机处理视频的前提。视频信号数字化后数据带宽很高，通常在 20MB/秒以上，因此，计算机很难对之进行保存和处理。采用压缩技术通常数据带宽降到 1 ~ 10MB/秒，这样就可以将视频信号保存在计算机中并作相应的处理。

MPEG 到目前为止已经制定了以下和视频相关的标准：

• MPEG – 1：第一个官方的视讯音频压缩标准，随后在 Video CD 中被采用，其中的音频压缩的第三级（MPEG – 1 Layer 3）简称 MP3，成为比较流行的音频压缩格式。

• MPEG – 2：广播质量的视讯、音频和传输协议。被用于无线数字电视 ATSC、DVB 和 IS-DB、数字卫星电视（例如 DirecTV）、数字有线电视信号以及 DVD 视频光盘技术中。

• MPEG – 3：原本目标是为高分辨率电视（HDTV）设计，随后发现 MPEG – 2 已足够 HDTV 应用，故 MPEG – 3 的研发便中止。

• MPEG – 4：2003 年发布的视讯压缩标准，主要是扩展 MPEG – 1、MPEG – 2 等标准以支持视频/音频对象（Video/Audio "Objects"）的编码、3D 内容、低比特率编码（Low Bitrate encoding）和数字版权管理（Digital Rights Management），其中第 10 部分由 ISO/IEC 和 ITU – T 联合发布，称为 H. 264/MPEG – 4 Part 10。参见 H. 264。

• MPEG – 7：MPEG – 7 并不是一个视讯压缩标准，它是一个多媒体内容的描述标准，称为"多媒体内容描述接口"（Multimedia Content Description Interface），简称 MPEG – 7。其目标就是产生一种描述多媒体内容数据的标准。继 MPEG – 4 之后，要解决的矛盾就是对日渐庞大的图像、声音信息的管理和迅速搜索。MPEG – 7 就是针对这个矛盾的解决方案。MPEG – 7 力求能够快速且有效地搜索出用户所需的不同类型的多媒体材料。

• MPEG – 21：互联网改变了物质商品交换的商业模式，这就是"电子商务"。新的市场必然带来新的问题：如何获取数字视频、音频以及合成图形等"数字商品"；如何保护多媒体内容的知识产权；如何为用户提供透明的媒体信息服务；如何检索内容；如何保证服务质量，等等。这些要素、规范之间还没有一个明确的关系描述方法，迫切需要一种结构或框架保证数字媒体消费的简单性，很好地处理"数字类消费"中诸要素之间的关系，MPEG – 21 就是在这种情况下提出的。制定 MPEG – 21 标准的目的是：①将不同的协议、标准、技术等有机地融合在一起；②制定新的标准；③将这些不同的标准集成在一起。MPEG－21 标准其实就是一些关键技术的集成，通过这种集成环境对全球数字媒体资源进行透明和增强管理，实现内容描述、创建、发布、使用、识别、收费管理、产权保护、用户隐私权保护、终端和网络资源抽取、事件报告等功能。

（2）H. 26X 系列。H. 26X 系列视频标准是国际电信联盟 ITU 的视频编码专家组（ITU－T）制定的系列图像压缩标准，主要有 H. 261、H. 263、H. 264 和 H. 265 等。这些视频标准主要应用于实时视频通信领域，如会议电视、可视电话等。

● H. 261 是 1990 年 ITU－T 制定的一个视频编码标准，属于视频编解码器。其设计的目的是能够在带宽为 64kbps 的倍数的综合业务数字网（ISDN，for Integrated Services Digital Network）上传输质量可接受的视频信号。

● H. 263 是国际电联 ITU－T 的一个标准草案，是为低码流通信而设计的。但实际上这个标准可用在很宽的码流范围，而非只用于低码流应用，它在许多应用中可以用于取代 H. 261。H. 263 的编码算法与 H. 261 一样，但做了一些改善和改变，以提高性能和纠错能力。H. 263 标准在低码率下能够提供比 H. 261 更好的图像效果。

● H. 264，同时也是 MPEG－4 的第 10 部分，是由 ITU－T 视频编码专家组（VCEG）和 ISO/IEC 动态图像专家组（MPEG）联合组成的联合视频组（JVT，Joint Video Team）提出的高度压缩数字视频编解码器标准。H. 264 是一种高性能的视频编解码技术。H. 264 最大的优势是具有很高的数据压缩比率，在同等图像质量的条件下，H. 264 的压缩比是 MPEG－2 的 2 倍以上，是 MPEG－4 的 1. 5～2 倍。H. 264 压缩技术将大大节省用户的下载时间和数据流量收费。尤其值得一提的是，H. 264 在具有高压缩比的同时还拥有高质量流畅的图像，正因为如此，经过 H. 264 压缩的视频数据，在网络传输过程中所需要的带宽更少，也更加经济。

● H. 265 是 ITU－T VCEG 继 H. 264 之后所制定的新的视频编码标准。H. 265 标准围绕着现有的视频编码标准 H. 264，保留原来的某些技术，同时对一些相关的技术加以改进。新技术使用先进的技术用以改善码流、编码质量、延时和算法复杂度之间的关系，达到最优化设置。具体的研究内容包括：提高压缩效率、提高鲁棒性和错误恢复能力、减少实时的时延、减少信道获取时间和随机接入时延、降低复杂度等。H264 由于算法优化，可以低于 1Mbps 的速度实现标清数字图像传送；H265 则可以实现利用 1～2Mbps 的传输速度传送 720P（分辨率 1280＊720）普通高清音视频。

3.2　多媒体存储技术

实践证明，多媒体信息能够充分表达信息的内涵，加快人们接受信息的速度，加深人们对信息内容的理解和记忆。因此，在计算机领域，对多媒体技术的研究越来越深入，要求也越来越高。由于多媒体数据的数据量极大，加之各种应用领域中信息剧增带来的海量数据，存储问题变得相当严峻。

在许多基础学科（如光学、激光技术、微电子技术、材料科学、精密加工技术、计算机与自动控制技术）的支持下，光存储技术在记录密度、容量、数据传输率、寻址时间等关键方面仍有巨大的潜力。目前，光存储技术在多功能和智能化操作方面已经取得了重大的进展。随着光量子数据存储技术、三维体存储技术、近场光学技术、光学集成技术的发展，光存储技术必将成为信息产业的支柱技术之一。

3.2.1　光存储类型

光存储技术是 20 世纪 60～70 年代开发的一项激光信息存储新技术，具有存储密度高、同计算机联机能力强、易于随机检索和远距离传输、还原效果好、便于复制和拷贝、适用范围广等特点。光存储技术是采用激光照射介质，激光与介质相互作用导致介质的性质发生变化而将信息存储下来的。读出信息是用激光扫描介质，识别出存储单元性质的变化。在实际操作中，通常都是以二进制数据形式存储信息的，所以首先要将信息转化为二进制数据。写入时，将主机送来的数据编码，然后送入光调制器，这样激光源就输出强度不同的光束。

1. CD–ROM（Compact Disc Read-Only Memory）光存储系统

CD（Compact Disc），是一种用以储存数字资料的光学盘片，原被开发用作储存数字音乐。CD 在 1982 年面世，至今仍然是商业录音的标准储存媒体。

CD 的层结构如图 3–2 所示。①聚碳酸酯光盘层，通过撞击来记录数据。②光泽面反射激光。③一层清漆可以使光泽面保持发光。④艺术样品印制在最上端的盘面。⑤用激光束读取数据时，它会反射到传感器上并转换为电子信号。

图 3–2　结构图

CD 原本仅是为了家电、唱片市场所设计，并没有想到 CD 将来可以用于电脑。当时电脑的资料储存还在 5.25 英寸的磁片阶段，3.5 英寸的磁盘亦尚未被发明。

CD 技术其后被用作储存资料，称为 CD–ROM546。可录式光盘随后面世，包括只可录写一次的 CD–R 及可重复录写的 CD–RW，直至 2007 年，其成为个人电脑业界最为广泛采用的储存媒体之一。CD 及其衍生格式取得极大的成功。2004 年，全球 Audio CD、CD–ROM、CD–R、CD–RW 等的合计总销量达到 300 亿张。

（1）CD 光盘的物理特性。CD–ROM 光盘的基层是聚碳酸酯层，其表面有凹形和凸形相间的区域组成。聚碳酸酯层的表面覆盖着一层反射铝或铝合金膜，也被称为"银盘"，反射铝的作用是增加记录面的反射性能。反射层上用漆膜层以防止金属层的氧化。

（2）CD 光盘的制作。对于只读光盘，用户只能读取光盘上记录的各种信息，而不能修改或写入新的信息。只读光盘由专业化工厂规模生产。生产光盘前要精心制作好金属原模，也称为母盘，然后根据母盘在塑料基片上制成复制盘。

2. CD–R（CD–Recordable）光存储系统

CD–R 是一种一次性写入、多次读出的标准。CD–R 光盘写入数据后，该光盘就不能再刻写了。（目前的大部分 CD–R 都支持多次写入，而且可以在 CD–ROM 驱动器上读出所有逐步录入的任何数据，这样可以向 CD–R 盘上追加数据。）刻录得到的光盘可以在 CD–DA 或 CD–ROM 驱动器上读取。CD–R 与 CD–ROM 的工作原理相同，都是通过激光照射到盘片上的"凹陷"和"平地"其反射光的变化来读取的；不同之处在于 CD–ROM 的"凹陷"是印制的，而 CD–R 是由刻录机烧制而成。

（1）CD–R 的物理特性。CD–R 光盘的基层和 CD 的基层相同，也是表面含有凹形和凸形相间区域的聚碳酸酯层。但在聚碳酸酯层的表面加有一个燃料记录层，然后是反射金层和保护层，这种盘也称为"金盘"。

有的 CD–R 光盘也称为金绿盘、白金盘或蓝盘，这主要是为防止强光照射或降低生产成本而使用了其他一些有色材料。

（2）CD–R 的写入过程。向 CD–R 光盘写入内容的过程，实际上是一个使记录介质起化学变化的过程。记录数据时，光盘刻录机发出高功率的激光，打在 CD–R 盘片某特定部位上，介质中的有机染料层因此而融化，致使这些部位因发生化学变化而无法顺利反射 CD 光驱所发出的激光。没有被高功率激光照射到的部位仍然可以有黄金层反射激光。CD–R 就是根据这种不同的反射特性来记载与"0"和"1"对应的数据信息的。

3. CD – RW （Compact Disc ReWritable）

可重复刻录光碟的记录层是一种相变合金，跟 CD – R 中的染色聚合体不同。在一片新的 CD – RW 中，相变合金以一种高反光性晶体形式存在，当红光高功率镭射光束对相变合金加热，被加热的部分便会变得黯淡无光，这就相当于一般光碟上的微坑。如果再次用红光高功率的镭射加热相变合金，它又会变回晶体，这样就可以再次写入资料，这无形中提升了存储备份的使用价值，但由于材料的特性关系，所以其改变次数有所限制，大约在一千次左右，以后期对镭射光的反射率只有 15%，远低于 CD – R 的 65%，在此情况下只有使用 MultiRead 功能的光驱才能正常读取。

4. DVD （Digital Versatile Disc；Digital Video Disk） 光存储系统

DVD 是一种光盘存储器，通常用来播放标准电视机清晰度的电影、高质量的音乐或用来存储大容量的数据用途。DVD 与 CD 的外观极为相似，直径都有 120 毫米规格等。DVD 记录采用了相变技术。这种技术已经存在多年，其原理是：激光二极管发出的热量使记录点呈现高反射（水晶）状态或另外一种状态（非晶体），而第二个激光二极管在读取这两种不同状态时把它们分别标识为"1"或"0"。（相比之下，CD – R 只写一次，因为它使用"烧蚀"技术在记录层中产生一种永久性的、物理的标记和 CD 不同，DVD 于一开始已设计为多用途光盘。）

原始的 DVD 规格里共有以下五种子规格：

（1） DVD – ROM：用作存储电脑数据。

（2） DVD – Video：用作存储图像。

（3） DVD – Audio：用作存储音乐。

（4） DVD – R：只可写入一次刻录碟片。

（5） DVD – RAM：可重复写入刻录碟片。

这些标准存储的内容虽然不同，目录和文件排列架构也不同，但除了 DVD – RAM 外，它们的基层结构是一样的。即 DVD – Video 或 DVD – Audio 都只是 DVD – ROM 的应用特例，将 DVD – Video 或 DVD – Audio 放入电脑的 DVD 驱动器中都可看到里面的数据以文件的方式存储着（但未必能播放）。

由于 DVD – RAM 的一些缺点及兼容性不佳，另一批厂家成立了 DVD + RW 联盟（DVD + RW Alliance），推出了兼容性较佳的可多次写入光盘 DVD + RW 和相关的单次写入光盘 DVD + R 标准。后来制定 DVD 标准的 DVD Forum 为了竞争，又推出了可多次写入的 DVD – RW，使用了和 CD – RW 类似的技术，兼容普通 DVD 机。目前可写入 DVD 的标准仍然未统一，普遍的 DVD 刻录机都兼容双制式（DVD ± RW/DVD ± R）。亦有支持 DVD – RW/DVD + RW/DVD – RAM 三种规格的刻录机如图 3 – 3 所示，称为"Super Multi"刻录机。

图 3 – 3　刻录机

3.2.2　闪存与闪存卡

闪存是一种非易失性存储器，即断电数据也不会丢失。因为闪存不像 RAM（随机存取存储器）一样以字节为单位改写数据，因此不能取代 RAM。

闪存卡（Flash Card）是利用闪存（Flash Memory）技术达到存储电子信息的存储器，一般应用在数码相机、掌上电脑、MP3 等小型数码产品中作为存储介质，其样子小巧，有如一张卡片，所以称之为闪存卡。根据不同的生产厂商和不同的应用，闪存卡有 Smart Media（SM 卡）、Compact Flash（CF 卡）、Multi Media Card（MMC 卡）、Secure Digital（SD 卡）、Memory Stick（MS 卡—记忆棒）、XD – Picture Card（XD 卡）和微硬盘（Micro Drive）等，这些闪存卡虽然外观、规格不同，但是技术原理都是相同的，如图 3–4 所示。

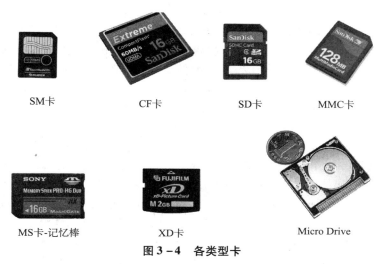

| SM卡 | CF卡 | SD卡 | MMC卡 |

MS卡-记忆棒   XD卡   Micro Drive

图 3–4　各类型卡

3.3　多媒体的传输技术

3.3.1　流媒体传输技术

1. 流媒体概述

流媒体（Streaming Media）是一种新兴的网络传输技术，在互联网上实时顺序地传输和播放视音频等多媒体内容的连续时基数据流，流媒体技术包括流媒体数据采集、视音频编解码、存储、传输、播放等领域。

一般来说，流包含两种含义。广义上的流是使音频和视频形成稳定和连续的传输流和回放流的一系列技术、方法和协议的总称，我们习惯上称之为流媒体系统；而狭义上的流是相对于传统的下载—回放（Download – Playback）方式而言的一种媒体格式，它能从 Internet 上获取音频和视频等连续的多媒体流，客户可以边接收边播放，使时延大大减少。

在网络上传播多媒体信息主要有两种方式：下载和流式传输。下载方式是传统的传输方式，指在播放之前，用户下载多媒体文件至本地。通常这类文件容量较大，依据目前的网络带宽条件，需要较长时间，并且对本地的存储容量也有一定的要求，这就限制了 PDA 等低存储容量设备的使用。流式传输则把多媒体信息通过服务器向用户实时地提供，采用这种方式时，用户不必等到整个文件全部下载完毕，而只需经过几秒或几十秒的启动延时即可播放。之后，客户端边接收数据边播放。与下载方式相比，流式传输具有显著的优点：一方面大大地缩短了启动延时，同时也降低了对缓存容量的需求；另一方面，又可以实现现场直播形式的实时数据传输，这是下载等方式无法实现的，同时有助于保护多媒体数据的著作权。

2. 流媒体技术的原理

Internet 以包传输为基础进行断续的异步传输，实时 A/V 源或存储的 A/V 文件在传输中被分解为许多包，由于网络是动态变化的，各个包选择的路由可能不尽相同，故到达客户端的时间延迟也就不等，甚至先发的数据包有可能后到。为此，使用缓存系统来弥补延迟和抖动的影响，并保证数据包的顺序正确，从而使媒体数据能连续输出，而不会因为网络暂时拥塞使播放出现停顿。通常高速缓存所需容量并不大，因为高速缓存使用环形链表结构来存储数据，通过丢弃已经播放的内容，流可以重新利用空出的高速缓存空间来缓存后续尚未播放的内容。

3. 典型的流媒体系统

Internet/Intranet 上使用较多的流媒体技术主要有 RealNetworks 公司的 Real System、Microsoft 公司的 Windows Media Technology 和 Apple 公司的 QuickTime，它们是流媒体传输系统的主流技术。

（1）Real System。Real System 由媒体内容制作工具 Real Producer、服务器端 RealServer、客户端软件（Client Software）3 部分组成，其流媒体文件包括 RealAudio、RealVideo、Real Presentation 和 RealFlash 4 类文件，分别用于传送不同的文件。Real System 采用 SureStream 技术，自动地并持续地调整数据流的流量以适应实际应用中的各种不同网络带宽需求，轻松实现视音频和三维动画的回放。Real 流式文件采用 Real Producer 软件进行制作，首先把源文件或实时输入变为流式文件，再把流式文件传输到服务器上供用户点播。由于 Real System 的技术成熟、性能稳定，美国在线（AOL）、ABC、AT&T、Sony 等公司和网上主要电台都使用 Real System 向世界各地传送实时影音媒体信息以及实时的音乐广播。

（2）Windows Media Technology。Windows Media Technology 是 Microsoft 提出的信息流式播放方案，旨在 Internet 和 Intranet 上实现包括音频、视频信息在内的多媒体流信息的传输。其核心是 ASF（Advanced Stream Format）文件，ASF 是一种包含音频、视频、图像以及控制命令脚本等多媒体信息的数据格式，通过分成一个个的网络数据包在 Internet 上传输，实现流式多媒体内容发布，因此，我们把在网络上传输的内容就称为 ASF Stream。ASF 支持任意的压缩/解压缩编码方式，并可以使用任何一种底层网络传输协议，具有很大的灵活性。

Windows Media Technology 由 Media Tools、Media Server 和 Media Player 工具构成。Media Tools 是整个方案的重要组成部分，它提供了一系列的工具帮助用户生成 ASF 格式的多媒体流（包括实时生成的多媒体流）；Media Server 可以保证文件的保密性，不被下载，并使每个使用者都能以最佳的影片品质浏览网页，同时具有多种文件发布形式和监控管理功能；Media Player 则提供强大的流信息的播放功能。

（3）Quick Time。Quick Time 是一个非常老牌的媒体技术集成，是数字媒体领域事实上的工业标准。之所以说集成这个词是因为 Quick Time 实际上是一个开放式的架构，包含了各种各样的流式或者非流式的媒体技术。Quick Time 是最早的视频工业标准，1999 年发布的 Quick Time4.0 版本开始支持真正的流式播放。由于 Quick Time 本身也存在着平台的便利（Mac OS），因此也拥有不少的用户。Quick Time 在视频压缩上采用的是 Sorenson Video 技术，音频部分则采用 Qdesign Music 技术。

Quick Time 最大的特点是其本身所具有的包容性，使得它成为一个完整的多媒体平台，因此，基于 Quick Time 可以使用多种媒体技术来共同制作媒体内容。同时，它在交互性方面是三者之中最好的。例如，在一个 Quick Time 文件中可同时包含 MIDI、动画 Gif、Flash 和 Smil 等格式的文件，配合 Quick Time 的 Wired Sprites 互动格式，可设计出各种互动界面和动画。

流媒体技术实现的基础是需要 3 个软件的支持，即 Quick Time 播放器、Quick Time 编辑制作和 Quick Time Streaming 服务器。

3.3.2　P2P 技术

1. P2P 简介

点对点技术（Peer to Peer，简称 P2P），又称对等互联网络技术，是一种网络新技术，其依赖网络中参与者的计算能力和带宽，而不是把依赖都聚集在较少的几台服务器上。P2P 网络通常通过 Ad Hoc 连接来连接节点。这类网络可以用于多种用途，各种档案分享软件已经得到了广泛的使用。P2P 技术也被使用在类似 VoIP 等实时媒体业务的数据通信中。

2. P2P 的原理

P2P 流媒体技术是指利用内容分片技术将内容分散保证在不同的终端的存储空间上，通过并行传输技术将内容分发给各终端，在终端流缓存中重组，提交媒体播放器进行播放的方式。简单地说，P2P 流媒体技术是一种低成本高效率的流媒体传输技术。它充分利用用户的闲置上行带宽来协助服务器分发流媒体内容。在 P2P 模式下，并非所有的客户端都从服务器获取媒体数据，客户端也连接其他客户端来获取媒体数据，因此在增加用户的同时无须相应增加服务器和带宽，从而大大降低了服务器的负载和带宽占用。

3. 典型的 P2P 应用系统

（1）直播。在流媒体直播服务中，用户只能按照节目列收看当前正在播放的节目。在直播领域，交互性较少，技术实现相对简单。因此 P2P 技术在直播服务能够发展迅速。

P2P 直播是最能体现 P2P 价值的表现，用户观看同一个节目，内容趋同，因此可以充分利用 P2P 的传递能力，理论上，在上/下行带宽对等的基础上，在线用户数可以无限扩展。P2P 与流媒体技术的结合最先产生的是基于 P2P 的实时流节目直播系统，从传统的树型分发，到现在的基于 Gossip 的纯 Mesh 分发。P2P 直播已经先于 P2P 点播实现了大规模的应用。

（2）点播。与直播相对应，在 P2P 点播服务中，用户可以选择节目列表中的任意节目观看。在点播领域，P2P 技术的发展速度相对缓慢，一方面因为点播当中的高度交互性实现的服装程度高；另一方面是节目源版权因素对 P2P 点播技术的障碍。目前，P2P 的点播技术主要朝着适用于点播的应用层传输协议技术、底层编码技术以及数字版权技术等方面发展。整个 P2P 点播系统由 4 个主要的部分组成：Web Portal，Tracker Server，Source Server 和 Peer。

3.3.3　IPTV 技术

IPTV 是 Internet Protocol Television 的缩写，即交互式网络电视，是一种利用宽带有线电视网，集互联网、多媒体、通讯等多种技术于一体，向家庭用户提供包括数字电视在内的多种交互式服务的崭新技术。用户在家中可以有两种方式享受 IPTV 服务：①计算机；②网络机顶盒＋普通电视机。它能够很好地适应当今网络飞速发展的趋势，充分有效地利用网络资源。

IPTV 是利用宽带有线电视网的基础设施，以家用电视机作为主要终端电器，通过互联网络协议来提供包括电视节目在内的多种数字媒体服务。特点表现在：①用户可以得到高质量（接近 DVD 水平）的数字媒体服务；②用户可有极为广泛的自由度选择宽带 IP 网上各网站提供的视频节目；③实现媒体提供者和媒体消费者的实质性互动。IPTV 采用的播放平台将是新一代家庭数字媒体终端的典型代表，它能根据用户的选择配置多种多媒体服务功能，包括数字电视节目、可视 IP 电话、DVD/VCD 播放、互联网游览、电子邮件以及多种在线信息咨询、娱乐、教育及商务功能；④为网络发展商和节目提供商提供了广阔的新兴市场。

第 4 章　数字图像的处理技术基础

4.1　颜色基础

电磁波的波长和强度可以有很大的区别，在人可以感受的波长范围内（约 312.30 纳米至 745.40 纳米），它被称为可见光，有时也被简称为光。颜色或色彩是通过眼、脑和我们的生活经验所产生的一种对光的视觉效应。人对颜色的感觉不仅由光的物理性质所决定，还包含心理等许多因素，比如人类对颜色的感觉往往受到周围颜色的影响。有时人们也将物质产生不同颜色的物理特性直接称为颜色。

4.1.1　色彩的三要素

国际照明委员会（CIE）用颜色的三个特性来区分颜色。这些特性是色调、饱和度和明度，它们是颜色所固有的并且截然不同的特性。

每一种色彩都同时具有三种基本属性，即明度、色相和纯度（饱和度）。在制作计算机图像时人们往往使用另一种颜色系统。这个颜色系统使用三个分别叫做色相、饱和度和明度的系数。色相决定到底哪一种颜色被使用，饱和度决定颜色的纯度，明度决定颜色的明暗程度。

1. 明度

明度（Brightness）指颜色的亮度，不同的颜色具有不同的明度，例如，黄色就比蓝色的明度高；在一个画面中如何安排不同明度的色块也可以帮助表达画作的感情，如果天空比地面明度低，就会产生压抑的感觉。

明度是指色彩的明暗程度，也称深浅度，是表现色彩层次感的基础。在无彩色系中，白色明度最高，黑色明度最低；在黑白之间存在一系列渐变灰色，靠近白的部分称为明灰色，靠近黑的部分称为暗灰色。在有彩色系中，黄色明度最高，紫色明度最低。任何一个有彩色，当它掺入白色时明度提高，当它掺入黑色时明度降低同时其纯度也相应降低。

2. 色相

色相（Hues），又称为色调，是指颜色的外观，用于区别颜色的名称或颜色的种类。人们对颜色的感觉实际上就是视觉系统对可见物体辐射或者发射的光波波长的感觉。

在不同波长的光照射下，人眼所感觉不同的颜色，是区分色彩的主要依据。色相是色彩的首要特征，是区别各种不同色彩的最准确的标准。事实上任何黑白灰以外的颜色都有色相的属性，而色相也就是由原色、间色和复色来构成的。色相、色彩可呈现出质的面貌。自然界中各个不同的色相是无限丰富的，如紫红、银灰、橙黄等。

3. 纯度

纯度（饱和度，Saturation）是指彩色光所呈现颜色的深浅或纯洁程度。对于同一色调的彩色光，其饱和度越高，颜色就越纯；而饱和度越小，颜色就越浅，或纯度越低。

饱和度还和亮度有关，同一色调越亮或越暗则越不纯。

4.1.2　图像颜色模型

色彩模式（Color mode）是数字世界中表示颜色的一种算法。在数字世界中，为了表示各种颜色，人们通常将颜色划分为若干分量。成色原理的不同，决定了显示器、投影仪、扫描仪这类靠色光直接合成颜色的颜色设备和打印机、印刷机这类靠使用颜料的印刷设备在生成颜色方式上的区别。

色彩模式虽然有很多种，常用的是 RGB 和 CMYK 两种，RGB 种的颜色都是由红（R）、绿（G）、蓝（B）组合而成，CMYK 颜色是由青（C）、品红（M）、黄（Y）、黑（K）四种颜色组成。

色彩模型是描述使用一组值（通常使用 3 个、4 个值或者颜色成分）表示颜色方法的抽象数学模型。如三原色光模式（RGB）和印刷四分色模式（CMYK）都是色彩模型。

1. RGB 模式

RGB（Red, Green, Blue）模式：红（R）、绿（G）、蓝（B）亦称为"三原色"。使用这三种原色混合可以产生出其他颜色，例如，红色与绿色混合可以产生黄色或橙色，绿色与蓝色混合可以产生青色（Cyan），蓝色与红色混合可以产生紫色或品红色（Magenta）。RGB 模式理论上是一种加色（叠加型）模型，当这三种原色以等比例叠加在一起时，会变成灰色；若将此三原色的强度均调至最大并且等量重叠时，则会呈现白色，如图 4 - 1 所示。

三原色光显示主要用于电视和计算机显示器和投影设备等，有阴极射线管显示、液晶显示和等离子显示等方法，将三种原色光在每一像素中组合成从全黑色到全白色之间各种不同的颜色光，目前在计算机硬件中采取每一像素用 24 比特（bit）表示的方法，所以三种原色光各分到 8 比特，每一种原色的强度依照 8 比特的最高值，即 2^8 分为 256 个值（0 ~ 255）。所以，3 种颜色 2^{24} 可组合出 16 777 216（1677 万）种颜色，但人眼实际只能分辨出 1000 万种颜色。当然，人眼的分辨能力并不相同，这只是最大理论值。

RGB（Red, Green, Blue）模式是一种依赖于设备的颜色空间，不同设备对特定 RGB 值的检测和重现都不一样，因为颜色物质（荧光剂或者染料）和它们对红、绿和蓝的单独响应水平随着制造商的不同而不同，甚至是同样的设备不同的时间也不同。

2. CMYK 模式

CMYK（Cyan, Magenta, Yellow, blacK）模式是一种印刷模式。这种模式包括四原色青（C）、洋红（M）、黄（Y）、黑（K），每种颜色的取值范围为 0 ~ 100%。CMYK 理论上是一种减色模式，人眼理论上是根据减色的色彩模式来辨别色彩的。太阳光包括地球上所有的可见光，当太阳光照射到物体上时，物体吸收（减去）一些光，并把剩余的光反射回去，人们看到的就是这些反射的色彩。例如，高原上太阳紫外线很强，花为了避免烧伤，浅色和白色的花居多，白色花几乎没有吸收任何颜色；自然界中黑色的花很少，因为黑色花意味着要吸收所有的光，这对花来说可能会产生致命的伤害。

理论上，青色、洋红色和黄色半透明的颜料涂在白色的底上，颜料会结合而吸收所有光线，然后产生黑色。然而实际上会产生很暗的棕色。所以，除了青色、洋红色和黄色之外，还会加入黑色以平衡色彩的偏差（即青、洋红、黄、黑 CMYK），如图 4 - 2 所示。

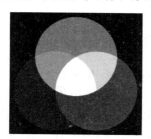 

图 4 - 1　三原色混色（相加）　　　图 4 - 2　CMYK 混色（相减）

一般来说以反射光源或颜料着色时所使用的色彩是属于"消减型"的原色系统，此系统中包含了黄色（Yellow）、青色（Cyan）、品红（Magenta）三种原色，是另一套"三原色"系统。在传统的颜料着色技术上，通常红、黄、蓝会被视为原色颜料，这种系统较受艺术家的欢迎。当这三种原色混合时可以产生其他颜色，例如，黄色与青色混合可以产生绿色，黄色与品红色混合可以产生红色，品红色与青色混合可以产生蓝色。当这三种原色以等比例叠加在一起时，会变成灰色；若将此三原色的饱和度均调至最大并且等量混合时，理论上会呈现黑色，但实际上由于颜料的原因呈现的是浊褐色。

正因如此，在印刷技术上，人们采用了第四种"原色"——黑色，以弥补三原色之不足。这套原色系统常被称为"CMYK 色彩空间"，亦即由青（C）、品红（M）、黄（Y）以及黑（K）所组合出的色彩系统。在消减型系统中，在某颜色中加入白色并不会改变其色相，仅仅减少该色的饱和度。

3. 灰度模式

灰度模式图像的每一个像素是由 8bit 的位分辨率来记录色彩信息的，因此可以产生 256 级灰阶。灰度模式的图像只有明暗值，没有色相合饱和度这两种颜色信息。其中 0 为黑色，100% 为白色，K 值时用来衡量黑色油墨用量的。使用黑白和灰度扫描仪产生的图像常以灰度模式显示，它是一种单通道模式。

在计算机领域中，灰度（Gray scale）数字图像是每个像素只有一个采样颜色的图像。这类图像通常显示为从最暗黑色到最亮的白色的灰度，尽管理论上这个采样可以显示任何颜色的不同深浅，甚至可以是不同亮度上的不同颜色。灰度图像与黑白图像不同，在计算机图像领域中黑白图像只有黑白两种颜色，灰度图像在黑色与白色之间还有许多级的颜色深度。但是，在数字图像领域之外，"黑白图像"也表示"灰度图像"，如灰度的照片通常叫做"黑白照片"。

4. 位图模式

位图（Bitmap），又称栅格图（Raster graphics），位图模式的图像又称黑白图像，是用两种颜色值（黑白）来表示图像中的像素，是使用像素阵列来表示的图像，每个像素的颜色信息由 RGB 组合或者灰度值表示。根据颜色信息所需的数据位分为 1、4、8、16、24 及 32 位等，位数越高颜色越丰富，相应的数据量越大。其中使用 1 位表示一个像素颜色的位图因为一个数据位只能表示两种颜色，它的每一个像素都是用 1bit 的位分辨率来记录色彩信息的，所以又称为二值位图。通常使用 24 位 RGB 组合数据位表示的位图称为真彩色位图。因此它所要求的磁盘空间最少，它是一种单通道模式。

BMP 文件是微软公司所开发的一种交换和存储数据的方法，各个版本的 Windows 都支持 BMP 格式的文件。Windows 提供了快速、方便地存储和压缩 BMP 文件的方法。BMP 格式的缺点是，要占用较大的存储空间，文件尺寸太大。

5. 双色调模式

双色调模式包括 4 种类型：单色调、双色调、三色调和四色调。使用双色调模式最主要的用途是使用尽可能少的颜色表现尽量多的颜色层次，这对于减少印刷成本是很重要的，因为在印刷时每增加一种色调都需要很大的成本，它是一种单通道模式。

6. 索引颜色模式

索引颜色（8 位/像素）图像与位图模式（1 位/像素）、灰度模式（8 位/像素）和双色调模式（8 位/像素）的图像一样都是单通道图像，索引颜色使用包括 256 种颜色的颜色查找表。此模式主要用于网上和多媒体动画，该模式的优点在于可以减少文件大小，同时保持视觉品质上不变；缺点在于颜色少，如果要进一步编辑，应转换为 RGB 模式。当图像转换为索引颜色时，会构建一个颜色查找表，如果原图像中的一种颜色没有出现在查找表中，程序会从可使用颜色中选择最接近的颜色来模拟这些颜色。颜色查找表可在转换过程中定义或在生成索引图像后修改，它是一种单通道模式。

7. Lab 模式

Lab 模式是一种国际标准色彩模式（理想化模式），它与设备无关，色域范围最广，理论上包括了人眼可见的所有色彩，它可以弥补 RGB 和 CMYK 模式的不足。该模式有 3 个通道：L 亮度，取值范围 0～100；a、b 色彩通道，取值范围 -128～+127，其中 a 代表从绿到红，b 代表从蓝到黄。

Lab 色彩空间是颜色—对立空间，带有维度 L 表示亮度，a 和 b 表示颜色对立维度，基于了非线性压缩的 CIE XYZ 色彩空间坐标。

不像 RGB 和 CMYK 色彩空间，Lab 颜色被设计来接近人类视觉。它致力于感知均匀性，它的 L 分量密切匹配人类亮度感知。因此可以被用来通过修改 a 和 b 分量的输出色阶来做精确的颜色平衡，或使用 L 分量来调整亮度对比。这些变换在 RGB 或 CMYK 中是困难或不可能的。

4.2　位图和矢量图

静态图像在计算机中可以有两种方法产生：一种是位图，一种是矢量图。

矢量和位图是计算机图形中的两大概念，这两种图形都被广泛地应用在印刷、出版、互联网等各个方面，各有各的优点和缺点，但都是彼此无法替代的。

1. 位图

位图（Bitmap）就是按照图像点阵形式存储各像素的颜色编码或灰度级。位图图像与屏幕上的像素有着密不可分的关系。图像的大小取决于这些像素点数目的多少，图像的颜色取决于像素的颜色。位图适合表现含有大量细节的画面，并可直接快速地显示或打印。位图存储量大，一般需要压缩存储。

位图使用我们称为像素的一格一格的小点来描述图像。您的计算机屏幕其实就是一张包含大量像素点的网格。在位图中，上面我们看到的树叶图像将会由每一个网格中的像素点的位置和色彩值来决定。每一点的色彩是固定的，当我们在更高分辨率下观看图像时，每一个小点看上去就像是一个个马赛克色块。

用来表示一幅图像的像素越多，结果更接近原始的图像。一幅图像中的像素个数有时被称为图像分辨率，虽然分辨率有一个更为特定的定义。像素可以用一个数表示，例如"640 × 480 显示器"，它有横向 640 像素和纵向 480 像素（就像 VGA 显示器那样），因此其总数为 640 × 480 = 307 200 像素（30.72 万像素）。

数字化图像的彩色采样点（如网页中常用的 JPG 文件）也称为像素。取决于计算机显示器，这些可能不是和屏幕像素一一对应的。在这种区别很明显的区域，图像文件中的点更接近纹理元素。

当进行位图编辑时，其实是在一点一点地定义图像中的所有像素点的信息，而不是类似矢量图只需要定义图形的轮廓线段和曲线。因为一定尺寸的位图图像是在一定分辨率下被一点一点记录下来，所以这些位图图像的品质是和图像生成时采用的分辨率相关的。简单地说，构成位图最小的单位是像素，缩放会使图像失真。

位图就是由像素通过一系列像素阵的排列组成的，并显示相应效果，每个像素都有自己的颜色信息，在对位图图像进行编辑的时候，可操作的是单个的像素，我们可以改变图像的模式、色相、饱和度、明度等信息，从而改变图像的显示效果。举个例子来说，位图就像是在大沙漠中绘出一副图像，远观看上去是栩栩如生、形象逼真，但是近观不是完全不同的概念了，在近处观看，构成图像的单个元素就是不同颜色的沙粒，这些沙粒通过规则的分布和排列而组成一副远观时的精彩画面。

2. 矢量图

矢量图形（Vector）也称为向量图或绘图图像，是计算机图形学中描述的点、直线或者多边形等基于数学方程的几何图像。矢量图形与位图使用像素表示图像的方法有所不同。使用直线和曲线来描述图形，这些图形的元素是一些点、线、矩形、多边形、圆和弧线、颜色、轮廓、大小和屏幕位置等属性，矢量图形都是通过数学公式计算获得的。

当打开或编辑矢量图的时候，软件对图形象对应的函数进行运算，将运算结果（图形的形状和颜色）显示出来。无论显示画面是大还是小，显示或输出图像，画面上的对象对应的算法是不变的，所以，即使对画面进行倍数相当大的缩放，图像的品质不受影响，显示效果仍然相同不会不失真。

3. 位图与矢量图的比较

那么位图和矢量图究竟有哪些区别呢？位图的好处是色彩变化丰富，可以编辑改变任何形状的区域的色彩显示效果，而且，实现的效果越复杂，需要的像素数越多，图像文件的大小（长宽）和体积（存储空间）越大。矢量图的好处是，轮廓的形状更容易修改和控制，但是对于单独的对象，色彩上变化的实现不如位图来得方便直接。另外，支持矢量格式的应用程序也远远没有支持位图的多，很多矢量图形都需要专门设计的程序才能打开浏览和编辑。

当然，矢量图可以很容易地转化成位图，但是位图转化为矢量图却并不简单，往往需要比较复杂的运算和手工调节。矢量图和位图在应用上也是可以相互结合的，例如，在矢量文件中嵌入位图实现特别的效果，在三维影像中用矢量建模和位图贴图实现逼真的视觉效果，等等。归纳起来，位图和矢量图有以下几个方面的区别：

（1）矢量图的基本元素是图元，也就是图形指令；而位图的基本元素是像素。

（2）由于位图是由大量像素点的信息组成，其大小取决于图像灰度以及图像分辨率等，数据量大，占用空间较大；而矢量图只保存算法和特征点，数据量少，占用空间较小。

（3）由于位图适合表示自然景物，一般是通过数码相机实拍或对照片进行扫描得到的，处理侧重于获取和复制；而矢量图一般是通过绘图程序绘制得到的，处理侧重于绘制和创建。

（4）位图显示时只是将像素点影射到屏幕上，故显示速度快；而矢量图显示时需重新运算和变换，故显示速度较慢。

（5）矢量图可以进行变换而不失真；而位图在缩放时图像效果会失真。

（6）矢量图可以图元为单位单独进行属性修改编辑等操作；而位图不行。

4.3　图像的基本属性及种类

4.3.1　分辨率

1. 分辨率

分辨率（Resolution）指单位尺寸的像素数目，也称为"解像度"、"解析度"和"解像力"，泛指量测或显示系统对细节的分辨能力的技术参数，图像的分辨率越高，所包含的像素就越多，图像就越清晰，越接近原始的图像。

像素是指基本原色素及其灰度的基本编码。例如，我们可以说在一幅可见的图像中的像素（如打印出来的一页）或者用电子信号表示的像素，或者用数码表示的像素，或者显示器上的像素，或者数码相机（感光元素）中的像素。我们也可以抽象地讨论像素，特别是使用像素作为解析度（也称分辨率，下同）衡量时，如2400像素每英寸或者640像素每线等。简单说，像素就是图像的点的数值，点画成线，线画成面，像素是分辨率的基本单位。

我们把数码照片放大若干倍后，你会发现这些连续图像是由许多色彩相近的小方点所组成的，这些小方点就是构成影像的最小单位"像素"。

常用的分辨率有图像分辨率、显示器分辨率、输出分辨率和位分辨率 4 种。

2. 图像分辨率

图像分辨率（Image Resolution）指图像中每单位长度所包含的像素的数目。一幅图像中的像素个数有时被称为图像分辨率。分辨率的定义有多种衡量（计算）方法，典型的是以每英寸的像素数（Pixel per inch，PPI）来衡量。当然也有以每厘米的像素数（Pixel per centimeter，PPC）来衡量的。图像分辨率越高，图像就越清晰。图像分辨率和图像尺寸（高×宽）的值一起决定了文件的大小，其中，文件大小与图像分辨率的平方成正比，如果保持图像尺寸不变，将图像分辨率提高一倍，文件将增大四倍。图像分辨率和图像尺寸越大，图形文件所占用的磁盘空间也就越多。当然，高分辨率的图像对设备的要求也将随之提高。图像分辨率的定义同样也适用于数字图像、胶卷图像及其他类型图像。

3. 显示器分辨率

分辨率是屏幕图像的精密度，本书特指显示器分辨率，表示显示器所能显示的像素的多少。屏幕上的点、线和面都是由像素组成的，显示器可显示的像素越多，画面就越精细，同样的屏幕区域内能显示的信息也越多，所以分辨率是个非常重要的性能指标之一。可以把整个图像想象成一个大型的棋盘，而分辨率的表示方式就是所有经线和纬线交叉点的数目。

对于计算机显示器等设备，显示器分辨率（Display resolution）指显示器每单位长度显示的像素的数目。具体一点说，是以屏幕的二维坐标每一个方向上（水平方向－X 轴、垂直方向－Y 轴）的像素数量来表征的，通常是用单位为像素/英寸（PPI）。如显示器的分辨率为 1024×768、1280×1024 等，其中，1024×768（水平方向上有 1024 个像素点，垂直方向有 768 个像素点）即显示器的屏幕上扫描列数为 1024 列，行数为 768 行。

由于计算机显示器（如 LCD 或 CRT）是由一个个极小的点来描绘图像的，显示器在标准屏幕分辨率下，对于一个像素可认为是由显示器的一个"点"来显示，因此 PPI 有时也用每英寸点数（Dots per inch，DPI）表示。不同的计算机屏幕由于分辨率设置的不同，所显示出像素的大小也不同。

显示器分辨率和图像的像素有直接关系。我们计算一下，一张分辨率为 640×480 的图片达到 307 200 像素，也就是我们常说的 30 万像素，而一张分辨率为 1600×1200 的图片，它的像素就是 200 万。这样，我们就知道，分辨率的两个数字表示的是图片在长和宽上占的点数的多少。

另外，多数计算机显示器的分辨率可以通过计算机的操作系统来调节，显示器的像素分辨率可能不是一个绝对的衡量标准。例如，同样一个 17 英寸的液晶屏幕，设置为 800×600 时，水平有 800 个像素点，设置为 1024×768 的时候，水平有 1024 个像素点，显然，在屏幕总宽度不变的情况下，像素的大小是不一样的。

4. 输出分辨率

输出分辨率，又称设备分辨率（Device Resolution），指的是各类输出设备每英寸上可产生的点数，如显示器、喷墨打印机、激光打印机、绘图仪的分辨率。这种分辨率通过 DPI 来衡量，PC 显示器的设备分辨率在 60 至 120DPI 之间，打印设备的分辨率在 360 至 2400DPI 之间。

LPI（Lines Per Inch）表示每英寸上等距离排列多少条网线或网屏分辨率（Screen Resolution），又称网幕频率（是印刷术语），是指印刷图像所用网屏的每英寸的网线数（即挂网网线数）。例如，150LPI 是指每英寸加有 150 条网线。在印刷设备上定义或使用的分辨率技术参数。在传统商业印刷制版过程中，制版时要在原始图像前加一个网屏，这一网屏由呈方格状的透明与不透明部分相等的网线构成。这些网线也就是光栅,其作用是切割光线解剖图像。由于光线具有衍射的物理特性,因此,光线通过网线后,形成了反映原始图像影像变化的大小不同的点,这些点就是半色调点,一个半色调点最大不会超过一个网格的面积。网线越多,表现图像的层次越多,图像质量也就越好。因此,商业印刷行业中采用了 LPI 表示分辨率。

5. 位分辨率

图像的位分辨率(Bit Resolution)又称位深,是用来衡量每个像素储存信息的位数。这种分辨率决定可以标记为多少种色彩等级的可能性。一般常见的有 8 位、16 位、24 位或 32 位色彩。有时我们也将位分辨率称为颜色深度。所谓"位",实际上是指"2"的次方数,8 位即是 2^8,也就是 8 个 2 相乘等于 256。所以,一幅 8 位色彩深度的图像,所能表现的色彩等级是 256 级。例如,一个 24 位的 RGB 图像,表示其各原色 R、G、B 都使用 8 位,三色之和是 24 位即可生成 2^{24} 种颜色。

一个像素所能表达的不同颜色数取决于比特每像素(BPP,bit per pixel)。这个最大数可以通过取 2 的色彩深度次幂来得到。例如,常见的取值有:

8 bpp:2^8=256 色,亦称为"8 位色";

16 bpp:2^{16}=65 536 色,称为高彩色,亦称为"16 位色";

24 bpp:2^{24}=16 777 216 色,称为真彩色,通常为"1670 万色",亦称为"24 位色";

32 bpp:2^{32},计算机领域较常见的 32 位色并不是表示 2^{32} 种颜色,而是在 24 位色基础上增加了 8 位(2^8=256 级)的灰度(亦称"灰阶"),因此 32 位色的色彩总数和 24 位色是相同的,32 位色也称为真彩色或全彩色。

48 bpp:2^{48}=281 474 976 710 656 色,用于很多专业的扫描仪。

对于超过 8 位的深度,这些数位就是三个分量(红、绿、蓝)的各自的数位的总和。一个 16 位的深度通常分为 5 位红色、5 位蓝色、6 位绿色(眼睛对于绿色更为敏感)。24 位的深度一般是每个分量 8 位。在 Windows 系统中,32 位深度也是可选的,这意味着 24 位的像素有 8 位额外的数位来描述透明度。

4.3.2 颜色深度

颜色深度(Color Depth)是指计算机图形学领域表示在位图或者视频帧缓冲区中储存 1 像素的颜色所用的位数,它也称为位/像素(bpp)。颜色深度越高,可用的颜色就越多。

颜色深度简单说就是最多支持多少种颜色。一般是用"位"来描述的。常用的颜色深度有 1 位、8 位、24 位和 32 位。一幅颜色深度为 1 位的图像包括 2^1 种颜色,所以 1 位图像最多可以有黑色和白色两种颜色组成;一幅颜色深度为 8 位的图像包括 2^8 种颜色,每个像素的颜色可以是 256 种颜色中的一种;一幅颜色深度为 24 位的图像包括 2^{24} 种颜色,一幅颜色深度为 32 位的图像包括 2^{32} 种颜色。

颜色深度是用"n 位颜色"(n-bit colour)来说明的。若颜色深度是 n 位,即有 2^n 种颜色选择,而储存每像素所用的位数就是 n。颜色深度越大,图片占的空间越大。

需要特别说明的是:虽然颜色深度越大能显示的色数越多,但并不意味着高深度的图像转换为低深度(如 24 位深度转为 8 位深度)就一定会丢失颜色信息,因为 24 位深度中的所有颜色都能用 8 位深度来表示,只是 8 位深度不能一次性表达所有 24 位深度色而已(8 位能表示 256 种颜色,这 256 色可以是 24 位深度中的任意 256 色)。

颜色深度又叫色彩位数,即位图中要用多少个二进制位来表示每个点的颜色,是分辨率的一个重要指标。常用有 1 位(单色)、2 位(4 色,CGA)、4 位(16 色,VGA)、8 位(256 色)、16 位(增强色)、24 位和 32 位(真彩色)等。

4.3.3　真彩色、伪彩色与直接色

1. 真彩色

真彩色（True Color）是指在组成一幅彩色图像的每个像素值中，有 R，G，B 三个基色分量，每个基色分量直接决定显示设备的基色强度，这样产生的彩色称为真彩色。例如，用 RGB 5∶5∶5 表示的彩色图像，R，G，B 各用 5 位，用 R，G，B 分量大小的值直接确定三个基色的强度，这样得到的彩色是真实的原图彩色。

如果用 RGB 8∶8∶8 方式表示一幅彩色图像，就是 R，G，B 都用 8 位来表示，每个基色分量占一个字节，共 3 个字节，每个像素的颜色就是由这 3 个字节中的数值直接决定，可生成的颜色数就是 $2^{24} = 16\,777\,216$ 种。用 3 个字节表示的真彩色图像所需要的存储空间很大，而人的眼睛是很难分辨出这么多种颜色的，因此，在许多场合往往用 RGB 5∶5∶5 来表示，每个彩色分量占 5 个位，再加 1 位显示属性控制位，共 2 个字节，生成的真颜色数目为 $2^{15} = 32K$。

在许多场合，真彩色图通常是指 RGB 8∶8∶8，即图像的颜色数等于 2^{24}，也常称为全彩色（Full color）图像。但在显示器上显示的颜色不一定是真彩色，要得到真彩色图像需要有真彩色显示适配器，目前在 PC 上用的 VGA 适配器是很难得到真彩色图像的。真彩色图像是一种用三个或更多字节描述像素的计算机图像存储方式。

一般来说，前三个通道都会各用一个字节表示，如红绿蓝（RGB）或者蓝绿红（BGR）。如果存在第四个字节，则表示该图像采用了阿尔法通道。然而，实际系统往往用多于 8 位（即 1 字节）表达一个通道，如一个 48 位的扫描仪等。这样的系统都统称为真彩色系统。

2. 伪彩色

伪彩色（Pseudo Color）图像是一种利用特殊的数位影像处理技术将灰阶影像的图片转换成为全彩的彩色影像，其原理是利用原始影像中的灰阶度（亮度）来推测出其原始彩色影像中的色彩。此技术时常应用在将古老的灰阶电影（俗称"黑白影片"）转换成为全彩的影片（俗称"彩色影片"）。

伪彩色图像的含义是，每个像素的颜色不是由每个基色分量的数值直接决定的，而是把像素值当作彩色查找表（color look-up table，CLUT）的表项入口地址，去查找一个显示图像时使用的 R，G，B 强度值，用查找出的 R，G，B 强度值产生的彩色称为伪彩色。

彩色查找表 CLUT 是一个事先做好的表，表项入口地址也称为索引号。例如，16 种颜色的查找表，0 号索引对应黑色，15 号索引对应白色。彩色图像本身的像素数值和彩色查找表的索引号有一个变换关系，这个关系可以使用 Windows 95/98 定义的变换关系，也可以使用用户自定义的变换关系。使用查找得到的数值显示的彩色是真的，但不是图像本身真正的颜色，它没有完全反映原图的彩色。

3. 直接色

直接色（Direct Color）：像素值分为红、绿、蓝子域，每一个子域索引一份独立的色彩映射，可改变色彩映射的内容。

每个像素值分成 R，G，B 分量，每个分量作为单独的索引值对它做变换。也就是通过相应的彩色变换表找出基色强度，用变换后得到的 R，G，B 强度值产生的彩色称为直接色。它的特点是对每个基色进行变换。

用这种系统产生的颜色与真彩色系统相比，相同之处是都采用 R，G，B 分量决定基色强度，不同之处是后者的基色强度直接用 R，G，B 决定，而前者的基色强度由 R，G，B 经变换后决定。因而这两种系统产生的颜色就有差别。试验结果表明，使用直接色在显示器上显示的彩色图像看起来更真实、自然。

这种系统与伪彩色系统相比，相同之处是都采用查找表，不同之处是前者对 R，G，B 分

量分别进行变换，后者是把整个像素当作查找表的索引值进行彩色变换。

4.4 图像格式

1. PSD 格式

PSD（Photoshop Document），是著名的 Adobe 公司的图像处理软件 Photoshop 的专用格式。这种格式可以存储 Photoshop 中所有的图层、通道、参考线和颜色模式等信息。在保存图像时，若图像中包含有层，则一般都用 Photoshop（PSD）格式保存。PSD 格式在保存时会将文件压缩，以减少占用磁盘空间，但 PSD 格式所包含图像数据信息较多（如图层、通道、剪辑路径、参考线等），因此比其他格式的图像文件还是要大得多。由于 PSD 文件保留所有的原图像数据信息，因而修改起来较为方便，大多数排版软件不支持 PSD 格式的文件。

2. TIFF 格式

TIFF（Tagged Image File Format）即标签图像文件格式，是一种主要用来存储包括照片和艺术图在内的图像的文件格式。TIFF 格式是一种无损压缩格式。它支持 RGB、CMYK、Lab、索引颜色、位图和灰度模式，而且在 RGB、CMYK 和灰度 3 种颜色模式中还支持使用通道、图层和剪切路径。

3. JPEG 格式

JPEG（Joint Photographic Experts Group）是指定的一种静止图像压缩格式，文件的扩展名为 .jpg 或 .jpeg，其压缩技术十分先进，它用有损压缩方式去除冗余的图像和彩色数据，获得极高的压缩率的同时能展现十分丰富生动的图像，它不支持 Alpha 通道也不支持透明。

4. GIF 格式

GIF（Graphics Interchange Format）即图像互换格式，是 CompuServe 公司在 1987 年开发的图像文件格式。GIF 文件的数据，是一种基于 LZW 算法的连续色调的无损压缩格式。其压缩率一般在 50% 左右，它不属于任何应用程序。目前几乎所有相关软件都支持它，公共领域有大量的软件在使用 GIF 图像文件。GIF 图像文件的数据是经过压缩的，而且是采用了可变长度等压缩算法。支持 256 色（8 位图像）、一个 Alpha 通道、透明和动画格式。

5. BMP 格式

BMP（Bit Map）即位图，它是 Windows 操作系统中的标准图像文件格式，能够被多种 Windows 应用程序所支持。随着 Windows 操作系统的流行与丰富的 Windows 应用程序的开发，BMP 位图格式理所当然地被广泛应用。这种格式的特点是包含的图像信息较丰富，几乎不进行压缩。BMP 位图文件默认的文件扩展名是 BMP 或者 bmp，它支持 RGB、索引颜色、灰度和位图颜色模式，但不支持 Alpha 通道也不支持 CMYK 模式。

6. EPS 格式

EPS 文件是目前桌面印刷系统普遍使用的通用交换格式当中的一种综合格式。EPS 文件格式又被称为带有预视图像的 PS 格式，它是由一个 PostScript 语言的文本文件和一个（可选）低分辨率的由 PICT 或 TIFF 格式描述的代表像组成。EPS 文件就是包括文件头信息的 PostScript 文件，利用文件头信息可使其他应用程序将此文件嵌入文档。

7. PDF 格式

PDF（Portable Document Format）即便携式文件格式，是由 Adobe Systems 在 1993 年用于文件交换所发展出的文件格式。PDF 格式可跨平台操作，可以在 Windows、Mac OS、UNIX 和 DOS 环境下浏览。它支持 JPEG 和 ZIP 压缩，支持透明，不支持 Alpha 通道。

8. PNG 格式

PNG（Portable Network Graphic Format）是图像文件存储格式，其目的是试图替代 GIF 和 TIFF 文件格式，同时增加一些 GIF 文件格式所不具备的特性。可移植网络图形格式（Portable Network Graphic Format，PNG）名称来源于非官方的"PNG's Not GIF"，是一种位图文件（bitmap file）存储格式。PNG 用来存储灰度图像时，灰度图像的深度多达 16 位，存储彩色图像时，彩色图像的深度多达 48 位，并且还可存储多达 16 位的 Alpha 通道数据。PNG 使用从 LZ77 派生的无损数据压缩算法，支持透明，但不完全支持所有浏览器。

第5章 多媒体音频技术

5.1 数字音频基础

计算机数据的存储是以0、1的形式存取的，数字音频就是首先将音频文件转化，接着再将这些电平信号转化成二进制数据保存，播放的时候再把这些数据转换为模拟的电平信号再送到喇叭播出的。数字声音与一般磁带、广播、电视中的声音在存储播放方式方面相比，有着本质区别，它具有存储方便、存储成本低廉、存储和传输的过程中没有声音的失真、编辑和处理非常方便等特点。

5.1.1 声音的基本概念

1. 声音的定义

声音（Sound）是因物体的振动而产生的一种物理现象。振动使物体周围的空气绕动而形成声波，声波以空气为媒介传入人们的耳朵，于是人们就听到了声音。因此，从物理上讲，声音是一种波。用物理学的方法分析，描述声音特征的物理量有声波的振幅（Amplitude）、周期（Period）和频率（Frequency）。因为频率和周期互为倒数，因此，一般只用振幅和频率两个参数来描述声音，如图5-1所示。

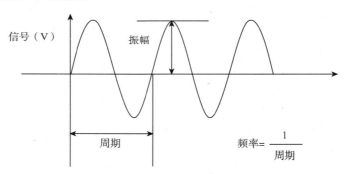

图5-1 声音特征示意图

其中，频率反映声音的高低，振幅反映声音的大小。声音中含有高频成分越多，音调就越高，也就是越尖，反之则越低；声音的振幅越大，声音则越大，反之则越小。需要指出的是，现实世界的声音不是由某个频率或某几个频率组成，而是由许多不同频率不同振幅的正弦波叠加而成，如图5-2所示。

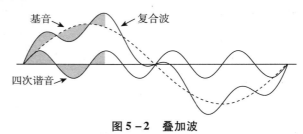

图5-2 叠加波

2. 声音的分类

声音的分类有多种标准，根据客观需要可有以下三种分类标准。

（1）按频率划分，可分为亚音频、音频、超音频和过音频。频率分类的意义主要是为了区分音频声音和非音频声音。

- 亚音频（Infrasound）：0Hz～20Hz。
- 音频（Audio）：20Hz～20KHz。
- 超音频（Ultrasound）：20KHz～1GHz。
- 过音频（Hypersound）：1GHz～1THz。

（2）按原始声源划分，可分为语音、乐音和声响。按声源发出的声音分类是为了针对不同类型的声音，使用不同的采样频率进行数字化处理，依据它们产生的方法和特点，采取不同的识别、合成和编码方法。

- 语音：指人类为表达思想和感情而发出的声音。
- 乐音：弹奏乐器时乐器发出的声音。
- 声响：除语音和乐音之外的所有声音，如风声、雨声和雷声等自然界或物体发出的声音。

（3）按存储形式划分，可分为模拟声音和数字声音。

- 模拟声音：对声源发出的声音采用模拟方式进行存储，如用录音带录制的声音。
- 数字声音：对声源发出的声音采用数字化处理，用 0、1 表示声音的数据流，或者是计算机合成的语音和音乐。

3. 音频

音频（Audio）是用声音的频率界定的，指频率在 20Hz～20KHz 范围内的声波。音频所覆盖的声音频率是人的耳朵所能听到的声音。

不是所有称得上声音的声波就一定是人能听到的。语音的频率一般为 300Hz～3000Hz；乐音的频率一般在 20Hz～20KHz，最低可到 10Hz；自然界很多声响的频率范围比语音和乐音的频率范围广，如鲸在互传信息时所发出的声音人就感觉不到。

了解人所能接听的频率范围有两方面的意义：一是明确多媒体声音信息的讨论集中在音频声音范围内，而不是所有频率的声音，这些声音包括了语音、乐音和声响；二是并非所有声音对人类都有意义，实际上任何一种自然声响中频率超过 20KHz 的部分都是可以丢弃的，这为合理地确定对声音的采样频率、减少声音中的冗余信息提供了理论依据。

4. 声音质量的评价标准

声音质量的评价是一个很困难的问题，也是一个值得研究的课题。目前，声音质量的度量有两种基本方法，一种是客观质量度量，另一种是主观质量度量。

声音客观质量度量的传统方法是对声波的测量与分析，其方法是先用机电换能器把声波转换为相应的电信号，然后用电子仪表放大到一定的电压级进行测量与分析。计算技术的发展使许多计算和测量工作都使用了计算机或程序。这些带计算机处理系统的高级声学测量仪器能完成一系列测量工作。

度量声音客观质量的一个主要指标是信噪比 SNR（Signal to Noise Ration）。对于任何音频，信噪比都是一个比较重要的参数，它指音源产生最大不失真声音信号强度与同时发出噪音强度之间的比率，通常以 S/N 表示，一般用分贝（dB）为单位。信噪比越高表明音频质量越好。

采用客观标准方法很难真正评定某种编码器的质量，在实际评价中，主观质量度量比客观质量度量更为恰当和合理。主观质量度量通常是对某编码器的输出的声音质量进行评价的，例如，播放一段音乐，记录一段话，然后重放给实验者听，再由实验者进行综合评定。每个实验者对某个编码器的输出进行质量判分，采用类似于考试的五级分制，不同的平均分值对应不同的质量级别和失真级别，一般分为优、良、中、差、劣 5 级。可以说，人的感觉机理最具有决定意义。当然，可靠的主观度量值是较难获得的。

声音的质量与它所占用的频带宽度有关，频带越宽，信号频率的相对变化范围就越大，音响效果也就越好。按照带宽可将声音质量分为 4 级，由低到高依次如下：

（1）电话话音音质：200Hz ~ 3400Hz，简称电话音质。

（2）调幅广播音质：50Hz ~ 7000Hz，简称 AM 音质。

（3）调频广播音质：20Hz ~ 15 000Hz，简称 FM 音质。

（4）激光唱盘音质：10Hz ~ 20 000Hz，简称 CD 音质。

由此可见，质量等级越高，声音所覆盖的频率范围就越宽。

5. 模拟音频

模拟信号（Analog Signal）是指在时域上数学形式为连续函数的信号。与模拟信号对应的是数字信号，后者采取分立的逻辑值，而前者可以取得连续值。

任何的信息都可以用模拟信号来表达。这里的信号常常指物理现象中被测量对变化的响应，如声音、光、温度、位移、压强，这些物理量可以使用传感器测量。模拟信号中，不同的时间点位置的信号值可以是连续变化的；而对于数字信号，不同时间点的信号值总是处于预先设定的离散点，因此，如果物理量的真实值不能在这些预设值中被找到，那么这时数字信号就与真实值存在一定的偏差。

模拟音频即前面提到的模拟声音，是指随时间连续变动的声音波形的模拟记录形式，通常采用电磁信号对声音波形进行模拟记录。

模拟音频可以用多种声源作为记录时的输入，如果用发声的原始程度作为标准，声源可以分为一次声源和二次声源两大类。自然界发出的一切声音，包括语音、乐音和声响都是模拟音频的输入声源，都是一次声源。其一，声音的模拟记录形式经各种电子设备的输出可以作为再次记录该模拟声音的输入声源，如磁带机的输出；其二，声音的数字记录形式经各种数字声音设备输出后又可以作为再次记录该模拟声音的输入声源，如 CD 唱机的输出。

就记录技术而言，记录模拟声音的波形形状从而将声波振动转变为磁带的磁向排列的技术称为模拟音频记录技术。

6. 数字音频

计算机不能直接识别声音的模拟信息，必须转化为数字信息，这一过程称为声波的数字化（将连续的模拟信号将变成不连续的数字信号）。

数字音频是一种利用数字化手段对声音进行录制、存放、编辑、压缩或播放的技术，它是随着数字信号处理技术、计算机技术、多媒体技术的发展而形成的一种全新的声音处理手段。数字音频并非一种新的声音，只不过是模拟声音进入计算机后的一种记录和存储形式。计算机在处理声音时，除了输出仍用波形形式外，记录、存储和传送都不能使用波形形式（模拟），而必须进行数字化，使时间上连续变化的波形声音变为一串 0、1 构成的数字序列，这种数字序列就是数字音频。光盘、硬盘都可以作为数字音频的记录媒体。

7. 模拟音频与数字音频特点比较

模拟音频与数字音频从它们的特点上进行比较，主要有以下几个方面：

（1）模拟音频是连续的波动信号；数字音频是离散的数字信号。

（2）模拟音频不便进行编辑修改；数字音频编辑、特效处理容易。

（3）模拟音频用磁带或唱片作记录媒体，容易磨损、发霉和变形，不利长久保存；数字音频主要用光盘存储，不易磨损，适宜长久保存。

（4）模拟音频进入计算机时必须数字化为数字音频；而数字音频最终要转换为模拟音频才能输出。

5.1.2　声音的数字化

音频信号的数字化就是对时间上连续波动的声音信号进行采样和量化，对量化的结果选用某种音频编码算法进行编码，所得结果就是音频信号的数字形式，即数字音频。

一般情况下，声音的制作是使用麦克风或录音机来产生，再由声卡上的模拟/数字转换器（Analog to Digital Converter，简称 ADC 或 A/D）实现的，包括采样、量化、编码等过程。

简单的音频信号处理流程如图 5-3 所示。A/D 对模拟音频采样，量化编码为二进制序列，并在计算机内传输和存储生成数字音频文件。在数字音频回放时，再由声卡上的数字/模拟转换器（Digital to Analog Converter，简称 DAC 或 D/A）解码将二进制编码恢复成原始的模拟声音信号，输出驱动音箱等设备。

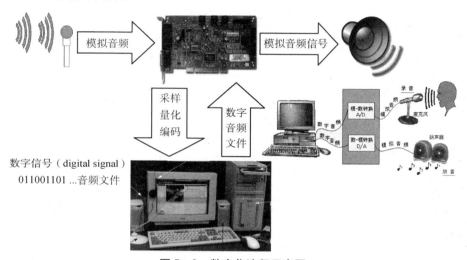

图 5-3　数字化流程示意图

1. 采样和采样频率

（1）采样。又称为抽样，按固定的时间间隔（即采样周期）对模拟波形的振幅值进行取样（提取）。采样率（也称为采样速度或者采样频率）定义了每秒从连续信号中提取并组成离散信号的采样个数，它用赫兹（Hz）来表示。采样频率的倒数叫做采样周期或采样时间，它是采样之间的时间间隔。注意不要将采样率与比特率（bit rate，亦称"位速率"）相混淆。

（2）采样频率。采样频率必须大于被采样信号带宽的两倍，另外一种等同的说法是：奈奎斯特频率必须大于被采样信号的带宽。

如果信号的带宽是 100Hz，那么为了避免混叠现象，采样频率必须大于 200Hz。换句话说就是：采样频率必须至少是信号中最大频率分量频率的两倍，否则就不能从信号采样中恢复原始信号。采样频率只能用于周期性采样的采样器，对于非周期性采样的采样器没有规则限制。采样又称抽样或取样，它把时间上连续的模拟信号变为时间上断续离散的有限个样本值的信号，如图 5-4 所示。

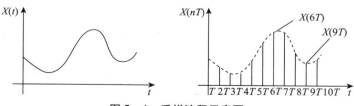

图 5-4　采样流程示意图

它是利用等间隔采样脉冲序列 p（t），从连续时间信号 x（t）中抽取一系列离散样值，使之成为采样信号 x（nTs）的过程。n = 0，1，… Ts 称为采样间隔，或采样周期，1/Ts = fs 称为采样频率。

由于后续的量化过程需要一定的时间 τ，对于随时间变化的模拟输入信号，要求瞬时采样值在时间 τ 内保持不变，这样才能保证转换的正确性和转换精度，这个过程就是采样保持。正是有了采样保持，实际上采样后的信号是阶梯形的连续函数。

在多媒体技术中通常采用三种音频采样频率，11.025kHz、22.05kHz 和 44.1kHz。一般在允许失真条件下，尽可能将采样频率选低些，以减少数据量。下表列出不同采样频率下适应范围，见表 5 - 1。

表 5 - 1 常用的音频采样频率和适用情况

采样频率	适应范围
8kHz	适用于语音采样，能达到电话话音音质标准的要求
11.025kHz	对语音和频率不超过 5kHz，能达电话话音音质标准但不及调幅广播的音质要求
16kHz、22.05kHz	适用于对最高频率在 10kHz 以下的声音采样，能达到调幅广播音质标准
32.0kHz、37.8kHz	miniDV 数码视频、DAT（LP mode）、17.5kHz 以下的声音，调频广播音质标准
44.1kHz	可达到激光唱盘的音质，也常用于 MPEG - 1 音频（VCD，SVCD，MP3）
48kHz	miniDV、数字电视、DVD、DAT、电影和专业音频所用的数字声音
50kHz	三菱 X - 80 数字录音机
96kHz	DVD - Audio、一些 LPCM DVD 音轨、Blu - ray Disc（蓝光盘）音轨、HD - DVD（高清晰度 DVD）音轨
2.8224 MHz	SACD、索尼和飞利浦联合开发 Direct Stream Digital 的 1 位 sigma - delta modulation

比特率是采样率和量化过程中使用的比特数的产物。它是数据通信的一个重要参数。公用数据网的信道传输能力常常是以每秒传送多少 KB 或多少 GB 信息量来衡量的，见表 5 - 2。

表 5 - 2 常用的音频采样频率和适用情况

应用类型	采样频率（KHz）	带宽（KHz）	频带（Hz）	比特率（KB/s）
电话	8.0	3.0	200～3200	64
远程会议	16.0	7.0	50～7000	256
数字音频光盘	44.1	20.0	20～20000	1410
数字音频带	48.0	20.0	20～20000	1536

2. 量化和量化位数

采样只解决了音频波形信号在时间坐标（即横轴）上把一个波形切成若干个等分的数字化问题，但是每一等分的长方形的高是多少呢？即需要用某种数字化的方法来反映某一瞬间声波幅度的电压值的大小，该值的大小影响音量的高低。我们把声波波形幅度的数字化表示称为"量化"，又称幅值量化。

若取信号 x（t）等分的一个个长方形，经过舍入或截尾方法变为有限值时，则可能产生量化的误差，如图 5 – 5 所示。

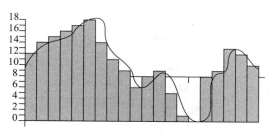

图 5 – 5　连续波形量化过程示意图

　　由于一般把量化误差看成是模拟信号作数字处理时的可加噪声，故而又称之为舍入噪声或截尾噪声。量化增量愈大，则量化误差愈大。量化增量大小，一般取决于计算机 A/D 卡的位数。例如，8 位二进制为 $2^8 = 256$，即量化电平为所测信号最大电压幅值的 1/256。

　　量化是指模拟信号到数字信号的转换，它是模拟量化为数字量必不可少的步骤。由于模拟量是连续的，而数字量是离散量，因此，量化操作实质上是用有限的离散量代替无限的模拟量的多对一映射操作，对抽样信号幅值进行离散化处理的过程。

　　量化的过程是先将采样后的信号按整个声波的幅度划分为有限个区段的集合，把落入某个区段的样值归为一类，并赋予相同的量化值。如何分割采样信号的幅度呢？还是采取二进制的方式，以 8 位（bit）或 16 位的方式来划分纵轴。也就是说，在一个以 8 位为记录模式的音效中，其纵轴将会被划分为 2^8（256）个量化等级（Quantization Levels），用以记录其幅度大小；而在一个以 16 位为记录模式的音效中，其纵轴将会被划分为 2^{16}（65 536）个量化等级来记录采样的声音幅度。声音的采样与量化如图 5 – 6 所示，图中所示是以 4 位二进制来划分纵轴，即将纵轴划分为 2^4（16）个量化等级。

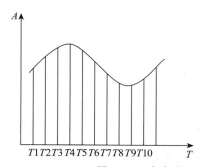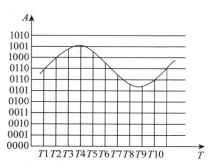

图 5 – 6　声音的采样（左图）与量化（右图）

　　模拟音频的数字化过程中，采样频率越高（高/低），越能真实地反映音频信号随时间的变化，如图 5 – 7 所示；量化位数越多（多/少），越能细化音频信号的幅度变化，见表 5 – 3。编码即用二进制数码表示量化后的音频采样值。为减小数据量，通常使用压缩编码技术。

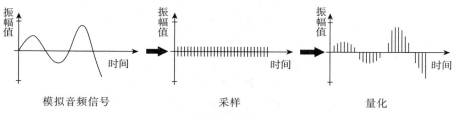

图 5 – 7　模拟音频的数字化过程

表 5 – 3 量化位数与精度

量化位数	精度	
$1bit = 2^1$	2 种级别	
$2bit = 2^2$	4 种级别	
$3bit = 2^3$	8 种级别	
$8bit = 2^8$	256 种级别	1Byte（1 字节）
$16bit = 2^{16}$	65 536 种级别	2Byte（2 字节）
$24bit = 2^{24}$	16 777 216 种级别	3Byte（3 字节）

量化位数是每个采样点能够表示的数据范围，通常 16 位的量化级别足以表示从人耳刚好能听到的最细微的声音到无法忍受的巨大的噪音这样的声音范围了。同样，量化位数越高，表示的声音的动态范围就越广，音质就越好，但是同样的储存的数据量也越大。

3. 编码

编码是指将离散幅值经过量化以后变为二进制数字的过程。信号 x（t）经过上述变换以后，即变成了时间上离散、幅值上量化的数字信号。

模拟信号经采样和量化后，形成一系列的离散信号——脉冲数字信号，这种脉冲数字信号可以以一定的方式进行编码，形成计算机内部运行的数据。编码就是对量化结果的二进制数据以一定格式表示的过程，也就是按照一定的格式把经过采样和量化得到的离散数据记录下来，并在有用的数据中加入一些用于纠错、同步和控制的数据。在数据回放时，可以根据所记录的纠错数据判别读出的声音数据是否有错，如果在一定范围内有错，可以加以纠正。

5.2 声卡

声卡（Sound Card）是多媒体计算机中用来处理声音的接口卡。声卡可以把来自话筒、收音机、录音机、激光唱机（镭射影碟）等设备的语音、音乐等声音变成数字信号交给计算机处理，并以文件形式存盘，还可以把数字信号还原成真实的声音输出。声卡尾部的接口从机箱后侧伸出，上面有连接麦克风、音箱、游戏杆和 MIDI 设备的接口。

5.2.1 工作原理与技术

声卡是多媒体技术中最基本的组成部分，麦克风和音箱（耳机）所用的都是模拟信号，而计算机所能处理的都是数字信号，声卡的作用就是实现两者的转换。声卡是实现声波/数字信号，即模拟/数字（A/D）相互转换的硬件。

1. 工作原理与结构

（1）声卡工作原理。声卡工作原理描述如下：声卡从话筒中获取声音模拟信号，通过模数转换器（Analog to Digital Converter，ADC）将声波振幅信号采样转换成一串数字信号，存储到计算机中。重放时，这些数字信号送到数模转换器（Digital to Analog Converter，DAC），以同样的采样速度还原为模拟波形，放大后送到音箱（扬声器）发声，这一技术称为脉冲编码调制技术（Pulse Code Modulation，PCM）。

（2）声卡组成与结构。声卡由声音控制/处理芯片、功放芯片、声音输入/输出端口等部分组成。声卡可分为模数转换电路（ADC）和数模转换电路（DAC）两部分：模数转换电路负责将麦克风等声音输入设备采到的模拟声音信号转换为计算机能处理的数字信号；而数模转换电路负责将计算机使用的数字声音信号转换为音箱（扬声器）等设备能使用的模拟信号。声卡主要有以下几个方面的作用：

- 数字声音文件：通过声卡及相应的驱动程序的控制，采集来自话筒、收录机等音源的信号，压缩后被存放在计算机系统的内存或硬盘中。
- 播放：激光盘压缩的数字化声音文件还原成高质量的声音信号，放大后通过扬声器放出。
- 音效：数字化的声音文件进行加工，以达到某一特定的音频效果。
- 混音：对各种音源进行组合，实现混响器的功能。
- 合成：通过声卡朗读文本信息，如读英语单词和句子，奏音乐等。
- 音频识别：让操作者用口令指挥计算机工作。
- 电子乐器：MIDI。在驱动程序的作用下，声卡可以将 MIDI 格式存放的文件输出到相应的电子乐器中，发出相应的声音。使电子乐器受声卡的指挥。

声卡主要有为板卡式、集成式和外置式三种接口类型，以适用不同用户的需求，三种类型的产品各有优缺点。

2. 应用技术

（1）音乐合成。音乐合成有以下两种方法：

- 调频（FM）合成法：FM 合成方式是将多个频率的简单声音合成复合音来模拟各种乐器的声音。FM 合成方式是早期使用的方法，用这种方法产生的声音音色少、音质差。
- 波形表（Wavetable）合成法：这种方法是先把各种真正乐器的声音录下来，再进行数字化处理形成波形数据，然后将各种波形数据存储在只读存储器中。发音时通过查表找到所选乐器的波形数据，再经过调制、滤波、再合成等处理形成立体声送去发音。存储声音样本的 ROM 容量的大小对波表合成效果影响很大。

（2）混音器。混音器的作用是将来自音乐合成器、CD – ROM、话筒输入（MIC）等不同来源的声音组合在一起再输出，混音器是每种声卡都有。

（3）数字声音效果处理器。数字声音效果处理器是对数字化的声音信号进行处理以获得所需要的音响效果（混响、延时、合唱等），数字声音效果处理器是高档声卡具备的功能。

（4）模拟声音输入输出。模拟声音输入输出功能主要是 A/D、D/A 转换。一般声音信号是模拟信号，计算机不能对模拟信号进行处理。声音信号输入后要将模拟信号转换成数字信号再由计算机进行处理。由于音箱（扬声器）只能接受模拟信号，所以声卡输出前要把数字信号转换成模拟信号。常用于表示声卡性能的两个参数是采样率和模拟量转换成数字量之后的数据位数（简称量化位数）。

（5）采样率。采样率决定了频率响应范围，对声音进行采样的三种标准以及采样频率为：44.1KHz（每秒采集声音样本 44.1 千次）、11KHz、22KHz。其中，11KHz 的采样率获得的声音称为电话音质，基本上能分辨出通话人的声音；22KHz 称为广播音质；44.1KHz 称为 CD 音质（高保真）。采样频率越高，获得的声音文件质量越好，占用磁（光）盘的空间也就越大。对声波每次采样后存储、记录声音振幅所用的位数称为采样位数，如 16 位声卡的采样位数就是 16。

（6）量化位数。量化位数决定了音乐的动态范围，量化位数有 8 位和 16 位两种。8 位声卡的声音从最低音到最高音只有 256（2^8）个级别，16 位声卡有 65 536（2^{16}）个高低音级别。

5.2.2 音乐合成和 MIDI 接口规范

1. 音乐合成与 MIDI

MIDI（Musical Instrument Digital Inerface）是指乐器数字接口，是数字音乐的国际标准。任

何电子乐器，只要有处理 MIDI 消息的微处理器，并有合适的硬件接口，都可以成为一个 MIDI 设备。MIDI 消息，实际上就是乐谱的数字描述。乐谱完全由音符序列、定时以及被称为合成音乐的乐器定义组成，如图 5 - 8 所示。当一组 MIDI 消息通过音乐合成器芯片演奏时，合成器就会解释这些符号并产生音乐。很显然，MIDI 给出了另外一种得到音乐声音的方法，但关键是作为媒体应能记录这些音乐的符号，相应的设备能够产生和解释这些符号。

MIDI 的音乐符号化过程，实际上就是产生 MIDI 协议信息的过程。协议信息将由状态信息和数据信息组成。定义和产生音乐的 MIDI 消息和数据存放在 MIDI 文件中，每个 MIDI 文件最多可存放 16 个音乐通道的信息，存放 MIDI 信息的标准文件格式。MIDI 中包含音符、定时和多达 16 个通道的演奏定义。文件包含每个通道的演奏音符信息：键、通道号、音乐和力度。

音序器捕捉 MIDI 消息并将其存入文件中，而合成器依据要求将声音按所要求的音色、音调等合成出来。

音乐合成器是计算机音乐系统中最重要的设备之一。电子乐器是靠电子电路产生出波动的电流然后送到扬声器发声的。声音的源头是合成器。MIDI 音乐的发生就完全依赖于合成器。目前，声卡的音乐合成主要有两种方法：一种是常用的调频（FM）合成法，另一种就是波表（Wave Table）合成法。

（1）MIDI 接口。MIDI 标准中规定：MPC 包括一个内部合成器和标准的 MIDI 端口，一个或多个下列端口：

- MIDI In（输入口）：接收从其他 MIDI 装置传来的消息。
- MIDI Out（输出口）：发送某装置生成的原始 MIDI 消息，向其他设备发送 MIDI 消息。
- MIDI Thru（转发口）：传送从输入口接收的消息到其他 MIDI 装置，向其他设备发送 MIDI 消息。

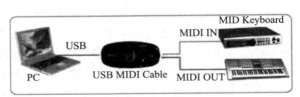

图 5 - 8 音乐合成和 MIDI 设备组合

（2）声卡接口。

- 线型输入接口：标记为 "Line In"，Line In 端口将品质较好的声音、音乐信号输入，通过计算机的控制将该信号录制成一个文件。通常该端口用于外接辅助音源，如影碟机、收音机、录像机及 DVD 回放卡的音频输出等。
- 线型输出端口：标记为 "Line Out"，用于外接音箱功放或带功放的音箱等。
- 话筒输入端口：标记为 "Mic In"，用于连接麦克风（话筒），可以将自己的歌声录下来，实现基本的 "卡拉 OK 功能"。
- MIDI：即游戏摇杆接口，标记为 "MIDI"，几乎所有的声卡上均带有一个游戏摇杆接口来配合模拟飞行、模拟驾驶等游戏软件，这个接口与 MIDI 乐器接口共用一个 15 针的 D 型连接器（高档声卡的 MIDI 接口可能还有其他形式）。该接口可以配接游戏摇杆、模拟方向盘，也可以连接电子乐器上的 MIDI 接口，实现 MIDI 音乐信号的直接传输，如图 5 - 9 所示。

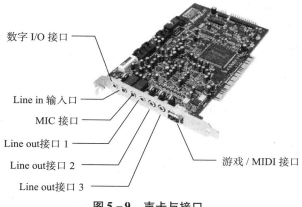

数字 I/O 接口

Line in 输入口

MIC 接口

Line out接口 1

Line out接口 2

Line out接口 3

游戏 / MIDI 接口

图 5 - 9 声卡与接口

5.2.3 语音合成

1. 概述

语音合成是将人类语音用人工的方式产生。若是将计算机系统用在语音合成上，则称为语音合成器，而语音合成器可以用软/硬件所实现。文字转语音（Text To Speech，TTS）系统则是将一般语言的文字转换为语音。其他的系统可以描绘语言符号的表示方式，就像音标转换至语音一样，而合成后的语音则是利用在数据库内的许多已录好的语音连接起来。系统则因为储存的语音单元大小不同而有所差异，若是要储存 phone 以及 diphone 的话，系统必须提供大量的储存空间，但是在语意上或许会不清楚。而用在特定的使用领域上，储存整字或整句的方式可以达到高品质的语音输出。另外，包含了声道模型以及其他的人类声音特征参数的合成器则可以创造出完整的合成声音输出。

一般来讲，实现计算机语音输出有两种方法：一是录音/重放；二是文/语转换。第二种方法是基于声音合成技术的一种声音产生技术，它可用于语音合成和音乐合成。

文/语转换是语音合成技术的延伸，它能把计算机内的文体转换成连续自然的语音流。若采用这种方法输出语音，应预先建立语音参数数据库、发音规则等。需要输出语音时，系统按需求先合成语音单元，再按语音学规则连接成自然的语流。

计算机话语输出按其实现的功能来分，可以分为以下两个档次：一是有限词汇的计算机语音输出，它可以采用录音/重放技术，或针对有限词汇采用某种合成技术，对语言理解没有要求。二是基于语音合成技术的文字—语音转换（TTS），进行由书面语言到语音的转换，它并不只是由正文到语音信号的简单映射，它还包括了对书面语言的理解以及对语音的韵律处理。

2. 合成方法

（1）LPC。波形拼接技术的发展与语音的编、解码技术的发展密不可分，其中 LPC（Linear Predictive Coding）技术（线性预测编码技术）的发展对波形拼接技术产生了巨大的影响。LPC 合成技术本质上是一种时间波形的编码技术，目的是降低时间域信号的传输速率。

LPC 合成技术的优点是简单直观，其合成过程实质上只是一种简单的解码和拼接过程。另外，由于波形拼接技术的合成基元是语音的波形数据，保存了语音的全部信息，因而对于单个合成基元来说，能够获得很高的自然度。

但是，由于自然语流中的语音和孤立状况下的语音有着极大的区别，如果只是简单地把各个孤立的语音生硬地拼接在一起，其整个语流的质量势必是不太理想的。而 LPC 技术从本质上来说只是一种录音 + 重放，对于合成整个连续语流 LPC 合成技术的效果是不理想的。因此，LPC 合成技术必须和其他技术相结合，才能明显改善 LPC 合成的质量。

（2）PSOLA。20 世纪 80 年代末提出的 PSOLA（Pitch Synchronous Overlap Add）合成技术（基音同步叠加技术）给波形拼接合成技术注入了新的活力。PSOLA 技术着眼于对语音信号超时段特征的控制，如基频、时长、音强等的控制。而这些参数对于语音的韵律控制以及修改是至关重要的，因此，PSOLA 技术比 LPC 技术具有可修改性更强的优点，可以合成出高自然度的语音。

PSOLA 技术的主要特点是：在拼接语音波形片断之前，首先根据上下文的要求，用 PSOLA 算法对拼接单元的韵律特征进行调整，使合成波形既保持了原始发音的主要音段特征，又能使拼接单元的韵律特征符合上下文的要求，从而获得很高的清晰度和自然度。

PSOLA 技术保持了传统波形拼接技术的优点，简单直观、运算量小，而且还能方便地控制语音信号的韵律参数，具有合成自然连续语流的条件，得到广泛的应用。

但是，PSOLA 技术也有其缺点：其一，PSOLA 技术是一种基音同步的语音分析/合成技术，需要首先准确基因周期以及对其起始点的判定。基音周期或其起始点的判定误差将会影响 PSOLA 技术的效果。其二，PSOLA 技术是一种简单的波形映射拼接合成，这种拼接是否能够保持平稳过渡以及它对频域参数有什么影响等并没有得到解决，因此，在合成时会产生不理想的结果。

（3）LMA。随着人们对语音合成的自然度和音质的要求越来越高，PSOLA 算法表现出对韵律参数调整能力较弱和难以处理协同发音的缺陷，因此，人们又提出了一种基于 LMA（Log Magnitude Approximate）声道模型的语音合成方法。这种方法具有传统的参数合成可以灵活调节韵律参数的优点，同时又具有比 PSOLA 算法更高的合成音质。

这两种技术各有所长，共振峰技术比较成熟，有大量的研究成果可以利用，而 PSOLA 技术则是比较新的技术，具有良好的发展前景。过去这两种技术基本上是互相独立发展的。

5.2.4　语音识别

语音识别是一门交叉学科。近 20 年来，语音识别技术取得显著进步，开始从实验室走向市场。人们预计，未来 10 年内，语音识别技术将进入工业、家电、通信、汽车电子、医疗、家庭服务、消费电子产品等各个领域。语音识别听写机在一些领域的应用被美国新闻界评为 1997 年计算机发展十大事件之一。很多专家都认为语音识别技术是 2000 年至 2010 年间信息技术领域十大重要的科技发展技术之一。语音识别技术所涉及的领域包括：信号处理、模式识别、概率论和信息论、发声机理和听觉机理、人工智能等。语音识别技术就是让机器通过识别和理解过程把语音信号转变为相应的文本或命令的高技术。

语音识别语音识别系统可以根据对输入语音的限制加以分类。

（1）从说话者与识别系统的相关性考虑，可以将识别系统分为三类：①特定人语音识别系统：仅考虑对于专人的话音进行识别；②非特定人语音系统：识别的语音与人无关，通常要用大量不同人的语音数据库对识别系统进行学习；③多人的识别系统：通常能识别一组人的语音，或者成为特定组语音识别系统，该系统仅要求对要识别的那组人的语音进行训练。

（2）从说话的方式考虑，可以将识别系统分为三类：①孤立词语音识别系统：孤立词识别系统要求输入每个词后要停顿；②连接词语音识别系统：连接词输入系统要求对每个词都清楚发音，一些连音现象开始出现；③连续语音识别系统：连续语音输入是自然流利的连续语音输入，大量连音和变音会出现。

（3）从识别系统的词汇量大小考虑，可以将识别系统分为三类：①小词汇量语音识别系统：通常包括几十个词的语音识别系统；②中等词汇量的语音识别系统：通常包括几百个词到上千个词的识别系统；③大词汇量语音识别系统：通常包括几千到几万个词的语音识别系统。随着计算机与数字信号处理器运算能力以及识别系统精度的提高，识别系统根据词汇量大小进行分类也不断进行变化。目前是中等词汇量的识别系统，到将来可能就是小词汇量的语音识别系统。这些不同的限制也确定了语音识别系统的困难度。技术主要包括特征提取技术、模式匹配准则及模型训练技术三个方面。

5.2.5　数字音频的文件格式

目前在微机中常见的声音文件格式主要有以下四种：WAV 格式、VOC 格式、MP3 格式和 MIDI 格式。

（1）WAV 格式。WAV 格式的声音文件，存放的是对模拟声音波形经数字化采样、量化和编码后得到的音频数据。原本由声音波形而来，所以 WAV 文件又称波形文件。WAV 文件对声源类型的包容性强，只要是声音波形，不管是语音、乐音，还是各种各样的声响，甚至于噪音都可以用 WAV 格式记录并重放。当采样频率达到 44.1kHz、量化采用 16 位并采用双通道记录时，就可以获得 CD 品质的声音。WAV 文件是 Windows 环境中使用的标准波形声音文件格式，一般也用 .wav 作为文件扩展名。

（2）VOC 格式。VOC 格式的声音文件，与 WAV 文件同属波形音频数字文件，主要适用与 DOS 操作系统。它由音频卡制造公司——Creative Labs 公司设计，因此，Sound Blaster 就用它作为音频文件格式。声霸卡也提供 VOC 格式与 WAV 格式的相互转换软件。

（3）MP3 格式。MP3 格式的文件，从本质上讲仍是波形文件。它是对已经数字化的波形声音文件采用 MP3 压缩编码后得到的文件。MP3 压缩编码是运动图像压缩编码国际标准 MPEG－1 所包含的音频信号压缩编码方案的第 3 层。与一般声音压缩编码方案不同，MP3 主要是从人类听觉心理和生理学模型出发研究出的一套压缩比高、声音压缩品质又能保持很好的压缩编码方案。所以，MP3 现在得到了广泛的应用，并受到电脑音乐爱好者的青睐。

（4）MIDI 格式。MIDI 的含义是乐器数字接口（Musical Instrument Digital Inerface），它本来是由全球的数字电子乐器制造商建立起来的一个通信标准，以规定计算机音乐程序、电子合成器和其他电子设备之间交换信息与控制信号的方法。按照 MIDI 标准，可用音序器软件编写或由电子乐器生成 MIDI 文件。

MIDI 文件记录的是 MIDI 消息，它不是数字化后得到的波形声音数据，而是一系列指令。在 MIDI 文件中，包含着音符、定时和多达 16 个通道的演奏定义。每个通道的演奏音符又包括键、通道号、音长、音量和力度等信息。显然，MIDI 文件记录的是一些描述乐曲如何演奏的指令而非乐曲本身。

与波形声音文件相比，同样演奏长度的 MIDI 音乐文件比波形音乐文件所需的存储空间要少很多。例如，同样 30 分钟的立体声音乐，MIDI 文件大约只需 200KB，而波形文件要大约 300MB。MIDI 格式的文件一般用 .mid 作为文件扩展名。

第6章 多媒体视频技术

6.1 视频基础

6.1.1 模拟视频

模拟视频是一种用于传输图像和声音且随时间连续变化的电信号。早期视频的获取、存储和传输都是采用模拟方式。人们在电视上所见到的视频图像就是以模拟电信号的形式记录下来的，并用模拟调幅的手段在空间传播，再由磁带录像机将其模拟电信号记录在磁带上。

特点：以模拟电信号的形式来记录，依靠模拟条幅的手段在空间传播。使用磁带录像机以模拟信号记录在磁带上。

6.1.2 数字视频

数字视频就是以数字形式记录的视频，它是和模拟视频相对的。数字视频有不同的产生方式，如存储方式和播出方式。通过数字摄像机直接产生数字视频信号，存储在数字带、P2卡、蓝光盘或者磁盘上，从而得到不同格式的数字视频，然后通过 PC、特定的播放器等播放出来。

为了存储视觉信息，模拟视频信号的山峰和山谷必须通过模拟/数字（A/D）转换器来转变为数字的"0"或"1"。这个转变过程就是我们所说的视频捕捉（或采集过程）。如果要在电视机上观看数字视频，则需要一个从数字到模拟的转换器将二进制信息解码成模拟信号，才能进行播放。

模拟视频的数字化包括不少技术问题，例如，电视信号具有不同的制式而且采用复合的 YUV 信号方式，而计算机工作在 RGB 空间；电视机是隔行扫描，计算机显示器大多逐行扫描；电视图像的分辨率与显示器的分辨率也不尽相同，等等。因此，模拟视频的数字化主要包括色彩空间的转换、光栅扫描的转换以及分辨率的统一。

模拟视频一般采用分量数字化方式，先把复合视频信号中的亮度和色度分离，得到 YUV 或 YIQ 分量，然后用三个模/数转换器对三个分量分别进行数字化，最后再转换成 RGB 空间。

6.2 视频处理

视频（Video）是一系列的静态图像或者图形在一定时间内连续变化的结果，通常指实际场景的动态或活动的显示画面，如电影、电视、摄像资料等。实际上，视频和动画在原理上是相同的。视频是多幅静止图像（图像帧）与连续的音频信息在时间轴上同步运动的混合媒体，多帧图像随时间变化而产生运动感，因此视频也被称为运动图像。视频信号分为模拟和数字两种，在计算机中通常使用的是后者。

6.2.1 视频卡的种类与接口

视频采集卡的作用是将模拟摄像机、录像机、DVD 视盘机、电视机输出的视频信号等输出的视频数据或者视频音频的混合数据，经过采样、量化并转换成计算机可辨别的数字数据，存储在计算机中成为可编辑处理的视频数据文件。

1. 视频卡种类

视频卡的种类通常可分为以下三种：

（1）普通视频采集卡或图像采集。它最主要的功能就是将相机录像机、DVD 视盘机中输出的模拟图像信号转换成数字信号，最终传至计算机中的内存或硬盘中。

（2）带有压缩/解压缩硬件的视频卡。这种板卡在上一种采集卡的基础之中又另加入了图像显示功能，即可以将图像直接显示到任何显示器上。

（3）非线性编辑的视频采集卡，自带处理器的板卡。这种板卡本身就带有处理器，进行图像处理工作的程序，不必在计算机中而可以直接在板卡上运行。

2. 视频卡主要接口

目前的液晶显示器产品中，主要配备了九种接口类型，它们分别为 D – Sub（VGA）接口、DVI（DVI – D、DVI – I 等）接口、HDMI（目前主要为 HDMI 1.3、HDMI 1.4 等）接口、Display-Port 接口、USB（2.0 或 3.0）接口、色差接口、分量接口、S 端子接口和 MHL 接口。而这些接口可以驳接不同应用范畴的设备，每个接口或多或少都会有用户在使用。

（1）VGA。VGA（Video Graphics Array）是视频图形阵列接口，其作用是将转换好的模拟信号输出到 CRT 或者 LCD 显示器中。VGA 也称 D – Sub 接口，是显卡上应用最为广泛的接口类型，绝大多数显卡都带有此种接口。它传输红、绿、蓝模拟信号以及同步信号（水平和垂直信号），如图 6 – 1 所示。

图 6 – 1　VGA 接口

图 6 – 2　DVI 接口

（2）DVI。DVI（Digital Visual Interface）接口与 VGA 都是计算机中最常用的接口。与 VGA 不同的是，DVI 可以传输数字信号，不用再经过数模转换，所以画面质量非常高。目前，很多高清电视上也提供了 DVI 接口。需要注意的是，DVI 接口有多种规范，常见的是 DVI – D（Digital）和 DVI – I（Intergrated）。DVI – D 只能传输数字信号，可以用它来连接显卡和平板电视，DVI – I 则可以和 VGA 相互转换，如图 6 – 2 所示。

（3）HDMI。HDMI（High Definition Multimedia Interface），即高清晰度多媒体接口，是最近才出现的新型接口，它同 DVI 一样是传输全数字信号的。不同的是：HDMI 接口不仅能传输高清数字视频信号，还可以同时传输高质量的音频信号。同时，其功能跟射频接口相同，不过由于采用了全数字化的信号传输，不会像射频接口那样出现画质不佳的情况，如图 6 – 3 所示。

图 6 – 3　HDMI 接口

（4）DisplayPort。DisplayPort 是由视频电子标准协会（VESA）发布的显示接口。作为 DVI 接口的继任者，DisplayPort 将在传输视频信号的同时加入对高清音频信号传输的支持，同时支持更高的分辨率和刷新率。

根据设计，DisplayPort 既支持外置显示连接，也支持内置显示连接。VESA 希望笔记本厂商不仅使用 DisplayPort 连接独立显示器，也能使用它来直接连接液晶显示屏和主板，方便笔记本的升级。为此，DisplayPort 接口也设计得非常小巧，既方便笔记本的使用，也允许显卡配置多个接口，如图 6 – 4 所示。

图 6 – 4　DisplayPort 接口

（5）IEEE 1394。IEEE 1394 也称为火线或 iLink，它是苹果公司领导的开发联盟开发的一种高速传送接口，它能够传输数字视频和音频及机器控制信号，具有较高的带宽，且十分稳定。通常它主要用来连接数码摄像机、DVD 录像机等设备。IEEE 1394 接口有两种类型：6 针的六角形接口和 4 针的小型四角形接口。6 针的六角形接口可向所连接的设备供电，而 4 针的四角形接口则不能，如图 6-5 所示。

（6）BNC。BNC（Bayonet Nut Connector），即刺刀螺母连接器，又称为 British Naval Connector（英国海军连接器）接口，也称为同轴电缆卡环形接口，主要用于连接高端家庭影院产品以及专业视频设备。BNC 电缆有 5 个连接头，分别接收红、绿、蓝、水平同步和垂直同步信号。BNC 接头可以让视频信号互相间干扰减少，可达到最佳信号响应效果。此外，由于 BNC 接口的特殊设计，连接非常紧，如图 6-6 所示。

图 6-5　1394 接口　　　　图 6-6　BNC 接口

6.2.2　计算机显示系统

计算机显示系统是多媒体系统的重要部件之一。视觉技术对显示系统提出了全新的要求，它远远超出引入图形用户界面（GUI）时的范围。

1. 显示卡与接口

显卡的用途是将计算机系统所需要的显示信息进行转换驱动，并向显示器提供数据信号，控制显示器的正确显示，是连接显示器和计算机的重要元件，是"人机对话"的重要设备之一。

在普通计算机中标准配置的显示卡（Video Card）全称显示接口卡（Video Card, Graphics Card），又称为显示适配器（Video Adapter），它只能实现一些基本的视频显示功能。除此以外，在多媒体计算机上配备其他处理活动图像的适配器，我们统称为视频适配器。

（1）PCI 显卡。PCI（Peripheral Component Interconnect）显卡，一款集成电视盒的 PCI 显卡，通常被用于较早期或精简型的计算机中，此类计算机由于将 AGP 标准插槽卸载而必须依赖 PCI 接口的显卡，多用于 486 到 PentiumII 早期的时代。但直到显示芯片无法直接支持 AGP 之前，仍有部分厂商持续制造以 AGP 转 PCI 为基底的显卡。

（2）AGP 显卡。AGP（Accelerated Graphics Port）显卡，一款双核心的 AGP 显卡是英特尔（Intel）公司在 1996 年开发的 32 位总线接口，用以增进电脑系统中的显示性能。种类主要有 AGP 1X、AGP 2X、AGP 4X 及最后的 AGP 8X，带宽分别为 266MB/s、533MB/s、1066MB/s 以及 2133 MB/s。

（3）PCI Express 显卡。基于 PCI-E 的多显卡互联技术，PCI Express（亦称 PCI-E）是显卡最新的图形接口，用来取代 AGP 显卡，面对日后 3D 显示技术的不断进步，AGP 的带宽已经不足以应付庞大的数据运算。目前性能最高的 PCI-Express 显卡是 nVidia 公司的"GeForce GTX Titan Z"和 AMD 公司的"Radeon R9295X2"。

（4）USB 显卡。目前较稀有之新技术，利用外接运算设备运算，再通过 USB3.0 之接口与主机系统本身沟通，目前较为可能应用在补助笔记本电脑或是其他需要额外 3D 运算之单元运算之上。

2. 显卡的工作原理

显卡是插在主板上的扩展槽里的，它主要负责把主机向显示屏发出的显示信号转化为一般电器信号，使得显示屏能明白个人计算机在让它做什么。显卡的主要芯片叫"显示芯片"（Video chipset，也叫 GPU 或 VPU，图形处理器或视觉处理器），是显卡的主要处理单元。显卡上也有和计算机存储器相似的存储器，称为"显示存储器"，简称"显存"。

显卡基本工作流程是：由 CPU 送来的数据会通过 AGP 或 PCI－E 总线，进入显卡的图形芯片（即我们常说的 GPU 或 VPU）里进行处理。当芯片处理完后，相关数据会被运送到显存里暂时储存。然后，数字图像数据会被送入 RAMDAC（Random Access Memory Digital Analog Converter），即随机存储数字模拟转换器，转换成计算机显示需要的模拟数据。最后，RAMDAC 再将转换完的类比数据送到显示器成为我们所看到的图像。

现在的显示卡大多为图形加速卡，通常所说的加速卡性能是指其芯片集能够提供图形函数计算能力，这个芯片集通常也称为加速引擎或图形处理器。芯片集可以通过它们的数据传输宽度来划分，目前多为 64bit 或 128bit，拥有更大的带宽可以使芯片在一个时钟周期内处理更多的信息，带来更高的解析度和色深。图形加速卡拥有自己的图形函数加速器和显存，用来执行图形加速任务，可以大大减少 CUP 所必须处理图形函数的时间。

早期的显卡只是单纯意义的显卡，只起到信号转换的作用。目前我们一般使用的显卡都带有 3D 画面运算和图形加速功能，所以也叫做"图形加速卡"或"3D 加速卡"。

3. 显卡组成与结构

显卡通常由总线接口、PCB 板、显示芯片、显存、RAMDAC、VGA BIOS、VGA 功能插针、VGA 插座及其他外围组件构成，现在的显卡大多还具有 DVI 显示屏接口或者 HDMI 接口及 S－Video 端子接口。

（1）显示芯片 GPU（Graphic Processing Unit）图形处理芯片：是显示卡的"心脏"，2D 显示芯片在处理 3D 图像和特效时主要依赖 CPU 的处理能力，称为"软加速"。3D 显示芯片是将三维图像和特效处理功能集中在显示芯片内，也即所谓的"硬件加速"功能。

（2）显示内存：与主板上的内存功能一样，显存也是用于存放数据的，只不过它存放的是显示芯片处理后的数据。显存越大，显示卡支持的最大分辨率越大，3D 应用时的贴图精度就越高，带 3D 加速功能的显示卡则要求用更多的显存来存放 Z－Buffer 数据或材质数据等。显存可以分为同步和非同步显存。显示内存的种类主要有 SDRAM、SGRAM，DDR SDRAM 等几种。显示内存的处理速度通常用纳秒数来表示，这个数字越小则说明显存的速度越快。

（3）RAMDAC：它的作用是将显存中的数字信号转换为显示器能够显示出来的模拟信号。RAMDAC 的转换速率以 MHz 表示，它决定了刷新频率的高低（与显示器的"带宽"意义近似）。其工作速度越高，频带越宽，高分辨率时的画面质量越好。该数值决定了在足够的显存下，显卡最高支持的分辨率和刷新率。如果要在 1024×768 的分辨率下达到 85Hz 的分辨率，RAMDAC 的速率至少是 $1024 \times 768 \times 85 \times 1.344$（折算系数）$\div 106 \approx 90$MHz。

（4）BIOS（VGA BIOS）：主要用于存放显示芯片与驱动程序之间的控制程序，另外还存有显示卡的型号、规格、生产厂家及出厂时间等信息。打开计算机时，通过显示 BIOS 内的一段控制程序，将这些信息反馈到屏幕上。早期显示 BIOS 是固化在 ROM 中的，不可以修改，而现在的多数显示卡则采用了大容量的 EPROM，即所谓的"快闪 BIOS"（Flash BIOS），可以通过专用的程序进行改写或升级。很多显示卡就是通过不断推出升级的驱动程序来修改原程序中的错误、适应新的规范来提升显示卡的性能的。

（5）VGA 接口：计算机所处理的信息最终都要输出到显示器上，显卡的 VGA 口插座就是计算机与显示器之间的桥梁，它负责向显示器输出相应的图像信号，也就是显卡与显示器相连的输出接口，通常是 15 针 CRT 显示器接口。不过有些显示卡加上了用于接液晶显示器 LCD 的输出接口，用于接电视的视频输出，S 端子输出接口等如图 6-7 所示。

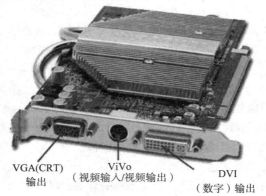

VGA(CRT)　　ViVo　　　　　　　　DVI
输出　　（视频输入/视频输出）　　（数字）输出

图 6-7　显卡与接口

4. 显示器

显示器（Display）通常也被称为监视器（Computer a monitor）。显示器是属于计算机的 I/O 设备，即输入输出设备。顾名思义，显示器应该是将一定的电子文件通过特定的传输设备显示到屏幕上再反射到人眼的一种显示工具，目前一般指与计算机主机相连的显示设备。它可以分为 CRT、LCD 等多种。它是一种将一定的电子文件通过特定的传输设备显示到屏幕上再反射到人眼的显示工具。计算机最常用的是 CRT、LCD 显示器。

（1）CRT 显示器。CRT 显示器是早期应用最广泛的显示器，也是十几年来，外形与使用功能变化最小的电脑外设产品之一，如图 6-8 所示。

图 6-8　CRT 显示器

CRT（Cathode Ray Tube）"阴极射线显像管"，是一种使用阴极射线管的显示器。主要由五部分组成：电子枪（Electron Gun）、偏转线圈（Deflection coils）、荫罩（Shadow mask）、高压石墨电极和荧光粉涂层（Phosphor）及玻璃外壳。它是应用最广泛的显示器之一。CRT 纯平显示器具有可视角度大、色彩还原度高、可调节的多分辨率模式、响应时间极短等 LCD 显示器难以超过的优点，而且价格更便宜。现在这类产品除少量专业人士外，极少有人采用，市场普及率还很低。

显像管的尺寸一般是指显像管的对角线的尺寸，即显像管的大小，不是它的显示面积。但对于用户来说，关心的还是它的可视面积，就是我们所能够看到的显像管的实际大小尺寸，单位都是指英寸。一般来说，15 英寸显示器，其可视面积一般为 13.8 英寸。17 英寸的显示器其可视面积一般为 16 英寸。19 英寸的显示器，其可视面积一般为 18 英寸。

（2）LCD 显示器。液晶显示器，或称 LCD（Liquid Crystal Display），为平面超薄的显示设备，它由一定数量的彩色或黑白像素组成，放置于光源或者反射面前方。液晶显示器功耗很低，因此倍受工程师青睐，适用于使用电池的电子设备。它的主要原理是以电流刺激液晶分子产生点、线、面配合背部灯管构成画面。液晶显示器包括无源矩阵液晶显示器（PM-LCD）与有源矩阵液晶显示器（AM-LCD）。STN 与 TN 液晶显示器均同属于无源矩阵液晶显示器。

20 世纪 90 年代，有源矩阵液晶显示器技术获得了飞速发展，特别是薄膜晶体管液晶显示器（TFT-LCD）。它作为 STN 的换代产品具有响应速度快、不产生闪烁等优点，广泛应用于便携式计算机及工作站、电视、摄录像机和手持式视频游戏机等产品中，如图 6-9 所示。

图 6-9 LCD 显示器

笔记本液晶屏常用的是 TFT。TFT 屏幕是薄膜晶体管，英文全称（Thin Film Transistor），是有源矩阵类型液晶显示器，在其背部设置特殊光管，可以主动对屏幕上的各个独立的像素进行控制。

与传统的 CRT 相比，LCD 不但体积小、厚度薄（14.1 英寸的整机厚度可做到只有 5 厘米）、重量轻、耗能少（1 到 10 微瓦/平方厘米）、工作电压低（1.5 到 6V）且无辐射、无闪烁并能直接与 CMOS 集成电路匹配。由于优点众多，LCD 从 1998 年开始进入台式机应用领域。

LCD 显示器优点有：①机身薄，占地小，辐射小。②LCD 与 CRT 相比拟有工作电压低、功耗小，用电比传统 CRT 显示器的耗电量少 70%，散热小、辐射小。③完全平面，能精确还原图像，无失真，可视面积大。④款式新颖多样，能大量节省空间。⑤抗干扰能力强，显示字符锐利，画面稳定不闪烁，屏幕调节方便。

LCD 显示器缺点：①显示色域不够宽，色彩不够艳，颜色重现不够逼真。②可视偏转角度小。③长时间使用可能会产生了亮点、暗点、坏点。④容易产生影像拖尾现象。⑤使用寿命不及 CRT。

从液晶面板的驱动方式来分，目前最常见的是 TFT（Thin Film Transistor）型驱动。它通过有源开关的方式来实现对各个像素的独立精确控制，因此，相比之前的无源驱动（俗称伪彩），它可以实现更精细的显示效果。因此，大多数的液晶显示器、液晶电视及部分手机均采用 TFT 驱动。液晶显示器多用窄视角的 TN 模式，液晶电视多用宽视角的 IPS 等模式。它们通称为 TFT-LCD。

TFT-LCD 的构成主要由萤光管（或者 LED Light Bar）、导光板、偏光板、滤光板、玻璃基板、配向膜、液晶材料、薄模式晶体管等构成。液晶显示器必须先利用背光源投射出光源，这些光源会先经过一个偏光板然后再经过液晶。这时液晶分子的排列方式就会改变穿透液晶中传播的光线的偏振角度，然后这些光线还必须经过前方的彩色的滤光膜与另一块偏光板。如果改变加在液晶上的电压值就可以控制最后出现的光线强度与色彩，这样就能在液晶面板上变化出有不同色调的颜色组合了。

6.2.3 视频的文件格式

1. AVI

AVI（Audio Video Interactive，音频视频交错格式），所谓"音频视频交错"，就是可以将视频和音频交织在一起进行同步播放。这种视频格式的优点是图像质量好，可以跨多个平台使用；其缺点是体积过于庞大。

2. WMV

WMV（Windows Media Video）格式是微软公司推出的一种采用独立编码方式并且可以直接在网上实时观看视频节目的文件压缩格式。WMV格式的主要特点包括：本地或网络回放、可扩充的媒体类型、部件下载、可伸缩的媒体类型、流的优先级化、多语言支持、环境独立性、丰富的流间关系及扩展性等。

3. MPEG

MPEG（Moving Picture Experts Group，运动图像专家组）格式是家庭广泛使用的 VCD、SVCD、DVD采用的格式。MPEG文件格式是运动图像压缩算法的国际标准，它采用了有损压缩方法减少运动图像中的冗余信息，从而达到压缩的目的，其最大压缩比可达到200∶1。

4. DivX

DivX格式是由MPEG-4衍生出的另一种视频编码（压缩）标准，也即DVDrip格式，它采用了DivX压缩技术对DVD盘片的视频图像进行高质量压缩，同时用MP3或AC3对音频进行压缩，然后再将视频与音频合成并加上相应的外挂字幕文件而形成的视频格式。其画质直逼DVD并且体积只有DVD的数分之一。

5. DV – AVI

DV（Digital Video Format，数字视频格式）格式是由索尼、松下、JVC等多家厂商联合推出的一种家用数字视频格式。它可以通过计算机的IEEE1394端口传输视频数据到计算机中，也可以将计算机中编辑好的视频数据回录到数码摄像机中。这种视频格式的文件扩展名一般是.avi，所以也叫DV – AVI格式。

6. RM

RM格式是Real Network公司所制定的音频视频压缩规范，称为RealMedia。用户可以使用RealPlayer或RealOne Player对符合RealMedia技术规范的网络音频/视频资源进行实况转播，并且RealMedia可以根据不同的网络传输速率制定出不同的压缩比率，从而实现在低速率的网络上进行影像数据实时传送和播放。这种格式的另一个特点是：用户使用RealPlayer播放器可以在不下载音频/视频内容的条件下实现在线播放。

7. RMVB

RMVB格式是一种由RM视频格式升级延伸出的新视频格式，RMVB视频格式打破了原先RM格式那种平均压缩采样的方式，在保证平均压缩比的基础上合理利用比特率资源，就是说，静止和动作场面少的画面场景采用较低的编码速率，这样可以留出更多的带宽空间，而这些带宽会在出现快速运动的画面场景时被利用。这样在保证了在静止画面质量的前提下，大幅度地提高运动图像的画面质量，从而图像质量和文件大小之间就达到了微妙的平衡。

8. MOV

MOV（QuickTime Movie）格式是由苹果公司开发的，QuickTime视频格式定义了存储数字媒体内容的标准方法，使用这种文件格式不仅可以存储单个的媒体内容，如视频帧或音频采样数据，而且能保存对该媒体作品的完整描述。因为这种文件格式能用来描述几乎所有的媒体结构，所以它是不同系统的应用程序间交换数据的理想格式。

第二篇　图像处理软件 Photoshop CS5

第 7 章　初识 Photoshop CS5

7.1　Photoshop 的诞生与发展历程

Photoshop 是迄今为止世界上最畅销的图像编辑软件，它已经成为许多涉及图像处理的行业标准。

1987 年秋，美国密歇根大学博士研究生托马斯·洛尔（Thomes Knoll）编写了一个叫做 Display 的程序，用来在黑白位图显示器上显示灰阶图像。托马斯的哥哥约翰·洛尔（John Knoll）在一家影视特效公司工作，他让弟弟帮他编写一个处理数字图像的程序。于是托马斯重新修改了 Display 的代码，使其具备羽化、色彩调整和颜色校正等功能，并且可以读取各种格式的文件，这个程序被托马斯改名为 Photoshop。

1990 年 2 月，Photoshop1.0 版本发行。它给计算机图像处理行业市场带来了巨大的冲击。在一次演示会上，它幽默的演示突出了 Photoshop 的优点，也使得参展的人员竞相把 Photoshop 宣传出去。

1991 年 2 月，Adobe 推出了 Photoshop2.0，新版本增加了路径功能，支持栅格化 Illustrator 文件，支持 CMYK 颜色模式。

1995 年，Photoshop 3.0 版本发布，增加了图层。

1996 年的 Photoshop 4.0 版本中增加了动作、调整图层、标明版权的水印图像。

1998 年的 Photoshop 5.0 版本中增加了历史记录调板、图层样式、撤销功能、垂直书写文字等。从 5.02 版本开始，Photoshop 首次向中国用户提供了中文版。

1998 年发布的 Photoshop 5.5 版本中，首次捆绑了 ImageReady，从而填补了 Photoshop 在 Web 功能上的欠缺。

2000 年 9 月推出的 Photoshop 6.0 版本中增加了 Web 工具、矢量绘图工具，并增强了图层管理功能。

图 7 - 1　托马斯·洛尔

2002 年 3 月，Photoshop7.0 版本发布，增强了数码图像的编辑功能。

2003 年 9 月，Adobe 公司将 Photoshop 与其他几个软件集成为 Adobe Creative Suite 套装，这一版本称为 Photoshop CS，功能上增加了镜头模糊、镜头校正、智能调节不同地区亮度的数码相片修正功能。

2005 年，推出了 Photoshop CS2，增加了消失点、Bridge、智能对象、污点修复画笔工具、红眼工具等。

2007 年，推出了 Photoshop CS3，增加了智能滤镜、视频编辑功能、3D 功能等。此外，软件界面也进行了重新设计。

2008 年 9 月，发布 Photoshop CS4，增加了旋转画布、绘制 3D 模型、GPU 显卡加速等功能。

2010 年 4 月，发布了 Photoshop CS5。

7.2　Photoshop 的应用领域

Photoshop 是世界上最优秀的图像编辑软件，它的应用领域十分广泛，不论是平面设计、3D 动画、数码艺术、网页制作、矢量绘图、多媒体制作，还是桌面排版，Photoshop 在每一个领域都发挥着不可替代的重要作用。

7.2.1　在平面设计中的应用

Photoshop 的出现不仅引发了印刷业的技术革命，也成为图像处理领域的行业标准。在平面设计与制作中，Photoshop 已经完全渗透到了平面广告、包装、海报、POP、书籍装帧、印刷、制版等各个环节。

7.2.2　在界面设计中的应用

从以往的软件界面、游戏界面，到如今的手机操作界面、MP4、智能家电等，界面设计伴随着计算机、网络和智能电子产品的普及而迅猛发展。界面设计与制作主要是用 Photoshop 来完成的，使用 Photoshop 的图层、蒙版、通道和滤镜等功能可以制作出各种真实的质感和特效。

7.2.3　在插画设计中的应用

电脑艺术插画作为 IT 时代的先锋视觉表达艺术之一，其触角已延伸到了网络、广告、CD 封面等。插画已经成为新文化群体表达文化意识形态的新模式，使用 Photoshop 可以绘制风格多样的插图。

7.2.4　在网页设计中的应用

Photoshop 可用于设计和制作网页页面，将制作好的页面导入到 Dreamweaver 中进行处理，再用 Flash 添加动画内容，便可以生成互动的网站页面。

7.2.5　在绘画与数码艺术中的应用

Photoshop 强大的图像编辑功能，为数码艺术爱好者和普通用户提供了无限广阔的创作空间。我们可以随心所欲地对图像进行修改、合成与再加工，制作出充满想象力的作品。

7.2.6　在数码摄影后期处理中的应用

作为最强大的图像处理软件，Photoshop 可以完成从照片的扫面与输入到校色、图像修正，再到分色输出等一系列专业化的工作。不论是色彩与色调的调整，照片的校正、修复与润饰，还是图像创造性的合成，都可以利用 Photoshop 加以解决。

7.2.7　在效果图后期制作中的应用

在制作包括许多三维场景的建筑效果图时，人物与配景以及场景的颜色常常需要在 Photoshop 中添加并调整，这样不仅节省了渲染的时间，也增强了画面的美感。

7.3　Photoshop CS5 的新增功能

Photoshop CS5 采用了全新的选择技术，可以精确检测和遮盖最容易出错的边沿（如头发或树叶），让复杂的图像选择变得易如反掌。新增的内容识别填充可以填补丢失的像素，其速度是手动填补的 4 倍。此外，图像润饰和逼真绘图的突破性功能以及各种工作流程和性能的增强，都带给我们全新的震撼效果。

7.3.1　内容识别填充

过去我们去除图像中不想要的部分时，还要借助仿制图章等工具修补背景中出现的空白区域，新增的内容识别填充功能可以自动从选区周围的图像上取样，然后填充选区，像素与亮度、影调、噪声等配合得天衣无缝，没有任何删除内容的痕迹。

7.3.2　选择复杂图像易如反掌

轻点鼠标就可以选择一个图像中的特定选区，轻松抠出毛发等细微的图像元素。使用新增的细化工具还可以改变选区边缘、改进蒙版。选择完成后，可以直接将选取范围输出为蒙版、新图层、新文档等项目。

7.3.3　神奇的操控变形

启用操控变形功能以后，在图像上添加关键节点，就可以对任何图像元素进行变形。

7.3.4　出众的 HDR 成像

HDR Pro 工具可以合成包围曝光的照片，创建写实的或超现实的 HDR 图像，甚至可以让单次曝光的照片获得 HDR 的外观。

7.3.5　自动镜头校正

"镜头校正"滤镜，以及"文件"菜单中新增的"镜头校正"命令可以查找照片的 EXIF 数据。Photoshop 会根据我们使用的相机和镜头类型对桶形失真、枕形失真、色差和晕影等自动做出精确调整。

7.3.6　强大的绘图效果

借助混合器画笔（提供画布混色）和毛刷笔尖（可以创建逼真、带纹理的笔触），可以将照片轻松转变为绘画效果或创建为独特的艺术效果。

7.3.7　最新的原始图像处理

Adobe Camera Raw 升级到了第 6 版，除增加了支持的相机种类外，我们可以对 Raw 照片进行无损降噪，同时保留颜色和细节，以及必要的颗粒纹理，使照片看上去更加自然。

7.3.8　增强的 3D 对象制作功能

使用新增的"3D 凸纹"功能，可以将文字、路径，甚至选中的图像制作成 3D 对象。

7.3.9　GPU 加速功能

通过 GPU 加速可以实现工具功能的增强，如使用三分法则网格进行裁剪、鸟瞰缩放、HDR 拾色器、吸管工具的取样环、硬毛刷笔尖预览等。

7.3.10　更简单的用户界面管理

使用可折叠的工作区切换器，在喜欢的用户界面配置之间实现快速导航和选择。实时工作区会自动记录用户界面更改，如当我们切换到其他程序再切换回来时，面板会保持在原位。

7.3.11　更出色的媒体管理

使用可自定义的"Mini Bridge"面板可以在工作环境中访问资源，更可以借助灵活的分批重命名功能轻松管理媒体。

7.4 Photoshop CS5 的安装与卸载

7.4.1 运行环境需求

表 7-1 运行环境需求

Windows	Mac OS
Inter Pentium 4 或 AMD Athlon 64 处理器	Mac OS X 10.5.7 或 10.6 版
Microsoft Windows XP（带有 Service Pack 3）；Windows Vista Home Premier、Business、Ultimate 或 Enterprise（带有 Service Pack 1，推荐 Service Pack 2）；Windows 7	Mac OS X 10.5.7 或 10.6 版
1GB 内存	1GB 内存
1GB 硬盘空间用于安装系统；在安装过程中需要额外的可用空间（无法安装在基于闪存的可移动存储设备上）	2GB 硬盘空间用于安装系统；在安装过程中需要额外的可用空间（无法安装在使用区分大小写的文件系统的卷或基于闪存的可移动存储设备上）
1024×768（像素）显示器（推荐 1280×800 像素），配备符合条件的硬件加速 OpenGL 图形卡、16 位颜色和 256MB VRAM	1024×768（像素）显示器（推荐 1280×800 像素），配备符合条件的硬件加速 OpenGL 图形卡、16 位颜色和 256MB VRAM
某些 GPU 加速功能需要 Shader Model3.0 和 OpenGL2.0 图形支持	某些 GPU 加速功能需要 Shader Model3.0 和 OpenGL2.0 图形支持
DVD-ROM 驱动器	DVD-ROM 驱动器
多媒体功能需要 QuickTime 7.6.2 软件	多媒体功能需要 QuickTime 7.6.2 软件
在线服务需要宽带 Internet 连接	在线服务需要宽带 Internet 连接

7.4.2 Photoshop CS5 的安装

将 Adobe Photoshop CS5 安装光盘放入 DVD 光驱中，稍等片刻，自动进入"初始化安装程序"界面，如图 7-2 所示，初始化完成后进入"欢迎使用"界面，如图 7-3 所示。

图 7-2 初始化界面

图 7 - 3　欢迎使用界面

图 7 - 4　输入序列号界面

　　单击"接受"按钮，进入"请输入序列号"界面，如图 7 - 4 所示。输入序列号，单击"下一步"按钮，进入"Adobe ID"界面，如图 7 - 5 所示。如果不需要输入 ID 则可以单击"跳过此步骤"按钮或单击"下一步"按钮，进入到"安装选项"界面。在该界面中选中要安装的 Adobe Photoshop CS5 选项，并制定安装的路径，如图 7 - 6 所示。

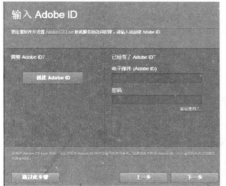

图 7 - 5　Adobe

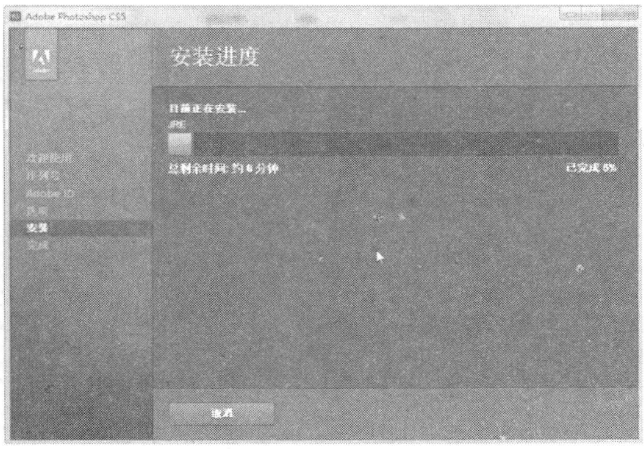

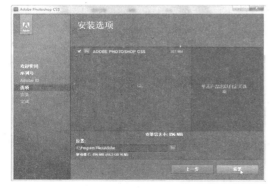

图 7 - 6　安装进度界面

　　提示：在"序列号"界面中，选择"安装此产品的试用版"则不用输入序列号即可安装，但只能试用 30 天。

　　单击"安装"按钮，显示"正在准备安装"，稍等片刻进入"安装进度"界面，显示安装进度，如图 7 - 7 所示。最后进入"完成"界面，如图 7 - 8 所示，显示安装完成。单击"完成"按钮，关闭该界面，即可完成安装。

图 7 - 7　安装选项界面

图 7 - 8　安装完成界面

7.4.3 Photoshop CS5 的卸载

卸载 Photoshop CS5 需要使用 Windows 的卸载程序。打开 Windows 控制面板，单击"卸载程序"图标，如图 7-9 所示。在打开的对话框中选择 Adobe Photoshop CS5，如图7-10 所示。单击"卸载"按钮开始卸载，窗口中会显示卸载速度。如果要取消卸载，可单击"取消"按钮。

| 图 7-9　控制面板 | 图 7-10　选择要删除的项 |

7.5　Photoshop CS5 的操作界面

Photoshop CS5 的工作界面进行了许多改进，图像处理区域更加开阔，文档的切换也变得更加快捷，这些改进创造了更加方便的工作环境，如图 7-11 所示。

图 7-11　Photoshop CS5 操作界面

7.5.1　菜单栏

Photoshop CS5 中包含了 11 个主菜单，这些菜单中包含了不同的功能和命令，它们是 Photoshop 中重要的组成部分。

7.5.2　工具选项栏

选项栏是用来设置工具选项的，根据所选工具的不同，选项栏中的内容也不同。

7.5.3　工具箱

Photoshop CS5 工具箱中提供了 60 多种工具，其中包含了用于创建和编辑图像、图稿、页面元素灯工具。由于工具过多，因此一些工具被隐藏起来，工具箱中只显示部分工具，并且按类区分。

7.5.4　面板

面板是用来设置颜色、工具参数及执行编辑命令的，Photoshop CS5 中包含了 20 多个面板，在"窗口"菜单中可以选择需要的面板并将其打开。在默认情况下，面板以选项卡的形式成组出现，显示在窗口的右侧，可根据需要打开、关闭或自由组合面板。

1. 选择面板

在面板组中，单击一个面板的名称即可将该面板设置为当前面板。

2. 折叠/展开面板

单击面板组右上角的双三角按钮，可将面板折叠为图标；拖动面板边界可调整面板组的宽度，单击一个图标即可显示相应的面板。

3. 移动面板

将光标放置在面板名称上，按住鼠标左键，将其拖至空白处，即可从面板组分离出来，成为浮动面板。拖动浮动面板的名称，可将其放置在任意位置。

4. 组合面板

将光标放置在一个面板的名称上，按住鼠标左键，拖动到另一个面板的名称位置，当出现蓝色横条时放开鼠标，可将其与目标面板组合。

5. 连接面板

将光标放置在面板名称上，按住鼠标左键，将其拖至另一个面板下方，当两个面板的连接处显示为蓝色方框时放开鼠标，可以将两个面板连接。

6. 打开面板菜单

单击面板右上角的按钮，可以打开面板菜单，面板菜单中包含了与当前面板有关的各种命令。

7. 关闭面板

在某一个面板的名称上单击鼠标右键，可以弹出一个快捷菜单，选择"关闭"命令，即可关闭该面板。选择"关闭选择选卡组"命令，即可关闭该面板组。对于浮动面板，则可单击右上角的"关闭"按钮，即可将其关闭。

7.5.5 图像编辑窗口

在 Photoshop 中每打开一个图像，便会创建一个文档窗口。当同时打开多个图像时，文档窗口就会以选项卡的形式显示。

1. 选择文档

单击一个文档的名称，即可将该文档设置为当前操作窗口。当图像数量较多，标题栏中不能显示所有文档时，可以单击标题栏右侧的"双箭头"按钮，在弹出的菜单中选择需要的文档。

2. 调整文档名称顺序

按住鼠标左键，拖动文档的标题栏，可以调整它在选项卡中的顺序。

3. 拖动文档名称

选择一个文档的标题栏，按住鼠标左键从选项卡中拖出，该文档便可成为任意移动位置的浮动窗口。将鼠标放置在浮动窗口的标题栏上，按住鼠标左键，拖动至工具选项栏下，当出现蓝框时放开鼠标，该窗口就会放置在选项卡中。

4. 调整窗口大小

拖动窗口的一角，可以调整该窗口的大小。

5. 合并窗口

当有多个悬浮窗口时，如果要还原到原来位置，在标题栏处单击鼠标右键，在弹出的快捷菜单中选择"全部合并到此处"命令，即可将所有悬浮窗口合并到原来的位置。

6. 关闭文档

单击标题栏右侧的"关闭"按钮，即可关闭该文档。如果要关闭所有文档，在标题栏上单击鼠标右键（标题栏任意位置），在弹出的快捷菜单中选择"关闭全部"命令。

7.5.6 状态栏

状态栏位于文档的底部，它可以显示文档的缩放比例、文档大小、当前使用的工具等信息；在文档信息区域上按住鼠标左键，可以显示图像的宽度、高度、通道等信息；在文档信息区域上按 Ctrl 键再按住鼠标左键，可显示图像的拼贴宽度等信息。

在状态栏中单击黑色小三角按钮，在弹出的菜单中选择"显示"命令，在"显示"子菜单中有十种参数可供选择。

（1）Adobe Drive：系统启动时自动加载 Photoshop 进程，缩短调用的时间。

（2）文档大小：显示有关文档的数据大小信息，选中该复选框后，状态栏中会出现两组数字，其中左边的数字显示拼合图层并存储文件后的大小；右边的数字显示当前文档全部的内容大小，其中包含图层、通道、路径等所有 Photoshop 特有的图像数据。

（3）文档配置文件：显示文档所使用的颜色配置文件名称。

（4）文档尺寸：显示文档的尺寸。

（5）测量比例：显示文档的比例。

（6）暂存盘大小：显示当前文档虚拟内存的大小；选中该复选框后，状态栏会出现两组数字，左边的数字代表当前文档文件所占的内存空间；右边的数字代表当前计算机中可供给 Photoshop 使用的内存大小。

（7）效率：显示一个百分数，代表 Photoshop 执行工作的效率；如果这个百分数经常低于 60%，说明硬件系统可能已经无法满足需要。

（8）计时：显示一个时间数值，该数值代表执行上一次操作所需要的时间。

（9）当前工具：显示当前选中的工具的名称。

（10）32 位曝光：用于调整预览图像，以便在电脑显示器上查看 32 位/通道高动态范围（HDR）图像的选项。只有当文档窗口显示 HDR 图像时，该滑块才可用。

第 8 章　Photoshop CS5 基本操作

8.1　文件的基本操作

8.1.1　新建文件

启动 Photoshop CS5 软件之后，执行"文件"→"新建"命令，可打开"新建"对话框，如图 8-1 所示。

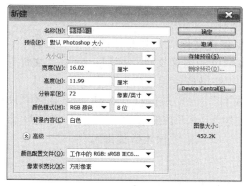

图 8-1　"新建"对话框

（1）名称：用于输入新文件的名称。若不输入，则以默认的"未标题-1"为名称；如果连续新建多个文件，则文件依次为"未标题-2"、"未标题-3"……

（2）预设：此列表框可以选择一个文件尺寸大小、分辨率等预置的设定。

（3）宽度和高度：用于设定图像的宽度和高度，可在其文本框中输入具体数值。但要注意，在设定前需要确定文件尺寸的单位，即在其后面列表框中选择单位如英寸、厘米、毫米、点等。

（4）分辨率：用于设定图像的分辨率。在设定分辨率时，也需要设定分辨率的单位。有像素/英寸、像素/厘米两种，通常使用的单位为像素/英寸。

（5）颜色模式：用于设定图像的色彩模式，共有 4 种颜色模式。可以从右侧的列表框中选择色彩模式的位数，分别为 1 位、8 位、16 位和 32 位。

（6）背景内容：该列表框用于设定新图像的背景层颜色，从中可以选额白色、背景色、透明 3 种方式。如果想自定义背景色，在执行"文件"→"新建"命令前，设置好工具箱中的"背景色"，然后再执行"文件"→"新建"命令，选择背景内容下的背景色即可。

（7）颜色配置文件：用于设定当前图像文件要使用的色彩配置文件。

（8）像素长宽比：用于设定图像的长宽比，此选项在图像输出到电视屏幕时有用。

提示：其中，1 位的模式只能用于位图模式的图像，32 位的模式只能用于 RGB 模式的图像，而 8 位和 16 位的模式可以用于除位图模式之外的任何一种色彩模式。在通常的情况下选择 8 位即可。

8.1.2　打开文件

1. 常规的打开文件方法

执行"文件"→"打开"命令，可以打开"打开"对话框，在"打开"对话框中可以对查找范围、文件名、文件类型进行设置，如图 8 - 2 所示。

在 Photoshop 中还可以一次打开多张图像。要一次打开多张图像，首先要选中多个文件，选中多个文件的操作如下：

（1）选择多个连续的文件：单击开始的第一个文件，然后按住 Shift 键，再单击需要同时选中的最后一个文件，可以选中多个连续的文件。

（2）选择多个不连续的文件：按住 Ctrl 键不放，然后单击要选取的文件，可选中多个不连续的文件。

提示：在 Photoshop 中打开文件的数量是有限的。打开的数量取决于使用的计算机所拥有的内存和磁盘空间的大小。内存和磁盘空间越大，能打开的文件数目也就越多。此外，与图像的大小也有密切的关系。

2. 打开最近打开过的图像

当在 Photoshop 中进行了保存文件或打开文件后，在"文件"→"最近打开文件"命令的子菜单中就会显示出以前编辑过的图像文件。所以，利用"文件"→"最近打开文件"菜单中的文件列表，就可以快速打开最近使用过的文件。

提示：默认状态下，"文件"→"最近打开文件"子菜单中只显示 10 个文件。如果要更改其文件数量，可执行"编辑"→"首选项"→"文件处理"命令，打开"首选项"对话框，在"近期文件列表包含"文本框中输入数值即可。

8.1.3　保存文件

1. 用"存储"命令保存文件

如果是新创建的文件，编辑完成后，可执行"文件"→"存储"命令，弹出"存储为"对话框，如图 8 - 3 所示。

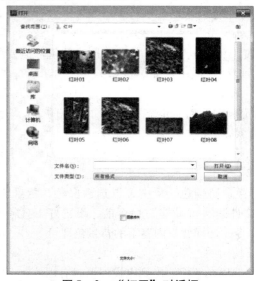

図 8 - 2　"打开"对话框　　　　　図 8 - 3　"存储为"对话框

（1）保存在：该下拉列表框是选择存放文件的路径。

（2）文件名：该下拉列表框中用于输入定义新文件的名称。

（3）格式：该下拉列表框用于设置图像文件的格式，默认为 PSD 格式，即 Photoshop 的文件格式。

（4）存储：在该选项组中可以选择是否将文件"作为副本"保存，是否保存图像中的"注释"内容，是否保存图像中的"Alpha 通道"和"专色"通道的内容，以及是否保存"图层"内容。当此复选框呈现灰色显示时，表示保存的图像中没有相对应的数据信息。选中"作为副本"复选框后，将源文件保存一个副本文件，当前文件仍为打开状态，副本文件与源文件保存在同一位置。

（5）颜色："使用校样设置"是在将文件保存为 EPS 或 PDF 时，该选项可用，选中该复选框可以保存打印用的校样设置。"ICC 配置文件"可保存嵌入在文档中的 ICC 配置文件。

（6）缩览图：选中该复选框，可以保存文件的缩览图，即用该复选框保存的图像文件，能够在"打开"对话框中预览显示图像的缩览图。

（7）使用小写扩展名：该复选框可以设定当前保存的文件扩展名是否小写。选中该复选框，表示为小写，取消选中则表示为大写。

提示：如果是打开的文件，进行编辑或修改后，则执行"文件"→"存储"命令，不会弹出"存储为"对话框，而直接保存文件。

2. 用"存储为"命令保存文件

使用"存储为"命令保存文件，可以将当前文件保存到另一个文件夹中，或是将当前文件更换名称、改变格式，或是将当前文件保存为其他版本。

3. 用"签入"命令保存文件

执行"文件"→"签入"命令，保存文件时，允许存储文件的不同版本以及各版本的注释。该命令可用于 Version Cue 工作区管理图像，如果使用的是来自 Adobe Version Cue 项目文件，则文档标题栏会提供有关文件状态的其他信息。

8.1.4　置入文件

在 Photoshop 中可以将照片、图像或 EPS、PDF、AI 等矢量格式的文件，作为智能对象置入到文档中，对其进行编辑或其他处理。

1. 置入图像

步骤 1：新建一个文档，执行"文件"→"置入"命令，弹出"置入"对话框，在该对话框中选择要置入的文件，如图 8 - 4 所示。

图 8 - 4　"置入"对话框

步骤2：选择完成后，单击"置入"按钮，将外部图像置入到画布中，如图8-5所示；按 Enter 键确认置入，图像效果如图8-6所示。

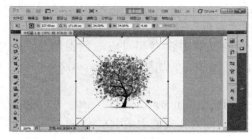 

图8-5　置入图像到画布中　　　　　　　　　图8-6　完成置入

步骤3：打开"图层"面板可以看到，置入的文件被创建为智能对象，如图8-7所示。

图8-7　图层面板

提示：智能对象是嵌入到当前文档中的文件，它可以保留文件的原始数据，进行非破坏性的操作。

2. 置入 AI 格式文件

AI 是 Adobe Illustrator 的矢量文件格式，将 Illustrator 文件置入 Photoshop 时，可以保留对象的图层、蒙版、透明度、复合形状、切片等属性。此外，置入以后，如果我们用 Illustrator 修改该图形，Photoshop 中的图形就会自动更新到与之相同的状态。

步骤1：打开一个文档，执行"文件"→"置入"命令，弹出"置入"对话框，在该对话框中选择要置入的文件，如图8-4所示。

步骤2：选择完成后，单击"置入"按钮，弹出"置入 PDF"对话框，在"裁切到"下拉列表中，默认选择"边框"选项，如图8-8所示。

步骤3：设置完成后单击"确定"按钮，将 AI 文件置入到画布中，按 Enter 键确认。打开"图层"面板，看到置入的 AI 文件同样被创建为智能对象，如图8-9所示。

图8-8　"置入 PDF"对话框　　　　　　　　图8-9　完成置入矢量图

提示：在"裁剪到"下拉列表中选择"边框"，可裁剪到包含页面所有文本和图形的最小矩形区域；"媒体框"表示裁剪到页面的原始大小；"裁剪框"表示裁剪到 PDF 文件的裁切区域；"出血框"表示裁剪到 PDF 文件中指定的区域；"裁切框"表示裁剪到为得到预期的最终页面尺寸而指定的区域；"作品框"表示裁剪到 PDF 文件中指定的区域。

8.1.5　文件的导入

Photoshop 可以编辑视频帧、注释和 WIA 支持等内容，我们新建或打开图像文件以后，可以通过"文件"→"导入"命令下拉菜单中的命令，将这些内容导入到图像中，如图 8 - 10 所示。

图 8 - 10　"导入"菜单

某些数码相机使用"Windows 图像采集"（WIA）支持来导入图像，将数码相机连接到计算机，然后执行"文件"→"导入"→"WIA 支持"命令，可以将照片导入到 Photoshop 中。

如果计算机配置有扫描仪并安装了相关的软件，则可在"导入"下拉菜单中选择扫描仪的名称，使用扫描仪制造商的软件扫描图像，并将其存储为 TIFF、PICT、BMP 格式，然后在 Photoshop 中打开。

8.1.6　文件的导出

我们在 Photoshop 中创建和编辑的图像可以导出到 Illustrator 或视频设备中，以满足不同的使用目的。执行"文件"→"导出"命令，其下拉菜单中包含了用于导出文件的命令，如图 8 - 11 所示。

图 8 - 11　"导出"文件命令菜单

（1）导出 Zoomify：执行"文件"→"导出"→"Zoomify"命令，可以将高分辨率的图像发布到 Web 上，利用 Viewpoint Media Player，用户可以平移或缩放图像以查看它的不同部分。在导出时，Photoshop 会创建 JPEG 和 HTML 文件，用户可以将这些文件上传到 Web 服务器。

（2）将路径导出到 Illustrator：如果在 Photoshop 中创建了路径，可以执行"文件"→"导出"→"路径到 Illustrator"命令，将路径导出为 AI 格式，在 Illustrator 中可以继续对路径进行编辑。

8.1.7　关闭文件

完成图像的编辑之后，我们可以采用下面的方法关闭文件：

（1）关闭文件：执行"文件"→"关闭"命令，或者按下 Ctrl + W 快捷键，或者单击文档窗口右上角的 ❌ 按钮，可以关闭当前的图像文件。

（2）关闭全部文件：如果在 Photoshop 中打开了多个文件，可以执行"文件"→"关闭全部"命令，关闭所有文件。

（3）关闭并转到 Bridge：执行"文件"→"关闭并转到 Bridge"命令，可以关闭当前的文件，然后打开 Bridge。

（4）退出程序：执行"文件"→"退出"命令，或者单击程序窗口右上角的 ▨×▨ 按钮，可关闭文件并退出 Photoshop。如果有文件没有保存，会弹出一个对话框，询问用户是否保存文件。

8.1.8 用 Adobe Bridge 管理文件

Adobe Bridge 是 Adobe Creative Suite 5 附带的组件，它可以组织、浏览和查找文件，创建供印刷、Web、电视、DVD、电影及移动设备使用的内容，并轻松访问原始 Adobe 文件（如 PSD 和 PDF）以及非 Adobe 文件。

1. Adobe Bridge 操作界面

执行"文件"→"在 Bridge 中浏览"命令，或按下程序栏中的 ▨Br▨ 按钮，可以打开 Bridge 对话框，如图 8 – 12 所示。

图 8 – 12　Bridge 对话框

（1）应用程序栏：提供了基本任务的按钮，如文件夹层次结构导航、切换工作区及搜索文件。

（2）路径栏：显示了正在查看的文件夹的路径，允许导航到该目录。

（3）收藏夹面板：可以快速访问文件夹以及 Version Cue 和 Bridge Home。

（4）文件夹面板：显示文件夹层次结构，使用它可以浏览文件夹。

（5）筛选器面板：可以排序和筛选"内容"面板中显示的文件。

（6）收藏集面板：允许创建、查找和打开收藏集和创建、编辑智能收藏集。

（7）内容面板：显示由导航菜单按钮、路径栏、"收藏夹"面板或"文件夹"面板指定的文件。

（8）预览面板：显示所选的一个或多个文件的预览。预览不同于"内容"面板中显示的缩览图，并且通常大于缩览图。可以通过调整面板大小来缩小或扩大预览。

（9）元数据面板：包含所选文件的元数据信息。如果选择了多个文件，则会列出共享数据（如关键字、创建日期和曝光度设置）。

（10）关键字面板：帮助用户通过附加关键字组织图像。

2. Mini Bridge

Mini Bridge 是一个简化版的 Adobe Bridge。如果我们只需要查找和浏览图片素材，就可以使用 Mini Bridge。

执行"文件"→"在 Mini Bridge 中浏览"命令，或者执行"窗口"→"扩展功能"→"Mini Bridge"命令，都可以打开"Mini Bridge"面板，如图 8 – 13 所示。

图 8 – 13　Mini Bridge 面板

　　单击"浏览文件"按钮，会出现一个类似于 Adobe Bridge 的操作界面，如图8－14 所示。我们可以在"导航"选项卡中选择要显示的图像所在的文件夹，面板中就会显示出文件夹中所包含的图像文件，面板底部还提供了预览方式切换按钮，如图 8－15 所示。如果要在 Photoshop 中打开一个图像，只需双击它即可。

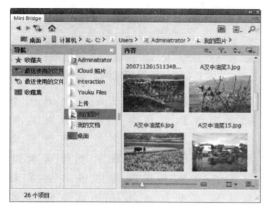
图 8－14　浏览文件对话框

图 8－15　图像预览方式

3. 在 Bridge 中浏览图像

　　（1）在全屏模式下浏览图像。运行 Adobe Bridge 后，单击窗口右上角的倒三角 ▼ 按钮，可以选择"胶片"、"元数据"和"输出"等命令，以不同的方式显示图像，如图 8－16 所示。

图 8－16　选择浏览图像方式对话框

　　在任意一种窗口下，拖动窗口底部的三角滑块，可以调整图像的显示比例；单击 ▦ 按钮，可在图像之间添加网格；单击 ▦ 按钮，会以缩览图的形式显示图像；单击 ▦ 按钮，会显示图像的详细信息，如大小、分辨率、照片的光圈、快门等；单击 ▬ 按钮，则会以列表的形式显示图像。

　　（2）在审阅模式下浏览图像。"审阅模式"是一种非常有意思的图像浏览方式，执行"视图"→"审阅模式"命令，或按下 Ctrl＋B 快捷键，可以切换到审阅模式，如图 8－17 所示。在该模式下，单击后面的背景图像缩览图，它就会跳转成为前景图像；单击前景图像的缩览图，则会弹出一个窗口显示局部图像，如图 8－18 所示。如果图像的显示比例小于 100%，窗口内的图像会显示为 100%。我们可以拖动该窗口移动观察图像。单击窗口右下角的 ✖ 按钮，可以关闭窗口；按下 Esc 键或单击屏幕右下角的 ✖ 按钮，则退出审阅模式。

图 8-17 局部显示前景图像

图 8-18 审阅模式浏览图像

（3）在幻灯片模式下浏览图像。执行"视图"→"幻灯片放映"命令，或按下 Ctrl + L 快捷键，可通过幻灯片放映的形式自动播放图像。如果要退出幻灯片，可按下 Esc 键。

4. 在 Bridge 中打开文件

在 Bridge 中选择一个文件，双击即可在其原始应用程序或指定的应用程序中打开。例如，双击一个图像文件，可以在 Photoshop 中打开它；如果双击一个 AI 格式的矢量文件，则会在 Il-lustrator 中打开它。如果要使用其他程序打开文件，可以在"文件"→"打开方式"下拉菜单中选择程序。

5. 预览动态媒体文件

在 Bridge 中可以预览大多数视频、音频和 3D 文件，包括计算机上安装的 QuickTime 版本支持的大多数文件。

在内容面板中选择要预览的文件，即可在预览面板中播放该文件。单击暂停█按钮，可暂停回放；单击循环█按钮，可以打开或关闭连续循环；单击音量█按钮，并拖动滑块可以调节音量。

6. 对文件进行排序

从"视图"→"排序"菜单中选择一个选项，可以按照该选项中所定义的规则对所选文件进行排序，如图 8-19 所示。选择"手动"，则可按上次拖移文件的顺序排序。

图 8-19 对文件进行排序菜单

8.2　查看图像

通常在编辑图像时，需要放大或缩小窗口的显示比例，或者移动画布的显示区域，以便更好地观察和处理图像。Photoshop 提供了用于切换屏幕模式和窗口排列方式的功能，以及"缩放工具"、"导航器"面板和各种缩放命令用以查看图。

8.2.1　切换屏幕显示模式

在 Photoshop CS5 中，单击菜单栏中的"屏幕模式" ▣ ▾ 按钮，在其弹出的菜单中显示一组屏幕模式选项，如图 8 – 20 所示。

（1）标准屏幕模式：系统默认的屏幕模式，在这种模式下，在视图窗口中会显示菜单栏、标题栏和滚动条等。

（2）带有菜单的全屏模式：单击该种模式可将视图窗口切换到带有菜单栏的全屏显示模式。

（3）全屏模式：单击该模式可将视图窗口切换到不含菜单栏、标题栏、滚动条的全屏显示模式。

提示：按下 F 键可在各个屏幕模式之间进行切换。无论在哪一种模式下，按下 Tab 键都可以隐藏/显示工具箱、面板和工具选项栏；按下快捷键 Shift + Tab 可以隐藏/显示面板。

8.2.2　使用"导航器"面板查看图像

在"导航器"面板中可以缩放图像，也可以移动画布。在需要按照一定的缩放比例工作时，如果画布中无法完整显示图像，可通过该面板查看图像。

执行"视图"→"导航器"命令，可以打开"导航器"面板，如图 8 – 21 所示。

图 8 – 20　屏幕模式菜单　　　　　图 8 – 21　导航器面板

（1）通过按钮缩放图像：单击"缩小"按钮可以缩小图像窗口的显示比例；单击"放大" 🖐 按钮可以放大图像窗口的显示比例。

（2）通过滑块缩放图像：拖动滑块可以放大或缩小图像窗口的显示比例。

（3）通过数值缩放图像：缩放文本框中显示了图像窗口的显示比例，在文本框中输入数值可以改变显示比例。

（4）移动画布：当窗口中不能显示完整的图像时，将光标移至"导航器"面板的代理预览区域，光标会变为 🖐 形状，单击并拖动鼠标可以移动画布，代理预览区域内的图像会位于文档窗口的中心，如图8 – 22所示。

图 8 – 22　在"导航器"面板中移动画布

提示：单击"导航器"面板的"菜单" 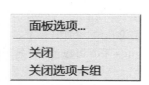 按钮，在打开的菜单中选择"面板选项"命令，如图 8 – 23 所示。可以在打开的"面板选项"对话框中修改代理预览区域矩形框的颜色，如图 8 – 24 所示。

图 8 – 23　面板选项命令菜单　　　　图 8 – 24　"面板选项"对话框

8.2.3　使用"缩放工具"查看图像

"缩放工具" 🔍 主要用来放大或缩小图像的显示比例，该工具的选项栏如图8 – 25 所示。

图 8 – 25　"缩放工具"选项栏

（1）"放大"按钮：单击该按钮后，在画面中单击可放大图像的显示比例。
（2）"缩小"按钮：单击该按钮后，在画面中单击可缩小图像的显示比例。
（3）调整窗口大小以满屏显示：选中该复选框后，在缩放图像的同时自动调整窗口的大小。
（4）缩放所有窗口：选中该复选框后，可同时缩放所有打开的图像窗口。
（5）实际像素：单击该按钮，图像以实际像素显示。
（6）适合屏幕：单击该按钮，可以在窗口中最大化显示完整的图像。
（7）填充屏幕：单击该按钮，将以当前图像填充整个屏幕大小。
（8）打印尺寸：单击该按钮，可以使图像以 1∶1 的实际打印尺寸显示。

选择"缩放工具"后，将光标移至画布中，单击鼠标可以放大图像；按 Alt 键单击鼠标可以缩小图像。

如果想要查看某一范围内的图像，可将光标移至画布中，按住 H 键并拖动鼠标，此时将拖出一个矩形框，放开鼠标后，该矩形框范围内的图像将放大至整个窗口中。

8.2.4　使用"抓手工具"查看图像

在编辑图像的过程中，如果图像较大，不能够在画布中完全显示，可以使用"抓手工具" 🖐 移动画布，以查看图像的不同区域。选择该工具后，在画布中单击并拖动鼠标即可移动画布。
"抓手工具"的选项栏如图 8 – 26 所示。

图 8 – 26　"抓手工具"选项栏

（1）滚动所有窗口：如果在 Photoshop 中打开的是多个图像，选中该复选框后，移动画布的操作将作用于所有不能够完整显示的图像。
（2）实际像素：单击该按钮，图像将按照 100% 的比例显示。
（3）适合屏幕：单击该按钮或在工具箱中双击"抓手工具"按钮，可以在窗口中最大化显示完整的图像。

（4）填充屏幕：单击该按钮，将以当前图像填充整个屏幕大小。

（5）打印尺寸：单击该按钮，图像将显示为打印的尺寸。

8.2.5　使用缩放命令查看图像

在 Photoshop 中，除了使用"缩放工具"来放大或缩小图像外，使用"视图"菜单下的相应命令也可以调整图像在窗口中的显示状态，如图 8 - 27 所示。

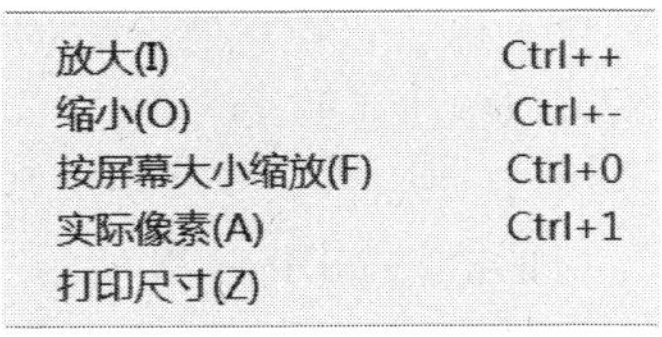

放大(I)	Ctrl++
缩小(O)	Ctrl+-
按屏幕大小缩放(F)	Ctrl+0
实际像素(A)	Ctrl+1
打印尺寸(Z)	

图 8 - 27　缩放命令菜单

（1）执行"视图"→"放大"命令，或按快捷键 Ctrl + + : 可以放大文档窗口的显示比例。

（2）执行"视图"→"缩小"命令，或按快捷键 Ctrl + - : 可以缩小文档窗口的显示比例。

（3）执行"视图"→"按屏幕大小缩放"命令，或按快捷键 Ctrl + 0：可以自动调整图像的比例，使之能够完整地在窗口中显示。

（4）执行"视图"→"实际像素"命令，或按快捷键 Ctrl + 1：图像将按照实际的像素即 100% 的比例显示。

（5）执行"视图"→"打印尺寸"命令：图像将按照实际的打印尺寸显示。

8.3　使用辅助工具

标尺、参考线、网格等工具都属于辅助工具，它们不能用来编辑图像，但可以帮助用户更好地完成选择、定位或编辑图像的操作。

8.3.1　使用标尺

标尺可以帮助确定图像或元素的位置，起到辅助的作用。

1. 打开标尺

执行"视图"→"标尺"命令，打开标尺。此时移动光标，标尺内的标记就会显示光标精确的位置。

2. 修改原点的位置

默认情况下，标尺的原点位于窗口左上角［（0，0）标记位置］。修改原点的位置，可以从图像上特定的点开始进行测量。将光标放置在左上角横纵标尺交叉的方框内，按住鼠标左键，此时鼠标变成十字形状，将其拖动到适当的位置，放开鼠标，此处便为原点的新位置。

3. 恢复原点

将光标放置在左上角原点的默认位置，双击即可恢复到默认位置。如果要隐藏标尺，可再次执行"视图"→"标尺"命令。

8.3.2　使用网格

网格主要是在使用 Photoshop 做图时，起到一个对准线的作用，可以把画布平均分成若干块同样大小的区域，有利于作图时的对准。

1. 打开网格

执行"视图"→"显示"→"网格"命令，便可以显示网格。

2. 对齐网格

显示网格后，可执行"视图"→"对齐"→"网格"命令，启用对齐功能，此后在进行创建选区和移动图像等操作时，对象会自动在网格对齐。

8.3.3 使用参考线

1. 拖出参考线

将光标放置在文档上方的标尺上，按住鼠标左键，向下拖出水平参考线。使用相同的方法，可以拖出垂直参考线。

执行"视图"→"新建参考线"命令，可弹出"新建参考线"对话框，如图8-28所示。

（1）水平：可创建水平参考线。

（2）垂直：可创建垂直参考线。

（3）位置：输入精确的数值。

2. 移动参考线

单击工具箱中的"移动工具"按钮，将光标放置在参考线上，光标变成双向箭头形状时，按住鼠标左键拖动即可移动参考线。

图 8-28 屏幕模式菜单

提示：当确定好所有参考线位置，执行"视图"→"锁定参考线"命令可锁定参考线，以防止错误移动。需要取消该命令时，再次执行"视图"→"锁定参考线"命令即可。

3. 删除参考线

将参考线拖回标尺，即可将其删除。如果要清除所有参考线，可执行"视图"→"清除参考线"命令。

8.4 调整图像尺寸

8.4.1 调整图像大小

图像质量的好坏与图像的分辨率、尺寸大小有着重要的关系。同样大小的图像，其分辨率越高，图像就越清晰。

打开图像文件后，执行"图像"→"图像大小"命令，弹出"图像大小"对话框，如图8-29所示，在该对话框中可以调整图像的像素大小、打印尺寸和分辨率。

1. 修改图像大小

如果要修改图像的像素大小，可以在"像素大小"选项组中输入"宽度"和"高度"的像素值。默认情况下，"宽度"和"高度"值处于链接状态，改变其中一个数值，则另一个也会随之等比例改变。如果不需要保持宽度和高度的比例，可取消选中"约束比例"复选框，然后再进行修改。修改像素大小后，图像的新文件大小会出现在"图像大小"对话框的顶部，旧文件大小在括号内显示，如图8-30所示。

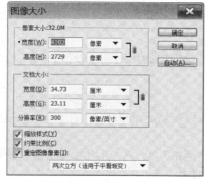

图 8-29 "图像大小"对话框

图 8-30 显示新/旧文件大小

提示：修改图像的像素大小不仅会影响图像在屏幕上的大小，还会影响图像的质量及其打印特性（图像的打印尺寸或分辨率）。

- 缩放样式：当图层中应用了图层样式，选中该复选框后，在调整大小后的图像中将按比例缩放样式效果。只有选中"约束比例"复选框后，此复选框才可用。

2. 修改图像的打印尺寸和分辨率

需要修改图像的打印尺寸和分辨率时，可以在"文档大小"选项中输入图像的打印尺寸和分辨率。如果只修改打印尺寸或分辨率并按比例调整图像中的像素总数，应选中"重定图像像素"复选框；如果要修改打印尺寸和分辨率而又不更改图像中的像素总数，应取消选中"重定图像像素"复选框。

提示 1：修改图像的像素大小在 Photoshop 中称为"重新取样"。当减少像素的数量时，将从图像中删除一些信息；当增加像素的数量或增加像素取样时，将添加新的像素。通常情况下，减小一个图像的分辨率对图像效果的影响不大，而如果一个图像本身的分辨率较低，我们也无法通过增加它的分辨率来使它变得更加清晰，原因是 Photoshop 只能在原始数据的基础上进行调整，无法生成新的原始数据。

提示 2：在"图像大小"对话框最下面的列表内可以选择一种插值方法来确定添加或删除像素的方式，包括"邻近"、"两次线性"等，默认为"两次立方"。

8.4.2　调整画布大小

画布是整个文档的工作区域，也就是图像的显示区域。在处理图像时，可以根据需要来增加或者减少画布，还可以旋转画布。

在 Photoshop 中，通过"图像"菜单下的"画布大小"命令即可修改画布的大小。当增加画布大小时，可在图像周围添加空白区域；当减少画布大小时，则裁剪图像。

打开一幅图像，如图 8-31 所示。执行"图像"→"画布大小"命令，即可打开"画布大小"对话框，如图 8-32 所示。

图 8-31　打开图像

图 8-32　"画布大小"对话框

（1）当前大小：显示了图像宽度和高度的实际尺寸和文件的实际大小。

（2）新建大小：可以在"宽度"和"高度"框中输入画布的尺寸。在其后面列表框中选择单位，当输入的数值大于原图像尺寸时，会增加画布，反之则减小画布。输入尺寸后，该选项右侧会显示修改后的文档大小。

（3）相对：选中该复选框，"宽度"和"高度"选项中的数值将代表实际增加或减少的区域的大小，而不再代表整个文档的大小。此时，输入正值表示增加画布，输入负值则表示减少画布。

（4）定位：单击不同的方格，可以指示当前图像在新画布上的位置，如图 8-33 所示。

图 8 - 33　单击左上角方格后图像在画布中的显示

提示："定位"只对新画布起作用。

（5）画布扩展颜色：在该下拉列表中可以选择填充新画布的颜色。如果图像的背景是透明的，则"画布扩展颜色"列表将不可用，因为添加的画布也将是透明的。

● CS5 新增功能：如果图像中有些内容处在画布之外，这部分内容将不会显示出来。执行"图像"→"显示全部"命令，Photoshop 会通过判断图像中像素的位置而自动扩大显示范围，进而显示全部图像。

提示："画布大小"命令不同于"图像大小"命令，使用"图像大小"命令只改变图像尺寸，不会改变图像的模样；而"画布大小"命令不但会改变图像大小，还会改变图像的模样。

8.4.3　旋转图像

在 Photoshop 中不仅可以对画布大小进行调整，还可以对画布进行旋转，通过执行"图像"→"图像旋转"菜单中包含的用于旋转图像命令，即可对图像进行旋转或翻转，如图 8 - 34 所示。

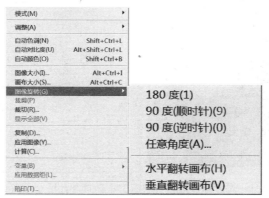

图 8 - 34　图像旋转菜单

（1）打开一幅图像，如图 8 - 35 所示。执行"图像"→"图像旋转"→"水平翻转画布"命令，效果如图 8 - 36 所示。

图 8 - 35　打开一幅图像

图 8 - 36　执行"水平翻转画布"后的图像

（2）打开一幅图像，执行"图像"→"图像旋转"→"任意角度"命令，弹出"旋转画布"对话框，如图 8 - 37 所示。输入画布的旋转角度即可按照指定的角度精确旋转画布，如图 8 - 38 所示。

图 8 - 37　"旋转画布"对话框

图 8 - 38　旋转 30 度后的图像

提示："图像旋转"命令不适用于单个图层或图层的一部分、路径以及选区边框。

第9章 建立选区

9.1 使用选框工具

使用"选框工具"可以创建规则形状的选区，这些工具包括"矩形选框工具"、"椭圆选框工具"、"单行选框工具"和"单列选框工具"。

9.1.1 矩形选框工具

使用"矩形选框工具"可以创建矩形选区，按住鼠标左键在图像中拖曳即可创建矩形选区。选择该工具后，工具选项栏会显示出该工具的相关选项，如图9-1所示。

图9-1 "矩形选框工具"选项栏

（1）选区运算按钮：从左至右，4个按钮的意义分别为"新选区"、"添加到选区"、"从选区减去"及"与选区交叉"。

● 新选区▢：在图像窗口中创建新选区。如果已经存在选区，则新选区将替代旧选区。

● 添加到选区▣：在图像窗口中创建选区，则该选区将与原来的选区相加得到新的选区。

● 从选区减去▣：在图像窗口中创建与原选区相交的选区，这样系统将会从原选区中减去相交的部分，从而得到一个新的选区。

● 与选区交叉▣：在图像窗口中创建与原选区相交的选区，则相交的部分将会变为一个新的选区。

（2）羽化：用来设置选区羽化的值，可以使选区得到柔和的边缘效果。羽化值的范围在0~255像素之间。羽化值越高，羽化的宽度范围越大；羽化值越小，羽化的宽度范围越小。

（3）样式：用来设置选区的创建方法。选择"正常"，该选项为默认选项，此时用户可通过拖曳鼠标创建任意大小的选区；选择"固定比例"，其后面的"宽度"和"高度"文本框将被激活，在文本框中输入数值以创建固定比例的选区；选择"固定大小"，其后面的"宽度"和"高度"文本框将被激活，在文本框中输入数值以创建固定大小的选区。

（4）高度和宽度互换⇄：单击该按钮可切换高度与宽度的值。

（5）调整边缘：单击该按钮可打开"调整边缘"对话框，可对选区进行一系列的操作。详见9.6.7。

提示：在使用"矩形选框工具"创建选区的过程中，按住 Shift 键拖曳鼠标，可以创建正方形的选区；按住 Alt 键拖曳鼠标，可以创建以单击点为中心向外扩展的选区；按住 Alt + Shift 组合键，则会从中心向外创建正方形选区。

9.1.2 椭圆选框工具

使用"椭圆选框工具"可以创建椭圆形选区，按住鼠标左键在图像中拖曳即可创建椭圆形选区。

在"椭圆选框工具"的选项栏中，除了"消除锯齿"选项外，其余选项与"矩形选框工具"相同，不再赘述。

● 消除锯齿：在创建圆形、多边形等一系列形状不规则的选区时容易产生锯齿，选中该选项的复选框后，Photoshop 会在选区边缘 1 像素范围内添加与图像相近的颜色，使选区看上去光滑。由于只有边缘像素发生变化，因此不会丢失细节。

9.1.3　单行选框工具和单列选框工具

使用"单行选框工具"和"单列选框工具"只能创建 1 像素高或 1 像素宽的选区，选择以上任何一种工具后，只需在图像中单击鼠标便可创建选区。其工具选项栏与"矩形选框工具"基本相同，只有"样式"不可用。

这两个工具一般用于特殊效果的制作，例如，我们想在一幅图像中添加一些彩色线条，就可以先利用"单行选框工具"或"单列选框工具"创建选区，然后填充相应的颜色即可。

9.2　使用套索工具

9.2.1　使用套索工具

"套索工具"用来创建不规则的选区，选区形状完全由用户自行控制。"套索工具"的选项栏与"椭圆选框工具"的选项栏基本相似，这里不再赘述。

提示：在使用套索工具绘制选区时，如果释放鼠标后，起点与终点没有重合，Photoshop 会自动在它们之间创建一条直线连接选区，使之成为封闭的选区。

9.2.2　使用多边形套索工具

使用"多边形套索工具"可以创建由直线构成的选区。在使用此工具时，在需要选择的图像边缘单击鼠标作为起点，然后松开鼠标，将鼠标指针移动到直线的另一点单击以确定这一点的位置，继续重复上面的操作，最后将光标移至起点处，单击可封闭选区。如果在绘制选区的过程中，双击鼠标左键，则会在双击点与起点之间创建一条直线来闭合选区。

提示：在使用"多边形套索工具"创建选区时，按住 Shift 键可以得到水平、垂直或以 45°角为增量的选择线；按住 Alt 键单击并拖曳鼠标，可切换为套索工具，释放 Alt 键可恢复为"多边形套索工具"；如果要在绘制中改变选区，可以按 Delete 键删除定位锚点。

9.2.3　使用磁性套索工具

"磁性套索工具"可自动识别具有反差的颜色区边缘，并依此创建选区。如果对象的边缘较为清晰，并且与背景对比明显，可使用该工具快速选择对象。"磁性套索工具"选项栏如图 9 - 2 所示。

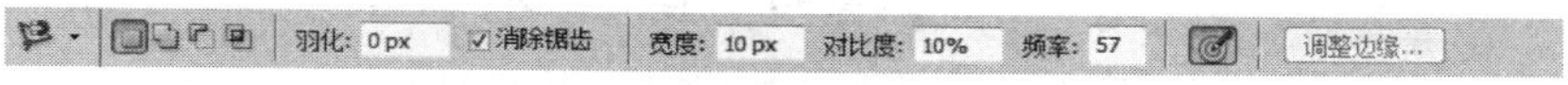

图 9 - 2　"磁性套索工具"选项栏

（1）宽度：该值决定了以光标中心为基准，其周围有多少个像素能够被工具检测到。如果对象的边缘比较清晰，可以使用较大的宽度值；如果边缘不是特别清晰，则需要使用一个较小的宽度值。

（2）对比度：用来设置工具感应图像边缘的灵敏度，在该文本框中可以输入1% ~ 100%之间的数值。较高的数值检测对比鲜明的边缘，较低的数值则检测对比不鲜明的边缘。也就是说，如果图像的边缘清晰，可将该值设置高一些；如果边缘不是特别清晰，则将该值设置得低一些。

（3）频率：该选项决定了创建选区的过程中生成的锚点数量，在该文本框中可输入 0 ~ 100 之间的数值。该值越高，生成的锚点越多，捕捉到的边缘就越准确，但过多的锚点会导致选区的边缘不够光滑。

（4）钢笔压力：如果计算机配置有数位板和压感笔，可以按下该按钮，Photoshop 会根据压感笔的压力自动调整工具的检测范围，增大压力将导致边缘宽度减少。

提示：如果要在某位置添加一个锚点，可以在此位置单击鼠标左键；如果要删除最近一个锚点，可以按 Delete 键，连续按 Delete 键可依次删除前面的锚点；按下 ESC 键可以清除所有选区。

9.3　使用魔棒工具

Photoshop 提供了两种魔棒工具，即"魔棒工具"和"快速选择工具"，它们可以快速地选择相邻或者不相邻的色彩变化不大且色调相近的区域。

9.3.1　使用魔棒工具

使用"魔棒工具"可以方便地选择相邻或者不相邻的颜色较为一致的区域。"魔棒工具"的选项栏如图 9 - 3 所示。

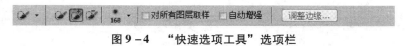

图 9 - 3　"魔棒工具"选项栏

（1）容差：用来设置魔棒工具可选取颜色的范围，在此文本框中允许输入 0～255 之间的像素值。只有将"容差"设置得恰到好处，才能充分发挥魔棒工具的作用。该值较低时，只选择与单击处像素相似的颜色；该值越高，包含的颜色就越广，选择的范围就越大。即使在图像的同一位置单击，设置不同的容差值所选择的区域也不一样；而容差不变时，单击的位置不同，选择的区域也不相同。

（2）连续：此复选框在被选中的情况下，只选择与单击处颜色相近的连续区域。取消选择时，可选择与单击处颜色相近的所有区域，包括没有连接的区域。

（3）对所有图层取样：选择该复选框时，可选择所有可见图层上与鼠标单击处颜色相近的区域，取消选择时，则仅选择当前图层上颜色相近的区域。

9.3.2　使用快速选择工具

"快速选择工具"能够利用可调整的圆形画笔笔尖快速绘制选区，在拖曳或单击鼠标时，选区会向外扩展并自动查找和跟随图像中定义的边缘。"快速选择工具"选项栏如图 9 - 4 所示。

图 9 - 4　"快速选项工具"选项栏

（1）选区运算按钮：按下"新选区"按钮 ，可创建一个新的选区；按下"添加到选区"按钮 ，可在原有选区的基础上添加选区；按下"从选区减去"按钮 ，可在原有选区的基础上减去当前绘制的选区。

提示：如果需要添加选区，也可按住 Shift 键单击鼠标；如果需要从选区中减去，可按住 Alt 键单击鼠标。

（2）画笔：可在其下拉面板中设置画笔的大小、硬度和间距等。

提示：也可以在绘制选区的过程中，按下"）"键增加笔尖的大小；按下"〔"键减小笔尖的大小。

（3）对所有图层取样：选中该复选框，可基于所有图层创建一个选区。

（4）自动增强：选中该复选框，可减少选区边界的粗糙度和块效应。

9.4 使用"色彩范围"命令

"色彩范围"命令可根据图像的颜色范围创建选区，与"魔棒工具"有相似之处，但该命令提供了更多的控制选项，因此，具有更高的选择精度。

打开一个文件，执行"选择"→"色彩范围"命令，弹出"色彩范围"对话框，如图9 - 5所示。

图 9 - 5 "色彩范围"选项栏

（1）选择：用来设置选区的创建方式。选择"取样颜色"时，可将光标放在图像上单击，此时选中与取样点颜色相近的区域。如果要添加颜色，可按下"添加到取样"按钮，然后在预览区或图像上单击；如果要减去颜色，可按下"从取样中减去"按钮，然后在预览区或图像上单击。选中"红色"表示以图像中的红色创建选区，也可以指定其他颜色创建选区。选择"高光"表示以图像中的高光创建选区，也可以指定图像的中间调、阴影和溢色等创建选区。

（2）本地化颜色簇：选中该复选框后，拖动"范围"滑块可控制要包含在蒙版中颜色与取样点的最大和最小距离。

（3）颜色容差：用来控制颜色的选择范围，其取值范围为 0 ~ 200，该值越高，包含的颜色范围越广。

（4）选择范围/图像：用来设置对话框预览区域中显示的内容。选择"选择范围"选项时，预览区域图像中的白色代表被选择的区域，黑色代表未被选择的区域，灰色代表被部分选择的区域。选择"图像"选项时，预览区中显示彩色图像。

（5）选区预览：用来设置图像窗口中选区的预览方式。选择"无"，表示不在图像窗口中显示选区；选择"灰度"，可以按照选区在灰度通道中的外观来显示选区；选择"黑色杂边"，可在未选择的区域上覆盖一层黑色；选择"白色杂边"，可在未选择的区域上覆盖一层白色；选择"快速蒙版"，可显示选区在快速蒙版状态下的效果，此时，未选择的区域会覆盖一层红色。

（6）载入：可以载入存储的选区预设文件。

（7）存储：可以将当前的设置保存为选区预设。

（8）反相：可以反转选区，即选定选区以外的部分。

9.5　选区的基本操作

9.5.1　全选与反选

1. 全选命令

执行"选择"→"全部"命令，或按下 Ctrl + A 组合键，可以选择当前文档内的全部图像。

2. 反向命令

创建了选区后，执行"选择"→"反向"命令，或按下 Shift + Ctrl + I 组合键可以反相选取选区，即选择图像中未选中的部分。

9.5.2　取消选择和重新选择

创建选区后，执行"选择"→"取消选择"命令，或按下 Ctrl + D 组合键，可以取消选区。如果要恢复被取消的选区，可以执行"选择"→"重新选择"命令，或按下 Shift + Ctrl + D 组合键。

9.5.3　选区的运算

当选中工具箱中的任何一个选框工具时，在其工具选项栏中都会有如图 9 - 6 所示的 4 个图标。

图 9 - 6　选区运算方式

（1）新选区：用于创建新的选区。

（2）添加到选区：在现有选区的基础上添加选区。

（3）从选区减去：在现有选区的基础上减少选区。

（4）与选区交叉：保留当前选区和新建选区的相重叠部分。

9.6　选区的编辑

9.6.1　"修改"命令组

1. 创建边界选区

"边界"命令可以将选区的边界沿当前选区范围向外部进行扩展，扩展后的选区形成一个新的选区。

打开一张图像，先使用某一选框工具创建一个选区，然后执行"选择"→"修改"→"边界"命令，打开"边界选区"对话框，如图 9 - 7 所示。在"宽度"文本框中可以输入一个 1 ~ 200 之间的整数，用以指定新生成的边界与现在选区边界之间的距离。例如，输入数值 20 后的选区如图 9 - 8 所示。

图 9 - 7　"边框选区"对话框

图 9 - 8　边界选区

2. 平滑选区

在使用不规则选取工具创建选区后，如"魔棒工具"，选区的边缘会有些生硬。使用"平滑"命令可以对选区边缘进行平滑处理。执行"选择"→"修改"→"平滑"命令，打开"平滑选区"对话框，如图 9-9 所示。在"取样半径"文本框中可以输入一个 1～100 之间的整数，用以设置选区的平滑范围。

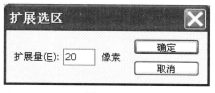

图 9-9 "平滑选区"对话框

3. 扩展选区

如果希望在已创建选区的基础上扩展选区的范围，可以使用"扩展"命令实现。打开一张图像，使用创建选区工具创建选区，执行"选择"→"修改"→"扩展"命令，打开"扩展选区"对话框，如图 9-10 所示。在"扩展量"文本框中可以输入一个 1～100 之间的整数，用来设置扩展的宽度。

4. 收缩选区

如果希望在已创建选区的基础上收缩选区的范围，可以使用"收缩"命令。打开一张图像，使用创建选区工具创建选区，执行"选择"→"修改"→"收缩"命令，打开"收缩选区"对话框，如图 9-11 所示。在"收缩量"文本框中可以输入一个 1～100 之间的整数，用以设置收缩的宽度。

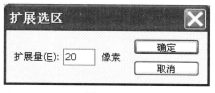

图 9-10

图 9-11 "收缩选区"对话框

5. 羽化选区

羽化是通过建立选区和选区周围像素之间的转换边界来模糊边缘的，这种模糊方式将丢失选区边缘的一些图像细节。打开一张图像，使用创建选区工具创建选区，执行"选择"→"修改"→"羽化"命令，打开"羽化选区"对话框，如图 9-12 所示。通过"羽化半径"可以控制羽化范围的大小。

提示：如果选区较小而羽化边境设置得较大，就会弹出一个警告框，如图 9-13 所示。单击"确定"按钮，表示确认当前设置的羽化半径，这时选区可能变得非常模糊，以至于在画布中显示不出来，但选区仍然存在。如果不希望出现警告，应减少羽化半径的值或增大选区范围。

图 9-12 "羽化选区"对话框

图 9-13 "警告"对话框

9.6.2 扩大选取和选取相似

"扩大选取"与"选取相似"命令都是用来扩展现有选区的命令，执行这两个命令时，Photoshop 会基于魔棒工具选项栏中的"容差"值来决定选区的扩展范围，"容差"值越高，选区扩展的范围就越大。

执行"选择"→"扩大选取"命令时，Photoshop会查找并选择那些与当前选区中的像素色调相近的像素，从而扩大选择区域。但该命令只扩大到与原选区相邻的区域。

执行"选择"→"选取相似"命令时，Photoshop同样会查找并选择那些与当前选区中的像素色调相近的像素，从而扩大选择区域。但该命令可包括与原选区不相邻的区域。

9.6.3 变换选区

1. 变换选区

在使用创建选区工具创建选区后，执行"选择"→"变换选区"命令，可在选区上显示定界框，拖曳控制点即可对选区进行旋转、缩放等变换操作。

2. 选区的旋转、翻转和自由变换

（1）翻转选区。使用创建选区工具创建选区，执行"编辑"→"变换"→"水平翻转"命令，可对选区范围内的图像进行水平翻转。

（2）旋转选区。执行"编辑"→"变换"→"旋转"命令，可在选区上显示定界框，将光标放置在定界框的外侧拖曳鼠标即可对选区范围进行旋转。

（3）自由变换选区。执行"编辑"→"自由变换"命令，可对选区范围进行自由变换操作，如缩放选区范围、对选区范围进行旋转等。

提示：按住 Ctrl 键拖曳控制点，可扭曲选区范围。

9.6.4 存储选区

创建选区以后，为了防止操作失误而造成选区丢失，或者以后还要使用该选区，可以将选区保存。执行"选择"→"存储选区"命令，打开"存储选区"对话框，如图 9 - 14 所示，设置好相关选项后，可将其保存到 Alpha 通道中。

图 9 - 14 "存储选区"对话框

（1）文档：在下拉列表中可以选择保存选区的目标文件。默认情况下选区保存在当前文件中，也可以选择将其保存在一个新建的文件中。

（2）通道：可以选择将选区保存到一个新建的通道，或保存到其他 Alpha 通道中。

（3）名称：用来设置选区的名称。

（4）操作：如果保存选区的目标文件包含有选区，则可以选择如何在通道中合并选区。①选择"新建通道"，可以将当前选区存储在新通道中能够；②选择"添加到通道"，可以将选区添加到目标通道的现有选区中；③选择"从通道中减去"，可以从目标通道内的现有选区中减去当前的选区；④选择"与通道交叉"，可以从与当前选区和目标通道中的现有选区交叉的区域中存储一个选区。

9.6.5 "载入选区"命令

存储选区后，使用"载入选区"命令可将选区载入到图像中。

执行"选择"→"载入选区"命令，打开"载入选区"对话框，如图 9 - 15 所示。

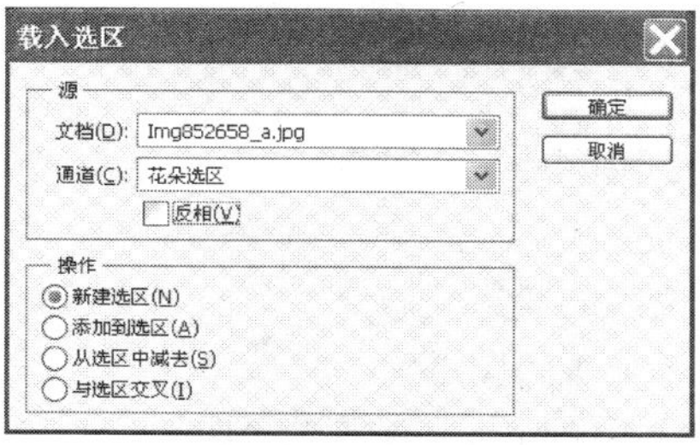

图 9－15　"载入选区"对话框

（1）文档：用来选择包含选区的目标文件。

（2）通道：用来选择包含选区的通道。

（3）反相：可以反转选区，相当于载入选区后执行"反向"命令。

（4）操作：如果当前文档中包含选区，可以通过该选项设置如何合并载入的选区。①选择"新建选区"，可用载入的选区替换当前选区；②选择"添加到选区"，可将载入的选区添加到当前选区中；③选择"从选区中减去"，可以从当前选区中减去载入的选区；④选择"与选区交叉"，可以得到载入的选区与当前选区交叉的区域。

9.6.6　移动选区

将鼠标放在选区内，拖曳鼠标即可将选区移动到其他位置或移动复制到其他文档中。

9.6.7　细化选区

选择毛发等细微的图像时，我们可以先用魔棒、快速选择或色彩范围等工具创建一个大致的选区，再使用"调整边缘"命令对选区进行细化，从而选中精确的对象。

（1）在图像中创建选区以后，执行"选择"→"调整边缘"命令，可以打开"调整边缘"对话框，如图 9－16 所示。

- 半径：可根据图像的明暗，对选区的边缘进行柔化。值越大，边缘越模糊。
- 平滑：可以消除选区的锯齿现象，值越大，选区的边缘越柔和。
- 羽化：可以使选区的边缘模糊，值越大，选区的边缘越模糊。
- 对比度：可设置选区边缘的对比度，值越大，选区的边缘越清晰。
- 移动边缘：可收缩或扩展选区。当值为负数时收缩选区；当值为正数时扩展选区；当值为 0 时选区保持不变。

（2）在"视图"下拉列表中选择一种视图模式，以便更好地观察选区的调整结果，如图9－17 所示。

图 9－16　"调整边缘"对话框

图 9－17　调整边缘中的视图模式

- 闪烁虚线：可查看具有闪烁边界的标准选区。
- 叠加：可在快速蒙版状态下查看选区。
- 黑底：在黑色背景上查看选区。
- 白底：在白色背景上查看选区。
- 黑白：可预览用于定义选区的通道蒙版。
- 背景图层：可查看被选区蒙版的图层。
- 显示图层：可在未使用蒙版的情况下查看整个图层。
- 显示半径：显示按半径定义的调整区域。
- 显示原稿：可查看原始选区。

第 10 章　绘图工具

10.1　画笔工具

Photoshop 具有强大的绘图功能，并提供了丰富的绘图工具。

10.1.1　使用画笔工具

使用"画笔工具"可以快速地绘制带有艺术效果的笔触图像，极大地丰富设计作品的艺术表现手法，在绘画工具组中，还包含有"铅笔工具"和"替换颜色工具"。除了常规画笔，Photoshop CS5 还为用户提供了特效画笔，如"历史记录画笔工具"和"历史记录艺术画笔工具"，使用这种工具可以创建出具有特殊效果的图像。

所有绘图工具的使用基本相似，首先设置绘图工具的颜色，即选取前景色和背景色，然后在工具选项栏中选择画笔大小及设置相关参数，设置完成后在图像窗口中拖曳鼠标进行绘制。

1. 画笔工具选项栏

在工具箱中选择"画笔工具"，其工具选项栏如图 10 – 1 所示。

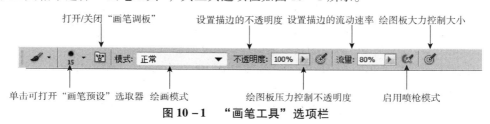

图 10 – 1　"画笔工具"选项栏

（1）画笔预设面板。单击"画笔预设"按钮可打开"画笔预设"面板，面板中提供了各种预设的画笔，如图 10 – 2 所示。

● 大小：拖动滑块或在文本框中输入数值可以调整画笔的大小。

● 硬度：用来设置画笔笔尖的硬度。

● 从此画笔创建新的预设 ▧：可以打开"画笔名称"对话框，输入画笔的名称后，单击"确定"按钮，可以将当前设置的画笔保存为一个预设的画笔。

（2）模式。用来设置绘画模式。在下拉列表框中可以选择画笔笔迹颜色与下面图像像素的混合模式。

（3）不透明度。设置应用颜色的不透明度。该值越低，线条的透明度就越高，绘制出的颜色越透明。

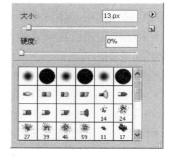

图 10 – 2　调整边缘中的视图模式

（4）流量。"流量"选项决定画笔在绘画时油彩的流出数量。数值越大，画笔涂抹得油彩越多，绘制出的图案就越浓重。

（5）喷枪。单击该按钮，即可启用喷枪功能。可将渐变色调应用于图像，同时模拟传统的喷枪技术。Photoshop 会根据鼠标左键的单击程度确定画笔线条的填充数量，鼠标喷绘颜色停留的时间越长，喷涂区域就会越大，且颜色越重。

2. 画笔面板

使用画笔面板可以对笔触外观进行更多的设置，如图 10 - 3 所示。打开画笔面板有以下三种方式：执行"窗口"→"画笔"命令；单击画笔工具选项栏上的"画笔面板"按钮；按 F5 键。

● 单击"画笔预设"按钮，可以打开"画笔预设"面板，如图 10 - 4 所示。用来选择预设的画笔及更改画笔的直径。

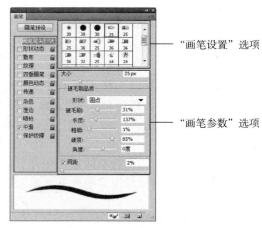
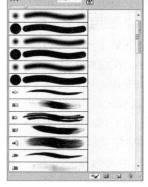

图 10 - 3   "画笔"面板   图 10 - 4   "画笔预设"面板

● 画笔设置：单击"画笔设置"中的选项，面板中会显示该选项的详细设置内容，它们用来改变画笔的角度、圆度，以及为其添加纹理、颜色动态等变量。

● 锁定/未锁定 🔒：单击该按钮，可锁定当前画笔的笔尖形状属性，再次单击可取消锁定。

● 画笔参数选项：用来调整画笔的参数。

● 打开"预设管理器" ▣：单击该按钮，可以打开"预设管理器"。

● 创建新画笔 ▣：如果对一个预设的画笔进行了调整，可单击该按钮，将其保存为一个新的预设画笔。

（1）画笔笔尖形状。如果要对预设的画笔进行一些修改，可单击"画笔"面板中的"画笔笔尖形状"选项，然后在显示的选项中进行设置。

● 大小：用来设置画笔的大小，可在文本框中输入 1 ~ 2500 像素的数值，或用鼠标拖曳滑块调整。

● 翻转 X/翻转 Y：用来改变画笔笔尖在其 X 或 Y 轴上的方向。

● 角度：用来设置椭圆笔尖和图像样本笔尖的旋转角度。可在"角度"文本框中输入 -180° ~ 180°的数值，或用鼠标拖曳其右侧框中的箭头进行调整。

● 圆度：用于控制椭圆形画笔长轴和短轴的比例。在"圆度"文本框中可输入 0 ~ 100% 之间的数值，或用鼠标拖曳其右侧框中的控制点进行调整。

● 硬度：用来设置画笔的硬度，该值越小，画笔的边缘越柔和。

● 间距：用来控制画笔笔迹之间的距离，该值越高，笔迹之间的间隔距离越大。

（2）形状动态。"形状动态"决定了画笔的笔迹如何变化，它可以使画笔的大小、圆度等产生随机变化效果。单击"画笔"面板中的"形状动态"选项，会显示相关设置的内容。如图 10 - 5 所示。

● 大小抖动：用来设置画笔笔迹大小的改变方式。该值越大，变化效果越明显。在"控制"选项下拉列表中可以选择抖动的改变方式，选择"关"，表示不控制画笔笔迹的大小变化；选择"渐隐"，可按照指定数量的步长在初始直径和最小直径之间渐隐画笔笔迹的大小，使笔迹产生逐渐淡出的效果；如果计算机配置有数位板，则可以选择"钢笔压力"、"钢笔斜度"、"光笔轮"和"旋转"选项，此后可根据钢笔的压力、斜度、钢笔拇指轮位置或钢笔的旋转来改变初始直径和最小直径之间的画笔笔迹大小。

●最小直径：启用了"大小抖动"后，可通过该选项设置画笔笔迹可以缩放的最小百分比。该值越高，笔尖直径的变化越小。

●角度抖动：用来改变画笔笔迹的角度，如果要指定画笔角度的改变方式，可在"控制"下拉列表中选择一个选项。

●圆度抖动/最小圆度：用来设置画笔笔迹的圆度在描边中的变化方式。可以在"控制"下拉列表中选择一种控制方法，当启用了一种控制方法后，可在"最小圆度"中设置画笔笔迹的最小圆度。

●翻转 X 抖动/翻转 Y 抖动：用来设置笔尖在其 X 或 Y 轴上的方向。

（3）散布。"散布"选项可以调整画笔分布的数目和位置。选择"画笔"面板中的"散布"选项，会显示相关设置的内容。如图 10 – 6 所示。

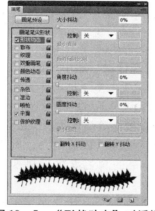

图 10 – 5　"形状动态"对话框

图 10 – 6　"散布"对话框

●散布：用来设置画笔偏离使用画笔绘制的线条的偏离程度。数值越大，偏离的程度越大。

●两轴：选择此复选框，画笔点在 X 和 Y 两个轴向上发生分散；如果不选择此复选框，则只在 X 轴上发生分散。

●数量：用于指定在每个间距间隔应用画笔笔触的数量。值越大，数量越多。

●数量抖动：用于调整笔触的抖动密度。值越大，抖动密度越高。

（4）纹理。"纹理"选项用来设置画笔的纹理效果。选择"画笔"面板中的"纹理"选项，会显示相关设置的内容。如图 10 –7 所示。

●反相：选中该复选框，笔触应用纹理图片时，纹理将产生反相效果。

●缩放：用于指定图案的缩放比例。

●为每个笔尖设置纹理：用来决定绘画时是否单独渲染每个笔尖，可以通过调整"最小深度"和"深度抖动"等值，更加细腻地渲染每个笔尖。

●模式：用于指定画笔和图案的混合模式。单击"模式"右侧的三角按钮，从弹出的菜单中进行选择。

（5）双重画笔。设置"双重画笔"，可以使用两个笔尖创建画笔笔迹，从而创造出两种画笔的混合效果。在"画笔"面板的"画笔笔尖形状"选项中可以设置主要笔尖的形状，在"双重画笔"选项中可以设置次要笔尖的形状，如图10－8所示。

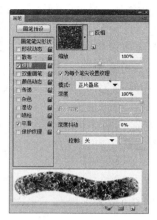
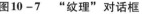
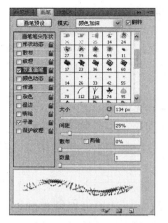

图10－7　"纹理"对话框　　图10－8　"双重画笔"对话框

- 模式：用于选择两种笔尖组合时使用的混合模式。
- 直径：用于设置笔尖的大小。
- 间距：用于控制描边中双笔笔尖画笔笔迹之间的距离。
- 散布：用于设置描边中双笔尖画笔笔迹的分布样式。选中"两轴"复选框，双笔尖画笔笔迹按径向分布。取消选择"两轴"选项时，双笔尖画笔笔迹垂直于描边路径分布。
- 数量：用于设置在每个间距间隔应用的双笔尖画笔笔迹的数量。

（6）颜色动态。"颜色动态"对话框用于动态改变画笔颜色效果，如图10－9所示。

- 前景/背景抖动：用于控制画笔的颜色变化情况。数值越大，画笔的颜色发生随机变化时，越接近于背景色；反之，数值越小，画笔的颜色发生随机变化时，越接近于前景色。
- 色相抖动：以前景色为基准来调整颜色范围。数值越大，画笔的色调发生随机变化时，越接近于背景色色相；反之数值越小，画笔的色调发生随机变化时，越接近于前景色色相。
- 饱和度抖动：用于控制画笔饱和度的随机效果。数值越大，画笔的饱和度发生随机变化时，越接近于背景色饱和度；反之数值越小，画笔的饱和度发生随机变化时，越接近于前景色饱和度。
- 亮度抖动：用于控制画笔亮度的随机效果。数值越大，画笔的亮度发生随机变化时，越接近于背景色亮度；反之，数值越小，画笔的亮度发生随机变化时，越接近于前景色的亮度。
- 纯度：用于增大或减小颜色的饱和度。数值为－100时，笔画呈现饱和度为0的效果，反之，数值为100时，笔画呈现完全饱和的效果。

（7）传递。"传递"动态参数的前身是 Photoshop CS4 中的"其他动态"。在 CS5 中，除了在名称上的变化外，其中的参数也在原来的"不透明度抖动"与"流量抖动"两个主要参数的基础上，增加了"湿度抖动"与"混合抖动"两个参数，但这两个参数主要是针对 CS5 新增的"混合器画笔工具"使用的，如图10－10所示。

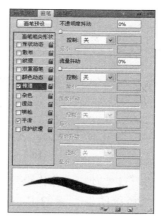

图 10-9 "颜色动态"对话框   图 10-10 "传递"对话框

●不透明度抖动：此参数用于控制画笔的随机不透明度效果。CS5 新增了"最小"参数，其作用与"形状动态"中的"最小值"参数基本相同，即用来设置不透明度抖动时的最小数值。

●湿度抖动：在"混合器画笔工具"选项栏上设置了"潮湿"参数后，在此处可以控制其动态变化。

●混合抖动：在"混合器画笔工具"选项栏上设置了"混合"参数后，在此处可以控制其动态变化。

（8）杂色。"杂色"用于为画笔的边缘部分添加杂色，当应用于柔角画笔笔尖时，此选项最有效。

（9）湿边。"湿边"选项可以沿画笔描边的边缘增大油彩量，创建水彩效果。

（10）喷枪。该选项与选项栏中的喷枪选项相对应，将渐变色调应用于图像，同时模拟传统的喷枪技术。Photoshop 会根据鼠标左键的单击程度确定画笔线条的填充数量。

（11）平滑。"平滑"使得画笔在描边中生成更平滑的曲线。

（12）保护纹理。"保护纹理"可以将相同图案和缩放比例应用于具有纹理的所有画笔预设。在使用多个纹理画笔笔尖绘画时，可以模拟出一致的画布纹理。

10.1.2 自定义画笔

在 Photoshop 中，我们可以将绘制的图形、整个图像或者选区内的部分图像创建为自定义的画笔。其操作步骤如下：

步骤 1：创建要定义为画笔的对象，可以是图像或文字。

步骤 2：选择要作为画笔的图像或文字（选择时可以使用选框工具、套索工具、魔棒工具等），将要定义为画笔的部分选中。

步骤 3：执行"编辑"→"定义画笔预设"命令，在弹出的对话框中输入画笔的名称，然后单击"确定"按钮完成创建，此时可在"画笔面板"中查看到新定义的画笔。

10.1.3 自定图案

图案也是一种图像，当用这种图像来填充图层或选区时，将会重复或拼贴图像。在 Photoshop 中，可以创建新图案并将它们存储在图案中，以供不同的工具盒命令使用。

打开一幅图像，然后执行"编辑"→"定义图案"命令，打开"图案名称"对话框，单击"确定"按钮，即可将文档中的图像定义为图案。

10.2 铅笔工具

"铅笔工具"也是使用前景色来绘制线条的，它与画笔工具的区别是：画笔工可以绘制带有柔边效果的线条，而铅笔工具只能绘制硬边线条。铅笔工具的工具选项栏如图 10 – 11 所示，除"自动抹除"功能外，其他选项均与画笔工具相同。

图 10 – 11 "铅笔工具"选项栏

自动抹除：选择该选项后，当拖曳鼠标时，如果光标的中心在包含前景色的区域上，可将该区域涂抹成背景色；如果光标的中心在不包含前景色的区域上，则可将该区域涂抹成前景色。

10.3 颜色替换工具

使用"颜色替换工具"可以用前景色替换图像中的颜色。单击工具箱中的"颜色替换工具"按钮，在其选项栏中会出现相应的选项，如图 10 – 12 所示。

图 10 – 12 "颜色替换工具"选项栏

(1) 模式：可以设置替换的内容，包括"色相"、"饱和度"、"颜色"和"明度"。默认为"颜色"，表示可以同时替换色相、饱和度和明度。

(2) 取样：可以设置颜色取样的方式。单击"连续"按钮时，在拖曳鼠标时可连续对颜色取样；单击"一次"按钮时，可替换包含第一次单击的颜色区域中的目标颜色；单击"背景色板"按钮时，可替换包含当前背景色的区域。

(3) 限制：选择"连续"，表示替换与光标下的颜色邻近的颜色；选择"不连续"，表示替换出现在光标下任何位置的样本颜色；选择"查找边缘"，表示替换包含样本颜色的连续区域，同时更好地保留形状边缘的锐化程度。

(4) 容差：用于设置工具的容差，该值越低，可替换与单击处像素相似的颜色；该值越高，可替换的颜色范围越广。

(5) 消除锯齿：选中该复选框，可以为替换颜色的区域定义平滑的边缘，从而消除锯齿。

10.4 混合器画笔工具

在 Photoshop CS5 中新增了一个画笔工具，即"混合器画笔工具"，使用"混合器画笔工具"可以混合像素，创建类似于传统画笔绘画时颜料之间相互混合的效果。打开一个图像文件，在工具箱中选择"混合器画笔工具"，在工具选项栏中设置画笔属性，如图 10 – 13 所示，然后在画面中涂抹即可混合颜色。

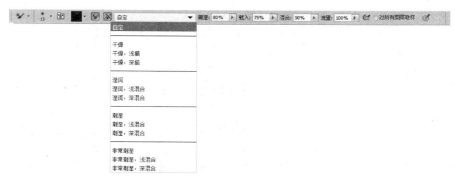

图 10 – 13　"混合器画笔工具"选项栏

（1）潮湿：在绘图时，在此可以设置从画布中摄取颜色的多少。

（2）载入：在绘图时，在此可以设置前景色颜色的多少。

（3）混合：在此可以设置描边的颜色混合比。

提示：当设置"潮湿"值为 100%，"载入"值为 0 时，绘画时将以画布中的颜色为主进行绘画操作；当设置"潮湿"值为 0，"载入"值为 100% 时，绘画时将以前景色为主进行操作。

10.5　用"历史记录"还原操作

在编辑图像时，我们每进行一步操作，Photoshop 都会将其记录在"历史记录"面板中。通过该面板可以将图像恢复到操作过程中的某一步状态，也可以再次回到当前的操作状态，或者将处理结果创建为快照或是新的文件。

10.5.1　历史记录调板

"历史记录"面板，主要用于还原和重做的操作。

（1）执行"窗口"→"历史记录"命令，可以打开"历史记录"调板，如图 10 – 14 所示。

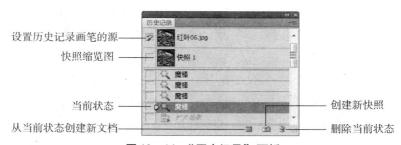

图 10 – 14　"历史记录"面板

● 设置历史记录画笔的源：使用历史记录画笔时，该图标所在的位置将作为历史画笔的源图像。

● 快照缩览图：被记录为快照的图像状态。

● 从当前状态创建新文档：基于当前操作步骤中图像的状态创建一个新的文件。

● 创建新快照：基于当前的图像状态创建快照。

● 删除当前状态：选择一个操作步骤后，单击该按钮可将该步骤及后面的操作删除。

（2）在"历史记录"面板中单击右上角的 按钮，将弹出"历史记录"面板菜单，如图

10 – 15 所示。

● "前进一步" / "后退一步"：这两个命令与 "编辑" 菜单中的 "前进一步" 与 "后退一步" 命令功能相同，可以使历史记录状态向前或返回。

● 新建快照：功能与 "创建新快照" 按钮相同，用于创建快照内容。

● 删除：用于清除 "历史记录" 面板中的快照和历史记录状态。

图 10 – 15 "历史记录" 菜单

● 清除历史记录：用于清除 "历史记录" 面板中的所有历史记录状态。

● 新建文档：与 "从当前状态创建新文档" 按钮功能相同，用于建立新文档。

● 历史记录选项：执行此命令将弹出 "历史记录选项" 对话框。在其中可以设置如下内容：

◇ 自动创建第一幅快照：选中此复选框，则在刚打开文件时，会在 "历史记录" 面板中建立一个快照内容。

◇ 存储时自动创建新快照：选中此复选框，则在保存文件时会自动地建立一个新快照。

◇ 允许非线性历史记录：选中此复选框，在删除其中一个历史记录状态时不会影响其他历史记录状态。

◇ 默认显示新快照对话框：选中此复选框后，在 "历史记录" 面板中单击 按钮，会弹出 "新建快照" 对话框。

◇ 使用图层可见性更改可还原：保存对图层可见性的更改。

10.5.2 创建快照

在进行操作时，可以在完成重要步骤后，单击 "创建新快照" 按钮，将该步骤的图像状态创建为快照，如图 10 – 16 所示。当操作出现错误时，单击某一阶段的快照，即可将图像恢复到该状态，这样就可以弥补历史记录保存数量的局限。

选择需要创建为快照的状态后，也可单击 "历史记录" 面板中右上角的面板菜单按钮，在弹出的下拉菜单中选择 "新建快照" 命令，在弹出的 "新建快照" 对话框中设置新建快照的名称，如图 10 – 17 所示。设置完成后单击 "确定" 按钮，完成新建快照的创建，"历史记录" 面板如图 10 – 18 所示。

图 10 –16 用 "创建新快照" 按钮创建快照   图 10 – 17   "新建快照" 对话框   图 10 –18 用命令建立快照

（1）名称：可输入快照的名称。

（2）自：可选择创建的快照内容。选择 "全文档" 选项，可创建图像在当前状态下所有图层的快照。选择 "合并的图层" 选项，可创建合并图像在当前状态下所有图层的快照。选择 "当前图层" 选项，则只创建当前选择图层的快照。

提示 1：默认情况下，每个打开的图像都会自动创建一个快照，以后创建的快照将按照顺序命名为"快照 1"、"快照 2"等。如果要修改快照的名称，可双击该快照的名称，在显示的文本框中输入名称即可。

提示 2：快照不会与图像一起存储，关闭图像时将删除快照。

10.5.3　从当前状态创建文档

从当前状态创建文档就是将"历史记录"调板中的快照或被记录的任意状态创建成新的文档。

具体操作方法是：在"历史记录"调板中选定某个操作后，单击调板下方的"从当前状态创建新文件"按钮，系统将会以该操作的名称创建一个新图像文件，并打开一个新的图像窗口。

完成上述操作后，可以通过选择"文件"，菜单中的"存储"或"存储为"命令来保存该文件。

10.5.4　删除快照

在"历史记录"面板中选择"快照 1"，如图 10－19 所示。单击"删除当前状态"按钮，可将"快照 1"删除，弹出如图 10－20 所示的提示框，单击"是"按钮即可将选择的快照删除。删除快照后的"历史记录"面板如图 10－21 所示。

图 10－19　选择要删除的快照　　图 10－20　删除快照提示框　　图 10－21　删除快照后的"历史记录"面板

10.5.5　还原图像

1. 用"历史记录"面板还原图像

如图 10－22 所示为当前"历史记录"面板中记录的操作步骤。单击"加深工具"，如图 10－23 所示，就可以将图像恢复为该步骤时的编辑状态。

图 10－22　当前"历史记录"面板中的步骤　　图 10－23　恢复至"加深工具"后的面板

我们打开文件时，图像的初始状态会自动登录到快照区，单击快照区，就可以撤销所有操作，即使中途保存过文件，也可以将其恢复到最初的打开状态，如图 10－24 所示。如果要还原所有被撤销的操作，只需要单击最后一步操作即可，如图 10－25 所示。

图 10-24　撤销所有操作后的面板　　　　图 10-25　还原所有被撤销的操作的面板

2. 用"快照"还原图像

每当我们绘制完重要的效果以后，就单击"历史记录"面板中的创建新快照按钮 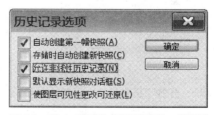，将图像的当前状态保存为一个快照。以后无论绘制了多少步，即使面板中新的步骤已经将其覆盖了，我们都可以通过单击某一快照将图像恢复为这一快照所记录的效果。

10.5.6　创建非线性历史记录

当用户在"历史记录"面板中选择一个操作步骤来还原图像时，该步骤以下的操作全部变暗，如图 10-26 所示。如果此时进行其他操作，则该步骤后面的记录都会被新的操作替代，如图 10-27 所示。如果希望在更改选择状态时保留后面的操作，可以在"历史记录"面板菜单中选中"允许非线性历史记录"复选框。

图 10-26　选择状态　　　　　图 10-27　替代状态

打开"历史记录"面板，单击面板右上角的面板菜单按钮，在弹出的下拉菜单中选择"历史记录选项"命令，如图 10-28 所示。在弹出的"历史记录选项"对话框中选择"允许非线性历史记录"选项，如图 10-29 所示。

图 10-28　"历史记录"面板菜单　　　图 10-29　"历史记录选项"对话框

10.5.7　设置历史记录状态

默认状态下，"历史记录"面板只记录最近 20 步的操作。要改变记录步骤，可以执行"编辑"→"首选项"→"性能"命令，或者按 Ctrl + K 快捷键，在弹出的"首选项"对话框中改变默认的选项值，如图 10-30 所示。

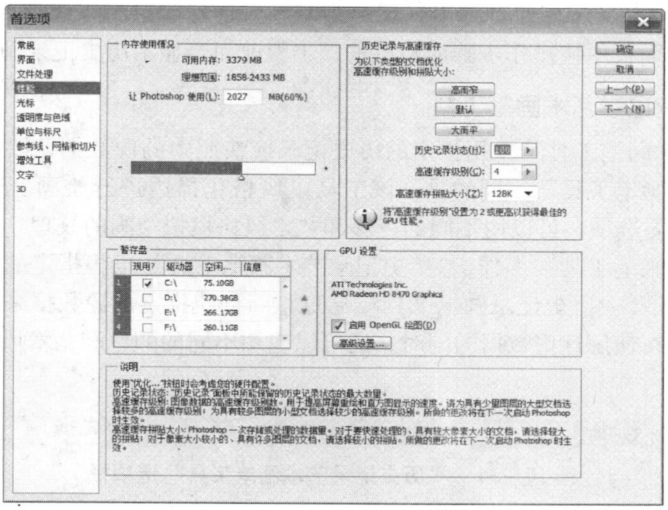

图 10-30 "首选项"对话框

10.5.8 历史记录画笔工具

"历史记录画笔工具"可以将图像恢复到编辑过程中的某一步骤状态，"历史记录画笔"和"历史记录艺术画笔"工具都属于恢复工具，它们的主要作用是在图像中将新绘制的内容恢复到"历史记录"调板中的"恢复点"处的画面，或者将部分图像恢复为原样。

"历史记录画笔工具"可以将图像的一个状态或快照的拷贝复制下来，绘制到当前画面中。

下面通过一个例子来说明"历史记录画笔工具"的使用。

步骤 1：打开一幅图像，执行"图像"→"调整"→"去色"命令，如图 10-31 所示。

步骤 2：在工具箱中选择"历史记录画笔工具"，在其属性栏中作如图 10-32 所示的设置，然后在图像的右下角的树枝上涂抹，此时将此处的图像还原到打开时的状态，露出原来的红颜色，如图 10-33 所示。

图 10-31 执行"去色"命令后的图像

图 10-32 "历史记录画笔工具"选项栏

图 10-33 使用"历史记录画笔工具"涂抹的后的图像

我们编辑图像以后，想要将部分内容恢复到哪一个操作阶段的效果或者恢复为原始图像，就在"历史记录"面板中该操作步骤前面单击，步骤前面会显示历史记录画笔的源 ![icon] 图标。

10.5.9 历史记录艺术画笔工具

"历史记录艺术画笔工具"使用指定的历史记录或快照中的源数据，以风格化描边进行绘画。与"历史记录画笔工具"不同的是，该工具以风格化描边进行绘画。通过使用不同的绘画样式、大小和容差选项，可以用不同的色彩和艺术风格模拟绘画的纹理。

像"历史记录画笔工具"一样，"历史记录艺术画笔工具"也将指定的历史记录状态或快照用作源数据。但是，"历史记录画笔工具"通过重新创建指定的源数据来绘画，而"历史记录艺术画笔工具"在使用这些数据的同时，还可以应用不同的颜色和艺术风格。其选项栏如图 10 - 34 所示。

图 10 - 34　"历史记录艺术画笔工具"选项栏

（1）样式：可以选择一个选项来控制绘画描边的形状，如图 10 - 35 所示。

图 10 - 35

（2）区域：用来设置绘画描边所覆盖的区域。该值越高，覆盖的区域越大，描边的数量也越多。

（3）容差：容差值可以限定可应用绘画描边的区域。低容差可用于在图像中的任何地方绘制无数条描边；高容差会将绘画描边限定在源状态或快照中的颜色明显不同的区域。

第 11 章　图像的调整

11.1　设置颜色

Photoshop 提供了画笔等多种绘图工具，在进行绘制以及进行填充、描边选区、修改蒙版、修饰图像等操作时，都需要先选取一种绘图颜色。Photoshop 提供了非常出色的颜色选择工具，可以帮助我们找到需要的任何色彩。

11.1.1　设置前景色和背景色

前景色和背景色在 Photoshop 中有多种定义的方法。在默认情况下，前景色和背景色分别为黑色和白色。前景色决定了使用绘图工具绘制图像及使用文字工具创建文字时的颜色；背景色则决定了使用橡皮擦工具擦除图像时，擦除区域呈现的颜色，以及增加画布的大小时，新增画布的颜色。

（1）设置前景色和背景色：在工具箱中单击前景色或背景色图标，如图 11-1 所示。在弹出的"拾色器"对话框中可以设置它们的颜色，也可以在"颜色"面板和"色板"面板中设置颜色，或者使用"吸管工具"拾取图像中的颜色作为前景色或背景色。

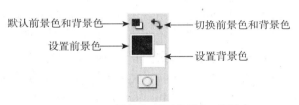

图 11-1　工具箱中设置前景色/背景色

（2）切换前景色和背景色：单击"切换前景色和背景色"图标，或按 X 键，可以切换前景色和背景色的颜色。

（3）默认前景色和背景色：单击"默认前景色和背景色"图标，或按 D 键，可以将前景色和背景色恢复为默认的颜色。

11.1.2　使用"拾色器"设置颜色

在工具箱中单击前景色或背景色按钮，可以打开"拾色器"对话框，如图 11-2 所示。

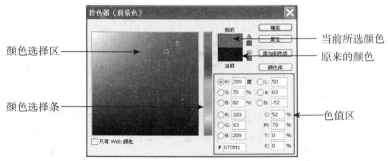

图 11-2　"拾色器"对话框

（1）色域/拾取的颜色：对话框左侧的彩色方框称为彩色区域，是用来选择颜色的。彩色区域中的小圆圈是颜色选取后的标志。

（2）颜色滑块：彩色区域右边的竖长条为彩色滑块，用来调整颜色的不同色调，使用时拖曳其上的小三角滑块即可，也可以通过在长条上面单击来调整。

（3）新的/当前：在彩色滑块右侧的颜色区域，上半部分显示的是当前所选的颜色，下半部分显示的是打开"拾色器"对话框之前的选定的颜色。

（4）颜色值：显示了当前设置的颜色的颜色值。我们也可以输入颜色值来精确定义颜色。①在"CMYK"颜色模型下，可以用青色、洋红、黄色和黑色的百分比来制定每个分量的值；②在"RGB"颜色模型下，可以指定 0~255 之间的分量值（0 是黑色，255 是白色）；③在"HSB"颜色模型下，可通过百分比来指定饱和度和亮度，以 0~360 度的角度（对应于色轮上的位置）指定色相；④在"Lab"模型下，可以输入 0~100 之间的亮度值（L）以及 −128~+127 之间的 A 值（绿色到洋红色）和 B 值（蓝色到黄色）；⑤在"#"文本框中，可以输入一个十六进制值，例如，输入 000000 是黑色，输入 ffffff 是白色。

（5）溢色警告：由于 RGB、HSB 和 Lab 颜色模型中的一些颜色在 CMYK 模型中没有等同的颜色，因此无法准确打印出来，这些颜色就是我们所说的"溢色"。出现该警告以后，可单击它下面的小方块，将颜色替换为 CMYK 色域中与其最为接近的颜色。

（6）非 Web 安全色警告：表示当前设置的颜色不能在网页上准确显示，单击警告下面的小方块，可以将颜色替换为与其最为接近的 Web 安全颜色。

（7）只有 Web 颜色：选择该复选框后，此时选取的任何颜色都是 Web 安全颜色。

（8）添加到色板：单击该按钮，可以将当前设置的颜色添加到"色板"面板中。

（9）颜色库：单击该按钮，可以切换到"颜色库"对话框。

11.1.3　使用"颜色库"对话框

在"拾色器"对话框中单击"颜色库"按钮，即可换到"颜色库"对话框中。如图 11-3 所示。

在"颜色库"对话框选择颜色，应当先打开"色库"下拉列表框，选择一种色彩型号和厂牌，然后用鼠标拖曳滑杆上的小三角滑块来指定所需颜色的大致范围，接着在对话框左边选定所需要的颜色，最后单击"确定"按钮。

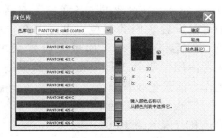

图 11-3　"颜色库"对话框

11.1.4　使用吸管工具选取颜色

吸管工具可以在图像区域中进行颜色采样，并用采样颜色重新定义前景色或背景色。当需要一种要求不是太高的颜色时，就可以使用"吸管工具"来完成。

在使用"吸管工具"时，可以在选项栏中设定其参数，如图 11-4 所示，以便更准确地选取颜色。

图 11-4　"吸管工具"选项栏

（1）取样大小：用于设置吸管颜色的范围。在默认状态下，选取的是"取样点"，可拾取光标所在位置像素的精确颜色；选择"3×3 平均"，可拾取光标所在位置 3 个像素区域内的平均颜色；选择"5×5 平均"，可拾取光标所在位置 5 个像素区域内的平均颜色；其他选项依此类推。

（2）样本：选择"当前图层"表示只在当前图层上取样；选择"所有图层"表示在所有图层上取样。

11.1.5 使用"颜色"面板

使用"颜色"面板选择颜色，与使用"拾色器"对话框选择颜色同样简单方便。执行"窗口"→"颜色"命令，可打开"颜色"面板，如图 11-5 所示。在默认情况下，"颜色"面板提供的是 RGB 颜色模式的滑块，如果想使用其他模式的滑块进行选色，则单击面板右上角的菜单按钮  ，此时可以打开"颜色"面板菜单，如图 11-6 所示。

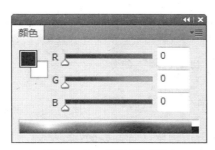

图 11-5 "颜色"面板　　　　图 11-6 "颜色"面板菜单

11.1.6 使用"色板"面板

"色板"面板可存储用户经常使用的颜色，也可以在面板中添加和删除预设颜色，或者为不同的项目显示不同的颜色库。该面板中的颜色都是预设好的，可以直接选取使用。

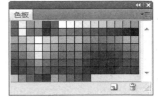

执行"窗口"→"色板"命令，打开"色板"面板，如图 11-7 所示。移动鼠标指针至面板的色板方格中，单击即可选定当前指定的颜色。

如果要在面板中添加颜色，可将鼠标指针移至"色板"面板的空白处。当指针变成油漆桶形状时，单击即可添加色板，添加的颜色为当前选取的前景色。

图 11-7 "色板"面板

如果要在面板中删除色板，选中要删除的色板按住鼠标左键不放，将色块拖到"删除色板"按钮上即可删除色板。

如果想要恢复"色板"面板为默认的设置，可在"色板"菜单中选择"复位色板"命令，单击"确定"按钮，即可恢复到默认"色板"。

提示：Photoshop 提供了许多种预设的色板集，可方便选取颜色，在"色板"菜单底部选择一种色板集，则在面板中就会显示出该色板集中能够选择的所有色板。

11.2 图像色彩调整

11.2.1 查看图像色彩

（1）使用"颜色取样器"工具。"颜色取样器工具"可以在图像上放置取样点，每一个取样点的颜色值都会显示在"信息"面板中。通过设置取样点，可以在调整图像的过程中观察到颜色值的变化状况。

单击工具箱中的"颜色取样器工具"按钮，在图像上需要取样的位置单击，即可建立取样点，一个图像最多可以放置 4 个取样点。在建立取样点时，会自动弹出"信息"面板，显示取样的颜色值，如图 11-8 所示。

提示：单击并拖动取样点，可以移动取样点的位置，"信息"面板中的颜色值也会随之改变；按住 Alt 键单击颜色取样点，可将其删除；如果要删除所有颜色取样点，可单击工具选项栏的"清除"按钮。

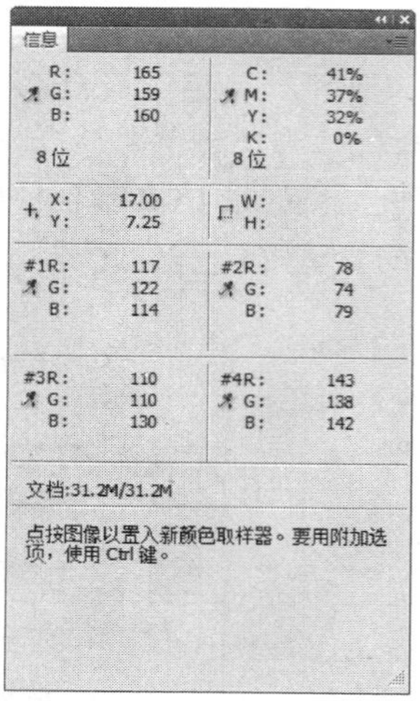

（2）使用直方图。在 Photoshop CS5 中，直方图用图形表示图像的每个亮度级别的像素数量，显示了像素在图像中的分布情况。通过查看直方图，就可以判断出图像的阴影、中间调和高光中包含的细节是否充足，以便对其进行适当地调整。

11.2.2 自动调整图像色彩

（1）"自动色调"命令。执行"图像"→"自动色调"命令，可以增强图像的对比度。

（2）"自动对比度"命令。"自动对比度"命令可以自动调整图像的对比度，使高光看上去更亮，阴影看上去更暗。

图 11-8 "信息"面板

（3）"自动颜色"命令。"自动颜色"命令可以让系统自动对图像进行颜色校正，从而调整出现偏色的照片。

11.2.3 自定义调整图像色彩

1. 色阶命令

"色阶"命令是 Photoshop 最为重要的调整工具之一，它可以调整图像阴影、中间调和高光的强度级别，校正色调范围和色彩平衡。也就是说，"色阶"命令不仅可以调整色调，还可以调整色彩。

打开一张图像，执行"图像"→"调整"→"色阶"命令，或按 Ctrl + L 快捷键，打开"色阶"对话框，如图 11-9 所示。对话框中有一个直方图，可以作为调整图像色调的参考依据，但它的缺点是不能实时更新。

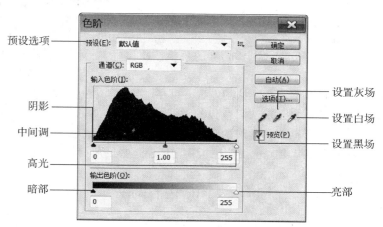

图 11-9 "色阶"对话框

（1）预设：单击"预设"选项右侧的"预设选项"按钮，在打开的菜单中选择"存储预设"命令，可以将当前的调整参数保存为一个预设文件。在使用相同的方式处理其他图像时，可以用该文件自动完成调整。

（2）通道：可以选择一个通道来进行调整，调整通道会影响图像的颜色。

（3）输入色阶：用来调整图像的阴影、中间调和高光区域。可拖动滑块或者在文本框中输入数值来进行调整，向左移动滑块，可使与之对应的色调变量；向右拖动，则使之变暗。

（4）输出色阶：可以重新定义暗调和高光值，以降低图像的对比度。向右拖动黑色滑块，可以降低图像暗部对比度，从而使图像变亮；向左拖动白色滑块，可以降低图像亮部对比度，从而使图像变暗。

（5）在图像中取样以设置黑场：用该吸管在图像中单击，Photoshop 将定义单击处的像素为黑点，并重新分布图像的像素值，从而使图像变暗。此操作类似于在"输入色阶"中向右侧拖动黑色滑块。

（6）在图像中取样以设置灰场：在使用图像的过程中，会遇到一些偏色的图像，而使用"在图像中取样以设置灰场"按钮就可以轻松地解决这个问题。只需要使用吸管单击图像中的某种颜色，即可在图像中消除或者减弱此种颜色，从而纠正图像中的偏色状态。

（7）在图像中取样以设置白场：与"在图像中取样以设置黑场"按钮相反，Photoshop 将定义单击处的像素为白点，并重新分布图像的像素值，从而使图像变亮。此操作类似于在"输入色阶"中向左侧拖动白色滑块。

2. 曲线命令

曲线也是用于调整图像色彩与色调的工具。它比色阶更加强大，色阶只有 3 个调整功能，即用黑场、灰场和白场进行调整，而曲线允许在图像的整个色调范围内（从阴影到高光）最多调整 16 个点。在所有的调整工具中，曲线可以提供最为精确的调整结果。

（1）曲线对话框。打开一个图像文件，执行"图像"→"调整"→"曲线"命令，或按下 Ctrl + M 快捷键，打开"曲线"对话框，如图 11 – 10 所示。在曲线上单击可以添加控制点，拖动控制点改变曲线的形状就可以调整图像的色调和颜色。单击控制点，可将其选择，按住 Shift 键单击可以选择多个控制点。选择控制点后，按下 Delete 键可将其删除。

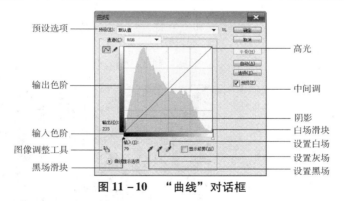

图 11 – 10　"曲线"对话框

● 预设：该下拉列表中包含了 Photoshop 提供的预设调整文件。当选择"无"时，可通过拖曳曲线来调整图像；选择其他选项时，则可以使用预设文件调整图像。

● 通道：在该下拉列表中可以选择需要调整的通道，调整通道会改变图像的颜色。

● 编辑点以修改曲线：打开"曲线"对话框时，该按钮为按下状态，此时在曲线中单击可添加新的控制点，拖曳控制点以改变曲线形状，即可调整图像。当图像为 RGB 模式时，曲线向上弯曲，可以将色调调亮；曲线向下弯曲，可以将色调调暗。如果图像为 CMYK 模式，则曲线向上弯曲时，可以将色调调暗；曲线向下弯曲时，可以将色调调亮。

● 通过绘制来修改曲线：按下该按钮后，可绘制手绘效果的自由曲线。绘制完成后，单击"编辑点以修改曲线"按钮，曲线上会显示控制点。

● 平滑：使用"通过绘制来修改曲线"工具绘制自由形状的曲线后，单击该按钮，可对曲线进行平滑处理。

●输入色阶/输出色阶："输入色阶"显示了调整前的像素值，"输出色阶"显示了调整后的像素值。

●设置黑场、设置灰场、设置白场：这几个工具与"色阶"命令中相应工具的作用相同。

●自动：单击该按钮，可对图像应用"自动颜色"、"自动对比度"或"自动色调"校正。具体的校正内容取决于"自动颜色校正选项"对话框中的设置。

●选项：单击该按钮可以弹出"自动颜色校正选项"对话框。自动颜色校正选项控制由"色阶"和"曲线"对话框中的"自动颜色"、"自动色阶"、"自动对比度"和"自动"选项应用的色调和颜色校正。它允许指定阴影和高光修剪百分比，并为阴影、中间调和高光指定颜色值。

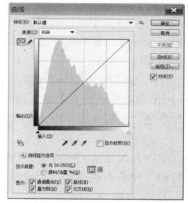

图 11-11　"曲线"对话框

（2）曲线显示选项。单击"曲线"对话框中"曲线显示选项"前的按钮 ⊗ ，可以显示曲线显示选项，如图 11-11 所示。

●显示数量：可反转强度值和百分比的显示。

●简单网格/详细网格：按下简单网格按钮 ⊞ ，会以 25% 的增量显示网格；按下详细网格按钮 ▦ ，则以 10% 的增量显示网格。在详细网格状态下，我们可以更加准确地将控制点对齐到直方图上。按住 Alt 键单击网格，也可以在这两种网格间切换。

●通道叠加：可在复合曲线上方叠加各个颜色通道的曲线。

●直方图：可在曲线上叠加直方图。

●基线：可在网格上显示以 45° 角绘制的基线。

●交叉线：调整曲线时，显示水平线和垂直线，以帮助我们在相对于直方图或网格进行拖动时将点对齐。

（3）曲线的色调映射原理。打开一个文件，打开"曲线"对话框，如图 11-12 所示。

图 11-12　"曲线"对话框

在对话框中，水平的渐变颜色条为输入色阶，它代表了像素的原始强度值；垂直的渐变颜色条为输出色阶，它代表了调整曲线后像素的强度值。调整曲线以前，这两个数值是相同的。我们在曲线上单击，添加一个控制点，当我们向上拖动该点时，在输入色阶中可以看到图像中正在被调整的色调（色阶 99），在输出色阶中可以看到它被 Photoshop 映射为更浅的色调（色阶 155），图像就会因此而变亮，如图 11-13 所示。

图 11 – 13　向上拖动控制点使得图像变亮

提示：整个色阶范围为 0 ~ 255，0 代表了全黑，255 代表了全白。因此，色阶数值越高，色调越亮。

如果向下移动控制点，则 Photoshop 会将所调整的色调映射为更深的色调（将色阶 155 映射为色阶 92），图像也会因此而变暗，如图 11 – 14 所示。

图 11 – 14　向下拖动控制点使得图像变暗

如果沿水平方向向右拖动左下角的控制点，可以将输入色阶中该点左侧的所有灰色都映射为黑色，如图 11 – 15 所示；沿水平方向向左拖动右上角的控制点，则可将输入色阶中该点右侧的所有灰色都映射为白色，如图 11 – 16 所示。

图 11 – 15　沿水平方向向右拖动左下角的控制点后的图像

图 11 – 16   沿水平方向向左拖动右上角的控制点后的图像

如果沿垂直方向向上拖动左下角的控制点，可以将图像中的黑色映射为该点所对应的输出色阶中的灰色，如图 11 – 17 所示；如果沿垂直方向向下拖动右上角的控制点，则可将图像中的白色映射为该点所对应的输出色阶中的灰色，如图 11 – 18 所示。

图 11 – 17   沿垂直方向向上拖动左下角的控制点后的图像

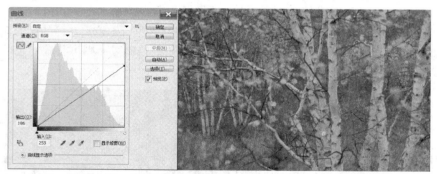

图 11 – 18   沿垂直方向向下拖动右上角的控制点后的图像

（4）曲线命令与色阶命令的比较。曲线上有两个预设的控制点，其中，"阴影"可以调整照片中的阴影区域，它相当于"色阶"中的阴影滑块；"高光"可以调整照片的高光区域，它相当于"色阶"中的高光滑块。

如果我们在曲线的中央（1/2 处）单击，添加一个控制点，该点就可以调整照片的中间调，它就相当于"色阶"的中间调滑块。

然而曲线上最多可以有 16 个控制点，也就是说，它能够把整个色调范围（0~255）分成 15 段来调整，因此，对于色调的控制非常精确。而色阶只有 3 个滑块，它只能分 3 段（阴影、中间调、高光）调整色阶。因此，曲线对于色调的控制可以做到更加精确，它可以调整一定色调区域内的像素，而不影响其他像素，色阶是无法做到这一点的，这就是曲线的强大之处。

（5）典型曲线对图像产生的影响。打开一幅图像，然后执行"图像"→"调整"→"曲线"命令，打开"曲线"对话框。下面我们通过应用"曲线"命令对图像进行调整，分析各种形状的曲线会对图像产生怎样的调整效果。

向上移动曲线中间的控制点，如图 11 - 19 所示，可以使图像的中间调变亮；向下移动可以使中间调变暗，如图 11 - 20 所示。

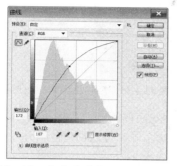 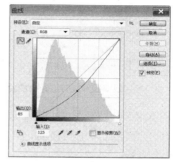

图 11 - 19　向上移动曲线中间的控制点　　图 11 - 20　向下移动曲线中间的控制点

将曲线调整为 S 形，如图 11 - 21 所示，可以使高光区域变亮、阴影区域变暗，从而增强图像的对比度；反 S 形曲线则降低图像的对比度，如图 11 - 22 所示。

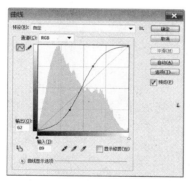 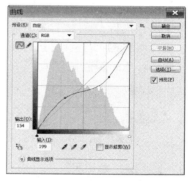

图 11 - 21　将曲线调为 S 形　　　　图 11 - 22　将曲线调为反 S 形

向上移动曲线底部的点时，如图 11 - 23 所示，会把黑色映射为灰色，阴影区域因此而变亮；向下移动曲线顶部的点时，如图 11 - 24 所示，会把白色映射为灰色，高光区域因此而变暗。

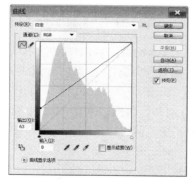 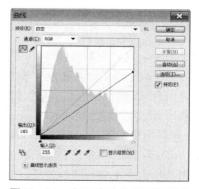

图 11 - 23　向上移动曲线底部的点　　图 11 - 24　向下移动曲线顶部的点

将曲线顶部的点移动到最下面，将底部的点移动到最上面，如图 11 - 25 所示，可以反相图像；将曲线调整为如图 11 - 26 所示的形状，则可以使部分图像反相。

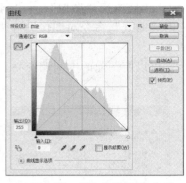 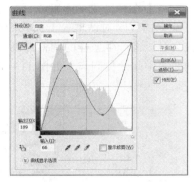

图 11 – 25　反向初始图像曲线　　　图 11 – 26　反相图像的曲线形状

　　将曲线顶部的点向左移动，可以剪切高光；将曲线底部的点向右移动，可以剪切阴影。如果将顶部和底部的点同时向中间移动，如图 11 – 27 所示，则可以创建色调分离的效果。

　　3. 色彩平衡命令

　　"色彩平衡"命令可以更改图像的总体颜色混合。"色彩平衡"命令可以在图像原色彩的基础上根据需要添加其他的颜色，或者通过增加多余颜色的补色，以减少该颜色的数量，从而更改图像的总体颜色。它将图像分为高光、中间调和阴影三种色调，我们可以调整其中一种或两种色调，也可以调整全部色调的颜色。

　　打开一个文件，执行"色彩平衡"命令，打开"色彩平衡"对话框，如图 11 – 28 所示。在对话框中，相互对应的两个颜色互为补色（如青色与红色）。当我们提高某种颜色的比重时，位于另一侧的补色的颜色就会减少。

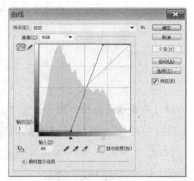 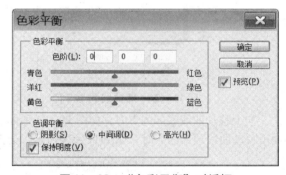

图 11 – 27　将顶部和底部的点同时向中间移动　　　图 11 – 28　"色彩平衡"对话框

　　（1）色彩平衡：在"色阶"文本框中输入数值，或拖动滑块可以向图像中增加或减少颜色。例如，如果将最上面的滑块移向"青色"，可在图像中增加青色，同时减少其补色红色；将滑块移向"红色"，则减少青色，增加红色。

　　（2）色调平衡：可以选择一个或多个色调来进行调整，包括"阴影"、"中间调"和"高光"。勾选"保持明度"选项，可以保持图像的色调不变，防止亮度值随颜色的更改而改变。

　　"色彩平衡"命令没有调亮或调暗图像的功能。所以，在执行完"色彩平衡"命令后，通常还需要使用其他命令来完善图像效果。

　　4. 亮度/对比度命令

　　使用"亮度/对比度"命令，可以对图像的色调范围进行简单的调整。虽然使用"色阶"和"曲线"命令都能实现此功能，但是这两个命令使用起来比较复杂，而使用"亮度/对比度"命令可以更加简便直观的完成亮度和对比度的调整。

打开一图像文件，执行"图像"→"调整"→"亮度"命令，打开"亮度/对比度"对话框，如图 11 - 29 所示。在"亮度/对比度"对话框中可以快捷地对"亮度/对比度"进行调整，拖动"亮度"下方的滑块或在其文本框中输入 - 100 ~ 100 之间的数值，可以调整图像的亮度；拖动"对比度"下方的滑块或在其文本框中输入 - 100 ~ 100 之间的数值，可以调整图像的对比度。

5. 黑白命令

"黑白"命令可以将彩色图像转换为灰度图像，但与"去色"命令不同的是，它提供了选项，可以同时保持对各颜色转换方式的完全控制。此外，也可以为灰度着色，将彩色图像转换为单色图像。

"黑白"命令是专门用于制作黑白照片和黑白图像的工具，它可以对各种颜色的转换方式完全控制，简单说来，就是我们可以控制每一种颜色的色调深浅。例如，彩色照片转换为黑白图像时，红色和绿色的灰度非常相似，色调的层次感就被削弱了。为了解决这个问题，可以通过"黑白"命令分别调整这两种颜色的灰度，将它们区分开，使色调的层次丰富、鲜明。

打开一个图像文件，执行"图像"→"调整"→"黑白"命令，打开"黑白"对话框，如图 11 - 30 所示。

图 11 - 29　"亮度/对比度"对话框

图 11 - 30　"黑白"对话框

（1）预设：在该下拉列表中可以选择一个预设的调整设置图像的黑白效果。

（2）颜色滑块：拖动各个颜色滑块可以调整图像中特定颜色的灰色调。例如，向左拖动红色滑块时，可以使图像中由红色转换而来的灰色调变暗，向右拖动，则使这样的灰色调变亮。还可以将光标定位在图像中该颜色区域的上方，单击并拖动鼠标，此时可移动该颜色的颜色滑块，从而使颜色在图像中变暗或变亮。如果要存储当前调整的设置，可单击"预设"右侧的"预设选项"按钮，在下拉菜单中选择"存储预设"命令。

（3）色调：如果要创建单色调图像，可选中该复选框。然后拖动"色相"和"饱和度"滑块对颜色进行调整。单击颜色块可以打开"拾色器"对话框进一步微调色调颜色。

（4）自动：单击该按钮，可设置基于图像的颜色值的灰度混合，并使灰度值的分布最大化。"自动"混合通常会产生极佳的效果，并可以用作使用颜色滑块调整灰度值的起点。

6. 色相/饱和度命令

"色相/饱和度"命令可以对色彩的三大属性，色相、饱和度和明度进行修改。它既可以单独调整单一颜色的色相、饱和度和明度，也可以同时调整图像中所有颜色的色相、饱和度和明度。

打开一个图像文件，执行"图像"→"调整"→"色相/饱和度"命令，打开"色相/饱和度"对话框，如图 11－31 所示。拖动对话框中"色相"、"饱和度"和"明度"相应的滑块，即可调整颜色的色相、饱和度和明度。

图 11－31　"色相/饱和度"对话框

（1）编辑：选择"全图"，然后拖动下面的滑块，可以调整图像中所有颜色的色相、饱和度和明度；选择其他选项，则可以单独调整红色、黄色、绿色和青色等颜色的色相、饱和度和明度。

（2）图像调整工具：选择该工具后，将光标放在要调整的颜色上，单击并拖动鼠标即可修改单击处颜色的饱和度，向左拖动鼠标可以降低饱和度，向右拖动则增加饱和度。如果按住 Ctrl 键拖动鼠标，则可以修改色相。

（3）着色：勾选该复选框后，如果前景色是黑色或白色，图像会转换为红色；如果前景色不是黑色或白色，则图像会转换为当前前景色的色相。

（4）隔离颜色范围："色相/饱和度"对话框底部有两个颜色条，上面的颜色条代表了调整前的颜色，下面的颜色条代表了调整后的颜色。

（5）用吸管隔离颜色：在"编辑"选项中选择一种颜色以后，对话框中的 3 个吸管工具便可以使用。用吸管工具在图像中单击可以选择要调整的颜色范围，用添加到取样工具在图像中单击可以扩展颜色范围；用从取样中减去工具在图像中单击可以减少颜色。

7．自然饱和度命令

"自然饱和度"命令是用于调整色彩饱和度的命令，它的特别之处是可在增加饱和度的同时防止颜色过于饱和而出现溢色，非常适合处理人像照片。

打开一个图像文件，执行"图像"→"调整"→"自然饱和度"命令，打开"自然饱和度"对话框，如图 11－32 所示。对话框中有两个滑块，向左侧拖动可以降低颜色的饱和度，向右拖动则增加饱和度。拖动"饱和度"滑块时，可以增加（或减少）所有颜色的饱和度。拖动"自然饱和度"滑块增加饱和度时，Photoshop 不会生成过于饱和的颜色，并且即使是将饱和度调整到最高值，人物皮肤颜色变得红润以后，仍能保持自然、真实的效果。

8．匹配颜色命令

"匹配颜色"命令可以在相同的或者不同的图像之间进行颜色的匹配，也就是使"一幅图像"（目标图像）具有另外一幅图像（源图像）的色调。用户可以通过该命令使多个图像或者照片的颜色保持一致。

执行"图像"→"调整"→"匹配颜色"命令，打开"匹配颜色"对话框，如图 11－33 所示。

图 11-32　"自然饱和度"对话框

图 11-33　"匹配颜色"对话框

（1）目标：显示了被修改的图像的名称和颜色模式。

（2）应用调整时忽略选区：如果当前图像中包含选区，选中该复选框，可忽略选区，将调整应用于整个图像；取消选中，则仅影响选区中的图像。

（3）明亮度：可以增加或减小图像的亮度。数值越大，则图像的明亮度越高；反之则越低。

（4）颜色强度：用来调整图像的饱和度。数值越大，则图像所匹配的颜色的饱和度越大；反之则越低。该值为 1 时，生成灰度图像。

（5）渐隐：用来控制与图像原色相近的程度。数值越大，调整的强度越小；反之越大。

（6）中和：选中该复选框，可以消除图像中的色偏。

（7）使用源选区计算颜色：如果在源图像中创建了选区，选中该复选框，可使用选区中的图像匹配当前图像的颜色；取消选中，则会使用整幅图像进行匹配。

（8）使用目标选区计算调整：如果在目标图像中创建了选区，选中该复选框，只对选区内图像的颜色计算调整；取消选中，则使用整幅图像中的颜色计算调整。

（9）源：在该下拉列表中可以选择源图像文件的名称，如果选择"无"选项，则目标图像与源图像相同。

（10）图层：用来选择需要匹配颜色的图层。如果要将"匹配颜色"命令应用于目标图像中的特定图层，应确保在执行"匹配颜色"命令时该图层处于当前选择状态。如果选择"合并的"选项，则将源图像文件中的所有图层合并起来，再进行匹配颜色。

（11）载入统计数据/存储统计数据：单击"存储统计数据"按钮，将当前的设置保存；单击"载入统计数据"按钮，可载入已存储的设置。使用载入的统计数据时，无需在 Photoshop 中打开源图像，就可以完成匹配当前目标图像的操作。

9. 替换颜色命令

"替换颜色"命令可以选中图像中的特定颜色，然后修改其色相、饱和度和明度。

执行"图像"→"调整"→"替换颜色"命令，打开"替换颜色"对话框，如图 11-34 所示。

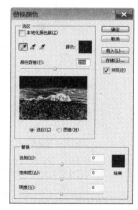

（1）吸管工具：用吸管工具在图像上单击，可以选中鼠标下面的颜色；用添加到取样工具在图像中单击，可以添加新的颜色；用从取样中减去工具在图像中单击，可以减少颜色。

图 11-34　"替换颜色"对话框

（2）本地化颜色簇：启用本地化颜色簇进行连续选择。

（3）颜色容差：控制颜色的选择精度。该值越高，选中的颜色范围越广（白色代表了选中的颜色）。

（4）选区/图像：选中"选区"选项，可在预览区中那个显示蒙版。其中黑色代表了未选择的区域，白色代表了选中的区域，灰色代表了被部分选择的区域；选中"图像"选项，则会显示图像内容，不显示选区。

（5）替换：用来设置替换颜色的色相、饱和度和明度。

10. 可选颜色命令

"可选颜色"命令可以校正颜色不平衡的问题，可以有选择地修改图像中某种颜色的印刷色数量，而不会影响其他颜色。

执行"图像"→"调整"→"可选颜色"命令，打开"可选颜色"对话框，如图11 – 35 所示。

（1）颜色：在"颜色"下拉列表中选择要修改的颜色，拖动下面的各个颜色滑块，即可调整所选颜色中青色（C）、洋红色（M）、黄色（Y）和黑色（K）的含量。各选项的变化范围都为 – 100% ~ 100%。

（2）方法：用来设置调整方式。选择"相对"，可按照总量的百分比修改现有的青色、洋红、黄色或黑色的含量。例如，一个像素占有青色的百分比为50%，再加上10%后，其总数就等于原有数额50%再加上10%×50%，即为50% + 10%×50% = 55%。选择"绝对"，则采用绝对值调整颜色。例如，一个像素占有青色的百分比为50%，再加上10%后，其总数就等于原有数额50%再加上10%，即50% + 10% = 60%。

11. 通道混合器命令

"通道混合器"命令可以将图像中的颜色通道相互混合，起到对目标颜色通道进行调整和修复的作用。

在"通道"面板中，各个颜色通道（红、绿、蓝通道）保存着图像的色彩信息。我们将颜色通道调亮或者调暗，都会改变图像的颜色。"通道混合器"可以将所选的通道与我们想要调整的颜色通道混合，从而修改该颜色通道中的光线量，影响其颜色含量，从而改变色彩。

执行"图像"→"调整"→"通道混合器"命令，打开"通道混合器"对话框，如图11 – 36 所示。

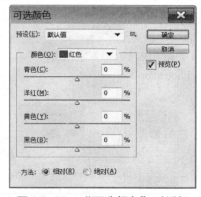

图 11 – 35 "可选颜色"对话框

图 11 – 36 "通道混合器"对话框

（1）预设：该选项的下拉列表中包含了 Photoshop 提供的预设调整设置文件，可用于创建各种黑白效果。

（2）输出通道：可以选择要调整的通道。

（3）源通道：用来设置输出通道中源通道所占的百分比。

（4）总计：显示了源通道的总计值。如果合并的通道值高于 100%，会在总计旁边显示一个警告图标。该值超过 100% 时，有可能会损失阴影和高光细节。

（5）常数：用来调整输出通道的灰度值。负值可以在通道中增加黑色；正值则在通道中增加白色。

提示：只有在 RGB 颜色模式和 CMYK 颜色模式下才可以使用"通道混合器"命令。

12. 照片滤镜命令

"照片滤镜"命令可以模拟在相机镜头前面安装彩色滤镜的视觉效果，通过该命令可以调整图像的色彩平衡和色温，使图像呈现更准确的曝光效果。所以，通过"照片滤镜"命令可以校正照片的颜色。

执行"图像"→"调整"→"照片滤镜"命令，打开"照片滤镜"对话框，如图 11－37 所示。

（1）滤镜/颜色：在"滤镜"下拉列表中可以选择要使用的滤镜。如果要自定义滤镜颜色，则可单击"颜色"选项右侧的颜色块，打开"拾色器"调整颜色。

图 11－37　"照片滤镜"对话框

（2）浓度：可调整应用到图像中的颜色数量，该值越高，颜色的调整强度越大。

（3）保留明度：选中该复选框时，可以保持图像的明度不变。取消选中，则会应为添加滤镜效果而使图像色调变暗。

13. 阴影/高光命令

"阴影/高光"命令能够基于阴影或高光中的局部相邻像素来校正每个像素，调整阴影区域时，对高光的影响很小，而调整高光区域时，对阴影的影响很小。非常适合校正由强逆光而形成剪影的照片，也可以校正由于太接近相机闪光灯而有些发白的焦点。

打开一幅图像，执行"图像"→"调整"→"阴影/高光"命令，打开"阴影/高光"对话框，如图 11－38 所示。Photoshop 会给出一个默认的参数来提高阴影区域的亮度。选中"显示更多选项"复选框，可以显示完整的选项，如图 11－39 所示。

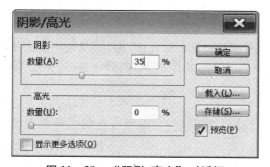

图 11－38　"阴影/高光"对话框

图 11－39　"阴影/高光"命令完整对话框

（1）"阴影"选项组：可以将阴影区域调亮。拖动"数量"滑块可以控制调整强度，该值越高，阴影区域越亮；"色调亮度"用来控制色调的修改范围，较小的值会限制只对较暗的区域进行校正，较大的值会影响更多的色调；"半径"可控制每个像素周围的局部相邻像素的大小，相邻像素决定了像素是在阴影中还是在高光中。

（2）"高光"选项组：可以将高光区域调暗。"数量"可以控制调整强度，该值越高，高光区域越暗；"色调宽度"可以控制色调的修改范围，较小的值只对较亮的区域进行校正，较大的值会影响更多的色调；"半径"可以控制每个像素周围的局部相邻像素的大小。

（3）颜色校正：可以调整已更改区域的色彩。例如，增大"阴影"选项组中的"数量"值使图像中较暗的颜色显示出来以后，在增加"颜色校正"值，就可以使这些颜色更加鲜艳。

（4）中间调对比度：用来调整中间调的对比度。向左侧拖动滑块会降低对比度，向右侧拖动滑块则增加对比度。

（5）修剪黑色/修剪白色：可以指定在图像中将多少阴影和高光剪切到新的极端阴影（色阶为0，黑色）和高光（色阶为255，白色）颜色。该值越高，图像的对比度越强。

（6）存储为默认值：单击该按钮，可以将当前的参数设置存储为预设，再次打开"暗部/高光"对话框时，会显示该参数。如果要恢复为默认的数值，可按住 Shift 键，该按钮就会变为"复位默认值"按钮，单击它便可以进行恢复。

14. 曝光度命令

"曝光度"命令是一种色调控制命令，专门针对相片曝光过度或不足而进行调节。执行"图像"→"调整"→"曝光度"命令，打开"曝光度"对话框，如图 11-40 所示。

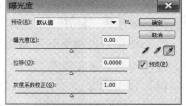

图 11-40 "曝光度"对话框

（1）曝光度：该选项对图像或选区范围进行曝光调节。正值越大，曝光度越充足；而负值越大，曝光度就越弱。

（2）位移：该选项可以对图像的暗部和亮部进行细微调节。

（3）灰度系数校正：该选项是用来调节图像灰度系数的大小，即曝光颗粒度。值越大则曝光效果就越差；而值越小则对光的反应越灵敏。

（4）吸管工具：分别用来细微设置"曝光度"、"位移"和"灰度系数校正"的值。

（5）预设：在"预设"下拉列表框中，系统默认提供了几个不同的选项，以方便在使用时调整。

11.2.4 快速调整图像

1. 自动色调

执行"图像"→"自动色调"命令，可以增强图像的对比度。在像素值平均分布并且需要以简单的方式增加对比度的特定图像中，该命令可以提供较好的结果。

2. 自动对比度

"自动对比度"命令可以让系统自动调整图像亮部和暗部的对比度。其原理是该命令可以将图像中最暗的像素变成黑色，最亮的像素变成白色，而使看上去较暗的部分变得更暗，较亮部分变得更亮。

3. 自动颜色

"自动颜色"命令可以让系统自动对图像进行颜色校正。如果图像有色偏或者饱和度过高，均可以使用该命令进行自动调整。

4. 色调均化

"色调均化"命令重新分配图像像素亮度值，以便更平均地分布整个图像的亮度色调。在使用此命令时，Photoshop 会先查找图像中最亮值和最暗值，将最亮的像素变成白色，最暗的像素变为黑色。其余的像素映射相应灰度值上，然后合成图像。这样做的目的是让色彩分布更平均，从而提高图像的对比度和亮度。

如果执行"色调均化"命令之前先创建选区范围，则 Photoshop 会弹出"色调均化"对话框，如图 11 – 41 所示，其中两个选项的功能如下：

图 11 – 41　"色调均化"对话框

（1）仅色调均化所选区域：选择该选项时，色调均化仅对选区范围中的图像起作用。

（2）基于所选区域色调均化整个图像：选择该选项时，色调均化就以选区范围中的图像最亮和最暗的像素为基准，使整幅图像的色调平均化。

5. 变化

"变化"命令是一个非常简单和直观的图像调整命令，它不像其他命令那样有复杂的选项，使用该命令时，只要单击图像的缩览图便可以调整色彩平衡、对比度和饱和度，并且还可以观察到原图像与调整结果的对比效果。

打开一图像文件，执行"图像"→"调整"→"变化"命令，打开"变化"对话框，如图 11 – 42 所示。

（1）原稿/当前挑选：对话框顶部的"原稿"缩览图中显示了原始图像，"当前挑选"缩览图中显示了图像的调整结果。第一次打开该对话框时，这两个图像是一样的，但"当前挑选"图像将随着调整进行实时显示当前的处理结果。如果单击"原稿"缩览图，则可将图像恢复为调整前的状态。

（2）加深绿色、加深黄色等缩览图：在对话框左下方的 7 个缩览图中，位于中间的"当前挑选"缩览图也是用来显示调整结果的，另外 6 个缩览图用来调整颜色，单击其中任何一个缩览图都可将相应的颜色添加到图像中，连续单击则可以累积添加颜色。例如，单击"添加深红色"缩略图两次将应用两次调整。如果要减少一种颜色，可单击与其相反颜色缩览图，例如，要减少红色，可单击"加深青色"缩览图。

提示："变化"命令是基于色轮来进行颜色调整的，如图 11 – 43 所示。在增加一种颜色的含量时，会自动减少该颜色的补色。例如，增加红色会减少青色；增加绿色会减少洋红色；增加蓝色会减少黄色。反之亦然。当了解这个规律后，在进行颜色的调整时就会有的放矢了。

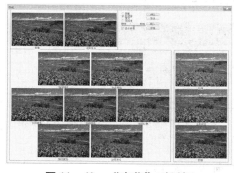

图 11 – 42　"变化"对话框

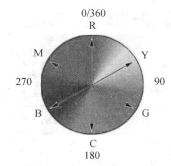

图 11 – 43　色轮

（3）阴影/中间色调/高光：选择相应的选项，可以调整图像的阴影、中间调和高光。

（4）饱和度：用来调整图像的饱和度。选中该选项后，对话框左下方会出现 3 个缩览图，中间的"当前挑选"缩览图显示了调整结果,单击"减少饱和度"或"增加饱和度"缩览图可减少或增加饱和度。在增加饱和度时,如果超出了最大的颜色饱和度,则颜色会被剪切。

(5)精细/粗糙:用来控制每次的调整量,每移动一格滑块,可以使调整量双倍增加。

(6)显示修剪:如果想要显示图像中将由调整功能剪切(转换为纯白或纯黑)的区域的预览效果,可选中"显示修剪"选项。

11.2.5 特殊调整颜色命令

1. 去色

"去色"命令的主要作用是去除图像中的饱和色彩,即将图像中的所有颜色的饱和度都更改为0,也就是说将图像转换为灰度图像。但与直接执行"图像"→"模式"→"灰度"命令转换为灰度图像的方法不同,用该命令处理后的图像不会改变图像的色彩模式,只是失去了彩色的颜色。"去色"命令的最方便之处在于它可以只对图像的某一选择区域进行转换,不像"灰度"命令那样,不加选择地对整个图像发生作用。

2. 反相

使用"反相"命令,可以将像素的颜色改变为它们的互补色,如黑变白、白变黑等。该命令是唯一不损失图像色彩信息的变换命令。

在使用"反相"命令前,可先选定反相的内容,如图层、通道、选区范围或整个图像,然后执行"图像"→"调整"→"反相"命令。

3. 阈值

使用"阈值"命令可将一幅彩色图像或灰度图像转换成只有黑白两种色调的高对比度的黑白图像。其原理是:"阈值"命令会根据图像素的亮度值把它们一分为二,一部分用黑色表示,另一部分用白色表示。其黑白像素的分配由"阈值"对话框中的"阈值色阶"文本框来指定,如图11-44所示。其变化范围为1~255,阈值色阶的值越大,黑色像素分布就越广;反之,阈值色阶值越小,白色像素分布越广。

4. 色调分离

"色调分离"命令可以按照格空的色阶数减少图像的颜色(或灰度图像中的色调),从而简化图像内容。将这些像素映射为最接近的匹配色调。"色调分离"命令与"阈值"命令相似,"阈值"命令在任何情况下都只考虑两种色调,而"色调分离"命令可以指定2~255之间的一个值。

打开一幅图像,执行"图像"→"调整"→"色调分离"命令,弹出"色调分离"对话框,如图11-45所示。"色阶"值越小,图像色彩变化越大;"色阶"值越大,色彩变化越小。

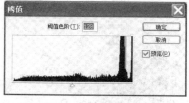

图11-44 "调值"对话框

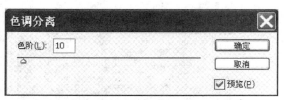

图11-45 "色调分离"对话框

5. 渐变映射

"渐变映射"的主要功能是将预设的几种渐变模式作用于图像。打开一幅图像,执行"图像"→"调整"→"渐变映射"命令,弹出"渐变映射"对话框,如图11-46所示。

(1)灰度映射所用的渐变:单击其右侧的按钮,会弹出一个面板,在此面板中提供了多种渐变模式。"渐变映射"提供的渐变模式与"渐变工具"的渐变模式一样,但两者所产生的

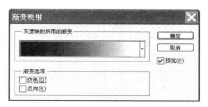

图 11-46　"渐变映射"对话框

效果却不一样。主要有两点区别：①"渐变映射"功能不能应用于完全透明图像；②"渐变映射"功能先对所处理的图像进行分析，根据图像中各个像素的亮度，用所选渐变模式中的颜色替换。这样，从结果图像中往往仍然能够看出原图像的轮廓。

（2）仿色：用于控制效果图像中的像素是否仿色（这主要体现在反差较大的像素边缘）。

（3）反向：它的作用类似于"图像"→"调整"→"反相"命令。选中该复选框后，将产生原渐变图的反转图像。

第 12 章　图 像 的 修 饰

　　Photoshop 提供强大的绘图工具，也提供给用户完善绘图和图像处理的修饰工具。通过使用 Photoshop CS5 中提供的修饰工具，可以轻松地对图像进行修饰，从而去除图像中的瑕疵，使图像效果更加完善。

12.1　修复工具组

12.1.1　污点修复画笔工具

　　使用污点修复画笔工具可以快速移去照片中的污点和其他不理想的部分，不需要定义原点，只需要确定需要修复的图像的位置，调整好画笔大小，移动鼠标，就会在确定需要修复的位置自动匹配，使用"污点修复画笔工具"可以快速去除图像上的污点、划痕和其他不理想的部分。它与"修复画笔工具"的效果类似，也是使用图像或图案中的样本像素进行绘画，并将样本像素的纹理、光照、透明度和阴影与所修复的像素进行匹配。

　　"污点修复画笔工具"主要用于修复有瑕疵的照片和图片，它的使用非常方便，不需要定义任何源文件，只需要在要进行修改的地方用鼠标单击即可修复。这是由于 Photoshop 能够自动分析单击处图像的不透明度、颜色与质感，从而自动进行采样，最终完美地去除杂色或者污斑。

　　修复画笔要求指定样本，而"污点修复画笔工具"可以自动从所修饰区域的周围取样。

　　打开一幅图像，在工具箱中选择"污点修复画笔工具"，其选项栏如图 12 - 1 所示。

图 12 - 1　"污点修复画笔工具"选项栏

　　（1）模式：用来设置修复图像时使用的混合模式。除"正常"、"正片叠底"和"滤色"等模式外，该工具还包含一个"替换"模式，选择"替换"模式时，可以保留画笔描边的边缘处的杂色、胶片颗粒和纹理。

　　（2）类型：用来设置修复的方法。"近似匹配"：可以使用选区边缘周围的像素来修复选定的区域，可以得到比较平滑的修复效果。"创建纹理"：可以使用选区中的所有像素创建一个用于修复该区域的纹理。"内容识别"：可使用选区周围的像素进行修复。

　　（3）对所有图层取样：如果当前文档中包含多个图层，选中该复选框后，可以从所有可见图层中对数据进行取样；取消选择，则只从当前图层中取样。

12.1.2　修复画笔工具

　　"污点修复画笔工具"可以从被修饰区域的周围取样，使用图像或图像的样本像素进行绘图，并将样本的纹理、光照、透明度和阴影等与所修复的像素匹配，从而去除照片中的污点和划痕，修复后的效果不会产生人工修复的痕迹。与"污点修复画笔工具"不同的是，"修复画笔工具"需要指定样本，可以利用图像或图案中的样本像素来绘画。

　　打开一幅图像，在工具箱中选择"修复画笔工具"，其选项栏如图 12 - 2 所示。

图 12 - 2　"修复画笔工具"选项栏

（1）模式：用来设置修复图像时使用的混合模式。选择"替换"模式时，可以保留画笔描边的边缘处的杂色、胶片颗粒和纹理。

（2）源：用于修复像素的源。选择"取样"，可以从图像的像素上取样；选择"图案"，可以在图案下拉列表框中选择一个图案进行取样，效果类似于使用图案图章绘制图案。

（3）对齐：选中该复选框，会对像素进行连续取样，在修复过程中，取样点随修复位置的移动而变化；取消选中，则在修复过程中始终以一个取样点为起始点。

（4）样本：用来设置从指定的图层中进行数据取样。如果要从当前图层及其下方的可见图层中取样，可以选择"当前和下方图层"；如果仅从当前图层中取样，可选择"当前图层"；如果要从所有可见图层中取样，可选择"所有图层"。

12.1.3　修补工具

"修补工具"是对"修复画笔工具"的一个补充。"修复画笔工具"使用画笔来进行图像的修复，而"修补工具"则是通过选区来进行图像修复的。使用"修补工具"可以用其他区域或图案中的像素来修复选中的区域。该工具同样将样本像素的纹理、光照和阴影与源像素进行匹配，从而使修复的效果更加自然。

打开一幅图像，在工具箱中选择"修补工具"，其选项栏如图 12 - 3 所示。

图 12 - 3　"修补工具"选项栏

（1）选区创建方式：按下创建一个新的选区按钮，如果图像中包含选区，则原选区将被新选区替换；按下添加到选区按钮，可以在当前选区的基础上添加新的选区；按下从选区减去按钮，可以在原选区中减去当前绘制的选区；按下与选区交叉按钮，可得到原选区与当前创建的选区相交的部分。

（2）修补：用来设置修补方式。

（3）源：在当前图像中选择要修复的图像区域，然后将其拖到目标区域后，这时会看到源区域的图像被目标区域图像所覆盖，并且与选区边缘外的图像很好地融合在一起。

（4）目标：在图像中选择与要修复的图像相似的区域，并将其作为目标区，用来覆盖需要修复的图像区域。

（5）透明：选中该复选框后，可以使修补的图像与原图像产生透明的叠加效果。

（6）使用图案：只有在图像中建立选区后，该项才有效。在其右侧编辑框中选择合适的图案后，单击"使用图案"按钮，这时会看到所选图案与选区中的图像相混合。

12.1.4　红眼工具

使用"红眼工具"可以非常方便和快捷地去除用闪光灯拍摄的人物照片中产生的红眼，也可以去除用闪光灯拍摄的动物照片中的白色或绿色反光。

打开一幅图像，在工具箱中选择"红眼工具"，其选项栏如图 12 - 4 所示。

图 12 - 4　"红眼工具"选项栏

（1）瞳孔大小：可以调整红眼图像的大小，以便于调整图像。

（2）变暗量：可以调整去除红眼后瞳孔变暗的程度，数值越大去除红眼后的瞳孔就越暗。

12.2 图章工具组

12.2.1 仿制图章工具

"仿制图章工具"可以从图像中拷贝信息，然后应用到其他区域或其他图像中，该工具常用于复制对象或去除图像中的缺陷。

使用"仿制图章工具"，用户可以在同一幅图像或多幅图像中进行复制图像，其操作方法是按住 Alt 键不放，在当前图像中要复制的区域处单击以取得样本，然后释放 Alt 键，在目标位置处单击并拖动光标，即可将样本复制到目标位置处。

打开一幅图像，在工具箱中选择"仿制图章工具"，其选项栏如图 12 – 5 所示。

图 12 – 5   "仿制图章工具"选项栏

（1）对齐：选中该复选框后，不管几次拖动光标，每次复制都间断其连续性，最终得到一个完整的原图图像；若未选中该复选框，当多次拖动光标复制时，每次都是从原先的起画点处开始复制定义的图像，即多次复制同一幅图像。

（2）样本：包含"当前图层"、当前和下方图层以及"所有图层"选项，表示利用"仿制图章工具"复制时所作用的图层。

12.2.2 图案图章工具

使用"图案图章"工具，用户可将定义的图案复制到图像中。在使用该工具时，其操作如下：

步骤 1：定义图案，其方法是选取需要复制的图案；

步骤 2：执行"编辑"→"定义图案"命令，在弹出的"图案名称"对话框中设置好图案名称后，单击"确定"按钮即可。

打开一幅图像，在工具箱中选择"图案图章工具"，其选项栏如图 12 – 6 所示。

图 12 – 6   "图案图章工具"选项栏

（1）图案 ▨：在"图案"右侧的下拉按钮上单击，会打开"图案选项"面板，用户可在其中选择需要的图案。另外，用户可单击该面板右上角的三角按钮，在弹出的下拉菜单中选择相应的命令来重新设置"图案选项"面板。

（2）印象派效果：选中该复选框后，可以使复制出来的图案产生一种印象派的绘画效果。

12.3 仿制源调板

打开一幅图像，执行"窗口"→"仿制源"命令，打开"仿制源"面板，如图 12 – 7 所示。

（1）仿制源：单击"仿制源"按钮，然后使用仿制图章工具或修复画笔工具，按住 Alt 键并在图像上单击，可设置取样点。然后还可以继续取样，但最多可设置 5 个不同的取样源，"仿制源"面板会存储样本源，直到关闭文件。

（2）位移：输入 W（宽度）或 H（高度）值，可缩放取样制的源，默认情况下会约束比例。如果要单独调整尺寸或恢复约束

图 12 – 7   "仿制源"调板

选项，可单击"保持长宽比"按钮；指定 X 和 Y 像素位移值时，可在相对于取样点的精确位置上进行绘制；在"旋转仿制源"文本框中输入数值，可调整绘制图像的旋转角度。

（3）重置转换：单击该按钮，可以将样本源复位到其初始的大小和方向。

（4）帧位移、锁定帧：在"帧位移"文本框中输入帧数，可以使用与初始取样的帧相关的特定帧进行绘制。输入正值时，要使用的帧在初始取样的帧之后；输入负值时，要使用的帧在初始取样的帧之前。如果选择"锁定帧"复选框，则总是使用初始取样的相同帧进行绘制。

（5）显示叠加：选择"显示叠加"并指定叠加选项，可以在使用仿制图章工具或修复画笔工具时，更好地查看叠加及下面的图像；"不透明度"选项可设置叠加的不透明度；选中"自动隐藏"选项，可在应用绘画描边时隐藏叠加；选择"已剪切"选项，可以将叠加剪切到画笔大小；如果要设置叠加的外观，可以从"仿制源"面板底部的下拉列表框中选择一种混合模式；选择"反相"选项，可反相叠加图像中的颜色。

12.4　润色工具

12.4.1　模糊工具

"模糊工具"可以柔化图像的边缘，减少图像的细节。选择工具箱中的"模糊工具"，在图像上拖动鼠标指针，可使图像产生模糊、柔化的效果。

打开一幅图像，在工具箱中选择"模糊工具"，其选项栏如图 12－8 所示。

图 12－8　"模糊工具"选项栏

（1）画笔：选择的笔刷大小，直接决定了被模糊区域的范围的大小。

（2）模式：可以选择模糊时的混合模式，它们的意义与"图层混合模式"相同。

（3）强度：该参数的设置可以控制模糊操作时的压力值，参数越大，模糊处理的效果就越明显。

（4）对所有图层取样：选择此复选框，将使"模糊工具"的操作应用于图像的所有图层；否则，操作效果只作用于当前图层。

12.4.2　锐化工具

"锐化工具"与"模糊工具"的作用正好相反，它可以锐化图像的部分像素，使其变得更加清晰。

"锐化工具"的选项栏与"模糊工具"的选项栏完全一样，其含义也一样，在此不再赘述。

提示：如果使用"锐化工具"反复涂抹图像上的同一区域，则会造成图像更加失真的效果。

12.4.3　涂抹工具

使用"涂抹工具"涂抹图像时，可拾取鼠标单击点的颜色，并沿拖移的方向展开这种颜色，模拟出类似于手指拖过湿油漆时的效果。

打开一幅图像，在工具箱中选择"涂抹工具"，其选项栏如图 12－9 所示。

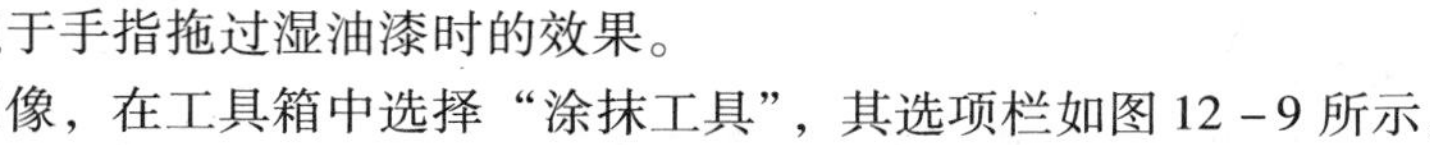

图 12－9　"涂抹工具"选项栏

除"手指绘画"的选项之外，其余选项与"模糊工具"选项栏的选项相同。

● 手指绘画：选择此复选框后，可以使用每个描边起点处的前景色进行涂抹。如果取消选择该复选框，则"涂抹工具"会使用每个描边的起点处指针所指的颜色进行涂抹。

12.4.4 减淡和加深工具

"减淡工具"和"加深工具"是色调工具，使用该工具可以改变图像特定区域的曝光度。其中，"减淡工具"可对图像的高光、阴影等部分进行加亮处理；"加深工具"可对图像的高光、阴影等部分进行变暗处理。

打开一幅图像，在工具箱中选择"减淡工具"，其选项栏如图 12 – 10 所示。

图 12 – 10　"减淡工具"选项栏

（1）范围：可以选择一个要修改的色调。选择"阴影"选项，可处理图像的暗色调；选择"中间调"选项，可处理图像的中间调，即灰色的中间范围色调；选择"高光"选项，可处理图像的亮部色调。

（2）曝光度：即图像的曝光强度。选择"减淡工具"时，该值可决定对图像的加亮程度；选择"加深工具"时，该值可决定图像的加深程度。该值越高，效果越明显。

（3）喷枪：按下该按钮，可以使用画笔具有喷枪的功能。

（4）保护色调：选择该复选框，可以保护图像的色调不受影响。

提示："减淡工具"和"加深工具"的功能与"亮度/对比度"命令中的"亮度"功能基本相同，不同的是，"亮度/对比度"命令是对整个图像的亮度进行控制，而"减淡工具"和"加深工具"可根据用户的需要对指定图像的区域进行亮度控制。

12.4.5 海绵工具

使用"海绵工具"能够非常精确地增加或减少图像区域的饱和度。在灰度模式图像中，"海绵工具"通过将灰阶远离或靠近中间灰色来增加或降低图像的对比度。

打开一幅图像，在工具箱中选择"海绵工具"，其选项栏如图 12 – 11 所示。

图 12 – 11　"海绵工具"选项栏

（1）模式：选择"饱和"选项，可以增加操作区域的饱和度；选择"降低饱和度"选项，则可以去除操作区域的饱和度。

（2）流量：在该文本框中输入数值或者拖动三角滑块，可以定义"海绵工具"操作时的压力程度。数值越大，效果越明显。

（3）自然饱和度：选中该复选框后，可以在提高或者降低饱和度的同时，针对图像的亮度一并进行适当的调整，从而使调整的效果更为自然。

12.5　填充与擦除图像

12.5.1 橡皮擦工具

"橡皮擦工具"可用来擦除图像的颜色，其使用方法非常简单，选中该工具后，在图像窗口中单击并拖动即可擦除图像。

如果当前层为背景层，被擦除的图像位置上将显示背景色；如果当前层为普通图层，被擦除的图像位置将变为透明区域。

打开一幅图像，在工具箱中选择"橡皮擦工具"，其选项栏如图 12 – 12 所示。

图 12 – 12　"橡皮擦工具"选项栏

（1）画笔：使用"橡皮擦工具"擦除图像之前，先在"画笔"下拉列表中选择笔刷的大小和类型，以确定擦除时笔刷的形状和擦除区域的大小。

（2）模式：当选择"画笔"或"铅笔"方式时，"橡皮擦工具"的使用方法类似于"画笔工具"或"铅笔工具"；当选择"块"方式时，"橡皮擦工具"在图像窗口中的大小将固定不变，且擦除区域为方块形状。

（3）不透明度：用来设置擦除的强度，100% 的不透明度可以完全擦除像素，较低的不透明度则将部分擦除像素。

（4）启用喷枪模式：单击该按钮，可以使用喷枪的方式进行擦除。

（5）抹到历史记录：选中该复选框后，"橡皮擦工具"类似于"历史记录画笔工具"的功能，用户可以有选择地将图像恢复到"历史记录"调板中"恢复点"处时的图像效果。

12.5.2　背景色橡皮擦工具

"背景色橡皮擦工具"是一种智能橡皮擦，它具有自动识别对象边缘的功能，可采集画笔中心的色样，并删除在画笔内出现的这种颜色，使擦除区域成为透明区域。它可以直接在背景层上擦除，擦除后自动将背景层转换为普通层。

打开一幅图像，在工具箱中选择"背景橡皮擦工具"，其选项栏如图 12 – 13 所示。

图 12 – 13　"背景橡皮擦工具"选项栏

（1）取样：这 3 个按钮用于设置清除颜色的方式。选择"取样：连续"按钮，表示随着鼠标的拖移，会在图像中连续地进行颜色取样，并根据取样进行擦除，所以该选项可用来擦除连续区域中的不同颜色；选择"取样：一次"按钮，表示该工具只擦除第一次单击点颜色的区域；选择"取样：背景色板"按钮，表示只擦除包含背景色的区域。

（2）限制：可选择擦除颜色时的限制模式。

（3）不连续：可擦除出现在光标下任何位置的样本颜色。

（4）连续：只擦除包含样本颜色并且互相连接的区域。

（5）查找边缘：可擦除取样点与取样点相连的颜色，同时更好地保留与擦除位置颜色反差较大的边缘轮廓。

（6）容差：可设置在图像中指定被擦除颜色的精度，"容差"值越大，被擦除颜色的范围就越大，反之越小。

（7）保护前景色：选中该复选框后，表示图像中与前景色相同的像素不被擦除。

提示：为了避免误擦到需要保留的区域，在使用"背景橡皮擦工具"操作时，尽量不要让光标的十字线碰到需要保留的区域，擦的过程中适当的调整笔触的大小和硬度，可以达到更好的擦除效果。

12.5.3　魔术橡皮擦工具

"魔术橡皮擦工具"不同于前两种橡皮擦工具，它的工作原理类似于"魔棒工具"。

选择该工具后，在图像中想要擦除的颜色上单击，即可自动擦除与之颜色相近的区域。

打开一幅图像，在工具箱中选择"魔术橡皮擦工具"，其选项栏如图 12 – 14 所示。

图 12 – 14　"魔术橡皮擦工具"选项栏

（1）容差：可设置擦除颜色的范围，值越大，可擦除颜色的范围就越大，反之越小。

（2）消除锯齿：选中该复选框后，可清除掉擦除图像范围边缘上的锯齿边。

（3）连续：选中该复选框后，只能擦除与光标落点处颜色相近且相连的部分；否则将擦除图像中所有与光标落点处颜色相近的部分。

（4）对所有图层取样：未选中该复选框，"橡皮擦工具"只对当前层起作用，否则将对图像中的所有图层起作用。

（5）不透明度：可调节"橡皮擦工具"擦除效果的不透明度。

12.5.4　渐变工具

1. 使用渐变工具

使用"渐变工具"用于创建不同颜色间的混合过渡效果，具体的操作方法是：

步骤 1：设置好渐变颜色和渐变方式。

步骤 2：在图像上按下鼠标左键确定起点，拖动鼠标指针到终点处释放鼠标，这样就可以创建出渐变的效果，拖动线段的长度和方向将决定渐变效果的变化。

2. 渐变工具的选项栏

打开一幅图像，在工具箱中选择"渐变工具"，其选项栏如图 12 – 15 所示。

图 12 – 15

（1）渐变颜色条：渐变色条当中显示了当前的渐变颜色，单击它右侧的下拉箭头按钮，可以在打开的下拉面板中选择一个预设的渐变。如果直接单击渐变颜色条，则会弹出"渐变编辑器"，在"渐变编辑器"中可以编辑渐变颜色，或者保存设置的渐变效果。

（2）点按可编辑渐变按钮：该选项主要用于设置渐变的颜色，单击其右侧的下拉按钮，将弹出"渐变项"列表框，用户可在其中选择所需要的渐变图案。

（3）渐变方式按钮：从左到右依次是"线性渐变"、"径向渐变"、"角度渐变"、"对称渐变"和"菱形渐变"按钮。

（4）模式：用于设置渐变的色彩混合模式，单击其右侧的下拉按钮，在弹出的下拉菜单中选择需要的混合模式即可。

（5）不透明度：该参数用于设置渐变图案的不透明度。

（6）反向：选中该复选框后，可颠倒渐变图案的颜色顺序。

（7）仿色：选中该复选框后，可使渐变颜色间的过渡更加平滑、柔和。

（8）透明区域：只有选中该复选框后，才可在渐变图案中使用透明效果。

提示：在拖动"渐变工具"的过程中，拖动的距离越长，则渐变过渡越柔和；反之，则过渡越急促。如果在拖动过程中按住 Shift 键，则可以在水平、垂直或者 45°方向应用渐变。

3. 渐变编辑器

打开一幅图像，在工具箱中选择"渐变工具"，在工具选项栏中单击打开"渐变编辑器"对话框，如图 12 – 16 所示。"渐 图 12 – 16　"渐变编辑器"对话框变编辑器"的使用方法如下：

步骤 1：在工具箱中选择渐变工具，在其工具选项栏中按下"线性渐变"按钮，单击"点按可编辑渐变"按钮，打开"渐变编辑器"，如图 12 - 16 所示。

步骤 2：在"预设"选项中选择一个预设的渐变，它就会出现在下面的渐变条上，如图 12 - 17 所示。渐变条下面的图标是色标，单击一个色标，可以将它选择。

步骤 3：选择一个色标后，单击"颜色"选项右侧的颜色块，或者双击该色标都可以打开"拾色器"对话框，在"拾色器"对话框中调整该色标的颜色即可修改渐变的颜色，如图 12 - 18所示。

 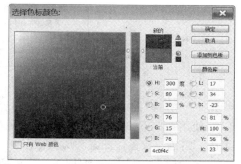

图 12 - 17　在"渐变编辑器"对话框中添加色标　　图 12 - 18　在"拾色器"对话框中调整色标的颜色

步骤 4：选择一个色标并拖动它，或者在"位置"文本框中输入数值，可以改变渐变色的混合位置。拖动两个渐变色标之间的菱形图标，可以调整该点两侧颜色的混合位置。

步骤 5：在渐变条下方单击可以添加新色标。选择一个色标后，单击"删除"按钮，或直接将它拖到渐变颜色条外，可以删除该色标。

12.5.5　油漆桶工具

使用"油漆桶工具"可以在图像中填充前景色或图案。如果创建了选区，填充的区域为所选区域；如果没有创建选区，则填充与鼠标单击点颜色相近的区域。

打开一幅图像，在工具箱中选择"油漆桶工具"，其选项栏如图 12 - 19 所示。

图 12 - 19　"油漆桶工具"选项栏

（1）填充内容：单击油漆桶右侧的下拉箭头按钮，可以在下拉列表中选择填充内容，包括"前景色"和"图案"。

（2）模式/不透明度：用来设置填充内容的模式和不透明度。

（3）容差：用来定义必须填充的像素的颜色相似程度。低容差会填充颜色值范围内与单击点像素非常相似的像素，高容差则填充更大范围内的像素。

（4）消除锯齿：选中该复选框则可以平滑填充选区的边缘。

（5）连续的：选中该复选框则只填充与鼠标单击点相邻的像素；取消选中时则可填充图像中的所有相似像素。

（6）所有图层：选中该复选框则表示基于所有可见图层中的合并颜色数据填充像素；取消选中则仅填充当前图层。

提示：将"模式"设置为"颜色"，填充颜色时不会破坏图像中原有的阴影和细节。

12.5.6 使用填充命令

使用"填充"命令可以在当前图层或选区内填充颜色或图案，在填充时还可以设置不透明度和混合模式。具体操作方法如下：

步骤1：设置前景色、背景色或定义图案。

步骤2：执行"编辑"→"填充"命令，打开"填充"对话框，如图12-20所示。

图 12－20　"填充"对话框

步骤3：在对话框中设置需要的填充内容、混合模式及不透明度等。

（1）使用：在下拉菜单中可以选择8种不同的填充类型，包括前景色、背景色、自定义颜色、黑色、白色、灰色、图案和历史记录。

（2）自定图案：只有在"使用"下拉菜单中选择了"图案"选项后，该参数才能被激活。

（3）模式：该参数与"画笔工具"选项栏中的参数意义相同。

（4）保留透明区域：当需要填充的图层中有透明区域时，选择该复选框，将不会对透明区域进行填充。

第 13 章　绘制路径与矢量图形

使用"形状工具"，可以快速创建诸如直线、矩形、椭圆等基础图形，另外还可以创建自定义的图形形状。使用钢笔工具组中"钢笔工具"和"自由钢笔工具"可以自由地创建所需要的路径。而钢笔工具组内的"路径编辑工具"可以对绘制好的路径作进一步的精确调整，用户所创建的图形可以通过"路径"调板进行管理，在调板中可以对图形进行储存、删除、转换和添加特效等操作。

13.1　了解绘图模式

选择一个矢量工具后，需要先在工具选项栏中按下相应的按钮，指定一种绘制模式，然后才能绘图。

（1）形状图层：按下"形状图层"按钮后，可在单独的形状图层中创建形状。形状图层由填充区域和形状两部分组成，填充区域定义了形状的颜色、图案和图层的不透明度，形状则是一个矢量蒙版，它定义了图像的显示和隐藏区域。形状是路径，它出现在"路径"面板中。

（2）工作路径：按下"路径"按钮后，可以创建工作路径，它出现在"路径"面板中。工作路径可以转换为选区、创建矢量蒙版，也可以使用填充和描边从而得到栅格化的图像。

（3）填充区域：按下"填充像素"按钮后，可以在当前图层上绘制栅格化的图形（图形的填充颜色为前景色）。由于不能创建矢量图形，因此，"路径"面板中也不会有路径。该选项不能用于钢笔工具。

13.2　路径概述

13.2.1　路径的基本概念

1. 路径及其特点

路径是由直线路径或曲线路径段组成的，它们通过锚点连接。路径是矢量对象，它不包含像素，因此，没有进行填充或者描边的路径是不会被打印出来的。路径实际上是一些矢量式的线条，因此，无论图像缩小或放大，都不会影响它的分辨率或平滑度。编辑好的路径可以同时保存在图像中，也可以将它单独输入为文件，然后在其他软件中进行编辑或使用。

2. 锚点及其种类

路径是由直线路径或曲线路径段组成的，它们通过锚点连接。在路径中通常有 3 类锚点存在，即直角型锚点、光滑型锚点和拐角型锚点。

（1）直角型锚点。如果一个锚点的两侧为直线路径段且没有控制句柄，则此锚点为直角型锚点。移动此类锚点时，其两侧的路径线段将同时发生移动，如图 13－1 所示。

（2）光滑型锚点。如果一个锚点的两侧均有平滑的曲线形路径线，则该锚点为光滑型锚点。拖动此类锚点两侧的控制句柄中的一个时，另外一个会随之向相反的方向移动，路径线同时发生相应的变化，如图 13－2 所示。

（3）拐角型锚点。拐角型锚点的两侧也有两个控制句柄，但这两个控制句柄不在一条直线上，而且当拖动其中一个控制句柄时，另一个不会随着一起移动，如图13-3所示。

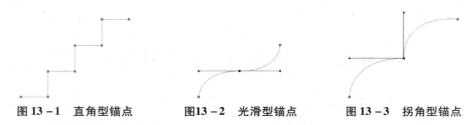

图 13-1　直角型锚点　　　　图13-2　光滑型锚点　　　　图 13-3　拐角型锚点

13.2.2　路径与形状的区别

形状实际上是由路径构成的，唯一不同的是，路径是一个虚体，只是一条路径线而已，也不在"图层"面板中占用任何位置。原因在于，路径不包括任何的图像像素，所以只能在"路径"面板中查看；而形状本身具有了一种颜色（由填充到路径中的图像像素得到），使路径勾勒出来的范围能够以该颜色显示在画布中，也正是基于此，绘制出的形状可以在打印输出时显示出来。

13.3　钢笔工具

"钢笔工具"是 Photoshop 中最为强大的绘图工具，它主要有两种用途：一是绘制矢量图形；二是用于选取对象。在作为选取工具使用时，"钢笔工具"描绘的轮廓光滑、准确，将路径转换为选区就可以准确地选择对象。

13.3.1　钢笔工具选项栏

打开一幅图像或新建一个图像文件，在工具箱中选择"钢笔工具"，其选项栏如图13-4所示。

图 13-4　"钢笔工具"选项栏

（1）形状工具选择区：从中可以选择需要的形状绘制工具。包括"矩形工具"、"圆角矩形工具"、"椭圆工具"、"多边形工具"、"直线工具"和"自定形状工具"。

（2）橡皮带：选中此复选框，在移动"钢笔工具"时，当前的锚点与光标之间将会显示一条线段，有助于确定下一个锚点的位置。

（3）运笔方式：在一个形状图层中绘制多个形状时，可利用这些按钮设置形状运笔方式（如相加、相减、求交与反转）。

（4）自动添加/删除：选中此复选框，可以使用"钢笔工具"直接增加或者删除锚点。

13.3.2　钢笔工具的使用

1. 使用"钢笔工具"绘制直线

使用"钢笔工具"绘制直线，方法如下：

步骤1：选择钢笔工具，在工具属性栏中选择"路径"绘图模式按钮。将光标移至画面中，单击可创建一个锚点。

步骤2：放开鼠标按键，将光标移至下一处位置并单击，创建第二个锚点，两个锚点会连接成一条由角点定义的直线路径。在其他区域单击则可继续绘制直线路径。

步骤 3. 如果要闭合路径，可以将光标放在路径的起点，单击即可闭合路径。如果要结束一段开放式路径的绘制，可以按住 Ctrl 键（转换为直接选择工具），在画面的空白处单击，单击其他工具，或者按下 Esc 键也可以结束路径的绘制。

提示：直线的绘制方法比较容易，在操作时只能单击，不要拖动鼠标，否则将创建曲线路径。如果要绘制水平、垂直或以 45°角为增量的直线，可以按住 Shift 键操作。

2. 使用"钢笔工具"绘制曲线

使用"钢笔工具"绘制曲线，方法如下：

步骤 1：选择钢笔工具，在工具属性栏中选择"路径"绘图模式按钮。在画面中单击并向上拖动创建一个平滑点。

步骤 2：将光标移至下一处位置，单击并向下拖动创建第二个平滑点。在拖动的过程中可以调整方向线的长度和方向，进而影响由下一个锚点生成的路径的走向，因此，要绘制好曲线路径，需要控制好方向线。

步骤 3：继续创建平滑点，可以生成一段光滑的曲线。

提示：钢笔工具绘制的曲线叫做贝赛尔曲线。它是由法国计算机图形学大师 Pierre E. Bézier 在 20 世纪 70 年代早期开发的一种锚点调节方式，其原理是在锚点上加上两个控制柄，不论调整哪一个控制柄，另外一个始终与它保持成一直线并与曲线相切。贝赛尔曲线具有精确和易于修改的特点，被广泛地应用于计算机图形领域，如 Illustrator、CorelDraw、FreeHand、Flash、3ds Max 等软件中都包含绘制贝赛尔曲线的功能。

3. 绘制转角曲线

通过单击并拖动鼠标的方式可以绘制光滑流畅的曲线，但是如果想要绘制与上一段曲线之间出现转折的曲线（即转角曲线），就需要在创建锚点前改变方向线的方向。

下面通过绘制一个心形图形来说明如何绘制转角曲线。

步骤 1：新建一个大小为 788 × 788 像素、分辨率为 100 像素/英寸的文件。执行"视图"→"显示"→"网格"命令显示网格，通过网格辅助绘图很容易创建对称图形。当前的网格颜色为黑色，不利于观察路径，可执行"编辑"→"首选项"→"参考线、网格和切片"命令，将网格颜色改为灰色。

步骤 2：选择"钢笔工具"，选择属性栏上的"路径"绘图模式。在网格点上单击并向右上方拖动鼠标，创建一个平滑点，如图 13 – 5 所示；将光标移至下一个锚点处，单击并向上拖动鼠标创建曲线，如图 13 – 6 所示；将光标移至下一个锚点处，单击但不要拖动鼠标，创建一个角点，如图 13 – 7 所示，这样就完成了右侧心形的绘制。

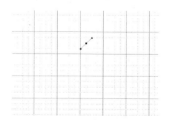

图 13 – 5　创建平滑点

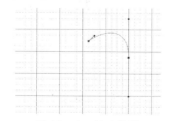

图 13 – 6　创建曲线

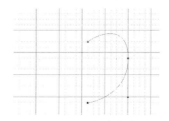

图 13 – 7　创建角点

步骤 3：在如图所示的网格点上单击并向上拖动鼠标，创建曲线，如图 13 – 8 所示；将光标移至路径的起点上，单击鼠标闭合路径，如图 13 – 9 所示。

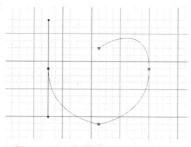 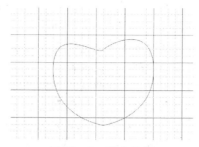

图 13 – 8　创建角点后创建曲线　　　　图 13 – 9　闭合路径

　　步骤 4：按住 Ctrl 键切换为直接选择工具，在路径的起始处单击则显示锚点，此时当前锚点上会出现两条方向线，如图 13 – 10 所示；将光标移至左下角的方向线上，按住 Alt 键切换为转换点工具，单击并向上拖动该方向线，使之与右侧的方向线对称，如图 13 – 11 所示。按下 Ctrl + '快捷键隐藏网格，完成绘制，如图 13 – 12 所示。

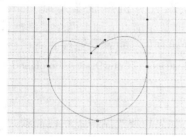 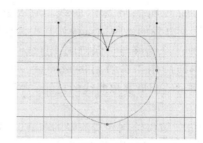 

图 13 – 10　显示方向线　　图 13 – 11　使用转换点工具调整方向线　　图 13 – 12　完成后的路径

13.4　自由钢笔工具

13.4.1　使用自由钢笔工具

　　"自由钢笔工具"用来绘制比较随意的图形，它的使用方法与"套索工具"非常相似。选择该工具后，在画面中单击并拖动鼠标即可绘制路径，路径的形状为光标运行的轨迹，Photoshop 会自动为路径添加锚点。

13.4.2　磁性的选项

　　选择"自由钢笔工具"后，在工具属性栏中选择"磁性的"选项，可将"自由钢笔工具"转换为"磁性钢笔工具"。"磁性钢笔工具"与"磁性套索工具"非常相似，在使用时，只需在对象边缘单击，然后放开鼠标按键，沿边缘拖动即可创建路径。在绘制时，可按下 Delete 键删除锚点，双击则可以在任何位置闭合路径。

13.5　编辑路径

13.5.1　选择路径和锚点

　　在 Photoshop CS5 中，选择路径的常用工具是"路径选择工具"和"直线选择工具"，使用这两种工具选择路径的效果是不一样的。使用"路径选择工具"选择路径后，被选中的路径是以实心点的方式显示各个锚点，表示此时已选中整个路径。如果使用"直线选择工具"选择路径，则被选中的路径是以空心点的方式显示各个锚点。

使用"路径选择工具"选取路径，不需要在路径线上单击，只需要移动鼠标指针在路径内的任意区域单击即可，该工具主要是方便选择和移动整个路径。而"直线选择工具"则必须移动鼠标指针在路径上单击才可选中路径，并且不会自动选中路径中的各个锚点。如果使用"直线选择工具"选取整个路径，可以在按住 Alt 键的同时单击路径，则可以在选中整个路径的同时，选中路径中的所有锚点。也可以拖曳鼠标指针在画布中拖出一个选择框，然后释放鼠标，这样要选取的路径就被选中。这种框选的方法尤其适合于选择多个路径时。

提示：被选中的锚点显示为实心点，未选中的锚点显示为空心点。在使用"直接选择工具"时，按住 Shift 键的同时单击锚点，可以同时选中多个锚点。

13.5.2　移动路径

在 Photoshop CS5 中，可以使用"路径选择工具"和"直线选择工具"移动路径。如果使用"路径选择工具"，可以将光标对准路径本身或路径内部，按下鼠标左键不放，向需要移动的目标位置拖曳，所选路径就可以随着鼠标的指针一起移动。如果使用"直线选择工具"，需要使用框选的方法选择需要移动的路径，只有这样才能将路径上的所有锚点都选中。在移动路径的过程中，光标必须在路径线上。

提示：在移动路径的操作中，不论使用的是"路径选择工具"还是"直线选择工具"，只要在移动路径的同时按住 Shift 键，就可以在水平、垂直或者 45°角方向上移动路径。

13.5.3　添加或删除锚点

如果需要添加一个锚点，可以选择工具箱中的"添加锚点工具"，移动光标至路径上单击即可，同时出现所添加锚点的方向线。

如果需要删除一个锚点，可以选择工具箱中的"删除锚点工具"，移动光标至需要删除的锚点上单击即可删除该锚点。使用"直接选择工具"选择锚点后，按下 Delete 键也可以将其删除，但该锚点两侧的路径段也会同时删除，如果路径为闭合路径，则会变为开放式路径。

提示：当在使用"添加锚点工具"或"删除锚点工具"的情况下，按住 Alt 键不放，可以在两个工具之间进行快速切换。

13.5.4　转换点工具

"转换点工具"用于转换锚点的类型。选择该工具后，将光标放在锚点上，如果当前锚点为角点，单击并拖曳鼠标可将其转换为平滑点；如果当前锚点为平滑点，单击则可以将其转换为角点。

13.5.5　调整路径形状

1. 方向线和方向点的用途

在曲线路径段上，每个锚点都包含一条或两条方向线，方向线的端点是方向点，移动方向点能够调整方向线的长度和方向，从而改变曲线的形状。当移动平滑点上的方向线时，将同时调整该点两侧的曲线路径段；移动角点上的方向线时，则只调整与方向线同侧的曲线路径段。

2. 调整方向线

使用"直接选择工具"和"转换点工具"都可以调整方向线。使用"直接选择工具"拖动平滑点上的方向线时，方向线始终保持为一条直线状态，锚点两侧的路径段都会发生改变；使用"转换点工具"拖动方向线时，则可以单独调整平滑点任意一侧的方向线，而不会影响到另外一侧的方向线和同侧的路径段。

提示：使用"钢笔工具"时，按住 Ctrl 键并单击路径可以显示锚点，单击锚点则可以选择锚点，按住 Ctrl 键并拖动方向点可以调整方向线。

13.6　使用路径面板

"路径"面板用于保存和管理路径，面板中显示了每条存储的路径，当前工作路径和当前矢量蒙版的名称和缩览图。

13.6.1　了解路径面板

执行"窗口"→"路径"命令，可以打开"路径"面板，如图13－13所示。

图13－13　"路径"面板

（1）路径：单击"路径"面板上的"创建新路径"按钮 ，新建一个新路径，然后再绘图即可创建路径内容。如果在新建路径时不输入新路径的名称，则 Photoshop 会自动将路径依次命名为"路径1"、"路径2"、"路径3"，依此类推。

（2）工作路径：如果没有通过"创建新路径"按钮而直接绘图，则创建的是工作路径。

（3）矢量蒙版：当使用矢量工具绘图时，在其选项栏上单击"形状图层"按钮，所绘制的形状图形，即可在"路径"面板中创建一个矢量蒙版。

- 用前景色填充路径 ：单击该按钮，可以将当前设置的前景色填充路径所包围的区域。
- 用画笔描边路径 ：单击该按钮，可以使用当前画笔和当前前景色对所选路径进行描边。
- 将路径作为选区载入 ：单击该按钮，可以将当前所选择的封闭路径转换为选区。
- 从选区生成工作路径 ：单击该按钮，可以将图像窗口中的选区转换为封闭路径。
- 创建新路径 ：单击该按钮，可以创建一个新的路径图层。
- 删除当前路径 ：单击该按钮，将删除当前选定的路径图层。

提示1：只有在文件中创建了一个选区范围后才能够使用"从选区生成工作路径"按钮，如果当前文件中并没有选区范围，则该按钮不可用。

提示2：工作路径是出现在"路径"面板中的临时路径，用于定义形状的轮廓。如果要保存工作路径而不重命名，可以将其拖至"路径"面板上的"创建新路径"按钮上；如果需要存储并重命名工作路径，可以双击它的名称，在弹出的"存储路径"对话框中输入一个名称即可。

提示3：在路径缩览图中显示当前路径的内容，它可以迅速地辨别每一条路径的形状。在编辑某条路径时，该缩览图的内容也会随着改变。在"路径"面板下拉菜单中选择"面板选项"命令，弹出"路径面板选项"对话框。从中可以选择缩览图的大小，可以看到"路径"面板的效果。

13.6.2　新建路径

单击"路径"面板中的"创建新路径"按钮 ，可以创建新路径层。如果要在新建路径时设置路径的名称，可以按住 Alt 键并单击面板下方的"创建新路径"按钮，在打开的"新建路径"对话框中输入路径的名称。

13.6.3　选择路径与隐藏路径

单击"路径"面板中的路径即可选择该路径。在面板的空白处单击，可以取消选择路径，同时也会隐藏文档窗口中的路径。

提示：单击"路径"面板中的路径后，画面中会始终显示该路径，使用其他工具进行图像处理时也是如此。如果要保持路径的选择状态，但不希望路径对视线造成干扰，可按下 Ctrl + H 快捷键隐藏画面中的路径，再次按下该快捷键则可以重新显示路径。

13.6.4　复制与删除路径

1. 在"路径"面板中复制

在"路径"面板中将路径拖动到"创建新路径"按钮上，可以复制该路径。如果要复制并重命名路径，可以选择路径，然后执行面板菜单中的"复制路径"命令，在打开的"复制路径"对话框中输入新路径的名称即可。

2. 通过剪贴板复制

使用"路径选择工具"选择画面中的路径，执行"编辑"→"拷贝"命令，可以将路径复制到剪贴板，执行"编辑"→"粘贴"命令，可以粘贴路径。如果在其他图像中执行"粘贴"命令，则可将路径粘贴到该图像中。

3. 删除路径

在"路径"面板中选择路径，单击"删除当前路径"按钮 🗑，在弹出的对话框中单击"是"按钮即可将其删除，也可以将路径拖动到该按钮上直接删除。用"路径选择工具"选择路径时，按下 Delete 键也可以将其删除。

13.6.5　路径与选区的相互转换

首先在一幅打开的图像文件中创建选区，然后单击"路径"面板中的"从选区生成工作路径"按钮 ◇，可以将选区转换为路径；选择面板中的路径，单击"将路径作为选区载入"按钮 ○，可以载入路径中的选区。在没有选择路径的情况下，按住 Ctrl 键并单击面板中的路径，也可以载入选区。

13.6.6　填充路径

1. 使用"路径"调板填充路径

选中要填充的路径，然后单击"路径"调板下方的"用前景色填充路径"按钮，可用前景色填充该路径所包围的区域。

2. 使用"填充路径"命令填充路径

在工作路径上右键单击鼠标，在弹出的快捷菜单中选择"填充路径"命令，弹出"填充路径"对话框，如图 13 – 14 所示。在对话框中设置好填充方式，然后单击"确定"按钮，即可对路径进行填充。

图 13 – 14　"填充路径"对话框

（1）使用：可选择用前景色、背景色、黑色、白色或其他颜色填充路径。如果选择"图案"，则可以在下面的"自定图案"下拉面板中选择一种图案来填充路径。

（2）模式/不透明度：可以选择填充效果的模式和不透明度。

（3）保留透明区域：选中该复选框后，仅限于填充包含像素的图层区域。

（4）羽化半径：可为填充设置羽化。

（5）消除锯齿：选中该复选框后，可部分填充选区的边缘，在选区的像素和周围像素之间创建精细的过渡。

13.6.7　描边路径

1. 使用"路径"调板描边路径

选中要描边的路径，然后设置画笔和前景，单击"路径"调板下方的"用画笔描边路径"按钮 ○，可完成对所选路径的描边。

2. 使用"填充路径"命令填充路径

在"路径"面板中右键单击要描边的工作路径，在
快捷菜单中选择"描边路径"命令，打开"描边路径"
对话框，如图 13 – 15 所示。

选中"模拟压力"复选框，则可以使描边的线条产
生粗细变化。

图 13 – 15　"描边路径"对话框

13.7　使用形状工具

Photoshop 中的形状工具包括"矩形工具"、"圆角矩形工具"、"椭圆工具"、"多边形工
具"、"直线工具"和"自定形状工具"。使用形状工具时，首先需要在工具选项栏中选择一种
绘图模式，不同的绘图模式所包含的选项也有所不同。选择"形状图层"模式 ▣，如图 13 –
16 所示；选择"路径"模式 ▣，如图 13 – 17 所示；选择"填充像素"模式 ▣，如图 13 – 18
所示。

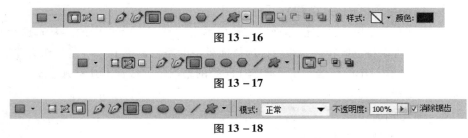

图 13 – 16

图 13 – 17

图 13 – 18

13.7.1　矩形工具

使用"矩形工具"可以绘制矩形和正方形。选择该工具后，单击并拖动鼠标可以创建矩形；
按住 Shift 键拖动则可以创建正方形；按住 Alt 键拖动会以单击点为中心向外创建矩形；按住
Shift + Alt 键会以单击点为中心向外创建正方形。

单击工具选项栏中的"下拉箭头"按钮，打开一个下拉面板，如图 13 – 19 所示，在面板
中可以设置矩形的创建方法。

（1）不受约束：可以在画布中绘制任意大小的矩形。

（2）方形：可以绘制任意大小的正方形。

（3）固定大小：可绘制出固定尺寸大小的矩形。

（4）比例：可以绘制出任意大小但宽度和高度保持一
定比例的矩形。

图 13 – 19　"矩形选项"对话框

（5）从中心：选中该复选框，则鼠标在画布中的单击
点即为所绘制矩形的中心点，绘制时矩形由中心向外扩展。

（6）对齐像素：选中该复选框，则矩形的边缘与像素的边缘重合时，图形的边缘不会出
现锯齿；取消选中，矩形边缘会出现模糊的像素。

13.7.2　圆角矩形工具

使用"圆角矩形工具"可以用来创建圆角矩形。它的使用方法以及选项都与矩形工具相
同，只是多了一个"半径"选项。"半径"用来设置圆角半径，该值越高，圆角越广。如果
"半径"为 0 像素，就可以创建矩形。

13.7.3 椭圆工具

使用"椭圆工具"可以用来创建椭圆和圆形。选择该工具后，单击并拖动鼠标可以创建椭圆形，按住 Shift 键并拖动则可以创建圆形。椭圆工具的选项及创建方法与矩形工具基本相同，我们可以创建不受约束的椭圆和圆形，也可以创建固定大小和固定比例的圆形。

13.7.4 多边形工具

使用"多边形工具"可以创建多边形和星形。选择该工具后，首先要在工具选项栏中设置多边形或星形的边数，范围为 3 ~ 100。单击工具选项栏中的"下拉箭头"按钮打开一个下拉面板，在面板中可以设置多边形的选项，如图 13 - 20 所示。

图 13 - 20　"多边形选项"对话框

（1）半径：该选项可以设置所绘制的多边形或星形的半径，即图形中心到顶点的距离。

（2）平滑拐角：选中该复选框后，绘制的多边形和星形将具有平滑的拐角。

（3）星形：选中该复选框后，可以绘制出星形。该选项中的"缩进边依据"选项可以用来设置星形边缩进的百分比，该值越大，边缩进越明显。

（4）平滑缩进：选中该复选框后，可以使所绘制的星形的边平滑地向中心缩进。

13.7.5 直线工具

使用"直线工具"可以创建直线和带有箭头的线段。选择该工具后，单击并拖动鼠标可以创建直线或线段，按住 Shift 键可创建水平、垂直或以 45°角为增量的直线。它的工具选项栏中包含了设置直线粗细的选项，此外，下拉面板中还包含了设置箭头的选项，如图 13 - 21 所示。

（1）起点/终点：选中该复选框，可以在所绘制的直线的起点或终点添加箭头。两项都选时，则起点和终点都会添加箭头。

（2）宽度：该选项可以设置箭头宽度与直线宽度的百分比，范围为 10 % ~ 1000%。

（3）长度：该选项可以设置箭头长度与直线宽度的百分比，范围为 10 % ~ 500%。

（4）凹度：该选项可以设置箭头的凹陷程度，范围为 - 50% ~ 50%。该值为 0 时，箭头尾部平齐；该值大于 0 时，向内凹陷；小于 0 时，向外凸出。

13.7.6 自定形状工具

使用"自定形状工具"可以创建 Photoshop 预设的形状、自定义的形状或者是外部提供的形状。选择该工具后，需要单击工具选项栏中的"形状"右侧的下拉箭头按钮，弹出如图 13 - 22 所示的形状列表框，选择其中的一个形状，即可在图像窗口中创建相应的形状。单击形状列表框右上方的三角按钮 ，弹出其下拉菜单，如图 13 - 23 所示。选择其中的命令可以改变图形的显示状态，并进行保存、添加或者替换图形等操作。

图 13 - 21　设置"箭头"对话框

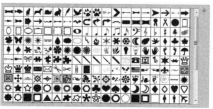

图 13 - 22　形状列表框　　　　图 13 - 23　形状菜单

如果要保持形状的比例，可以按住 Shift 键绘制图形。

第 14 章 文 字 处 理

文字是设计作品的重要组成部分，它不仅可以传达信息，还能起到美化版面、强化主题的作用。

14.1 创建文字

在 Photoshop 中可以通过两种方法创建文字，分别是"点文字"和"段落文字"。Photoshop 提供了四种文字工具，其中"横排文字工具"和"直排文字工具"用来创建"点文字"和"段落文字"；"横排文字蒙版工具"和"直排文字蒙版工具"用来创建文字选区。

14.1.1 输入点文字

"点文字"是一个水平或垂直的文本行，输入过程中不会自动换行，在处理标题等字数较少的文字时，可以通过"点文字"来完成。操作步骤如下：

步骤 1：打开一幅要添加文字的图像文件，然后在工具箱中选择一种文字输入工具，并在其属性栏中对相应的参数进行设置。

步骤 2：在图像上单击，设置输入点的位置，然后输入所需文字。

步骤 3：文字输入完成后，可单击文字选项栏上的"提交所有当前编辑"按钮☑，或单击工具箱中的其他工具、按 Enter 键、按 Ctrl + Enter 键都可以用来结束操作。这时，"图层"面板中会自动生成一个文字图层，如图 14 – 1 所示。

14.1.2 输入段落文字

当需要输入大量的文字内容时，可使用"段落文字"进行输入。输入"段落文字"时，文字会基于文字框的尺寸自动换行。用户根据需要可自由调整定界框的大小，使文字在调整后的矩形框中重新排列，也可以在输入文字时或创建文字图层后调整定界框，还可以使用定界框旋转、缩放和斜切文字。

图 14 – 1 生成文字图层后的"图层"面板

如果需要移动文本定界框，可以按住 Ctrl 键不放，然后将光标移至文本框内，拖曳鼠标即可移动该定界框。如果移动光标到定界框四周的控制点上，按住鼠标左键拖曳，可以对定界框进行缩放或变形。

14.1.3 点文字与段落文字转换

"点文本"和"段落文本"可以相互转换。如果是"点文本"，可执行"图层"→"文字"→"转换为段落文本"命令，将其转换为"段落文本"；如果是"段落文本"，可执行"图层"→"文字"→"转换为点文本"命令，将其转换为"点文本"。

提示：将"段落文本"转换为"点文本"时，所有溢出定界框的字符都会被删除。因此，为避免丢失文字，应首先调整定界框，使所有文字在转换前都显示出来。

14.1.4 水平排列文字与垂直排列文字转换

执行"图层"→"文字"→"水平/垂直"命令，或者单击工具选项栏中的"更改文本方向"按钮，可以切换文本的方向。

14.2　文字格式设置

14.2.1　文字工具选项栏

在使用文字工具输入文字之前，我们需要在工具选项栏或"字符"面板中设置字符的属性，包括字体、大小、文字颜色等，如图 14-2 所示。

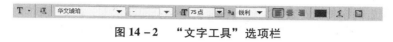

图 14-2　"文字工具"选项栏

（1）更改文字方向 ：如果当前文字为横排文字，单击该按钮，可将其转换为直排文字；如果是直排文字，则可将其转换为横排文字。

（2）设置字体 华文琥珀 ：在该选项下拉列表中可以选择字体。

（3）设置字体样式 Regular ：可以为字符设置样式。该选项只对部分英文字体有效。

（4）设置字体大小 75点 ：可以选择字体的大小，或者直接输入数值来进行调整。

（5）设置消除锯齿的方法 锐利 ：可以为文字消除锯齿选择一种方法，Photoshop 会通过部分填充边缘像素来产生边缘平滑的文字，使文字的边缘混合到背景中而看不出锯齿。

（6）设置文本对齐 ：根据输入文字时光标的位置来设置文本的对齐方式，包括"左对齐"、"居中对齐"和"右对齐"文本。

（7）设置文本颜色 ：单击颜色块，可以在打开的"拾色器"中设置文字的颜色。

（8）创建文字变形 ：单击该按钮，可在打开的"变形文字"对话框中为文本添加变形样式，创建变形文字。

（9）显示/隐藏字符和段落面板 ：单击该按钮，可以显示或隐藏"字符"和"段落"面板。

14.2.2　字符面板

"字符面板"提供了比工具选项栏更多的选项，如图 14-3 所示。

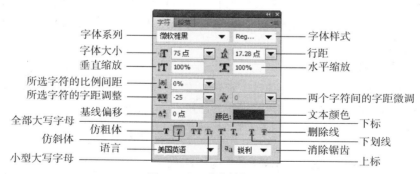

图 14-3　"字符"面板

（1）设置字体系列：先选取要对其进行设置的字体，单击工具箱中的"横排文字工具"按钮，然后移动光标到图像窗口中的文字位置，按住鼠标左键拖曳；或者在"图层"面板中双击文字图层缩览图，此方法选取的是整段文字。然后从"字符"面板左上角的"字体"下拉列表框中选择需要使用的字体，文本图层中所选的字体就会相应地改变。

（2）设置字体大小：要改变字体大小，可选取需要设置字体大小的文字，直接在"字符"面板的"字体大小"下拉列表框中输入字体大小的参数值，或在该列表框中选中字体的预设大小，即可改变所选文字的大小。

（3）设置行距：行距指的是两行文字之间的基线距离，Photoshop 默认设置的行距为"自动"。如果用户在创建中想调整行距，可选取需要调整行距的文字，在"字符"面板的"行距"下拉列表框中直接输入行距数值，或在其列表框中选中想要设置的行距数值。

（4）设置字符间距：调整字符间距可以调节两个字符间的距离。选取需要调整字符间距的文字，在"字符"面板中的"字符"下拉列表框中直接输入字符间距的数值，或者在列表框中选中想要设置的字符间距数值。输入正值会使字符间距增加，而输入负值则会使字符间距减小。

（5）垂直缩放/水平缩放：选取需要调整字符水平或垂直缩放比例的文字，在"文字"面板的"垂直缩放"文本框和"水平缩放"文本框中输入数值，即可缩放所选的文字。

（6）设置基线偏移：偏移字符基线，可以使字符根据所设置的参数上下移动。在"字符"面板的"基线偏移"文本框中输入数值，正值使文字向上移动，负值使文字向下移动。

（7）设置所选字符的比例间距：可按指定的百分比值来减少字符周围的空间，当向字符添加比例间距时，字符两侧的间距按相同的百分比减少。

（8）字距微调：选择了部分字符时，可调整所选字符的间距；没有选择字符时，可调整所有字符的间距。

（9）设置字体颜色：选中想要设置颜色的字符，单击"字符"面板中的颜色框，弹出"设置文本颜色"对话框，在该对话框中选中所需的颜色，然后单击"确定"按钮，即可对所选字符应用新的颜色。

（10）语言：可对所选字符进行有关连字符和拼写规则的语言设置，Photoshop 使用语言词典检查连字符连接。

（11）转换英文字符大小写：选取文字字符或文本图层，单击"字符"面板中的"全部大写字母"按钮或者"小型大写字母"按钮，即可更改所选字符的大小写。单击"字符"面板右上角的三角形按钮，然后在弹出的下拉菜单中选择"全部大写字母"或"小型大写字母"命令，也可更改所选字符的大小写。

提示：在"字符"面板上，还有几个与更改大小写类似的按钮，分别是"仿粗体"、"仿斜体"、"上标"、"下标"、"下划线"、"删除线"等，其操作方法与更改字母大小写的方法相同。

14.2.3　格式化段落

段落文字格式的设置主要通过"段落"面板来实现，默认情况下，"段落"面板与"字符"面板是在一起的，单击面板上的"段落"标签，打开"段落"面板，如图 14 - 4 所示。

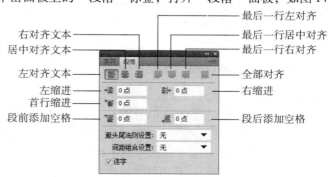

图 14 - 4　"段落"面板

（1）段落对齐：选中要设置段落文字对齐方式的段落，单击"段落"面板最上方的段落对齐按钮即可。

（2）段落缩进和间距：段落缩进是指段落文字与文字边框之间的距离，或者是段落首行缩进的文字距离。段落间距是指当前段落与上一段落或下一段落之间的距离。进行段落缩进和间距处理时，只会影响选中的段落区域，因此可以对不同段落设置不同的缩进方式和间距。

（3）避头尾法则设置：不能出现在一行的开头或结尾的字符称为避头尾字符。

（4）间距组合设置：间距组合为日语字符、罗马字符、标点、特殊字符、行开头、行结尾和数字的间距指定日语文本排列。

（5）连字：连字符是在每一行末端，断开的单词之间添加的标记。在将文本强制对齐时，为了对齐的需要，会将某一行末端的单词断开至下一行，选择"段落"面板中的"连字"选项，便可以在断开的单词间显示连字标记。

14.3 创建变形文字

14.3.1 创建变形文字

"变形文字"是指对创建的文字进行变形处理后得到的文字，其操作步骤如下：

步骤 1：打开一幅需要输入变形文字的图像文件，在工具箱中选择"横排文字工具"，在图像上输入文字。

步骤 2：选择文字图层，执行"图层"→"文字"→"文字变形"命令，弹出"变形文字"对话框，如图 14-5 所示。在对话框中的"样式"下拉列表框中选择"旗帜"选项，创建"旗帜"变形效果，如图 14-6 所示。

图 14-5 "变形文字"对话框

图 14-6 应用"旗帜"变形效果的文字

提示：使用"横排文字蒙版工具"和"直排文字蒙版工具"创建选区时，在文本输入状态下同样可以进行变形操作，这样就可以得到变形的文字选区。

14.3.2 变形选项设置

"变形文字"对话框用于设置文字变形选项，包括文字的变形样式和变形程度，如图 14-7 所示。

（1）样式：在该选项的下拉列表框中可以选择 15 种变形样式。

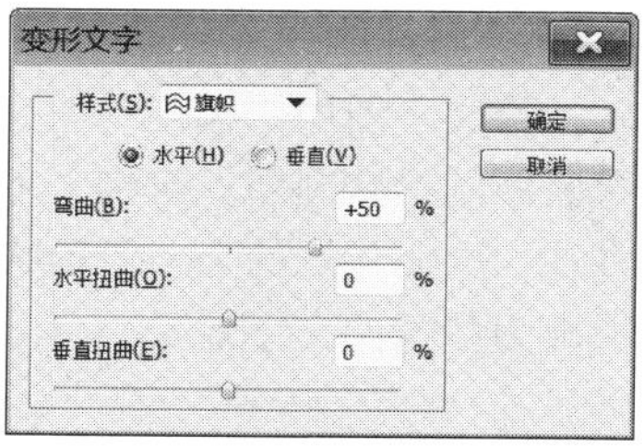

图 14-7 "变形文字"对话框

（2）水平/垂直：选择"水平"，文本扭曲的方向为水平；选择"垂直"，文本扭曲的方向为垂直。

（3）弯曲：用来设置文本的弯曲程度。

（4）水平扭曲/垂直扭曲：通过这两个选项的设置可以对文本应用透视。

14.3.3　重置变形与取消变形

使用"横排文字工具"和"直排文字工具"创建的文本，在没有将其栅格化或者转换为形状前，可以随时重置与取消变形。

1. 重置变形

选择一种文字工具，单击工具选项栏中的"创建文字变形"按钮，或执行"图层"→"文字"→"文字变形"命令，将会弹出"文字变形"对话框，修改变形参数，或者在"样式"下拉列表框中选择另外一种样式，即可重置文字变形。

2. 取消变形

在"变形文字"对话框的"样式"下拉列表框中选择"无"，然后单击"确定"按钮，关闭对话框，即可将文字恢复为变形前的状态。

14.4　编辑文本

14.4.1　文字的旋转

打开一图像文件，并使用"横排文字工具"在图像上输入相应的文本内容；选择文字图层，然后执行"编辑"→"变换"命令；在打开的子菜单中选择"旋转"命令，在图像上的文字周围会显示一个定界框，将鼠标指向文本定界框外，当光标变成一个弯曲的双箭头时，按住鼠标左键并移动，即可随意对文字进行旋转。

14.4.2　将文字转换为选区范围

使用 Photoshop 制作图像时，文本不仅是简单的文字，有时它也可以作为图像使用。将文本转换为选区范围，再进行相应的编辑和处理，便是其中一个非常重要的应用。

选择文字图层，按住 Ctrl 键的同时单击"图层"面板上的文字图层缩览图，就可以调出文字的选区范围。

14.4.3　将文字转换为路径

选择文字图层，执行"图层"→"文字"→"创建工作路径"命令，可以基于文字创建工作路径，原文字属性保持不变。将文字创建为工作路径后，可以应用填充和描边，或者通过对锚点的调整对文字进行变形操作。

除了对文字生成的路径进行描边等操作外，还可以利用"路径选择工具"和"直接选择工具"对路径的节点、路径线进行编辑，从而得到更为多样化的文字效果。

14.4.4　将文字转换为形状

选择文字图层，执行"图层"→"文字"→"转换为形状"命令，可以将其转换为具有矢量蒙版的形状图层。与将文字转换为路径不同，使用"转换为形状"命令后，文字图层不再存在，取而代之的是一个形状图层，编辑使用"转换为形状"命令得到的形状，可以获得外形较为特殊的文字效果。

14.5　文字栅格化处理

在 Photoshop 中，文字图层是一种特殊的图层，使用文字工具输入的文字是矢量图，优点是可以无限放大而不会出现失真现象。但某些命令和工具不适用于文字图层，例如滤镜效果和绘画工具等。

如果要进一步编辑文字图层，则需要将其栅格化。选择文字图层，执行"图层"→"栅格化"→"文字"命令，可以将文字图层转换为普通图层。

14.6　创建路径文字

14.6.1　沿路径排列文字

路径文字是指创建在路径上的文字，文字会沿着路径排列，改变路径形状时，文字的排列方式也会随之改变，使文字产生特殊的排列效果。具体操作如下：

步骤 1：使用"钢笔工具"在画布上绘制一条路径。

步骤 2：选择"横排文字工具"，设置字体、大小和颜色。

步骤 3：将光标放在路径上，在某处单击设置文字插入点，此时输入文字即可沿着路径排列。按下 Ctrl + Enter 键结束操作，在"路径"面板的空白处单击隐藏路径。

14.6.2　移动与翻转路径文字

在"图层"面板中选择文字图层，画面中会显示路径，选择"直接选择工具"或"路径选择工具"，将光标定位到文字上，单击并沿路径拖动鼠标可以移动文字；单击并朝路径的另一侧拖动文字，可以翻转文字。

14.6.3　编辑文字路径

使用"直接选择工具"单击路径，显示锚点，移动锚点或者调整方向线修改路径的形状，文字会沿修改后的路径重新排列。

第 15 章 使用图层

15.1 图层概述

图层是 Photoshop 中的核心功能之一，用户在进行创作时，合理地使用图层可以大幅提高绘图的灵活性。

15.1.1 图层的原理

图层就如同堆叠在一起的透明纸，每一张纸（图层）上都保存着不同的图像，我们可以透过上面图层的透明区域看到下面图层的内容。由于背景图层是不透明的，在穿透所有透明图层后，停留在背景图层上，并最终产生所有图层叠加在一起的视觉效果。

在编辑图层前，首先需要在"图层"面板中单击该图层，将其选中，所选图层称为"当前图层"。各个图层中的对象都可以单独处理，而不会影响其他图层中的内容，图层可以移动，也可以调整堆叠顺序，还可以通过调整图层的不透明度使图像内容变得透明。绘画及颜色和色调调整都只能在一个图层中进行，而移动、对齐、变换或应用"样式"面板中的样式时可以一次处理所选的多个图层。

15.1.2 图层的种类

1. 背景图层

背景图层是一种不透明的图层，底色以背景色来显示。一个文件只有一个背景图层，它处在所有图层的最下方，背景图层会随着文件的产生自动生成，其不透明度不可以更改，由于背景图层在图像编辑的时候有很多限制，所以一般先将其转换成普通图层。

2. 普通图层

普通图层是 Photoshop 软件最基本的图层类型，新建的普通图层是透明的，显示为灰色方格。用户可以在普通图层上任意添加图像、编辑图像，还可以利用"图层"调板对其进行各种控制。

3. 文本图层

文字图层是一种特殊的图层，用于承载文字信息。一旦在图像中输入文字，就会自动产生一个文字图层。

4. 调整图层

调整图层是一个存放图像色调和色彩的图层，它可对调节层以下的图层进行色调、亮度、饱和度和色彩等调整。

5. 蒙版图层

蒙版图层是一种特殊的图层，它依附于除背景图层以外的图层存在，蒙版可以控制图层中图像的显示范围。

6. 形状图层

当使用形状工具在图像中绘制图形时，就会在"图层"面板中自动产生一个形状图层，并自动命名为"形状 1"。

15.1.3　图层面板

"图层"面板用于创建、编辑和管理图层，以及为图层添加样式。面板中列出了所有的图层、图层组和图层效果，如图 15 - 1 所示。图 15 - 2 所示为"图层"面板菜单。

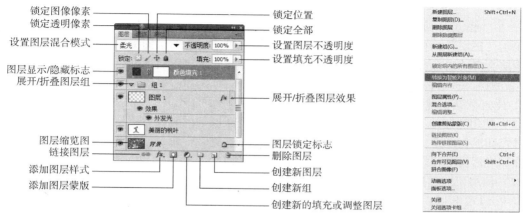

图 15 - 1　"图层"面板　　　图 15 - 2　"图层"面板菜单

（1）设置图层的混合模式：是将当前图层图像每个像素的颜色与它正下方的图像每个像素的颜色相混合，以便生成一个新的颜色，从而产生这一图层图像与下面图层图像叠加在一起的效果，它决定了像素的混合方式。可用于创建各种特殊效果，但不会对图像造成破坏。

（2）设置图层的总体不透明度：用于控制图层、图层组中绘制的像素和形状的不透明度，如果对图层应用了图层样式，则图层样式的不透明度也会受到该值的影响。

（3）设置图层的内部不透明度：只影响图层中绘制的像素和形状的不透明度，不会影响图层样式的不透明度。

（4）锁定按钮：①"锁定透明像素"：可以锁定正在编辑的图层和图像的透明区域，此时在没有像素的区域内不能进行任何操作。②"锁定图像像素"：可以锁定图层中的像素区域，此时在该图层内有像素信息的区域不能进行编辑，但是可以进行位置移动操作。③"锁定位置"：可以锁定图层中像素区域的位置，但是可以进行其他的编辑操作。④"锁定全部"：图像中的所有编辑操作将被禁止。

（5）指示图层可视性：用于显示和隐藏图层。

（6）链接：表示当前图层与其他图层已链接，对链接后的图层可以一起移动它们，也可以执行对齐、分布图层和合并图层等操作。

（7）添加图层样式：在该按钮上单击，在弹出的下拉菜单中选择合适的命令，可以对当前图层中的图像添加投影、发光和浮雕等效果。

（8）添加图层蒙版：如果直接单击该按钮，可以对当前层添加蒙版；如果在图像中创建一个合适的选区，再单击该按钮，可以根据选区范围在当前层上建立适当的图层蒙版。

（9）创建新组：单击该按钮可以在"图层"调板中创建一个新的图层组。

（10）创建新的填充或调整图层：在该按钮上单击鼠标，在弹出的下拉菜单中通过选择适当的选项，在当前层的上方创建一个新填充图层或调整图层，从而对当前层进行色调、明暗等颜色效果的调整。

（11）创建新图层：单击该按钮可以创建一个图层。

（12）删除图层：单击该按钮可以删除当前选择的图层或图层组。

15.2 图层的基本操作

15.2.1 创建图层

1. 在"图层"面板中创建图层

单击"图层"面板中的"创建新图层"按钮，即可在当前图层的上方新建一个图层，新建的图层会自动成为当前图层。如果要在当前图层的下方新建图层，可以按住 Ctrl 键并单击"创建新图层"按钮，但"背景"图层下面不能创建图层。

2. 使用命令创建新图层

（1）使用"新建"命令新建图层。如果要在创建图层的同时设置图层的属性，如图层名称、颜色和混合模式，可执行"图层"→"新建"→"图层"命令，弹出"新建图层"对话框，在该对话框中可以对新创建的图层进行设置，如图 15 – 3 所示。

（2）使用"通过拷贝的图层"命令创建图层。首先在图像中创建选区，然后执行"图层"→"新建"→"通过拷贝的图层"命令，或按 Ctrl + J 键，可以将选区内的图像复制到一个新的图层中，原图层内容保持不变；如果没有创建选区，则执行该命令可以复制当前图层。

图 15 – 3　"新建图层"对话框

（3）使用"通过剪切的图层"命令创建图层。首先在图像中创建选区，然后执行"图层"→"新建"→"通过剪切的图层"命令，或按 Shift + Ctrl + J 键，可以将选区内的图像剪切到一个新的图层中，原图层中选区内的图像被移除。

3. 创建背景图层

在新建文件时，可以选择白色、背景色和透明三种方式作为背景内容。如果使用"白色"或"背景色"作为背景内容，则"图层"面板最下面的图层便是"背景图层"；如果使用"透明"作为背景内容时，文件是没有"背景图层"的。如果删除了"背景图层"或者文件中没有"背景图层"，可以单击选择一个图层，执行"图层"→"新建"→"背景图层"命令，将所选的图层创建为"背景图层"。

4. 将背景图层转换为普通图层

"背景图层"是比较特殊的图层，无法调整它的堆叠顺序，混合模式和不透明度。要进行这些操作，需要先将"背景图层"转换为普通图层。在"图层"面板上双击"背景图层"，弹出"新建图层"对话框，在该对话框中为其输入一个名称，即可将其转换为普通图层。

15.2.2 编辑图层

1. 选择图层

（1）选择一个图层。在"图层"面板上单击任意一个图层即可选择该图层，并且所选图层将会成为当前图层。

（2）选择多个图层。如果要选择多个连续的图层，可以单击第一个图层，然后按住 Shift 键并单击最后一个图层，即可选择多个连续的图层；如果要选择多个不连续的图层，可以按住 Ctrl 键并单击需要的图层。

（3）选择所有图层。执行"选择"→"所有图层"命令，可以选择"图层"面板中所有的图层。

（4）选择相似图层。如果想要选择类型相似的图层，例如选择所有文字图层，可以先选择一个文字图层，然后执行"选择"→"相似图层"命令来选择其他文字图层。

（5）选择链接的图层。选择一个链接图层，执行"图层"→"选择链接图层"命令，可以选择所有与之相链接的图层。

（6）取消选择图层。如果不想选择任何图层，可在"图层"面板底部图层下方的空白处单击，或执行"选择"→"取消选择图层"命令。

2. 复制图层

方法1：在"图层"调板中选中要复制的图层，然后将其拖动到"创建新的图层"按钮上，即可在被复制的图层上方复制一个图层。

方法2：在"图层"调板中选中要复制的图层，然后在该层上单击鼠标右键，在弹出的快捷菜单中选择"复制图层"命令，弹出"复制图层"对话框，在其中可设置新复制图层的名称和选择新复制图层所在的图像文件，单击"确定"按钮即可完成复制。

方法3：选择要复制的图层后，执行"图层"→"复制图层"命令。

3. 移动图层

首先将该图层设为当前图层，然后在工具箱中选择"移动"工具或按住 Ctrl 键后进行拖动即可。

若要移动图层中部分图像的位置，应首先为移动的图像制作选区，然后选择"移动"工具，将光标定位在选区中并拖动光标即可。

4. 删除图层

方法1：在"图层"调板中选择要删除的图层，然后将其拖至"删除图层"按钮上，松开鼠标即可将图层删除。

方法2：选中要删除的图层后，在"删除图层"按钮上单击，在提示框中单击"是"按钮即可将该图层删除。

方法3：在"图层"调板中选择要删除的图层，然后在该层上单击鼠标右键，在弹出的快捷菜单中选择"删除图层"命令即可删除图层。

方法4：选择"图层"→"删除"→"图层"命令，也可删除选中的图层。

5. 调整图层的叠放次序

方法1：进入"图层"调板，在要调整的图层上按住鼠标左键不放，当鼠标指针显示为"抓手"时，拖动图层到指定位置，释放鼠标，这时即可调整图层的位置。

方法2：在"图层"调板中选择要移动的图层，选择"图层"→"排列"命令中的相应子命令，即可将所选择的图层移动至相应的位置。

提示：如果图像中含有"背景图层"，即使选择了"置为底层"命令，该图层图像仍然只能在"背景图层"之上，这是因为"背景图层"始终位于最底部的缘故。如果选择的图层位于图层组中，执行"置为顶层"或"置为底层"命令时，可以将图层调整到当前图层组的最顶层或最底层。

6. 锁定图层

"图层"面板中提供了用于保护图层透明区域、图像像素和位置的锁定功能。在编辑图像时可以根据需要完全锁定或部分锁定图层，使图像不受影响，从而给编辑图像带来方便，避免因编辑操作失误而对图层的内容造成修改。

（1）锁定透明像素。单击该按钮，可以将编辑范围限定在图层的不透明区域，图层的透明区域则会受到保护。

提示：在"填充"和"描边"命令的对话框中，均有一个"保留透明区域"复选框，其功能与"图层"面板中的"锁定透明像素"按钮相同，也是用来保护透明区域的，以免透明区域在填充和描边时受到影响。

（2）锁定图像像素。单击该按钮，可以将当前图层保护起来，只能对图层进行移动和变换操作，不受任何填充、描边及其他绘图操作的影响。

（3）锁定位置。单击该按钮后，将不能对锁定的图层进行移动、旋转、自由变换等编辑操作，但能够对当前图层进行填充、描边和其他绘图的操作。对于设置了精确位置的图像，将它的位置锁定后就不必担心被意外移动了。

（4）锁定全部。单击该按钮后，可以锁定以上全部选项。

提示1：即使用户单击"锁定透明像素"、"锁定图像像素"或"锁定位置"按钮，仍然可以调整当前图层的不透明度和图层混合模式。

提示2：图层被锁定后，图层名称右侧会出现一个锁状的图标，当图层完全锁定时，锁定图标是实心的；当图层被部分锁定时，锁定图标是空心的。

（5）锁定组内的所有图层。如果选中图层组并单击"锁定全部"按钮，则可以将图层组中的所有图层锁定。

7. 链接图层

如果要同时处理多个图层中的内容，例如同时移动、应用变换或者创建剪贴蒙版，以及对不相邻的图层进行合并，可以将这些图层链接在一起。

要使几个图层成为链接的图层，首先在"图层"面板中选择两个或多个图层，然后单击"链接图层"按钮或执行"图层"→"链接图层"命令。如果要取消链接，只需选择一个链接图层，然后再次单击"链接图层"按钮即可。

8. 栅格化图层

Photoshop 中除了普通图层以外，许多命令是不能在一些特殊图层上使用的，如不能在文字图层、形状图层、矢量蒙版或智能对象等包含矢量数据的图层以及填充图层上使用绘图工具或滤镜。如果想要在这些图层中使用这些工具或命令，必须先将其栅格化，使图层转换为普通图层，然后才能够对其进行相应的编辑。执行"图层"→"栅格化"子菜单中的命令可以栅格化图层。

（1）文字：将文字图层转换为普通图层。

提示：当文字图层转换为普通图层后，将无法还原为文字图层（但可以使用 Ctrl + Z 键立即撤销），此时将失去文字图层反复编辑和修改的功能，所以在转换时一定要慎重考虑。必要时先复制一份，然后再将文字图层转换为普通图层。

（2）形状：执行"形状"命令，可栅格化形状图层。

（3）填充内容：执行"填充内容"命令，可栅格化图层的填充内容，但保留矢量蒙版。

（4）矢量蒙版：执行"矢量蒙版"命令，可栅格化形状图层的矢量蒙版，同时将其转换为图层蒙版。

（5）智能对象：栅格化智能对象图层，使其转换为像素。

（6）视频：当栅格化视频图层时，选定的图层将被拼合到"动画"面板中选定的当前帧的复合中。尽管可以一次栅格化多个视频图层，但只能为顶部视频图层指定当前帧。

9. 对齐与分布图层

对齐与分布图层的主要作用是可以对齐和分布多个图层。在使用"对齐"命令之前，必须先选中两个或两个以上的图层，而使用"分布"命令之前，则必须选中 3 个或 3 个以上的图层，否则这两个命令将无法使用。

（1）对齐图层。Photoshop 提供了多种对齐方式，同时选择两个或两个以上的图层，然后执行"图层"→"对齐"命令，在"对齐"子菜单中即可对图层进行对齐操作。

● 顶边：将选定图层上的顶端的像素与当前图层上最顶端的像素对齐。

- 垂直居中：将每个选定图层上的垂直中心像素与所有选定图层的垂直中心像素对齐。
- 底边：将选定图层上的底端像素与选定图层上最底端的像素对齐。
- 左边：将选定图层上左端像素与最左端像素对齐。
- 水平居中：将选定图层上的水平中心像素与所有选定图层的水平中心像素对齐，或与选区边界的水平中心对齐。
- 右边：将选定图层上的右端像素与所有选定图层上的最右端像素对齐。

提示 1：执行"图层"→"对齐"命令，子菜单中的命令用来对齐当前选择的多个图层，如果所选图层与其他图层链接，则可以对齐与之链接的所有图层。

提示 2：如果在执行"对齐"命令前先将这些图层链接，然后单击其中的一个图层，再执行"对齐"命令时，就会以该图层为基准进行对齐。

（2）分布图层。与对齐图层操作一样，Photoshop 同样可以对 3 个以上的图层执行分布操作。执行"图层"→"分布"命令，在"分布"子菜单中即可对图层进行分布操作。

- 顶边：从每个图层的顶端像素开始，间隔均匀地分布图层。
- 垂直居中：从每个图层的垂直中心像素开始，间隔均匀地分布图层。
- 底边：从每个图层的底端像素开始，间隔均匀地分布图层。
- 左边：从每个图层的左端像素开始，间隔均匀地分布图层。
- 水平居中：从每个图层的水平中心开始，间隔均匀地分布图层。
- 右边：从每个图层的右端像素开始，间隔均匀地分布图层。

10. 合并图层

图层和图层样式等都会占用内存和存储空间，因此，图层的数量越多，占用的系统资源也就越多，从而导致计算机的运行速度变慢，可以将相同属性的图层合并以减少文件的大小。

（1）合并两个或多个图层。如果要合并两个或多个图层，首先在"图层"面板中单击选中多个图层，然后执行"图层"→"合并图层"命令，或单击"图层"面板右上角的三角形按钮▦，在弹出的面板下拉菜单中选择"合并图层"命令，即可完成图层的合并。

（2）向下合并图层。如果想要将一个图层与它下面的图层合并，可以选择该图层，然后执行"图层"→"向下合并"命令，或按 Ctrl + E 键进行合并。

（3）合并可见图层。如果要合并"图层"面板中所有可见的图层，可以执行"图层"→"合并可见图层"命令，或按 Shift + Ctrl + E 键。

（4）拼合图层。执行"图层"→"拼合图层"命令，Photoshop 会将所有处于显示的图层合并到背景图层中。如果有隐藏的图层，则会弹出一个提示框，询问是否删除隐藏的图层。

11. 盖印图层

盖印是一种特殊的合并图层的方法，它可以将多个图层中的图像内容合并到一个目标图层中，同时保持其他图层的完好无损。如果想要得到某些图层的合并效果，而又要保持原图层的完整时，盖印图层是最佳的解决方法。

（1）盖印单个图层。选择一个图层，按 Ctrl + Alt + E 键，可以将该图层中的图像盖印到下面图层中，原图像内容保持不变。

（2）盖印多个图层。在 Photoshop 中盖印多个图层有两种情况：①不包括"背景图层"的盖印。单击选择多个图层，但不包括"背景图层"，按 Ctrl + Alt + E 键，可以创建一个包含所有盖印图层内容的新图层，原图层内容保持不变。进行盖印的图层可以是相邻的，也可以是不相邻的。②包括"背景图层"的盖印。当要盖印的图层中包含"背景图层"时，盖印的结果将统一盖印到"背景图层"中。

（3）盖印可见图层。按 Shift + Ctrl + Alt + E 键，可以将所有可见图层盖印到一个新的图层中，原图层内容保持不变。

（4）盖印图层组。在"图层"面板中选择图层组，按 Ctrl + Alt + E 键，可以将组中的所有图层盖印到一个新的图层中，原图层组和组中的图层内容保持不变。

提示：合并图层可以减少图层的数量，而盖印图层往往会增加图层的数量。

12. 使用图层组

随着图像编辑的深入，图层的数量就会越来越多，要在众多的图层中找到需要的图层，将会是很麻烦的一件事。如果使用图层组来组织和管理图层，就可以使"图层"面板中的图层结构更加清晰，也便于查找需要的图层。图层组就类似于文件夹，我们可以将图层按照类别放在不同的组内，当关闭图层组后，在"图层"面板中就只显示图层组的名称。图层组可以像普通图层一样移动、复制、链接、对齐和分布，也可以合并，以减小文件的大小。

（1）创建图层组。

方法 1：在"图层"面板中创建图层组。单击"图层"面板中的创建新组按钮，可以创建一个空的图层组，此后单击"创建新图层"按钮创建的图层将位于该组中。

方法 2：通过命令创建图层组。如果要在创建图层组时，设置组的名称、颜色、混合模式、不透明度等属性，可执行执行"图层"→"新建"→"组"命令，在打开的"新建组"对话框中设置相关参数。

方法 3：从所选图层创建图层组。如果要将多个图层创建在一个图层组内，可以选择这些图层，然后执行"图层"→"图层编组"命令，或按下 Ctrl + G 快捷键。编组之后，可以单击组前面的三角图标关闭或者重新展开图层组。

提示：选择图层以后，执行"图层"→"新建"→"从图层建立组"命令，打开"从图层新建组"对话框，设置图层组的名称、颜色和模式等属性，可以将其创建在设置特定属性的图层组内。

（2）创建嵌套结构的图层组。创建图层组以后，在图层组内还可以继续创建新的图层组，这种多级结构的图层组称为嵌套图层组。

（3）将图层移入或移出图层组。将一个图层拖入图层组内，可将其添加到图层组中；将图层组中的图层拖出组外，可将其从图层组中移出。

（4）取消图层编组。如果要取消图层编组，但保留图层，可以选择该图层组，然后执行"图层"→"取消图层编组"命令，或按下 Shift + Ctrl + G 组合键。如果要删除图层组及组中的图层，可以将图层组拖动到"图层"面板中的删除图层按钮上即可。

15.3　图层的混合模式

图层的混合模式是 Photoshop 中一项非常重要的功能，其原理和使用也相对比较难以理解和掌握。简单地说，混合模式是将当前一个像素的颜色与它下方的每个像素的颜色相混合，以便生成一个新的颜色。它决定了像素的混合方式，可用于创建各种特殊效果，但不会对图像造成任何破坏。单击"图层"面板上的"设置图层的混合模式"的下拉箭头时，可以打开混合模式菜单，如图 15 – 4 所示。

提示 1：除了"背景图层"外，其他图层都支持混合模式的应用。

图 15 – 4　图层混合模式菜单

提示 2：创建了图层组以后，图层组便被赋予了一种特殊的混合模式，即"穿透"模式，这表示图层组没有自己的混合属性。为图层组设置了其他的混合模式后，Photoshop 就会将图层组视为一幅单独的图像，并利用所选混合模式与下面的图像产生混合。

15.3.1　组合模式组

组合模式组中的混合模式需要降低图层的不透明度才能产生作用。

1. 正常模式

系统默认模式。当"不透明度"为 100% 时，这种模式只是让图层将背景图层覆盖而已。所以使用这种模式时，一般应选择"不透明度"为一个小于 100% 的值，以实现简单的图层混合。因此，相邻图层间的混合与叠加关系则需要依靠上方图层的"不透明度"而定。

2. 溶解模式

当"不透明度"为 100% 时，"溶解"模式不起作用。当"不透明度"小于 100% 时图层逐渐溶解，其部分像素随机消失，并在溶解的部分显示背景，从而形成了两个图层交融的效果。

15.3.2　加深模式组

加深模式组中的混合模式可以使图像变暗，在混合的过程中，当前图层中的白色将被下面图层较暗的像素替代。

1. 变暗模式

使用变暗模式将当前图层或底层颜色中较暗的颜色作为结果色。将当前图层中亮的像素替换，而较暗的像素不改变，从而使整个图像产生变暗的效果。

2. 正片叠底

在正片叠底的模式下，可以产生比当前图层和底层颜色都暗的颜色。在这个模式中，黑色和任何颜色混合之后还是黑色，而任何颜色和白色混合，颜色都不会改变。

3. 颜色加深

使用颜色加深模式将会使图层的亮度减低、色彩加深，将底层的颜色变暗反映当前图层的颜色，与白色混合后不产生变化。

4. 线性加深

线性加深的作用是使两个混合图层之间的线性变化加深。就是说本来图层之间混合时其变化是柔和的，是逐渐地从上面的图层变化到下面的图层，而应用这个模式的目的就是加大线性变化，使变化更加明显。

5. 深色

使用深色模式将当前图层和底层颜色相比较，将两个图层中相对较暗的像素创建为结果色。

15.3.3　减淡模式组

与加深模式组相对应的为减淡模式组，在使用这些混合模式时，图像中的黑色会被较亮的像素替换，而任何比黑色亮的像素都可能加亮下面图层的图像。

1. 变亮模式

变亮模式是通过将当前图层颜色中暗的颜色替换，而比当前图层颜色亮的像素不改变，从而使整个图像产生变亮的效果。

2. 滤色

选择滤色模式，可以同时显示上下两图层中较亮的颜色，用黑色过滤时颜色保持不变，用白色过滤将产生白色。因此，可以说它是"正片叠底"模式的逆运算。

3. 颜色减淡

颜色减淡模式使底层变亮以反映当前图层中的颜色，可以生成高亮度的合成效果，通常用于创建极亮的光源效果。

4. 线性减淡

线性减淡模式是通过增加亮度使底层的颜色变亮以反映当前图层的颜色，与黑色混合不发生变化，是"线性加深"模式的逆操作。

5. 浅色

与"深色"模式相反的操作。使用浅色模式将当前图层和底层颜色相比较，将两个图层中相对较亮的像素创建为结果色。

15.3.4　对比模式组

对比混合模式综合了加深和减淡混合模式的特点，在进行混合时，50% 的灰色会完全消失，任何亮度值高于 50% 灰色的像素都可能加亮下面图层的图像，亮度值低于 50% 灰色的像素则可能使下面图层的图像变暗。

1. 叠加

其效果相当于图层同时使用"正片叠底"模式和"滤色"模式两种操作。在这个模式下底层颜色的深度将被加深，并且覆盖掉背景图层上浅颜色的部分。

2. 柔光

选择该混合模式，将会根据上下图层的明暗程度使合成效果变亮或变暗，具体的效果变化取决于像素的明暗程度。如果当前图层的颜色比 50% 灰色亮，则图像会变亮；如果当前图层的颜色比 50% 灰色暗，则图像会变暗。

3. 强光

该模式与"柔光"模式类似，只是合成的明暗程度强于"柔光"模式。它是根据当前图层的颜色使底层的颜色更为浓重或更为浅淡，这取决于当前图层上颜色的亮度。

4. 亮光

使用该模式是通过增加或减小底层的对比度来加深或减淡颜色。如果当前图层的颜色比 50% 灰色亮，则通过减小对比度会使图像变亮；如果当前图层的颜色比 50% 灰色暗，则通过增加对比度会使图像变暗。

5. 线性光

使用该模式是通过增加或减小底层的亮度来加深或减淡颜色。如果当前图层的颜色比 50% 灰色亮，则通过增加亮度会使图像变亮；如果当前图层的颜色比 50% 灰色暗，则通过减少亮度会使图像变暗。

6. 点光

该模式根据当前图层颜色的亮度来替换颜色。如果当前图层的颜色比 50% 灰色亮，则替换比当前图层颜色暗的像素，而不改变亮的像素；如果当前图层的颜色比 50% 灰色暗，则替换比当前图层颜色亮的像素，而不改变暗的像素。

7. 实色混合

该模式取消了中间色的效果，混合的结果由红、绿、蓝、青、品红、黄、黑和白 8 种颜色组成，混合的颜色由底层颜色与当前图层亮度决定。

15.3.5　比较模式组

Photoshop 的比较模式组中包括差值混合模式和排除混合模式两种。比较模式组中的混合模式可以比较当前图像与下面图层中的图像，然后将相同的区域显示为黑色，不同的区域显示为灰度层次或彩色。如果当前图层中包含白色，白色区域会使下面图层的图像色彩显示反相效果，而黑色不会对底层图像产生影响。

1. 差值

使用该模式将底层的颜色和当前图层的颜色相互抵消，以产生一种新的颜色效果。

2. 排除

可以创建一种与"差值"模式相似但对比度较低的效果。

15.3.6　色彩模式组

使用色彩模式组中的混合模式时，Photoshop 会将色彩分 3 种成分：色相、饱和度和明度。在使用色彩模式组合成图像时，Photoshop 将会使用这 3 种成分中的一项或两项应用到图像中。

1. 色相

图像的混合效果由下方图层的"亮度"与"饱和度"值及上方图层的"色相"值决定。

2. 饱和度

图像的混合效果由下方图层的"亮度"与"色相"值及上方图层的"饱和度"值决定。

3. 颜色

图像的混合效果由下方图层的"亮度"及上方图层的"色相"和"饱和度"值决定。

4. 明度

图像的混合效果由下方图层的"色相"与"饱和度"值及上方图层的"亮度"值决定。

15.4　设置图层样式

15.4.1　添加图层样式

在 Photoshop 中可以添加 10 种图层样式，打开"图层样式"对话框有以下 3 种方法：

方法 1：在图层调板中单击"添加图层样式"按钮。

方法 2：执行"图层"→"图层样式"命令。

方法 3：在需要添加样式的图层上双击鼠标。

所有图层样式都集中在"图层样式"对话框中，如图 15 – 5 所示。效果名称前面的复选框内有"√"标记的，表示在图层中添加了该效果；单击一个效果前面的"√"标记，则可以停用该效果，但保留效果参数。

在"图层样式"对话框中单击一个效果的名称，可以选中该效果，对话框右侧会显示与之对应的选项。如果单击效果名称前的复选框，则可以应用该效果，但不会显示效果选项。

提示："背景图层"不能添加图层样式。如果要为其添加样式，需要先将其转换为普通图层。

15.4.2　投影

"投影"效果可以为图层内容添加投影，使其产生立体感。选中"投影"复选框，如图 15 – 6 所示。

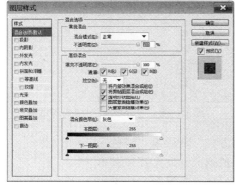

图 15 – 5　"图层样式"对话框

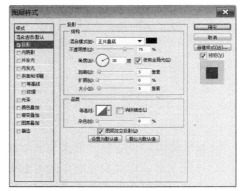

图 15 – 6　"投影"样式对话框

（1）混合模式：用来设置投影与下面图层的混合方式，默认为"正片叠底"模式。

（2）投影颜色：单击颜色块，可以在打开的"拾色器"中设置投影颜色。

（3）不透明度：值越低，投影越淡。

（4）角度：设置投影的光照角度。指针指向的方向为光源的方向，其相反方向为投影的方向。

（5）使用全局光：选中该复选框后，可以保持所有光照的角度一致。取消选中时，可以为不同的图层分别设置光照角度。

（6）距离：设置投影偏移图层内容的距离，值越高，投影越远。

（7）大小：设置投影的模糊范围，值越高，模糊的范围就越广；值越小，投影越清晰。

（8）扩展：设置投影的扩展范围，该值会受到"大小"选项的影响。

（9）等高线：使用等高线可以控制投影的形状。

（10）消除锯齿：选中该复选框后，可以混合等高线边缘的像素，使投影更加平滑。

（11）杂色：值越高时，投影会变为点状。

（12）图层挖空投影：选中该复选框后，可以控制半透明图层中投影的可见性。如果当前图层的填充不透明度小于100%，则半透明图层中的投影不可见。

15.4.3 内阴影

利用该命令可添加正好位于图层内容边缘内的阴影，使图像产生凹陷的外观效果。如图15－7所示。

"内阴影"与"投影"的选项设置方式基本相同。它们的不同之处在于"投影"是在图层对象背后产生的阴影，通过"扩展"选项来控制投影边缘的渐变程度，从而产生投影的视觉，而"内阴影"则是通过"阻塞"选项来控制的。"阻塞"可以在模糊之前收缩内阴影的边界，与"大小"选项相关联，"大小"值越高，设置的"阻塞"范围就越大。

15.4.4 外发光

使用"外发光"图层样式，可以在图层内容边缘的外部产生发光效果。通过该命令，可以为图像设置"纯色光"和"渐变光"两种外发光效果。如图15－8所示。

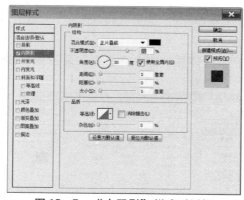

图15－7　"内阴影"样式对话框

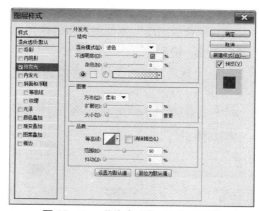

图15－8　"外发光"样式对话框

（1）混合模式：设置发光效果与下面图层混合方式，默认为"滤色"。

（2）不透明度：设置发光效果的不透明度，该值越低，发光效果越弱。

（3）杂色：可以在发光效果中添加随机的杂色，使光晕呈现颗粒感。

（4）发光颜色："杂色"选项下面的颜色块和颜色条可以用来设置发光颜色。

　　(5) 方法：用来控制轮廓发光的方法，以控制发光的准确程度。①选择"柔和"，获得发光效果与背景柔和的过渡；②选择"精确"，可以得到精确的边缘。

　　(6) 扩展：设置图层的边界向外扩展效果，模糊之前扩大杂色边界，0% 为最大程度的模糊，100% 为不模糊。

　　(7) 大小：设置光晕范围的大小。

　　提示："外发光"设置面板中的"等高线"、"消除锯齿"、"范围"和"抖动"等选项与"投影"样式相应选项的作用相同。

15.4.5　内发光

　　使用"内发光"图层样式，可以在图层内容边缘的内部产生发光效果。通过该命令，可以为图像设置"纯色光"和"渐变光"两种内发光效果。如图 15 – 9 所示。

　　"内发光"效果中除了"源"和"阻塞"外，其他大部分选项都与"外发光"效果相同。

　　(1) 源：用于控制发光源的位置。①选中"居中"，表示应用从图层内容的中心发出的光，此时如果增加"大小"值，发光效果会向图像的中央收缩；②选择"边缘"，表示应用从图层内容的内部边缘发出的光，此时如果增加"大小"值，发光效果会向图像的中央扩展。

　　(2) 阻塞：用来在模糊之前收缩内发光的杂色边界。

15.4.6　斜面和浮雕

　　使用"斜面和浮雕"图层样式可以将各种高光和暗调的组合添加到图层，使图像产生不同样式的浮雕效果。在其右侧编辑窗口中可设置浮雕的样式、方法、深度、方向大小等参数。如图 15 – 10 所示。

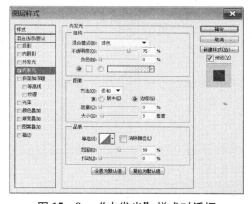

图 15 – 9　"内发光"样式对话框

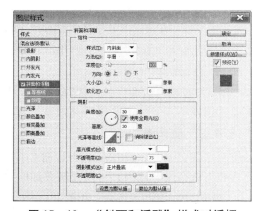

图 15 – 10　"斜面和浮雕"样式对话框

　　(1) 样式：选择其中的选项，可以设置不同的浮雕效果，其中包括"外斜面"、"内斜面"、"浮雕效果"、"枕状浮雕"和"描边浮雕"5 种样式。

　　(2) 方法：用来选择一种创建浮雕的方法。①选择"平滑"，能够稍微模糊杂边的边缘，它可以用于所有类型的杂边，不论其边缘是柔和还是清晰，该技术不保留大尺寸的细节特征；②"雕刻清晰"使用距离测量技术，主要用于消除锯齿形状（如文字）的硬边杂边，它保留细节特征的能力优于"平滑"技术；③"雕刻柔和"使用经过修改的距离测量技术，虽然不如"雕刻清晰"精确，但对较大范围的杂边更有用，它保留特征的能力优于"平滑"技术。

　　(3) 深度：设置浮雕斜面的应用深度，该值越高，浮雕的立体感越强。

　　(4) 方向：定位光源角度后，可通过该选项设置高光和阴影的位置。

　　(5) 大小：用来设置斜面和浮雕中阴影面积的大小。

（6）软化：控制图层样式亮部区域与暗部区域的柔和程度。数值越大，则亮部区域与暗部区域越柔和。

（7）角度/高度："角度"选项用来设置光源的照射角度，"高度"选项用来设置光源的高度，需要调整这两个参数时，可以在相应的文本框中输入数值，也可以拖动圆形图标内的指针来进行操作。如果选中"使用全局光"复选框，则所有浮雕样式的光照角度可以保持一致。

（8）光泽等高线：Photoshop提供了很多预设的等高线类型，只需要选择不同的等高线类型，就可以得到非常丰富的效果。

（9）消除锯齿：可以消除由于设置了光泽等高线而产生的锯齿。

（10）高光模式：用来设置高光的混合模式、颜色和不透明度。

（11）阴影模式：用来设置阴影的混合模式、颜色和不透明度。

（12）设置等高线：选中"等高线"复选框，可以切换到"等高线"设置面板。使用"等高线"可以勾画在浮雕处理中被遮住的起伏、凹陷和凸起。

（13）设置文理：选中"纹理"复选框，可以切换到"纹理"设置面板。

（14）图案：单击图案右侧的下拉箭头按钮，可以在打开的下拉面板中选择一个图案，将其应用到斜面和浮雕上。

（15）从当前图案创建新的预设：单击该按钮，可以将当前设置的图案创建为一个新的预设图案，新图案会保存在"图案"下拉面板中。

（16）缩放：拖动滑块或输入数值可以调整图案的大小。

（17）深度：用来设置图案的纹理应用程度。

（18）反相：选中该复选框，可以反转图案纹理的凹凸方向。

（19）与图层链接：选中该复选框，可以将图案链接到图层，此时对图层进行变换操作时，图案也会一同变换。在该选项处于选中状态时，单击"贴紧原点"按钮，可以将图案的原点对齐到文档的原点。如果取消选择该选项，则单击"贴紧原点"按钮时，可以将原点放在图层的左上角。

15.4.7 光泽

"光泽"效果可以应用光滑光泽的内部阴影，通常用来创建金属表面的光泽外观。该效果可以通过选择不同的"等高线"来改变光泽的样式。如图15-11所示。

15.4.8 颜色叠加

使用"颜色叠加"图层样式可以根据用户的需求在图层上叠加指定的颜色，通过设置混合模式和不透明度等选项，可以控制叠加的效果。如图15-12所示。

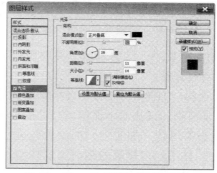
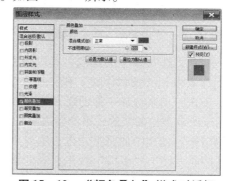

图15-11 "光泽"样式对话框　　　　图15-12 "颜色叠加"样式对话框

15.4.9 渐变叠加

"渐变叠加"图层样式可以在图层内容上填充一种渐变颜色。此图层样式与在图层中填充渐变颜色的功能相同，与创建渐变填充图层的功能相似。如图 15－13 所示。

15.4.10　图案叠加

"图案叠加"图层样式采用了自定义图案来覆盖图像，可以缩放图案、设置图案的不透明度和混合模式，此图层样式与用"填充"命令填充图案的功能相同，与创建图案填充图层功能相似。"图案叠加"的对话框如图 15－14 所示。

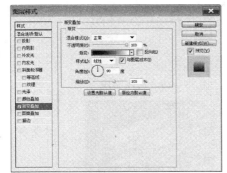 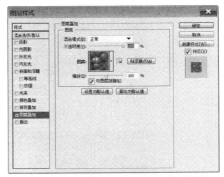

图 15－13　　"渐变叠加"样式对话框　　　　图 15－14　　"图案叠加"样式对话框

15.4.11　描边

使用"描边"图层样式可以为图像边缘绘制不同样式的轮廓，如使用颜色、渐变或图案描画对象的轮廓。此功能类似于"描边"命令，但它有可修改的功能，因此使用起来相当方便。使用该样式对于硬边形状，如文字等特别有用。如图15－15 所示。

15.4.12　使用样式面板

"样式"面板用来保存、管理和应用图层样式。我们也可以将 Photoshop 提供的预设样式，或者外部样式库载入到该面板中使用。

图 15－15　　"描边"样式对话框

1. 样式面板

"样式"面板中提供了 Photoshop 提供的各种预设的图层样式，如图 15－16 所示，图 15－17 所示为面板菜单。

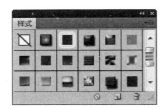 

图 15－16　　"样式"面板　　　　图 15－17　样式面板菜单

打开一幅图像，如图15－18所示。选择一个图层，"图层"面板如图15－19所示，单击"样式"面板中的一个样式，如图15－20所示，即可为它添加该样式，如图15－21所示。

图 15－18　打开图像

图 15－19　选择图层

图 15－20　选择样式

图 15－21　添加样式后的图像

2. 创建与删除样式

（1）新建样式。在"图层样式"对话框中为图层添加了一种或多种效果以后，可以将该样式保存到"样式"面板中，以便以后使用。

如果要将效果创建为样式，可以在"图层"面板中选择添加了效果的图层，如图15－22所示。然后单击"样式"面板中的创建新样式按钮 ，打开如图15－23所示的对话框，设置选项并单击"确定"按钮即可创建样式，如图15－24所示。

图15－22　选择样式图层

图 15－23　"新建样式"对话框

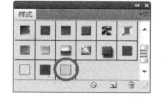

图 15－24　创建样式后的样式面板

- 名称：设置样式的名称。
- 包含图层效果：选中该复选框，可以将当前的图层效果设置为样式。
- 包含图层混合选项：如果当前图层设置了混合模式，选中该复选框，新建的样式将具有这种混合模式。

（2）删除样式。将"样式"面板中的一个样式拖动至删除样式按钮 🗑，即可将其删除。此外，按住Alt键单击一个样式，则可直接将其删除。

3. 存储样式库

如果在"样式"面板中创建了大量的自定义样式，可以将这些样式保存为一个独立的样式库。执行"样式"面板菜单中的"存储样式"命令，如图15－25所示，打开"存储"对话框，如图15－26所示。输入样式库名称和保存位置，单击"确定"按钮，即可将面板中的样式保存为一个样式库。

图 15 – 25　"样式"面板菜单　　　　图 15 – 26　"存储"样式对话框

提示：如果将自定义的样式库保存在 Photoshop 程序文件夹的"Presets > Styles"文件夹中，重新运行 Photoshop 后，则该样式库的名称将会出现在"样式"面板菜单的底部。

4. 载入样式库

除了"样式"面板中显示的样式外，Photoshop 还提供了其他的样式，它们按照不同的类型放在不同的库中。例如，"Web"样式库中包含了用于创建 Web 按钮的样式，"文字效果"样式库中包含了向文本添加效果的样式。要使用这些样式，需要将它们载入到"样式"面板中。

打开"样式"面板菜单，选择一个样式库，如"Web 样式"，弹出如图 15 – 27 所示的对话框，单击"确定"按钮，可载入样式并替换面板中的样式，如图 15 – 28 所示；单击"追加"按钮，可以将样式添加到面板中，如图 15 – 29 所示；单击"取消"按钮，则取消载入样式的操作。

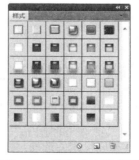

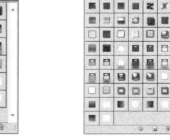

图 15 – 27　替换样式提示框　　　图 15 – 28　替换后的样式面板　　图 15 – 29　追加后的样式面板

提示：如果删除了"样式"面板中的样式，或者载入其他样式库以后，如果想要让面板恢复为 Photoshop 默认的预设样式，可以执行"样式"面板菜单中的"复位样式"命令。

15.5 填充和调整图层

15.5.1 创建填充图层

填充图层是指向图层中填充纯色、渐变和图案而创建的特殊图层，通过设置混合模式，或调整不透明度可以生成各种图像效果。

打开一幅图像，可以通过以下两种方式创建"填充图层"：

方法1：单击"图层"面板下方的"创建新的填充或调整图层"按钮 ![icon]，在弹出的菜单中选择"纯色"、"渐变"或"图案"命令，即可创建"填充图层"。

方法2：执行"图层"→"新建填充图层"→"纯色"/"渐变"/"图案"命令。

15.5.2 创建调整图层

调整图层可以将颜色和色调调整应用于图像，但不会改变原图像的像素，因此，不会对图像产生实质性的破坏。

执行"图层"→"新建调整图层"下拉菜单中的命令，或者使用"调整"面板都可以创建调整图层。"调整"面板中包含了用于调整颜色和色调的工具，并提供了常规图像校正的一系列调整预设，如图15-30所示。单击一个调整图层按钮，或单击一个预设，可以显示相应的参数设置选项，如图15-31所示，同时创建调整图层。

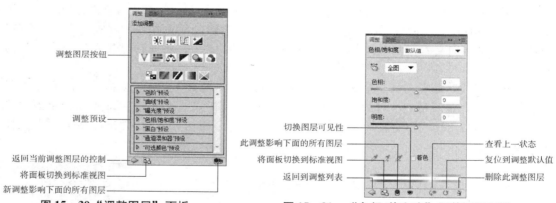

图15-30 "调整图层"面板   图15-31 "色相/饱和度"调整图层面板

（1）调整图层按钮/调整预设：单击一个调整图层按钮，面板中会显示相应设置的选项，将光标放在按钮上，面板顶部会显示该按钮所对应的调整命令的名称；单击一个预设前面的按钮 ▶，可以展开预设列表，如图15-32所示。选择一个预设即可使用该预设调整图像，同时面板中会显示相应设置的选项。

（2）返回当前调整图层的控制/返回到调整列表：单击 ➡ 按钮，可以将面板切换到显示当前调整设置选项的状态；单击 ⬅ 按钮，可以将面板返回到显示调整按钮和预设列表的状态。

（3）将面板切换到标准视图：可以调整面板的宽度。

（4）新调整图层影响下面的所有图层：默认情况

图15-32 "展开预设列表"对话框

下，新建的调整图层都会影响下面的所有图层。如果按下该按钮，则以后创建任何调整图层时，都会自动将其与下面的图层创建为剪贴蒙版组，使该调整图层只影响它下面的一个图层。

（5）此调整影响下面的所有图层：按下该按钮，可以将当前的调整图层与它下面的图层创建为一个剪贴蒙版组，使调整图层仅影响它下面的一个图层；再次单击该按钮时，调整图层会影响下面的所有图层。

（6）切换图层可见性：单击该按钮，可以隐藏或重新显示调整图层。

（7）查看上一状态：当调整参数以后，可单击该按钮，在窗口中查看图像的上一个调整状态，以便比较两种效果。

（8）复位到调整默认值：单击该按钮，可以将调整参数恢复为默认值。

（9）删除此调整图层：单击该按钮，可以删除当前调整图层。

提示 1：调整图层可以将调整应用于它下面的所有图层。将一个图层拖曳到调整图层的下面，便会对该图层产生影响；将调整图层下面的图层拖曳到调整图层上面，可排除对该图层的影响。

提示 2：如果想要对多个图层进行相同的调整，可以在这些图层上面创建一个调整图层，通过调整图层来影响这些图层，而不必分别调整每个图层。

15.6　用图层组管理图层

随着图像编辑的深入，图层的数量就会越来越多，要在众多的图层中找到需要的图层，将会是一件很麻烦的事。如果使用图层组来组织和管理图层，就可以使“图层”面板中的图层结果更加清晰，也便于查找需要的图层。图层组就类似于文件夹，我们可以将图层按照类别放在不同的图层组内，当关闭图层组后，在“图层”面板中就只显示图层组的名称。图层组可以像普通图层一样对其进行移动、复制、链接、对齐和分布，也可以对其进行合并，以减小文件的大小。

15.6.1　创建图层组

1. 在“图层”面板中创建图层组

单击“图层”面板中的“创建新组”按钮 ，可以创建一个空的图层组，如图 15 – 33 所示。此后单击“图层”面板中的“创建新图层”按钮 创建的图层将位于该组中，如图 15 – 34 所示。

图 15 – 33　创建空的图层组

图 15 – 34　在图层组中创建图层

2. 通过命令创建图层组

如果要在创建图层组时，设置图层组的名称、颜色、混合模式、不透明度等属性，可执行“图层”→“新建”→“组”命令，在打开的“新建组”对话框中进行设置，如图 15 – 35 所示。设置完成后的“图层”面板如图 15 – 36 所示。

图 15 – 35　"新建组"对话框　　　　　图 15 – 36　"新建图层组后的图层面板"

15.6.2　从所选图层创建图层组

如果要将多个图层创建在一个图层组内，可以选择这些图层，如图 15 – 37 所示。然后执行 "图层"→ "图层编组" 命令，或按下 Ctrl + G 快捷键，如图 15 – 38 所示。编组之后，可以单击组前面的三角图标 ▷ 关闭或者重新展开图层组，如图15 – 39 所示。

图 15 – 37　选择多个图层　　　图 15 – 38　执行 "图层编组" 命令　　　图 15 – 39　关闭或展开图层组

提示：选择图层以后，执行 "图层"→ "新建"→ "从图层建立组" 命令，打开 "从图层新建组" 对话框，设置图层组的名称、颜色和模式等属性，可以将其创建在设置特定属性的图层组内。

15.6.3　创建嵌套结构的图层组

创建图层组以后，在图层组内还可以继续创建新的图层组，如图 15 – 40 所示。这种多级结构的图层组称为嵌套图层组。单击 "图层" 面板中的 "创建新组" 按钮，然后将新建的组拖入要嵌套的组中即可。

图 15 – 40　创建嵌套结构的图层组

将图层移入或移出图层组。将一个图层拖入图层组内，可将其添加到图层组中；将图层组中的图层拖出组外，可将其从图层组中移出。

15.6.4　取消图层编组

如果要取消图层编组，但保留图层，可以选择该图层组，然后执行 "图层"→ "取消图层编组" 命令，或按下 Shift + Ctrl + G 快捷键。如果要删除图层组及组中的图层，可以将图层组拖动到 "图层" 面板中的删除图层按钮 🗑 上。

第 16 章　蒙版

　　蒙版是模仿传统印刷中的一种工艺，印刷时用一种红色的胶状物来保护印版，所以在 Photoshop 中蒙版默认的颜色是红色。蒙版将不同的灰度色值转化为不同的透明度，并作用到它所在的图层，使图层的不同部位透明度产生相应的变化，黑色为完全透明，白色为完全不透明。

　　蒙版具有用于合成图像的重要功能，它可以隐藏图像内容，但不会将其删除，因此，使用蒙版处理图像是一种非破坏性的编辑方式。

16.1　蒙版简介

　　蒙版可以用于保护被遮蔽的区域，使该区域不受任何操作的影响，蒙版是以 8 位灰度通道存放的，可以使用所有绘画和编辑工具进行调整和编辑。

　　对蒙版和图像进行预览时，蒙版的颜色是半透明的红色，被它遮盖的区域是非选择部分，其余的是选择部分，对图像所做的任何改变将不对蒙版区域产生影响。

　　蒙版主要是在不损坏原图层的基础上新建的一个活动的蒙版图层，可以在该蒙版图层上做许多处理，但有一些处理必须在真实的图层上操作。所以一般使用蒙版都要复制一个图层，在必要时可以拼合图层，这样才能够使效果图更美丽。当然，在使用蒙版对图像进行操作时，如果做的效果不好可以将蒙版图层删除，而不会损害原来的图像。

16.2　蒙版面板

　　"蒙版"面板用于调整所选图层中的图层蒙版和矢量蒙版的不透明度和羽化范围，如图 16 - 1 所示。

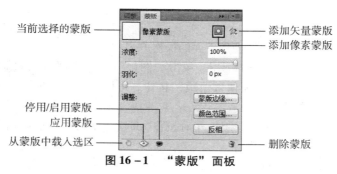

图 16 - 1　"蒙版"面板

　　（1）当前选择的蒙版：显示了在"图层"面板中选择的蒙版的类型，此时可以在"蒙版"面板中对其进行编辑。

　　（2）添加像素蒙版/添加矢量蒙版：单击相应按钮，可以为当前图层添加图层蒙版或矢量蒙版。

　　（3）浓度：拖动滑块可以控制蒙版的不透明度，即蒙版的遮盖强度。

　　（4）羽化：拖动滑块可以柔化蒙版的边缘。

（5）蒙版边缘：单击该按钮，可以打开"调整蒙版"对话框修改蒙版边缘，并针对不同的背景查看蒙版。这些操作与调整选区边缘基本相同。

（6）颜色范围：单击该按钮，可以打开"色彩范围"对话框，通过在图像中取样并调整颜色容差可以修改蒙版范围。

（7）反相：可以反转蒙版的遮盖区域。

（8）从蒙版中载入选区：单击该按钮，可以载入蒙版中包含的选区。

（9）应用蒙版：单击该按钮，可以将蒙版应用到图像中，同时删除被蒙版遮盖的图像。

（10）停用/启用蒙版：单击该按钮，或按住 Shift 键并单击蒙版的缩览图，可以停用（或者重新启用）蒙版。停用蒙版时，蒙版缩览图上会出现一个红色的"×"。

（11）删除蒙版：删除当前选择的蒙版。此外，在"图层"面板中将蒙版缩览图拖至删除图层的按钮上，也可以将其删除。

16.3　图层蒙版

图层蒙版是制作图像混合效果时最常用的一种方式。使用图层蒙版混合图像的好处在于可以在不改变图层中图像像素的情况下，实现多种混合图像的方案，并进行反复更改，最终得到需要的效果。

要正确、灵活地使用图层蒙版，必须了解图层蒙版的原理。简单地说，图层蒙版就是使用一张灰度图"有选择"地屏蔽当前图层中的图像，从而得到混合效果。这里所说的"有选择"，是指图层蒙版中的白色区域可以起到显示当前图层中图像对应区域的作用。图层蒙版中的黑色区域可以起到隐藏当前图层中图像对应区域的作用。如果图层蒙版中存在灰色，则使对应的图像呈现半透明效果。

用户可以通过改变图层蒙版不同区域的黑白程度来控制图像对应区域的显示或隐藏状态，为图层增加许多特殊效果。因此，对比"图层"面板与图层所显示的实际效果可以看出：

（1）图层蒙版中黑色区域部分可以使图像对应的区域被隐藏，显示底层图像。

（2）图层蒙版中白色区域部分可使图像对应的区域显示。

（3）如果有灰色部分，则会使图像对应的区域半隐半显。

16.3.1　创建图层蒙版

1. 为整个图层添加蒙版

要直接为图层添加蒙版，可以使用下面的操作方法：

方法1：选择要添加图层蒙版的图层，单击"图层"面板底部的"添加图层蒙版"按钮，或者在"蒙版"面板中单击"添加像素蒙版"按钮，可以为图层添加一个默认填充颜色为白色的图层蒙版，即显示全部图像。

方法2：如果在执行上述添加蒙版操作时按住 Alt 键，即可为图层添加一个默认填充颜色为黑色的图层蒙版，即隐藏全部图像。

2. 利用选区添加图层蒙版

如果当前图像中存在选区，可以使用该选区添加图层蒙版，并决定添加图层蒙版后是显示或者隐藏选区内部的图像。可以按照以下的方法来使用选区添加图层蒙版：

方法1：依据选区范围添加蒙版。选择要添加图层蒙版的图层，在"蒙版"面板中单击"添加像素蒙版"按钮，或者在"图层"面板中单击"添加图层蒙版"按钮，即可依据当前选区的选择范围为图像添加蒙版。

方法2：依据与选区相反的范围添加蒙版。在依据选区范围添加蒙版时，如果在单击"添加像素蒙版"按钮前按住 Alt 键，即可依据与当前选区相反的范围为图层添加蒙版，即先对选区执行"反向"操作，然后再为图层添加蒙版。

3. 载入图层蒙版中的选区

要载入图层蒙版中的选区，可以执行下列操作之一：

方法 1：单击"蒙版"面板中"从蒙版中载入选区"按钮。

方法 2：按住 Ctrl 键并单击图层蒙版的缩览图。

16.3.2　实例——创建图层蒙版

步骤 1：打开两幅图像，如图 16－2、16－3 所示。

步骤 2：使用移动工具将图 16－2 拖入到图 16－3 中，"图层"面板如图 16－4 所示。

图 16－2　打开图像 1　　　　　　　　图 16－3　打开图像 2

步骤 3：单击"图层"面板中的 按钮，为该图层添加蒙版，如图 16－5 所示。

图 16－4　将图像 1 拖入图像 2 中　　　图 16－5　为图层 1 添加蒙版

步骤 4：使用画笔工具，选择一个大小合适的柔角画笔工具，设置前景色为黑色。

步骤 5：在天空部分进行涂抹，用蒙版遮盖图像。如果对涂抹的地方不满意，可以将前景色切换成白色，用白色涂抹可以重新显示当前图层中的图像。最终结果如图 16－6 所示，"图层"面板如图 16－7 所示。

图 16－6　应用蒙版后的图像　　　图 16－7　应用蒙版后的"图层"面板

16.3.3　编辑图层蒙版

1. 更改图层蒙版的浓度

"蒙版"面板中的"浓度"滑块可以调整选定的图层蒙版或者矢量蒙版的不透明度，其使用步骤如下：

步骤1：在"图层"面板中选择要编辑的蒙版的图层。

步骤2：单击"蒙版"面板中的"像素蒙版"按钮或者"矢量蒙版"按钮，将"浓度"选项激活。

步骤3：拖动"浓度"滑块，当其数值为100%时，蒙版将完全不透明并遮挡图层下面的所有区域。此数值越低，蒙版下的更多区域将变得越清晰。

2. 羽化蒙版边缘

可以使用"蒙版"面板中的"羽化"滑块直接控制蒙版边缘的柔化程度，而无需像以前一样再使用"模糊"滤镜进行操作。操作步骤如下：

步骤1：在"图层"面板中选择要编辑的蒙版的图层。

步骤2：单击"蒙版"面板中的"像素蒙版"按钮或者"矢量蒙版"按钮，将"羽化"选项激活。

步骤3：在"蒙版"面板中拖动"羽化"滑块，将羽化效果应用至蒙版的边缘，使蒙版边缘在蒙住和未蒙住区域之间创建较柔和的过渡。

16.3.4 停用或启用图层蒙版

在图层蒙版存在的状态下，只能观察到未被图层蒙版隐藏的部分图像，因此不利于对图像进行编辑。在此情况下，可以执行下面的操作之一，完成停用/启用图层蒙版的操作。

方法1：在"蒙版"面板中单击底部的"停用/启用蒙版"按钮 即可，此时该图层蒙版缩览图中将出现一个红色的"×"，再次单击该按钮即可重新启用蒙版，"蒙版"面板如图16－8所示，"图层"面板如图16－9所示。

图16－8　"停用蒙版"的蒙版面板　　　图16－9　"停用蒙版的图层"面板

方法2：按住Shift键并单击图层蒙版缩览图，暂时停用图层蒙版效果；再次按住Shift键并单击图层蒙版缩览图，即可重新启用蒙版效果。

16.3.5 应用/删除图层蒙版

应用图层蒙版可以将图层蒙版中黑色对应的图像删除，保留白色对应的图像，删除灰色过渡区域所对应的图像部分像素，就可以得到一定的透明效果，从而保证图像效果在应用图层蒙版前后不会发生变化。要应用图层蒙版可以执行以下操作之一：

方法1：在"蒙版"面板中单击"应用蒙版"按钮 。

方法2：执行"图层"→"图层蒙版"→"应用"命令。

方法3：在图层蒙版缩览图上单击鼠标右键，在弹出的快捷菜单中选择"应用图层蒙版"命令。

如果不想对图像进行任何修改，可以执行以下操作之一，直接删除图层蒙版。

方法1：单击"蒙版"面板中的"删除蒙版"按钮 。

方法 2：执行"图层"→"图层蒙版"→"删除"命令。

方法 3：在图层蒙版缩览图中单击鼠标右键，在弹出的快捷菜单中选择"删除图层蒙版"命令。

16.4 矢量蒙版

矢量蒙版可以在图层上创建锐边形状，因为矢量蒙版是依靠路径图形来定义图层中图像的显示区域的。另外，使用矢量蒙版创建图层之后，还可以给该图层应用一个或多个图层样式，并且可以编辑这些图层样式。

矢量蒙版实际上是一个图层剪切路径，在路径以内区域的图像是矢量图像，它被置入到其他应用程序时，只显示图像部分区域，不会显示背景图像。

16.4.1 创建并编辑矢量蒙版

创建矢量蒙版的方法与创建图层蒙版的方法基本相同，只是矢量蒙版使图层隐藏的方式依靠路径图形来定义图像的显示区域。对矢量蒙版也是使用钢笔工具或形状工具对其路径进行编辑。

下面我们通过一个例子来说明"矢量蒙版"的使用方法。

步骤 1：打开两个图像文件，如图 16 - 10、16 - 11 所示。

图 16 - 10　打开图像 1　　　　　图 16 - 11　打开图像 2

步骤 2：将图 16 - 11 中的图像移动到图 16 - 10 中，执行"编辑"→"自由变换"命令，调整图像到合适的大小和位置，如图 16 - 12 所示。

步骤 3：单击工具箱中的"自定形状工具"按钮，在其属性栏上单击"路径"按钮，在"形状"下拉列表中选择一种形状，如图 16 - 13 所示。

 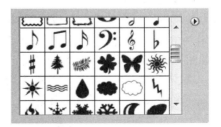

图 16 - 12　将图像 2 移动到图像 1 中　　　图 16 - 13　选择一种形状

步骤 4：按住 Shift 键并拖动鼠标在图像 2 的位置绘制一个等比例的形状。

步骤 5：按住 Ctrl 键并单击"图层"面板上的"添加图层蒙版"按钮，即可基于当前路径创建矢量蒙版，路径区域以外的图像会被蒙版遮住，如图 16 - 14 所示，"图层"面板如图 16 - 15 所示。

图 16-14　创建矢量蒙版后的图像

图 16-15　创建矢量蒙版后的"图层"面板

提示 1：矢量蒙版是由钢笔、自定形状等矢量工具创建的蒙版（图层蒙版和剪贴蒙版都是基于像素的蒙版）组成的。它与分辨率无关，常用来制作 Logo、按钮或其他 Web 设计元素。无论图像自身的分辨率是多少，只要使用了该蒙版，都可以得到平滑的轮廓。

提示 2：创建矢量蒙版后，蒙版缩览图和图像缩览图之间会有一个链接图标，它表示蒙版与图像处于链接状态，此时进行任何变换操作，蒙版都与图像一同变换。执行"图层"→"矢量蒙版"→"取消链接"命令，或者单击该图标，可以取消链接，取消链接后，可以单独变换图像或蒙版。

提示 3：矢量蒙版的变换方法与图像的变换方法相同。矢量蒙版是基于矢量对象的蒙版，它与分辨率无关，因此，在进行变换和变形操作时不会产生锯齿。

16.4.2　将矢量蒙版转换为图层蒙版

矢量蒙版不能应用绘图工具盒滤镜等命令，可以将矢量蒙版转换为图层蒙版再进行编辑。需要注意的是，一旦将矢量蒙版转换为图层蒙版，就无法再将它变回矢量对象。其使用方法如下：

方法 1：选中带有矢量蒙版的图层，执行"图层"→"栅格化"→"矢量蒙版"命令，即可将矢量蒙版转换为图层蒙版。

方法 2：可以在矢量蒙版缩览图上右键单击鼠标，在弹出的快捷菜单中选择"停用矢量蒙版"、"删除矢量蒙版"或"栅格化矢量蒙版"命令，对矢量蒙版进行编辑。

16.5　快速蒙版

快速蒙版也称临时蒙版，它是一个编辑选区的临时环境，可以辅助用户创建选区。快速蒙版不能保存所创建的选区，如果要永久保存选区的话，必须将选区存储为 Alpha 通道。当退出快速蒙版模式时，不被保护的区域变为一个选区，将选区作为蒙版编辑时可以使用几乎所有的 Photoshop 工具或滤镜来修改蒙版。

双击工具箱中的"以快速蒙版模式编辑"按钮，弹出"快速蒙版选项"对话框，如图 16-16 所示。单击"拾色器"图标，弹出"选择快速蒙版颜色"对话框，可以改变快速蒙版的颜色，如图 16-17 所示。在默认情况下，快速蒙版的颜色为红色，不透明度范围在 0~100% 之间，默认情况下快速蒙版的颜色不透明度为 50%。

图 16-16　"快速蒙版选项"对话框

图 16-17　"选择快速蒙版颜色"对话框

（1）被蒙版区域：指的是非选择部分。在快速蒙版状态下，单击工具箱中的"画笔工具"按钮，在图像上进行涂抹，涂抹的区域即被蒙版区域。退出快速蒙版编辑状态后，图像中的选区为涂抹区域外的部分。

（2）所选区域：指的是选择部分。在快速蒙版状态下，单击工具箱中的"画笔工具"按钮，在图像上进行涂抹，涂抹的区域即所选区域。退出快速蒙版编辑状态后，图像中的选区为涂抹的区域。

16.6　剪贴蒙版

剪贴蒙版是一种非常灵活的蒙版，它使用一个图像的形状限制它上层图像的显示范围。因此，可以通过一个图层来控制多个图层的显示区域，而矢量蒙版和图层蒙版都只能控制一个图层的显示区域。

下面我们通过一个例子来说明"剪贴蒙版"的使用方法。

步骤 1：打开一个背景图像文件，如图 16 – 18 所示。

步骤 2：执行"文件"→"置入"命令，置入一图像，然后执行"图层"→"栅格化"→"图层"命令将其栅格化。

提示：将素材图像"置入"到文档中，将会自动创建新的图层放置置入的素材图像，并且图层的名称与置入的素材图像的名称相同。

步骤 3：调整置入图像的大小及位置，并将其作水平翻转，如图 16 – 19 所示，"图层"面板如图 16 – 20 所示。

图 16 – 18　打开图像　　　　　　　　图 16 – 19　置入图像

步骤 4：再置入一个图像，调整其大小和位置，如图 16 – 21 所示。

图 16 – 20　置入图像后的"图层"面板　　图 16 – 21　调整置入图像的大小和位置

步骤 5：执行"图层"→"创建剪贴蒙版"命令，将该图层与下面的图层创建为一个剪贴蒙版。"图层"面板如图 16 – 22 所示，图像效果如图 16 – 23 所示。

图 16－22　创建剪贴蒙版后的"图层"面板

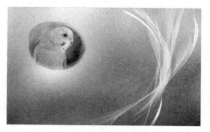

图 16－23　创建剪贴蒙版后的图像效果

　　提示 1：在剪贴蒙版中，下面的图层为基底图层（即箭头指向的图层），上面的图层为内容图层。基底图层的名称带有下划线，内容图层的缩览图是缩进的，并显示一个剪贴蒙版标志 。

　　提示 2：基底图层中包含像素的区域决定了内容图层的显示范围，移动基底图层或内容图层都可以改变内容图层的显示区域。

　　提示 3：剪贴蒙版可以应用于多个图层，但前提是这些图层必须是相邻的。

第 17 章　使 用 通 道

17.1　通道的概述

通道是 Photoshop 软件中一个极为重要的概念，可以说它是使用 Photoshop 一个极有表现力的处理平台。简单地说，通道是用来保存颜色信息及选区的一个载体。它的作用广泛，可以用来制作精确的选区，对选区进行各种编辑处理，还可以记录和管理图像中的颜色，利用图像菜单的调整命令对单种原色通道进行调整，达到调整图像颜色的效果。

通道在 Photoshop 中的重要性不亚于图层和路径，其功能概括起来有以下几点：

（1）通道可以代表图像中的某一种颜色信息，例如，在 RGB 模式中，R 通道代表图像的红色信息，G 通道代表图像的绿色信息，B 通道代表图像的蓝色信息。

（2）通道可以用来制作选区，使用分离通道来选择一些比较精确的选区。在通道中，白色代表的就是选区。

（3）通道可以表示色彩的对比度，虽然每个原色通道都是以灰色显示，但各个通道的对比度是不同的，这一功能在分离通道时可以比较清楚地看出来。

（4）通道还可以用于修复扫描失真的图像，对于扫描失真的图像，不要在整幅图像上进行修改。对图像的每个通道进行比较，对有缺点的通道进行单个修改，这样会得到事半功倍的效果。

（5）使用通道制作出特殊效果，通道不仅可以用于图像的混合通道和原色通道，还可以使用通道创建出如倒影文字、3D 图像和若隐若现等效果。

17.2　通道的分类

Photoshop 中包含多种通道类型，主要分为复合通道、颜色通道、专色通道、Alpha 通道和单色通道。

17.2.1　复合通道

复合通道不包含任何信息，实际上它只是同时预览并编辑所有颜色通道的一个快捷方式。它通常被用在单独编辑完一个或多个颜色通道后，可以使"通道"面板返回到它的默认状态。

17.2.2　颜色通道

颜色通道是在打开图像时自动创建的通道，它们记录了图像的颜色信息。图像的颜色模式不同，颜色通道的数量也不相同。RGB 图像包含红、绿、蓝和一个用于编辑图像的复合通道。CMYK 图像包含青色、洋红、黄色、黑色和一个复合通道。Lab 图像包含明度、a、b 和一个复合通道。位图、灰度、双色调和索引颜色都只有一个通道。

17.2.3　专色通道

专色通道是一种特殊的通道，它用来存储专色。专色是用于替代或补充印刷色（CMYK）的特殊的预混油墨，如金属质感的油墨、荧光油墨等。

17.2.4 Alpha 通道

Alpha 通道与颜色通道不同，它用来保存选区，可以将选区存储为灰度图像，但不会直接影响图像的颜色。在 Alpha 通道中，白色代表被选择的区域，黑色代表未被选择的区域，灰色代表部分被选择的区域，即羽化的区域。用白色涂抹 Alpha 通道可以扩大选区范围；用黑色涂抹则收缩选区范围；用灰色涂抹则可以增加羽化的范围。

17.2.5 单色通道

单色通道就是指颜色通道中的某一种颜色通道，用于调整某种颜色的信息。

17.3 通道的管理与编辑

17.3.1 认识"通道"面板

在 Photoshop 中可以通过"通道"面板来创建、保存和管理通道。在 Photoshop 中打开图像时，会在"通道"面板中自动创建该图像的颜色信息通道，如图 17－1 所示。单击"通道"面板右上角的小三角形按钮，弹出"通道"面板下拉菜单，如图 17－2 所示。

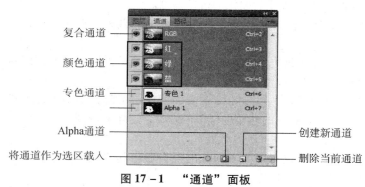

图 17－1   "通道"面板

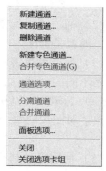

图 17－2   通道面板菜单

（1）指示通道可见性：显示或隐藏通道图标。

（2）通道缩览图：显示当前通道的颜色信息。

（3）通道名称：使用它可快速识别各种通道的颜色信息。

（4）通道快捷键：可快速切换通道。

（5）将通道作为选区载入：单击该按钮，可将通道中颜色比较淡的内容转换为选区，这个功能还可以通过按住 Ctrl 键并单击该通道缩览图实现，也可以通过执行"选择"→"载入选区"命令实现。

（6）将选区存储为通道：单击该按钮，可以将当前的选择区存储为新的通道。

（7）创建新通道：单击该按钮，可以创建 Alpha 通道。

（8）删除当前通道：单击该按钮，可以将当前选中的通道删除。

注意：复合通道不能删除。

（9）颜色通道：记录图像颜色信息的通道。

（10）Alpha 通道：保存选区的通道。

17.3.2 创建通道

1. 在"通道"面板中创建通道

方法 1：单击"通道"面板底部的"创建新通道"按钮，新建一个 Alpha 通道。

方法 2：使用"通道"面板菜单中的"新建通道"命令，新建一个 Alpha 通道。

Alpha 通道专门用于存储选择区域，在一个图像中总数不得超过 56 个。Alpha 通道具有如下特点：

（1）所有通道都是 8 位灰度图像，能够显示 256 级灰阶。

（2）Alpha 通道可以任意添加或删除。

（3）可以设置每个通道的名称、颜色和蒙版选项的不透明度（不透明度影响通道的预览，而不影响图像）。

（4）所有新通道具有与原图像相同的尺寸和像素数目。

（5）可以使用绘图工具在 Alpha 通道中编辑蒙版。

（6）将选区存放在 Alpha 通道中，以便在同一图像或不同的图像中重复使用。

2. 使用选区创建通道

方法 1：单击"通道"面板底部的"将选区存储为通道"按钮，可以快速地将选区创建为通道。

方法 2：执行"选择"→"存储选区"命令，弹出"存储选区"对话框，单击"确定"按钮，存储选区，在"通道"面板中会自动创建一个该选区的通道。

3. 使用"快速蒙版"创建通道

通过蒙版和通道的协作可以快捷方便地将复杂的图像抠出。

步骤 1：打开一幅图像，单击工具箱中的"以快速蒙版模式编辑"按钮，进入快速蒙版编辑模式；

步骤 2：单击工具箱中的"画笔工具"按钮，设置前景色为黑色，在图像上进行涂抹，将图像上需要创建的选区进行部分涂抹。此时，在"通道"面板中将会自动创建快速蒙版的通道。

在快速蒙版编辑模式下自动创建的通道为临时通道，当退出快速蒙版编辑模式后，蒙版以外的区域将会自动创建为选区，临时通道也将自动消失。

17.3.3　复制通道

方法 1：在"通道"调板中选择需要复制的通道，然后在"通道"面板快捷菜单中选择"复制通道"命令，如图 17-3 所示。弹出"复制通道"对话框，如图17-4 所示，在其中可设置通道名称，指定将通道复制到的文件等，单击"确定"按钮即可。

图 17-3　通道面板菜单

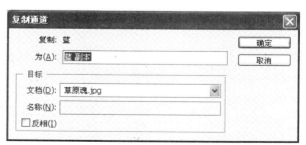

图 17-4　"复制通道"对话框

方法 2：将"通道"调板中需要复制的通道直接拖至"创建新通道"按钮上也可复制该通道。

17.3.4　重新排列和重命名通道

在"通道"面板中每个通道都有自己的位置和相应的名称，为了方便管理通道，可以更改通道的位置和名称。要注意的是"复合通道"和"颜色通道"不可以更改顺序和名称。

用鼠标拖动需要改变位置的通道到目的位置，松开鼠标即可；双击要改变名称的通道，输入需要的名称，然后按下 Enter 键即可。

17.3.5　将通道中的选区载入

在通道中可以编辑和存储选区，当通道编辑完成之后，可以将通道中的选区载入。将通道中的选区载入可以使用以下的方法：

方法1：选择要载入选区的通道，然后单击"通道"面板底部的"将通道作为选区载入"按钮 ，即可将通道中的选区载入。

方法2：按下 Ctrl 键，然后单击要载入选区的通道的缩览图即可。

方法3：拖动要载入选区的通道到"将通道作为选区载入"按钮 上，即可将通道中的选区载入。

17.3.6　删除通道

方法1：若要删除通道，首先在"通道"调板中选择要删除的通道，然后在"通道"调板快捷菜单中选择"删除通道"命令即可。

方法2：可通过直接将需要删除的通道拖至"删除当前通道"按钮上来删除通道。

注意：主通道不能被删除。

17.3.7　通道的分离和合并

首先将图像中的所有图层进行合并，然后在"通道"调板快捷菜单中选择"分离通道"命令，这时将会看到分离后的各个文件都将以单独的窗口显示在屏幕上，且均为灰度图。

若要将分离的通道再进行合并，其方法是：首先在"通道"调板快捷菜单中选择"合并通道"命令，弹出如图 17-5 所示对话框，然后在其中设置所需的合并后图像的色彩模式及合并通道的数目，单击"确定"按钮。

图 17-5　"合并通道"对话框

17.4　使用通道精确抠图

抠图是指将一个图像的部分内容准确地选取出来，使之与背景分离。在图像处理中，抠图是非常重要的工作，抠选的图像是否准确、彻底，是影响图像合成效果真实性的关键。

通道是非常强大的抠图工具，我们可以通过它将选区存储为灰度图像，再使用各种绘图工具、选择工具和滤镜来编辑通道，制作出精确的选区。由于可以使用许多重要的功能编辑通道，在通道中制作选区时，要求操作者要具备全面的技术和融会贯通的能力。

17.5　使用"应用图像"命令

使用"应用图像"命令，可以将图像中的通道与图层内容进行混合，产生一种特殊的混合效果。混合图像的操作只能在打开的相同大小、相同分辨率的图像文件之间进行。

17.5.1　"应用图像"命令对话框

打开一幅图像，执行"图像"→"应用图像"命令，打开"应用图像"对话框，如图 17-6 所示。

（1）源：在该下拉列表中可以选择与当前图像进行混合的图像文件。

（2）图层：在该下拉列表框中可以选择所制定的源文件图像中用于混合操作的图层。

（3）通道：在该下拉列表框中可以选择所制定的源文件图像中用于混合操作的通道。

（4）反相：选中该复选框，可以将所选的用于混合操作的通道反相后再进行混合。

（5）混合：在该下拉列表框中可以选择用于混合操作的混合模式。

（6）不透明度：在其右侧的文本框中设置参数可以调整混合操作的不透明度。

（7）保留透明区域：当目标图像中存在透明像素时，选中该复选框，目标图像中的透明区域将不与源图像进行混合。

（8）蒙版：选中该复选框，可以打开有关蒙版的参数，如图 17-7 所示。"蒙版"的主要功能是保护所选的区域，选择不同的保护区域，可以制作不同效果的图像。

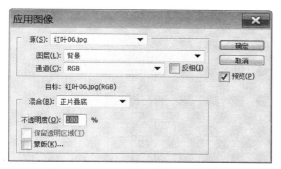 

图 17-6　"应用图像"命令对话框　　　图 17-7　展开蒙版选项的"应用图像"命令对话框

提示：对于图像的混合效果，通过图层和蒙版也可以制作完成，但是混合效果没有使用"应用图像"命令制作的效果逼真，操作起来也相对复杂。但是对于局部控制的混合效果，还是使用图层和蒙版比较方便。

17.5.2　设置被混合的对象

"应用图像"命令的特别之处是必须在执行命令前选择被混合的目标文件。它可以是图层，也可以是通道，但无论是哪一种，都必须在执行该命令前将其选择。

17.5.3　设置混合模式和强度

1. 选择混合模式

"应用图像"对话框的"混合"下拉列表中包含了可供选择的混合模式，只有设置混合模式才能混合通道或图层。该命令包含"图层"面板中没有的两个附加混合模式："相加"和"减去"。"相加"模式可以增加两个通道中的像素值，这是在两个通道中组合非重叠图像的好方法；"减去"模式可以从目标通道中相应的像素上减去源通道中的像素值。

2. 控制混合强度

如果要控制通道或图层的混合强度，可以调整"不透明度"值，该值越高，混合的强度越大。

17.5.4　控制混合范围

"应用图像"命令有两种控制混合范围的方法：第一种方法是选中"保留透明区域"选项，将混合效果限定在图层的不透明区域的范围内；第二种方法是选中"蒙版"选项，显示出隐藏的选项，如图 17-7 所示，然后选择包含蒙版的图像和图层。对于"通道"，可以选择任何颜色通道或 Alpha 通道以用作蒙版，也可使用基于现用选区或选中图层（透明区域）边界的蒙版。选择"反相"，则反转通道的蒙版区域和未蒙版区域。

17.6 使用"计算"命令

"计算"命令用于混合两个来自一个或多个源图像的单个通道，可以将结果应用到新图像或新通道或现有图像的选区。但"计算"命令不能应用到复合通道上。"计算"命令只能在相同大小、相同分辨率的图像文件间进行操作。使用该命令可以创建新的通道和选区，也可生成新的黑白图像。

打开一幅图像，执行"图像"→"计算"命令，打开"计算"对话框，如图17-8所示。

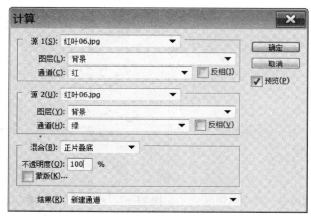

图17-8　"计算"命令对话框

（1）源1：用来选择第一个源图像、图层和通道。

（2）源2：用来选择与"源1"混合的第二个源图像、图层和通道。该文件必须是打开的，并且是与"源1"的图像具有相同尺寸和分辨率的图像。

（3）结果：可以选择一种计算结果的生成方式。选择"通道"，可以将计算结果应用到新的通道中，参与混合的两个通道不会受到任何影响；选择"文档"，可得到一个新的黑白图像；选择"选区"，可得到一个新的选区。

提示1："计算"命令对话框中的"图层"、"通道"、"混合"、"不透明度"和"蒙版"等选项与"应用图像"命令相同。

提示2：由于"计算"命令只对图像中的一个或多个源图像中的通道进行混合，因此执行"计算"命令，预览图像呈灰度显示。

第 18 章　使用滤镜处理图像

18.1　滤镜概述

18.1.1　什么是滤镜

滤镜源于摄影领域的滤光镜，但又不同于滤光镜。在 Photoshop 中，滤镜通过不同的方式改变像素数据，以达到对图像进行抽象、艺术化的特殊处理效果。位图是由像素构成的，每一个像素都有固定的位置和颜色值，滤镜就是通过分析图像中的每一个像素，用数学算法将其转换，生成特定的形状、颜色、亮度等效果，从而使用户能够快捷地制作出各种丰富有趣的视觉效果，以创作出千变万化的作品。

18.1.2　滤镜的分类

Photoshop 的"滤镜"菜单中提供了一百多种滤镜。

按照功能的不同可以将滤镜分为内置滤镜、特殊滤镜和外挂滤镜。内置滤镜是 Photoshop 自带的滤镜，被广泛应用于纹理制作、添加图像的效果、特殊文字效果制作及各种图像处理等方面。特殊滤镜包括"液化"和"消失点"滤镜，由于此类滤镜的使用方法有别于内置滤镜，且每个滤镜都有自己的专一用途，因此被称为特殊滤镜。外挂滤镜与前两类滤镜的不同之处在于，此类滤镜需要用户单独购买。由于这类滤镜可以得到使用其他滤镜无法得到的特殊效果，因此受到人们的喜爱，并被广泛使用。

按照使用方法可以将滤镜分为修改类滤镜、复合类滤镜和创造类滤镜。修改类滤镜可以修改图像的像素，如"扭曲"、"纹理"、"素描"等滤镜。复合类滤镜有自己的工具和独特的操作方法，如"液化"和"消失点"滤镜。创造类滤镜不需要借助任何像素就可以产生效果的滤镜。只有"云彩"滤镜是创造类滤镜。

18.1.3　滤镜的使用规则

使用滤镜处理图层中的图像时，该图层必须是可见的。如果创建了选区，滤镜只应用于选区内的图像；没有创建选区，则应用于当前图层。

滤镜可以应用于图层蒙版、快速蒙版和通道中。

滤镜的处理效果是以像素为单位进行计算的，因此，相同的参数处理不同分辨率的图像，其效果也不会相同。只有"云彩"滤镜可以应用于没有像素的区域，其他滤镜都必须应用于包含像素的区域，否则不能应用。

RGB 模式的图像可以使用全部滤镜，部分滤镜不能用于 CMYK 模式的图像，索引模式和位图模式的图像不能使用滤镜。如果需要对位图、索引或 CMYK 模式的图像使用一些特殊滤镜，可先将其转换为 RGB 模式，再进行处理。

对于文字要先将其转换为图形后才可以使用滤镜。

提示：只对局部图像进行滤镜效果处理时，可以对选取范围设置羽化值，使处理的区域能自然而且渐进地与原图像结合，减少突兀的感觉。

18.2　滤镜库

从 Photoshop CS 版本开始，为了用户方便使用，系统集中放置了一些比较常用的滤镜，并将它们分别放置在不同的滤镜组中。滤镜库的特点是可以在一个对话框中应用多个相同或者不同的滤镜。

打开一幅图像，执行"滤镜"→"滤镜库"命令，或者选择"风格化"、"画笔描边"、"扭曲"、"素描"、"纹理"、"艺术效果"滤镜组命令时，都可以弹出滤镜库对话框，如图 18-1 所示。对话框左侧为预览区，中间为 6 组可供选择滤镜，右侧为参数设置区。

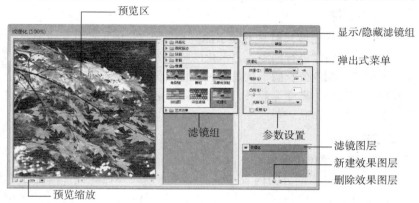

图 18-1　"滤镜库"对话框

（1）预览区：用来预览滤镜的效果。

（2）滤镜组、参数设置："滤镜库"中包含 6 组滤镜，单击滤镜组前的按钮，可以展开该滤镜组，单击滤镜组中的一个滤镜即可使用该滤镜，然后在右侧的参数设置区进行相应的设置。

（3）显示/隐藏滤镜组：单击该按钮，可以隐藏滤镜组，这样图像预览区就会变大；再次单击该按钮，则显示滤镜组。

（4）弹出式菜单：单击该按钮，可弹出包含 6 个滤镜组所有滤镜的下拉菜单，这些滤镜是按照滤镜名称拼音的先后顺序排列的。

（5）新建效果图层：单击"新建效果图层"按钮，可创建一个滤镜效果图层；创建后的图层即可使用滤镜效果，选择了某一使用滤镜的效果图层，单击其他滤镜可更改当前效果图层的滤镜。图层顺序的不同，滤镜在图像上的效果也会发生变化。

（6）删除效果图层：单击"删除效果图层"按钮，可将滤镜图层删除，同时该图层上应用的滤镜效果也会被删除。

（7）预览缩放：可放大或缩小预览图像的显示比例。

18.3　"液化"滤镜

"液化"滤镜是修饰图像和创建艺术效果的强大工具，该滤镜能够非常灵活地创建推拉、扭曲、旋转、收缩等变形效果，可以用来修改图像的任意区域，使图像变换成所需的艺术效果。

打开一幅图像，执行"滤镜"→"液化"命令，可以弹出"液化"对话框，如图 18-2

所示。对话框中包含了该滤镜的工具，参数控制选项和图像预览与操作窗口。

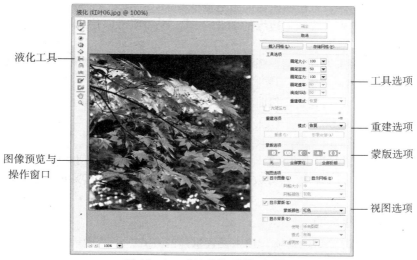

图 18 - 2　"液化"滤镜对话框

18.3.1　使用"变形"工具

"液化"对话框中包含各种变形工具，选择这些工具后，在对话框中的图像上单击并拖曳鼠标即可进行变形操作，变形效果集中在画笔区域中心，并且会随着鼠标在某个区域中的重复拖曳而得到增强。

（1）向前变形工具：选中该工具后，可通过拖动鼠标指针改变像素。

（2）重建工具：可以将图像恢复原样。

（3）顺时针旋转扭曲工具：选中该工具后，在图像区域单击或拖动可使画笔下的图像按顺时针旋转。按住 Alt 键操作可以逆时针旋转扭曲像素。

（4）皱褶工具：可以使像素向画笔区域的中心移动，使图像产生向内收缩效果。

（5）膨胀工具：可以使像素向画笔区域中心以外的方向移动，使图像产生向外膨胀效果。

（6）左推工具：垂直向上拖曳鼠标时，像素向左移动；向下移动，像素向右移动。如果围绕对象顺时针拖动，可增加其大小；逆时针拖曳时则减小其大小。

（7）镜像工具：该工具用于镜像复制图像。选中该工具后，直接单击并拖动鼠标指针可以镜像复制与描边方向垂直的区域，按住 Alt 键并拖动可以镜像复制与描边方向相反的区域。通常情况下，在冻结了要反射的区域后，按住 Alt 键单击并拖动可产生更好的效果。使用"重叠描边"命令可创建类似于水中倒影的效果。

（8）湍流工具：该工具用于平滑地混杂像素，它主要用于创建火焰、云彩、波浪和相似效果。

（9）冻结蒙版工具：如果要对一些区域进行处理，而又不希望影响其他区域，可以使用该工具在图像上绘制出冻结区域，即要保护的区域。

（10）解冻蒙版工具：涂抹冻结区域可以解除冻结。

（11）抓手工具：用于移动画面。

（12）缩放工具：用于缩放窗口。

18.3.2　设置工具选项

"液化"对话框中的工具选项可以用来设置当前选择工具的属性，通过设置工具的选项可以更好地处理图像的单击区域。

（1）画笔大小：用来设置扭曲图像的画笔宽度。

（2）画笔密度：用来设置画笔边缘的羽化范围，该选项可以使画笔中心的效果最强，边缘处的效果最轻。

（3）画笔压力：用来设置画笔在图像上产生的扭曲速度。较低的压力可以减慢更改速度，易于对变形效果进行控制。

（4）画笔速率：用来设置旋转扭曲等工具，在预览图像中保持静止时扭曲所应用的速度。数值越高，扭曲的速度越快。

（5）湍流抖动：用来设置湍流工具混杂像素的紧密程度。

（6）重建模式：该选项用于重建工具，选取的模式决定了该工具如何重建预览图像的区域。

（7）光笔压力：当计算机配置有数位板和压感笔时，选中该选项可通过压感笔的压力控制工具。

18.3.3　设置重建选项

"液化"对话框中的"重建选项"用来设置重建的方式，以及撤销所做的调整，通过设置"重建选项"可以方便用户处理图像。

（1）模式：在该下拉列表框中可以选择重建的模式。选择"刚性"选项，表示在冻结区域和未冻结区域之间边缘处的像素网格中保持直角，有时会在边缘处产生近似不连续的现象。该选项可恢复未冻结的区域，使之与原始外观相近似。选择"生硬"选项，表示在冻结区域和未冻结区域之间的边缘处未冻结区域采用冻结区域内的扭曲，扭曲将随着与冻结区域距离的增加而逐渐减弱，其作用类似于弱磁场。选择"平滑"选项，表示在冻结区域内和未冻结区域间创建平滑连续地扭曲。选择"松散"选项，产生的效果类似于"平滑"，但冻结和未冻结区域的扭曲之间的连续性更大。选择"恢复"选项，表示均匀地消除扭曲，不进行任何种类的平滑处理。

（2）重建：单击该按钮可应用重建提供效果一次，连续单击可多次应用重建效果。

（3）恢复全部：单击该按钮可取消所有扭曲效果，即使当前图像中有被冻结的区域也不例外。

18.3.4　设置蒙版选项

如果图像中包含选区或蒙版，可通过"液化"对话框中的"蒙版选项"设置蒙版的保留方式。

（1）替换选区 ◖◗▾：显示原图像中的选区、蒙版或透明度。

（2）添加到选区 ◖◗▾：显示原图像中的蒙版，此时可以使用冻结工具添加到选区。

（3）从选区减去 ◖◗▾：从当前的冻结区域中减去通道中的像素。

（4）与选区交叉 ◖◗▾：只使用当前处于冻结状态的选定像素。

（5）反相选区 ◖◗▾：使当前的冻结区域反相。

（6）无：单击该按钮可解冻所有区域。

（7）全部蒙住：单击该按钮可以使图像全部冻结。

（8）全部反相：单击该按钮可以使冻结和解冻区域反相。

18.3.5　设置视图选项

"液化"对话框中的"视图选项"用来设置图像，网格和背景的显示与隐藏。此外，还可以对网格大小和颜色、蒙版颜色、背景模式和透明度进行设置。

（1）显示图像：在预览区中显示图像。

（2）显示网格：选中该选项可在预览区中显示网格，通过网格可以更好地查找和跟踪扭曲。此时"网格大小"和"网格颜色"选项可以使用，通过"显示网格"选项可以设置网格的大小和颜色。

（3）显示蒙版：使用蒙版颜色覆盖冻结区域，在"蒙版颜色"选项中可以设置蒙版颜色。

（4）显示背景：如果当前图像中包含多个图层，可通过该选项使其他图层作为背景来显示，以便更好地观察扭曲的图像与其他图层的合成效果。在"使用"下拉列表框中可以选择作为背景的图层。在"模式"下拉列表框中可以选择将背景放在当前图层的前面或后面，以便跟踪对图像所做出的修改。"不透明度"选项用来设置背景图层的不透明度。

18.4　"消失点"滤镜

使用"消失点"滤镜可以在保持图像透视角度不变的情况下，对图像进行复制、修复及变换等操作。通过使用消失点，可以在图像中指定透视平面，然后应用如绘画、仿制、拷贝或粘贴以及变换等编辑操作，所有的操作都采用该透视平面来处理。使用消失点修饰、添加或去除图像中的内容时，Photoshop 可以正确确定这些编辑操作的方向，并将复制的图像缩放到透视平面，使结果更加逼真。

打开一幅图像，执行"滤镜"→"消失点"命令，可以弹出"消失点"对话框，如图18－3所示。对话框中包含用于定义透视平面的工具，用于编辑图像的工具以及一个可预览图像工作区。

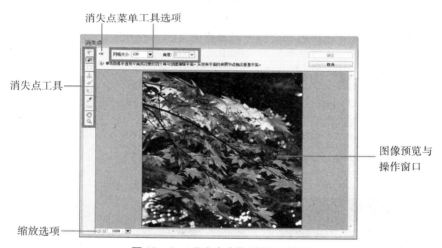

图 18－3　"消失点"滤镜对话框

（1）编辑平面工具 ：用来选择、编辑、移动平面的节点以及调整平面的大小。

（2）创建平面工具 ：用来定义透视平面的 4 个角节点。创建了 4 个角节点后，可以移动、缩放平面或重新确定其形状。按住 Ctrl 键并拖曳平面的边节点可以拉出一个垂直平面。在定义透视平面的节点时，如果节点的位置不正确，点击 Backspace 键可以将该节点删除。在定义透视平面时，定界框和网格会改变颜色，以指明平面的当前情况。蓝色的定界框为有效平面，但有效的平面并不能保证具有适当透视的结果，还应该确保定界框和网格与图像中的几何元素或平面区域精确对齐。红色的定界框为无效平面，"消失点"无法计算平面的长宽比，因此，不能从红色的无效平面中拉出垂直平面，尽管可以在红色的无效平面中进行编辑，但却无法正确对齐结果的方向。黄色的定界框同样为无效平面，Photoshop 无法解析平面的所有消失点，尽管可以在黄色的无效平面中拉出升起平面或进行编辑，但无法正确对齐结果的方向。

（3）选框工具 ⬚：在平面上单击并拖曳鼠标可以选择平面上的图像。选择图像后，将光标放在选区内按住 Alt 键并拖曳选区可以复制图像。按住 Ctrl 键并拖曳选区，可以用原图像填充该区域。

（4）图章工具 🖀：在使用该工具时，在图像中按住 Alt 键并单击可以为仿制设置取样点。在其他区域拖曳鼠标可以复制图像。按住 Shift 键并单击可以将描边扩展到上一次单击处。选择图章工具后，可以在对话框顶部的选项中选择一种"修复"模式。如果要绘画而不与周围相互的颜色、光照和阴影混合，可选择"关"选项。如果要绘画并将描边与周围像素的光照混合，同时保留样本像素的颜色，可选择"亮度"选项。如果要绘画并保留样本图像的纹理，同时与周围像素的颜色、光照和阴影混合，可选择"开"选项。

（5）画笔工具 ✐：可在图像上绘制选定的颜色。

（6）变换工具 ⬚：使用该工具时，可以通过移动定界框的控制点来缩放、旋转和移动浮动选区，就类似于在矩形上使用"自由变换"命令。

（7）吸管工具 ✐：可拾取图像中的颜色作为画笔工具的绘画颜色。

（8）测量工具 ▭：可在平面中测量项目的距离和角度。

（9）缩放工具 🔍 和抓手工具 ✋：用于缩放窗口的显示比例，以及移动画面。

18.5 风格化滤镜组

风格化滤镜组中包含 9 种滤镜，它们可以置换像素、查找并增加图像的对比度，产生绘图和印象派风格的效果。

18.5.1 "查找边缘"滤镜

"查找边缘"滤镜能自动搜索图像像素对比变化剧烈的边缘，将高反差区变亮，低反差区变暗，其他区域则介于两者之间，硬边变为线条，而柔边变粗，形成一个清晰的轮廓。该滤镜无对话框，没有参数设置。

打开一幅图像，如图 18 - 4 所示。执行"滤镜"→"风格化"→"查找边缘"命令后的效果如图 18 - 5 所示。

图 18 - 4　打开一幅图像

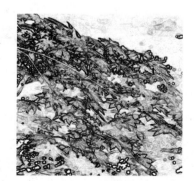

图 18 - 5　应用"查找边缘"滤镜后的图像

18.5.2 "等高线"滤镜

使用"等高线"滤镜可以查找图像中主要亮度区域的转换，并且在每个颜色通道中勾勒主要亮度区域的转换，从而使图像获得与等高线图中的线条类似的效果。

打开一幅图像，执行"滤镜"→"风格化"→"等高线"命令，可以打开"等高线"对话框，如图 18 - 6 所示。

（1）色阶：用来设置描绘边缘的基准亮度等级。

（2）边缘：用来设置处理图像边缘的位置，以及边界产生的方法。选择"较低"选项时，可在基准亮度等级以下的轮廓下生成等高线；选择"较高"选项时，则在基准亮度等级以上的轮廓上生成等高线。

18.5.3 "风"滤镜

"风"滤镜是通过在图像中增加一些细小的水平线来模拟风吹的效果。该滤镜只在水平方向起作用，要产生其他方向的效果，需要先将图像旋转，然后再使用此滤镜。

打开一幅图像，执行"滤镜"→"风格化"→"风"命令，可以打开"风"对话框，如图 18 - 7 所示。

图 18 - 6　"等高线"滤镜对话框

图 18 - 7　"风"滤镜对话框

18.5.4 "浮雕效果"滤镜

"浮雕效果"滤镜可通过勾画图像选区的轮廓和降低周围色值来生成凸起或凹陷的浮雕效果。打开一幅图像，执行"滤镜"→"风格化"→"浮雕效果"命令，可以打开"浮雕效果"对话框，如图 18 - 8 所示。

（1）角度：用来设置照射浮雕的光线角度。

（2）高度：用来设置浮雕效果凸起的高度，该值越大效果越明显。

（3）数量：用来设置浮雕率的作用范围，该值越高边界越清晰，小于40%时，整个图像将变灰。

18.5.5 "扩散"滤镜

"扩散"滤镜将图像中相邻像素按规定的方式有机移动，使图像扩散，形成一种看似透过磨砂玻璃观察图像的分离模糊效果。打开一幅图像，执行"滤镜"→"风格化"→"扩散"命令，可以打开"扩散"对话框，如图 18 - 9 所示。

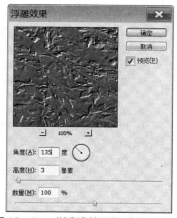

图 18-8　"浮雕效果"滤镜对话框

图 18-9　"扩散"滤镜对话框

（1）正常：选择该选项后，图像所有的区域都进行扩散处理，图像亮度不变。

（2）变暗优先：选择该选项后，只有暗部像素产生扩散。

（3）变亮优先：选择该选项后，只有亮部像素产生扩散。

（4）各向异性：选择该选项后，同时对灰度和明度区域进行扩散处理。

18.5.6　"拼贴"滤镜

　　"拼贴"滤镜可根据对话框中指定值将图像分为块状，使其偏离原来的位置，产生不规则的瓷砖拼凑成的效果。打开一幅图像，执行"滤镜"→"风格化"→"拼贴"命令，可以打开"拼贴"对话框，如图 18-10 所示。单击"确定"按钮，为图像应用"拼贴"滤镜，效果如图 18-11 所示。

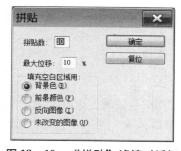

图 18-10　"拼贴"滤镜对话框

图 18-11　应用"拼贴"滤镜后的图像

　　（1）拼贴数：设置图像拼贴块的数量。

　　（2）最大位移：设置拼贴块的间隙。

　　（3）填充空白区域：设置块与块之间以何种图案填充，包括"背景色"、"前景色"、"方向图像"和"未改变的图像"。

18.5.7　"曝光过度"滤镜

　　"曝光过度"滤镜可以产生图像正片和负片混合的效果，模拟出摄影中增加光线强度而产生的过度曝光效果。该滤镜无对话框。打开一幅图像，执行"滤镜"→"风格化"→"曝光过度"命令，图像应用"曝光过度"滤镜后的效果如图 18-12 所示。

图 18-12　应用"曝光过度"滤镜后的图像

18.5.8 "凸出"滤镜

"凸出"滤镜可以将图像分成一系列大小相同且有机重叠放置的立方体或锥体，产生特殊的三维效果。打开一幅图像，执行"滤镜"→"风格化"→"凸出"命令，可以打开"凸出"对话框，如图 18 – 13 所示。单击"确定"按钮，为图像应用"凸出"滤镜，效果如图 18 – 14 所示。

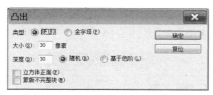

图 18 – 13 "凸出"滤镜对话框　　图 18 – 14 应用"凸出"滤镜后的图像

（1）类型：用来设置图像凸起的方式。选择"块"选项，可以创建一个具有方形的正面和 4 个侧面的对象；选择"金字塔"选项，则创建一个具有相交于一点的 4 个三角形侧面的对象。

（2）大小：用来设置立方体或金字塔底面的大小。该值越高，生成的立方体和锥体越大。

（3）深度：用来设置凸出对象的高度，"随机"表示为每个块或金字塔设置一个任意的深度；"基于色阶"则表示使每个对象的深度与其亮度对应，越亮凸出越多。

（4）立方体正面：选中该选项后，将失去图像整体轮廓，在生成的立方体上只显示单一的颜色。

（5）蒙版不完整块：隐藏所有延伸出选区的对象。

18.5.9 "照亮边缘"滤镜

"照亮边缘"滤镜可以搜索图像中的颜色变化较大的区域，标识颜色的边缘，并向其添加类似霓虹灯的光亮。打开一幅图像，执行"滤镜"→"风格化"→"照亮边缘"命令，可以打开"照亮边缘"对话框，该滤镜的参数设置如图 18 – 15 所示。

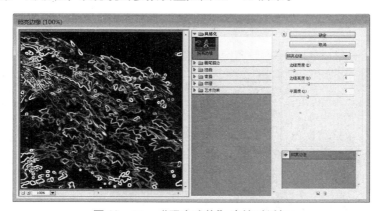

图 18 – 15 "照亮边缘"滤镜对话框

（1）边缘宽度：用来设置边缘发光的宽度。
（2）边缘亮度：用来设置边缘发光的亮度。
（3）平滑度：用来设置发光边缘的平滑程度。

18.6 画笔描边滤镜组

画笔描边滤镜组中包含了 8 种滤镜，它们都是通过不同的油墨和画笔勾画图像产生绘画效果的，这些滤镜不能应用于 Lab 和 CMYK 模式的图像。

18.6.1 "成角的线条"滤镜

"成角的线条"滤镜可以使用对角描边重新绘制图像，用一个方向的线条绘制出亮部区域，再用相反方向的线条绘制出暗部区域。打开一幅图像，执行"滤镜"→"画笔描边"→"成角的线条"命令，可以打开"成角的线条"对话框，如图 18 – 16 所示。

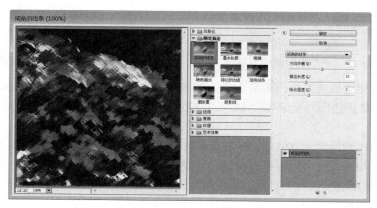

图 18 – 16 "成角的线条"滤镜对话框

（1）方向平衡：用来设置对角线条的倾斜角度。
（2）描边长度：用来设置对角线条的长度。
（3）锐化程度：用来设置对角线条的清晰度。

18.6.2 "墨水轮廓"滤镜

"墨水轮廓"滤镜能以钢笔画的风格，用纤细的线条在原细节上重新绘制。打开一幅图像，执行"滤镜"→"画笔描边"→"墨水轮廓"命令，可以打开"墨水轮廓"对话框，如图 18 – 17 所示。

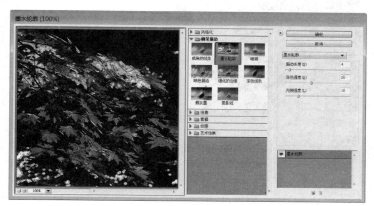

图 18 – 17 "墨水轮廓"滤镜对话框

（1）描边长度：用来设置图像中生成的线条的长度。

（2）深色强度：用来设置线条阴影的强度，数值越高图像就越暗。

（3）光照强度：用来设置线条高光的强度，数值越高图像就越亮。

18.6.3　"喷溅"滤镜

"喷溅"滤镜能够模拟喷枪，使图像产生笔墨喷溅的艺术效果。打开一幅图像，执行"滤镜"→"画笔描边"→"喷溅"命令，可以打开"喷溅"对话框，如图 18-18 所示。

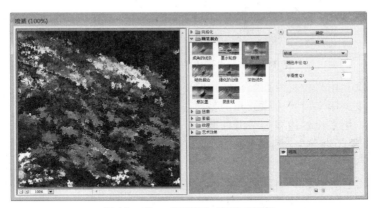

图 18-18　"喷溅"滤镜对话框

（1）喷色半径：用来处理不同颜色区域，数值越高颜色越分散。

（2）平滑度：用来确定喷射效果的平滑程度。

18.6.4　"喷色描边"滤镜

"喷色描边"滤镜可使图像的主导色用成角的、喷溅的颜色线条重新绘制图像，产生斜纹飞溅的效果。打开一幅图像，执行"滤镜"→"画笔描边"→"喷色描边"命令，可以打开"喷色描边"对话框，如图 18-19 所示。

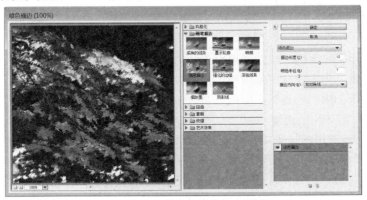

图 18-19　"喷色描边"对话框

（1）描边长度：用来设置笔触的长度。

（2）喷色半径：用来控制喷洒范围的大小。

（3）描边方向：用来控制线条的描边方向。

18.6.5　"强化的边缘"滤镜

"强化的边缘"滤镜可以强化图像中不同颜色的边界，从而达到突出图像边界的效果。打开一幅图像，执行"滤镜"→"画笔描边"→"强化的边缘"命令，可以打开"强化的边缘"对话框，如图 18-20 所示。

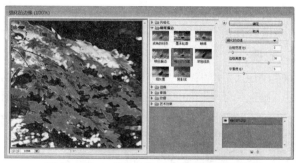

图 18-20   "强化的边缘"滤镜对话框

（1）边缘宽度：用来设置需要强化的边缘的宽度。
（2）边缘亮度：用来设置边缘放光的亮度。
（3）平滑度：用来设置边缘的平滑程度。

18.6.6   "深色线条"滤镜

"深色线条"滤镜用短、紧密的深色线条绘制暗部区域，用长、白色线条绘制亮部区域，从而生成强烈的黑色阴影和对白效果。打开一幅图像，执行"滤镜"→"画笔描边"→"深色线条"命令，可以打开"深色线条"对话框，如图 18-21 所示。

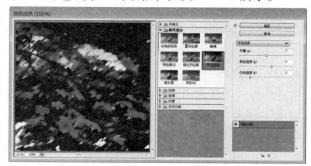

图 18-21   "深色线条"滤镜对话框

（1）平衡：用来控制图像绘制时黑白色调的比例。
（2）黑白强度：用来设置图像中黑色调的强度。
（3）白色强度：用来设置图像中白色调的强度。

18.6.7   "烟灰墨"滤镜

"烟灰墨"滤镜使用的是非常黑的油墨在图像中创建柔和的模糊边缘，使图像看起来像是用蘸满油墨的画笔在宣纸上绘画的效果。打开一幅图像，执行"滤镜"→"画笔描边"→"烟灰墨"命令，可以打开"烟灰墨"对话框，如图 18-22 所示。

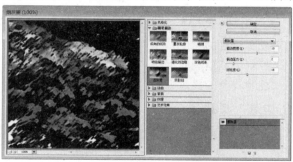

图 18-22   "烟灰墨"滤镜对话框

（1）描边宽度：用来设置笔触的宽度。

（2）描边压力：用来设置笔触的压力。

（3）对比度：用来设置画面的对比度。

18.6.8 "阴影线"滤镜

"阴影线"滤镜可以保留原始图像的细节和特征，它使用模拟的铅笔阴影线添加纹理，并使彩色区域的边缘变得粗糙。打开一幅图像，执行"滤镜"→"画笔描边"→"阴影线"命令，可以打开"阴影线"对话框，如图 18-23 所示。

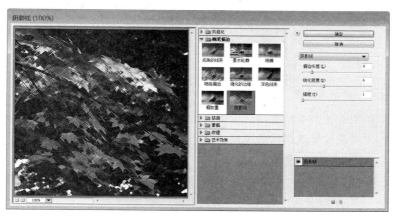

图 18-23 "阴影线"滤镜对话框

（1）描边长度：用来设置线条的长度。

（2）锐化程度：用来设置线条的清晰度。

（3）强度：用来设置生成的线条的数量和清晰度。

18.7 模糊滤镜组

模糊滤镜组中包含了 11 种滤镜，它们可以削弱图像中相邻像素的对比度并柔化图像，使图像产生模糊的效果。

18.7.1 "表面模糊"滤镜

"表面模糊"滤镜能够在保留边缘的同时模糊图像，该滤镜可以用来创建特殊效果并消除杂色或颗粒。打开一幅图像，执行"滤镜"→"模糊"→"表面模糊"命令，可以打开"表面模糊"对话框，如图 18-24 所示。

（1）半径：用来指定模糊取样区域的大小，数值越大，模糊的范围就越大。

（2）阈值：用来控制相邻像素色调值与中心像素值相差多大时才能成为模糊的一部分，色调值差小于该值的像素将被排除在模糊之外。

18.7.2 "动感模糊"滤镜

"动感模糊"滤镜可以产生动态模糊的效果，此滤镜的效果类似于以固定的曝光时间给一个打开一幅图像，执行"滤镜"→"模糊"→"动感模糊"命令，可以打开"动感模糊"对话框，如图 18-25 所示。

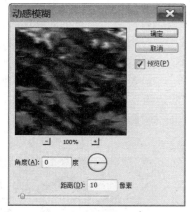

图 18-24　"表面模糊"滤镜对话框　　图 18-25　"动感模糊"滤镜对话框

（1）角度：用来设置模糊的方向。可输入角度值，也可以拖曳指针调整角度。

（2）距离：用来设置像素移动的距离。

18.7.3　"方框模糊"滤镜

"方框模糊"滤镜是基于相邻像素的平均颜色来模糊图像的。打开一幅图像，执行"滤镜"→"模糊"→"方框模糊"命令，可以打开"方框模糊"对话框，如图 18-26 所示。

● 半径：可调整用于计算给定像素的平均值的区域大小。

18.7.4　"高斯模糊"滤镜

"高斯模糊"滤镜可以添加低频细节，使图像产生一种朦胧效果。打开一幅图像，执行"滤镜"→"模糊"→"高斯模糊"命令，可以打开"高斯模糊"对话框，如图 18-27 所示。

图 18-26　"方框模糊"滤镜对话框　　图 18-27　"高斯模糊"滤镜对话框

● 半径：用来设置模糊的范围，以像素为单位，设置的数值越高，模糊的效果越强烈。

18.7.5　"模糊"与"进一步模糊"滤镜

"模糊"与"进一步模糊"滤镜都可以对图像边缘过于清晰、对比度过于强烈的区域进行光滑的处理，使图像产生模糊的效果，但它们所产生的模糊程度不同，"进一步模糊"滤镜所产生的模糊效果是"模糊"滤镜的 3~4 倍。

18.7.6　"径向模糊"滤镜

"径向模糊"滤镜可以模拟前后移动或旋转相机所产生的模糊效果。打开一幅图像，执行"滤镜"→"模糊"→"径向模糊"命令，可以打开"径向模糊"对话框，如图 18-28 所示。

应用了"径向模糊"滤镜后的图像如图 18 – 29 所示。

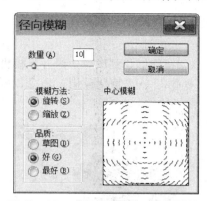

图 18 – 28　"径向模糊"滤镜对话框

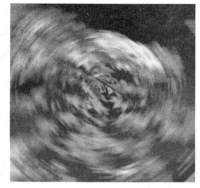

图 18 – 29　应用"径向模糊"滤镜后的图像

（1）数量：用来设置模糊的强度。数值越大，模糊效果越强烈。

（2）模糊方法：选择"旋转"选项时，图像会沿同心圆环线产生选择的模糊效果；选择"缩放"选项时，图像会产生放射状的模糊效果。

（3）品质：用来设置应用模糊效果后图像的显示品质。选择"草图"处理速度快，但会产生颗粒状效果；选择"好"和"最好"都可以产生较为平滑的效果。这两种效果在较大的图像上才能看出区别。

（4）中心模糊：在预览窗口中单击，即可指定模糊的中心点，中心的不同模糊的效果也不同。

18.7.7　"镜头模糊"滤镜

"镜头模糊"滤镜通过图像的 Alpha 通道或图层蒙版的深度值来映射图像中像素的位置，产生带有镜头景深的模糊效果。打开一幅图像，执行"滤镜"→"模糊"→"镜头模糊"命令，可以打开"镜头模糊"对话框，如图 18 – 30 所示。

（1）更快：可提高预览速度。

（2）更加准确：可产生看图像的最终效果，但需要较长的预览时间。

（3）深度映射：在"源"下拉列表框中可选择使用 Alpha 通道和图层蒙版来创建深度映射。如果图像包含 Alpha 通道并选择了该项，则 Alpha 通道中的黑色区域被视为照片的前面，白色区域被视为照片的远处位置。在执行"镜头模糊"滤镜前，将图像背景选区存储为 Alpha 通道，使用"镜头模糊"滤镜时，在"源"下拉列表框中选择该通道，便可基于通道的选区对图像进行模糊处理。"模糊焦距"选项用来设置位于角点内的像素的深度。如果选中"反相"选项，可以反转蒙版和通道，然后再将其应用。

（4）光圈：用来设置模糊的显示方式。在"形状"下拉列表框中可以设置光圈的形状；拖曳"半径"滑块可调整模糊的数量；拖曳"叶片弯度"滑块可对光圈边缘进行平滑处理；拖曳"旋转"滑块则可旋转光圈。

（5）镜面高光：用来设置镜面高光的范围。"亮度"选项用来设置高光的亮度；"阈值"选项用来设置亮度截止点，超过该截止点亮度的所有像素都被视为镜面高光。

（6）杂色：拖曳"数量"滑块可以在图像中添加或减少杂色。

（7）分布：用来设置杂色的分布方式。"平均"为平滑杂色分布；"高斯分布"为高斯杂色分布。

（8）单色：选择"单色"复选框，添加的杂色为灰色。

18.7.8 "平均"滤镜

"平均"滤镜可以查找图像的平均颜色，然后以该颜色填充图像，创建平滑的外观。

18.7.9 "特殊模糊"滤镜

"特殊模糊"滤镜可以产生一种清晰世界的模糊。该滤镜能够找到图像边缘并只模糊图像边界线以内的区域。打开一幅图像，执行"滤镜"→"模糊"→"特殊模糊"命令，可以打开"特殊模糊"对话框，如图18-31所示。

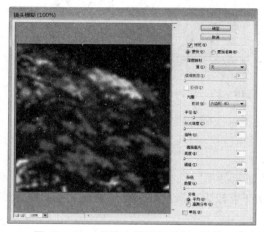

图 18-30 "镜头模糊"滤镜对话框

图 18-31 "特殊模糊"滤镜对话框

（1）半径：设置模糊的范围。数值越高，模糊效果越明显。

（2）阈值：确定像素具有多大差异后才会被模糊处理。

（3）品质：设置图像的品质，包括"低"、"中等"和"高"3种。

（4）模式：在该下拉列表框中可以选择产生模糊效果的模式。在"正常"模式下，不会添加特殊效果；在"仅限边缘"模式下，会以黑色显示图像，以白色描绘出图像边缘像素亮度值变化强烈的区域；在"叠加边缘"模式下，以白色描绘出图像边缘像素亮度值变化强烈的区域。

18.7.10 "形状模糊"滤镜

"形状模糊"滤镜可以使用指定的性质创建特殊的模糊效果。打开一幅图像，执行"滤镜"→"模糊"→"形状模糊"命令，可以打开"形状模糊"对话框，如图18-32所示。

（1）半径：用来指定模糊取样区域的大小，数值越大，模糊的范围就越大。

（2）形状列表：单击列表框中的一个形状即可使用该形状模糊图像。

18.8 扭曲滤镜组

扭曲滤镜组中包含了12种滤镜。它们可以创建各种样式的扭曲变形效果，可以改变图像的分布，如非正常拉伸、扭曲等，还能产生模拟水波和镜面反射等自然效果。

18.8.1 "波浪"滤镜

"波浪"滤镜可以在图像上创建波状起伏的图案，生成波浪效果。打开一幅图像，执行"滤镜"→"扭曲"→"波浪"命令，可以打开"波浪"对话框，如图18-33所示。

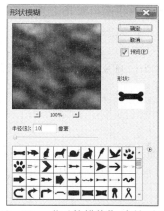

图 18 – 32 "形状模糊"滤镜对话框

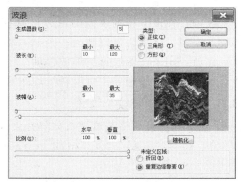

图 18 – 33 "波浪"滤镜对话框

（1）生成器数：用来设置产生波纹效果的震源总数。

（2）波长：用来设置相邻两个波峰的水平距离，其中最小波长不能超过最大的波幅。

（3）比例：用来控制水平和垂直方向的波动幅度。

（4）类型：用来设置波浪的形状。

（5）随机化：单击该按钮可随时改变波浪的效果。

（6）未定义区域：用来设置如何处理图像中出现的空白区域。选择"折回"选项，可在空白区域填入溢出的内容；选择"重复边缘像素"选项，可填入扭曲边缘像素的颜色。

18.8.2 "波纹"滤镜

"波纹"滤镜与"波浪"滤镜相同，可以在图像上创建水纹涟漪的效果，产生波纹的效果。打开一幅图像，执行"滤镜"→"扭曲"→"波纹"命令，可以打开"波纹"对话框，如图 18 – 34 所示。

（1）数量：用来控制波纹的幅度。

（2）大小：用来设置波纹的大小。

18.8.3 "玻璃"滤镜

"玻璃"滤镜可以制作细小的纹理，可产生一种透过玻璃观察图像的效果。打开一幅图像，执行"滤镜"→"扭曲"→"玻璃"命令，可以打开"玻璃"对话框，如图 18 – 35 所示。

图 18 – 34 "波纹"滤镜对话框

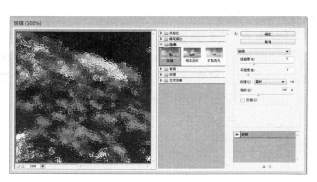

图 18 – 35 "玻璃"滤镜对话框

（1）扭曲度：用来设置扭曲效果强度。数值越高，图像的扭曲效果越强烈。

（2）平滑度：用来设置扭曲效果的平滑度。数值越低，扭曲的纹理越细小。

（3）纹理：在该下拉列表框中可以选择扭曲时产生的纹理。单击"纹理"右侧的按钮，选择"载入纹理"选项，可以载入一个 PSD 格式的文件作为纹理文件来扭曲当前的图像。

（4）缩放：用来设置纹理的缩放程度。

（5）反相：选中该选项，可反转纹理效果。

18.8.4 "海洋波纹"滤镜

"海洋波纹"滤镜可将波纹随机分隔并添加到图像表面，该图像看上去像是浸在水中。打开一幅图像，执行"滤镜"→"扭曲"→"海洋波纹"命令，可以打开"海洋波纹"对话框，如图 18-36 所示。

（1）波纹大小：控制图像中生成波纹的大小。

（2）波纹幅度：控制波纹的变形程度。

18.8.5 "极坐标"滤镜

"极坐标"滤镜可以将图像从平面坐标转换为极坐标，或者从极坐标转换为平面坐标。打开一幅图像，执行"滤镜"→"扭曲"→"极坐标"命令，可以打开"极坐标"对话框，如图 18-37 所示。

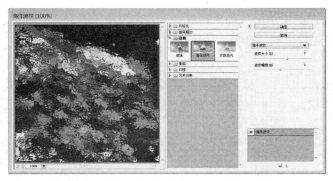 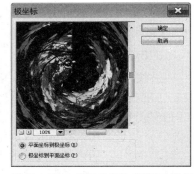

图 18-36 "海洋波纹"滤镜对话框　　　　图 18-37 "极坐标"滤镜对话框

18.8.6 "挤压"滤镜

"挤压"滤镜可以将整个图像或选区内的图像产生向内或向外挤压的效果。打开一幅图像，执行"滤镜"→"扭曲"→"挤压"命令，可以打开"挤压"对话框，如图 18-38 所示。

● 数量：变化范围为 -100% ~ +100%。当该值为正值时，图像由中心向内凹进；当该值为负值时，图像由中心往外凸出。

18.8.7 "扩散亮光"滤镜

"扩散亮光"滤镜能够在图像中添加白色杂色，并从图像中心向外渐隐亮光，亮光的颜色由背景色决定。打开一幅图像，执行"滤镜"→"扭曲"→"扩散亮光"命令，可以打开"扩散亮光"对话框，如图 18-39 所示。

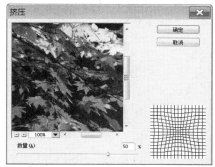

图 18 −38　"挤压"滤镜对话框

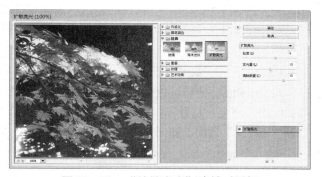

图 18 −39　"扩散亮光"滤镜对话框

（1）粒度：用来设置在图像中添加的颗粒的密度。

（2）发光量：用来设置图像中辉光的强度。

（3）清除数量：用来限制图像中受到滤镜影响的范围。该值越高，滤镜影响的范围就越小。

18.8.8　"切变"滤镜

"切变"滤镜可以在竖直方向按照自己设定的曲线来扭曲图像。打开一幅图像，执行"滤镜"→"扭曲"→"切变"命令，可以打开"切变"对话框，如图 18 −40 所示。

（1）折回：在空白区域中填入溢出图像之外的图像内容。

（2）重复边缘像素：在图像边界不完整的空白区域填入扭曲边缘的像素颜色。

18.8.9　"球面化"滤镜

"球面化"滤镜可以产生将图像包裹在球面上的效果。打开一幅图像，执行"滤镜"→"扭曲"→"球面化"命令，可以打开"球面化"对话框，如图 18 −41 所示。

图18 −40　"切变"滤镜对话框

图 18 −41　"球面化"滤镜对话框

（1）数量：用来设置挤压程度。该值为正值时，图像向外凸起；该值为负值时，图像向内收缩。

（2）模式：在该下拉列表框中可以选择挤压方式。

18.8.10　"水波"滤镜

"水波"滤镜可以根据选区中像素的半径将选区径向扭曲，产生水池境波纹和旋转效果。打开一幅图像，执行"滤镜"→"扭曲"→"水波"命令，可以打开"水波"对话框，如图 18 −42 所示。

（1）数量：用来设置波纹的大小，范围为 − 100 ~ + 100。负值产生下凹的波纹；正值产生上凸的波纹。

（2）起伏：用来设置波纹数量，范围为 1 ~ 20。数值越高，产生的波纹越多。

（3）样式：用来设置波纹行的方式，选择"围绕中心"选项，可围绕图像的中心产生波纹；选择"从中心向外"选项，波纹从中心向外扩散；选择"水池波纹"选项，可产生同心状波纹。

18.8.11 "旋转扭曲"滤镜

"旋转扭曲"滤镜可以使图像产生旋转的风轮效果，旋转会围绕图像中心进行，中心旋转的程度比边缘大。打开一幅图像，执行"滤镜"→"扭曲"→"旋转扭曲"命令，可以打开"旋转扭曲"对话框，如图18-43所示。

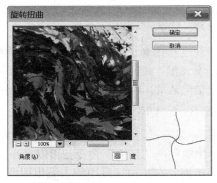

图 18-42 "水波"滤镜对话框 图 18-43 "旋转扭曲"滤镜对话框

● 角度：该值为正值时，沿顺时针方向扭曲；为负值时，逆时针方向扭曲。

18.8.12 "置换"滤镜

"置换"滤镜可以根据另一张图片的亮度值使现有图像的像素重新排列并产生位移。可以产生弯曲、碎裂的图像效果。用于置换的图像应为 PSD 格式的文件。打开一幅图像，执行"滤镜"→"扭曲"→"置换"命令，可以打开"置换"对话框，如图18-44所示。单击"确定"按钮，弹出"选择一个置换图"对话框，在该对话框内选择置换图，单击"打开"按钮，即可置换图像。

（1）水平比例：用来设置置换图在水平方向的变形比例。

（2）垂直比例：用来设置置换图在垂直方向的变形比例。

（3）置换图：用来设置灰度图的位移方式。选择"伸展以适合"选项，转换图的尺寸会自动调整为与当前图像相同大小；选择"拼贴"选项，则以拼贴的方式来填补空白区域。

（4）未定义区域：可以选择一种方式，在图像边界不完整的空白区域填入边缘的像素颜色。

18.9 锐化滤镜组

锐化滤镜组中包含了 5 种滤镜。"锐化"滤镜组通过增加相邻像素间的对比度来聚焦模糊的图像，使图像变得清晰。

18.9.1 "USM 锐化"滤镜

"USM 锐化"滤镜可以查找图像中颜色发生显著变化的区域，然后将其锐化。它提供了最完善的图像细节强调的控制方法。打开一幅图像，执行"滤镜"→"锐化"→"USM 锐化"命令，可以打开"USM 锐化"对话框，如图18-45所示。

图 18-44　"置换"滤镜对话框　　　图 18-45　"USM 镜化"滤镜对话框

（1）数量：用来设置锐化效果的强度。该值越大，锐化效果越明显。

（2）半径：用来设置锐化的范围。

（3）阈值：只有相邻像素间的差值达到该值所设定的范围时才会被锐化。因此，该值越高，被锐化的像素就越少。

18.9.2　"进一步锐化"滤镜

"进一步锐化"滤镜用来设置图像的聚焦选区并提高其清晰度。执行该命令，使图像"进一步锐化"。

18.9.3　"锐化"滤镜

"锐化"滤镜通过增加像素间的对比度使图像变得清晰，锐化效果不是很明显。

提示："进一步锐化"比"锐化"滤镜的效果更强烈一些，相当于用了 2 ~ 3 次的"锐化"滤镜。

18.9.4　"锐化边缘"滤镜

"锐化边缘"滤镜与"USM 锐化"滤镜一样，都可以查找图像中颜色发生显著变化的区域，然后将其锐化。"锐化边缘"滤镜只锐化图像的边缘，同时保留总体的平滑度。该命令无对话框。

18.9.5　"智能锐化"滤镜

"智能锐化"滤镜具有"USM 锐化"滤镜所没有的锐化控制功能，通过该功能可设置锐化算法，或控制在阴影和高光区域中进行的锐化量。打开一幅图像，执行"滤镜"→"锐化"→"智能锐化"命令，可以打开"智能锐化"对话框，如图18-46 所示。

图 18-46　"智能锐化"滤镜对话框

（1）设置"基本"选项：选中该选项，可以设置基本的锐化功能。

（2）设置"高级"选项：选中该选项，可以设置阴影和高光区域的锐化。

（3）设置：如果保存了锐化设置，可在该下拉列表框中选择使用某一设置。单击"存储当前设置的拷贝"按钮，可保存当前设置。单击"删除当前设置"按钮，可删除当前的设置。

（4）数量：用来设置锐化的数量。该值越大，边缘像素之间的对比度也就越强，图像看起来更加锐利。

（5）半径：用来确定受锐化影响的边缘像素的数量。该值越高，受影响的边缘就越宽，锐化的效果也就越明显。

（6）移去：在该下拉列表框中可以选择锐化算法。选择"高斯模糊"选项，可使用"USM 锐化"滤镜的方法进行锐化；选择"镜头模糊"选项，可检测图像中的边缘和细节，并对细节进行更精细的锐化，减少锐化的光晕；选择"动感模糊"选项，可通过设置"角度"来减少由于相机或主体移动而导致的模糊效果。

（7）更加准确：选中该选项，可使锐化的效果更精确，但需要更长的时间处理文件。

（8）渐隐量：用来设置阴影或高光中的锐化量。

（9）色调宽度：用来设置阴影或高光中色调的修改范围。

（10）半径：用来控制每个像素周围的区域的大小，从而确定像素是在阴影还是在高光中。

18.10　视频滤镜组

视频滤镜组中的滤镜用来解决视频图像交换时系统差异的问题，使用它可以处理在隔行扫描方式的设备中提取的图像。

18.10.1　"NTSC 颜色"滤镜

"NTSC 颜色"滤镜匹配图像色域适合 NTSC 视频标准色域，以便图像可以被电视接收，它的实际色彩范围比 RGB 小。如果一个 RGB 的图像能够用于视频或是多媒体时，使用该滤镜将由于饱和度过高而无法将正确显示的色彩转换为 NTSC 系统可以显示的色彩。

18.10.2　"逐行"滤镜

"逐行"滤镜可以消除图像中的差异交错线，使在视频上捕捉的运动图像变得平滑。打开一幅图像，执行"滤镜"→"视频"→"逐行"命令，可以打开"逐行"对话框，如图 18 - 47 所示。

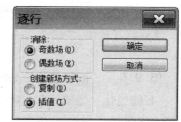

图 18 - 47　"逐行"滤镜对话框

（1）消除：用来设置需要消除的扫描线区域，分别为"奇数场"和"偶数场"。选择"奇数场"选项，可删除奇数扫描线；选择"偶数场"选项，可删除偶数场扫描线。

（2）创建新场方式：用来设置消除后以何种方式来填充空白符区域。选择"复制"选项，可复制被删除部分周围的像素来填充空白区域；选择"插值"选项，则可以利用被删除部分周围的像素，通过插值的方法进行填充。

18.11　素描滤镜组

素描滤镜组中包含了 14 中滤镜。它们可以将纹理添加到图像，大多用来模拟素描、速写等艺术效果或手绘外观，其中，大多数的滤镜都要配合前景色和背景色来完成，因此，设置不同的前景色和背景色，获得的效果也是不同的。

18.11.1　"半调图案"滤镜

"半调图案"滤镜可以在保持连续色调范围的同时，模拟半调网屏效果。打开一幅图像，执行"滤镜"→"素描"→"半调图案"命令，可以打开"半调图案"对话框，如图 18 – 48 所示。

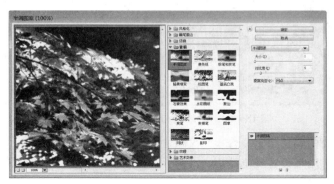

图 18 – 48　"半调图案"滤镜对话框

（1）大小：用来设置生成的网状图案的大小。

（2）对比度：用来设置图像的对比度，即清晰程度。

（3）图案类型：在该下拉列表框中可以选择图案的类型。

18.11.2　"便条纸"滤镜

"便条纸"滤镜可以简化图像，产生浮雕状的颗粒，使图像呈现凹凸压印的效果。打开一幅图像，执行"滤镜"→"素描"→"便条纸"命令，可以打开"便条纸"对话框，如图 18 – 49 所示。

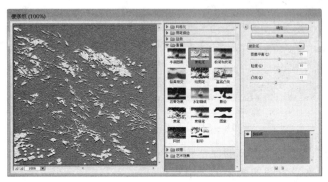

图 18 – 49　"便条纸"滤镜对话框

（1）图像平衡：用来设置高光区域和阴影区域相对面积的大小。

（2）粒度：用来设置图像中产生的颗粒数量。

（3）凸现：用来设置颗粒的凹凸程度。

18.11.3　"粉笔和炭笔"滤镜

"粉笔和炭笔"滤镜可以重绘高光和中间调，并使用粗糙粉笔绘制出中间调的灰色背景。阴影区域用黑色对角炭笔线条替换，炭笔用前景色绘制，粉笔用背景色绘制。打开一幅图像，执行"滤镜"→"素描"→"粉笔和炭笔"命令，可以打开"粉笔和炭笔"对话框，如图 18 – 50 所示。

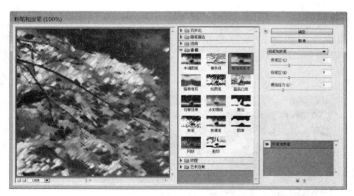

图 18 – 50　"粉笔和炭笔"滤镜对话框

（1）炭笔区、粉笔区：用来设置炭笔区域和粉笔区域的范围。

（2）描边压力：用来设置画笔的压力。

18.11.4　"铬黄"滤镜

"铬黄"滤镜可以渲染图像，创建如擦亮的铬黄表面般的金属效果，高光在反射表面上是高点，阴影是低点。应用该滤镜后，可以使用"色阶"命令增加图像的对比度，使金属效果更加强烈。打开一幅图像，执行"滤镜"→"素描"→"铬黄"命令，可以打开"铬黄"对话框，如图 18 – 51 所示。

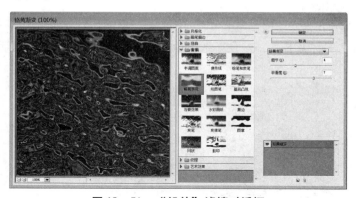

图 18 – 51　"铅笔"滤镜对话框

（1）细节：用来设置图像细节的保留程度。

（2）平滑度：用来设置图像效果的光滑程度。

18.11.5　"绘图笔"滤镜

"绘图笔"滤镜可以模仿铅笔的线条，使图像产生类似素描画的效果，使用细的、线状的油墨描边来捕捉原图像中的细节，前景色作为油墨，背景色作为纸张，以替换原图像中的颜色。打开一幅图像，执行"滤镜"→"素描"→"绘图笔"命令，可以打开"绘图笔"对话框，如图 18 – 52 所示。

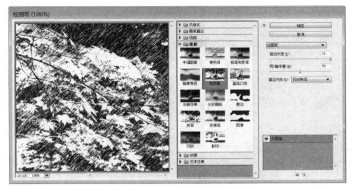

图 18－52　"绘图笔"滤镜对话框

（1）描边长度：用来设置图像中产生的线条长度。

（2）明/暗平衡：用来设置图像的亮调与暗调的平整。

（3）描边方向：在该下拉列表框中可以选择线条的方向，包括"右对齐"、"水平"、"左对齐"和"垂直"。

18.11.6　"基底凸现"滤镜

"基底凸现"滤镜可以使图像产生粗糙的浮雕效果，图像的暗区呈现前景色，而浅色区域使用背景色。打开一幅图像，执行"滤镜"→"素描"→"基底凸现"命令，可以打开"基底凸现"对话框，如图 18－53 所示。

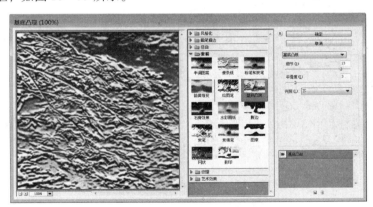

图 18－53　"基底凸现"滤镜对话框

（1）细节：用来设置图像细节的保留程度。

（2）平滑度：用来设置浮雕效果的平滑程度。

（3）光照：在该下拉列表框中可以选择光照方向，包括"下"、"左下"、"左"、"左上"、"上"、"右上"、"右"和"右下"。

18.11.7　"石膏效果"滤镜

"石膏效果"在 Photoshop 以前版本中的名称是"塑料效果"，在最新的 Photoshop CS5 版本中更名为"石膏效果"。

"石膏效果"滤镜可以按 3D 石膏效果塑造图像，然后使用前景色与背景色为最终图像着色，图像中的暗区凸起，亮区凹陷。打开一幅图像，执行"滤镜"→"素描"→"石膏效果"命令，可以打开"石膏效果"对话框，如图 18－54 所示。

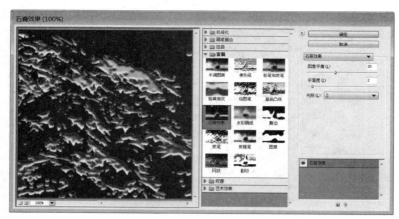

图 18 – 54 "石膏效果"滤镜对话框

18.11.8 "水彩画纸"滤镜

"水彩画纸"滤镜是素描滤镜组中唯一能够保留原图像色彩的滤镜，该滤镜可以使图像产生画面浸湿、颜色扩散的水彩画效果。打开一幅图像，执行"滤镜"→"素描"→"水彩画纸"命令，可以打开"水彩画纸"对话框，如图 18 – 55 所示。

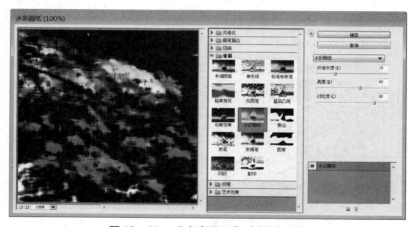

图 18 – 55 "水彩画纸"滤镜对话框

（1）纤维长度：用来设置图像中纤维的长度。

（2）亮度：用来设置图像的亮度。

（3）对比度：用来设置图像的对比度。

18.11.9 "撕边"滤镜

"撕边"滤镜可以重建图像，使图像看起来像是由粗糙、撕破的纸片组成的，然后使用前景色与背景色为图像着色。打开一幅图像，执行"滤镜"→"素描"→"撕边"命令，可以打开"撕边"对话框，如图 18 – 56 所示。

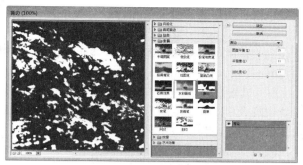

图 18－56　"撕边"滤镜对话框

（1）图像平衡：用来设置图像前景色和背景色的平衡比例。

（2）平滑度：用来设置图像边界的平滑程度。

（3）对比度：用来设置图像画面的对比程度。

18.11.10　"炭笔"滤镜

"炭笔"滤镜可以在图像中产生色调分离的涂抹效果，前景色显示为炭笔颜色，背景色显示为纸张颜色。原图像主要边缘以粗线条绘制，而中间色调用对角描边进行素描。打开一幅图像，执行"滤镜"→"素描"→"炭笔"命令，可以打开"炭笔"对话框，如图 18－57 所示。

图 18－57　"炭笔"滤镜对话框

（1）炭笔粗细：用来设置炭笔笔画的宽度。

（2）细节：用来设置图像细节的保留程度。

（3）明/暗平衡：用来设置图像中亮调与暗调的平衡。

18.11.11　"炭精笔"滤镜

"炭精笔"滤镜可以在图像上模拟浓黑和纯白的炭精笔纹理，暗区使用前景色，亮区使用背景色。打开一幅图像，执行"滤镜"→"素描"→"炭精笔"命令，可以打开"炭笔精"对话框，如图 18－58 所示。

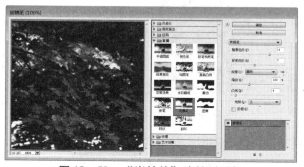

图 18－58　"炭精笔"滤镜对话框

（1）前景色阶、背景色阶：用来调节前景色和背景色的平衡关系，哪一个色阶的数值越高，它的颜色就越突出。

（2）纹理：在该下拉列表框中可以选择纹理，包括"砖形"、"粗麻布"、"画布"和"砂岩"。也可以单击选项右侧的按钮，在打开的下拉菜单中选择"载入纹理"命令，载入一个PSD格式文件作为产生纹理的模板。

（3）缩放：用来设置纹理大小。变化范围为50%～200%，值越大纹理越粗糙。

（4）凸现：用来设置纹理的凹凸程度，变化范围为0～50。

（5）光照：在该下拉列表框中可以选择光照的方向。

（6）反相：选中该选项可反转纹理的凹凸方向。

18.11.12 "图章"滤镜

"图章"滤镜可以简化图像，使图像产生一种类似图章的效果。打开一幅图像，执行"滤镜"→"素描"→"图章"命令，可以打开"图章"对话框，如图18-59所示。

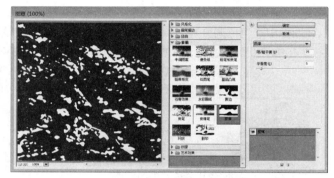

图18-59 "图案滤镜"对话框

（1）明/暗平衡：可调整图像中亮调与暗调区域的平衡关系。

（2）平滑度：用来设置图像效果的平滑程度。

18.11.13 "网状"滤镜

"网状"滤镜可以模拟胶片乳胶的可控收缩和扭曲来创建图像，使之在阴影处结块，在高光处呈现轻微的颗粒化。打开一幅图像，执行"滤镜"→"素描"→"网状"命令，可以打开"网状"对话框，如图18-60所示。

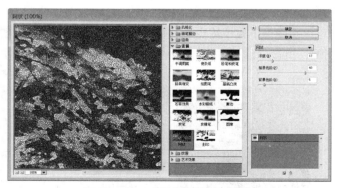

图18-60 "网状"滤镜对话框

（1）浓度：用来设置图像中产生的网纹的密度。

（2）前景色阶、背景色阶：用来设置图像中使用的前景色和背景色的色阶数。

18.11.14　"影印"滤镜

"影印"滤镜利用图像单位明暗关系分离出图像的轮廓，使图像产生类似影印的效果。打开一幅图像，执行"滤镜"→"素描"→"影印"命令，可以打开"影印"对话框，如图18－61所示。

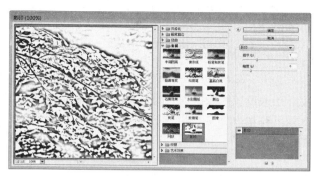

图 18－61　"影印"滤镜对话框

（1）细节：用来设置图像细节的保留程度。
（2）暗度：用来设置图像暗部区域的强度。

18.12　纹理滤镜组

纹理滤镜组中包含 6 种滤镜。它们可以在图像中加入各种纹理，使图像产生具有深度感和质感的外观效果。

18.12.1　"龟裂缝"滤镜

"龟裂缝"滤镜以随机方式在图像中生成龟裂纹理并能产生浮雕效果，使用该滤镜可以对包含多种颜色值或灰色值的图像创建浮雕效果。打开一幅图像，执行"滤镜"→"纹理"→"龟裂缝"命令，可以打开"龟裂缝"对话框，如图 18－62 所示。

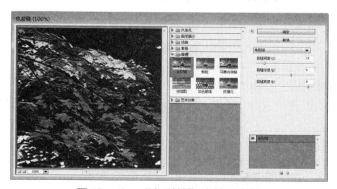

图 18－62　"龟裂缝"滤镜对话框

（1）裂缝间距：用来设置图像中生成的裂缝的间距。该值越小，裂缝越细密。
（2）裂缝深度、裂缝亮度：用来设置裂缝的深度和亮度。

18.12.2　"颗粒"滤镜

"颗粒"滤镜可以使用不同种类的颗粒在图像中添加纹理。执行"滤镜"→"纹理"→"颗粒"命令，可以打开"颗粒"对话框，如图 18－63 所示。

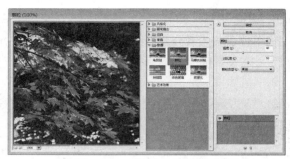

图 18 – 63　"颗粒"滤镜对话框

（1）强度、对比度：用来设置图像中加入的颗粒的强度和对比度。

（2）颗粒类型：在该下拉列表框中可以选择颗粒的类型，包括"常规"、"柔和"、"喷洒"、"结块"、"强反差"、"扩大"、"点刻"、"水平"、"垂直"和"斑点"，每一种颗粒类型都会产生不同的效果。

18.12.3　"马赛克拼贴"滤镜

"马赛克拼贴"滤镜可以渲染图像，使图像看起来像是由小的碎片或拼贴组成，然后加深拼贴之间缝隙的颜色。执行"滤镜"→"纹理"→"马赛克拼贴"命令，可以打开"马赛克拼贴"对话框，如图 18 – 64 所示。

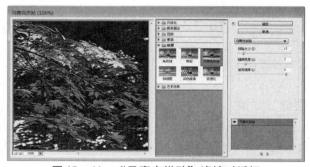

图 18 – 64　"马赛克拼贴"滤镜对话框

（1）拼贴大小：用来设置图像中生成的块状图形的大小。

（2）缝隙宽度：用来设置块状单元间的裂缝宽度。

（3）加亮缝隙：用来设置图形间隙的亮度。

18.12.4　"拼缀图"滤镜

"拼缀图"滤镜将图像分成一个个规则排列的小方块，将每一小方块图像的像素颜色平均值作为该方块的颜色，并为方块间添加深色的缝隙。执行"滤镜"→"纹理"→"拼缀图"命令，可以打开"拼缀图"对话框，如图 18 – 65 所示。

图 18 – 65　"拼缀图"滤镜对话框

（1）方形大小：用来设置图像中生成的方块的大小。

（2）凸现：用来设置生成的方块的凸出程度。

18.12.5　"染色玻璃"滤镜

"染色玻璃"滤镜可以把图像分成不规则的色块，色块内的颜色用该处像素颜色的平均值填充，色块之间的缝隙则用前景色填充，使图像产生彩色玻璃的效果。执行"滤镜"→"纹理"→"染色玻璃"命令，可以打开"染色玻璃"对话框，如图 18 – 66 所示。

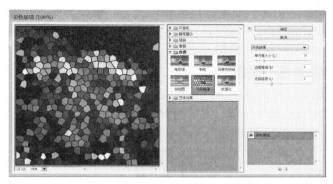

图 18 – 66　"彩色玻璃"滤镜对话框

（1）单元格大小：用来设置图像中生成的色块的大小。

（2）边框粗细：设置各单元格间边界的宽度，系统会使用前景色作为边界的填充颜色。

（3）光照强度：用来设置图像中心的光照强度。

18.12.6　"纹理化"滤镜

"纹理化"滤镜可以在图像中加入各种纹理效果。执行"滤镜"→"纹理"→"纹理化"命令，可以打开"纹理化"对话框，如图 18 – 67 所示。

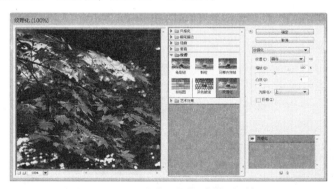

图 18 – 67　"纹理化"滤镜对话框

（1）纹理：在该下拉列表框中可以选择纹理的类型，包括"砖形"、"粗麻布"、"画布"和"砂岩"。也可以单击选项右侧的按钮，在打开的下拉菜单中选择"载入纹理"命令，载入一个 PSD 格式的文件作为纹理文件，图像将以该文件为基准产生纹理效果。

（2）缩放：设置纹理缩放的比例。

（3）凸现：用来设置纹理的凸出程度。

（4）光照：在该下拉列表框中可以选择光线照射的方向。

（5）反相：选中该选项后，可以反转光线照射的方向。

18.13　像素化滤镜组

像素化滤镜组中包含了 7 种滤镜。它们可以将图像分块或平面化，然后重新组合，创建出彩块、点状、晶块和马赛克等特殊效果。

18.13.1　"彩块化"滤镜

"彩块化"滤镜会在保持原有图像轮廓的前提下，使纯色或相近颜色的像素结成像素块。使用该滤镜处理扫描的图像时，可以使其看起来像手绘的图像，也可以使现实主义图像产生类似抽象派的绘画效果。该滤镜无对话框。

18.13.2　"彩色半调"滤镜

"彩色半调"滤镜可以使图像变为网点状效果。它可以将图像的每一个通道划分出矩形区域，再以和矩形区域亮度成比例的圆形替代这些矩形，圆形的大小与矩形的亮度成比例，高光部分生成的网点较小，阴影部分生成的网点较大。

执行"滤镜"→"像素化"→"彩色半调"命令，可以打开"彩色半调"对话框，如图 18 – 68 所示。

图 18 – 68　"彩色半调"滤镜对话框

（1）最大半径：用来设置生成的最大网点的半径。

（2）网角（度）：用来设置图像各个原色通道的网点角度。如果图像为灰度模式，只能使用"通道 1"；图像为 RGB 模式，可以使用 3 个通道；图像为 CMYK 模式时，可以使用所有通道。当各个通道中的网点设置的数值相同时，生成的网点会重叠显示出来。

18.13.3　"点状化"滤镜

"点状化"滤镜可以将图像中的颜色分散为随机分布的网点，产生点状化绘图效果，并使用背景色作为网点之间的画布区域。执行"滤镜"→"像素化"→"点状化"命令，可以打开"点状化"对话框，如图 18 – 69 所示。可以通过"单元格大小"来控制网点的大小。

18.13.4　"晶格化"滤镜

"晶格化"滤镜可以使图像中相近的像素集中到多边形色块中，产生类似结晶的颗粒效果。执行"滤镜"→"像素化"→"晶格化"命令，可以打开"晶格化"对话框，如图 18 – 70 所示。可以通过"单元格大小"来控制多边形色块的大小。

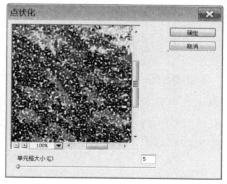

图 18 – 69　"点状化"滤镜对话框

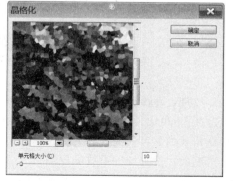

图 18 – 70　"晶格化"滤镜对话框

18.13.5　"马赛克"滤镜

"马赛克"滤镜将具有相似色彩的像素合成规则排列的方块，产生马赛克的效果。执行

"滤镜"→"像素化"→"马赛克"命令，可以打开"马赛克"对话框，如图18-71所示。可通过"单元格大小"来控制多边形色块的大小。

图 18-71　"马赛克"滤镜对话框

18.13.6　"碎片"滤镜

"碎片"滤镜可以把图像的像素重复复制4次，再将其平均且相互偏移，使图像产生一种没有对准焦距的模糊效果。该滤镜无对话框。

18.13.7　"铜版雕刻"滤镜

"铜版雕刻"滤镜可以在图像中随机生成各种不规则的直线、曲线和斑点，以产生不光滑的金属板效果或年代已久的感觉。

打开一幅图像，执行"滤镜"→"像素化"→"铜版雕刻"命令，可以打开"铜版雕刻"对话框。在对话框的"类型"中可以选择一种产生不规则直线、曲线和斑点的方法。

18.14　渲染滤镜组

渲染滤镜组中包含5种滤镜，使用渲染滤镜组中的滤镜可以在图像中创建云彩图案、折射图案和模拟的光射效果。

18.14.1　"云彩"和"分层云彩"滤镜

"云彩"滤镜使用前景色和背景色之间的随机像素值将图像生成柔和的云彩图案。它是唯一能在透明图层上产生效果的滤镜，在使用前应设定好前景色与背景色。

"分层云彩"滤镜可以将云彩数据和现有的像素混合，其方式与"差值"模式混合颜色的方式相同。

提示：如果想生成色彩较为分明的云彩图案，可以按住 Alt 键，然后执行"云彩"命令。第一次使用"分层云彩"滤镜时，图像的某些部分会被反相为云彩图案，多次应用滤镜后，就会创建出与大理石纹理相似的凸缘与叶脉图案。

18.14.2　"光照效果"滤镜

"光照效果"滤镜通过光源、光色选择、聚焦和定义物体反射特性等在图像上产生光照效果，还可以使用灰度文件的纹理产生类似3D的效果。执行"滤镜"→"渲染"→"光照效果"命令，可以打开"光照效果"对话框，如图18-72所示。

"光照效果"滤镜是一个比较特殊的滤镜，它包含17种光照样式、3种光照类型和4套光照属性。

1. 使用预设的光源

在"样式"选项下拉列表中可以选择一种预设的灯光样式，如图18－73所示。

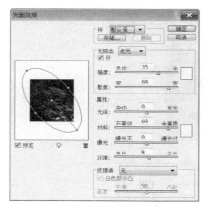

图18－72　"光照效果"滤镜对话框　　　图18－73　预设的灯光样式

2. 使用自定义的光源

Photoshop提供了3种光源：全光源、平行光和点光源，我们在"光照类型"选项下拉列表中选择一种光源以后，就可以在对话框左侧调整它的位置和照射范围，或者添加多个光源。

（1）调整全光源："全光源"可以使光在图像的正上方向各个方向照射，就像一张纸上方的灯泡一样。拖动中央圆圈可以移动光源；拖动定义效果边缘的手柄，可以增加或减少光照的大小，就像是移近或移远光照一样。

（2）调整平行光："平行光"是从远处照射的光，这样光照角度不会发生变化，就像太阳光一样。拖动中央圆圈可以移动光源；拖动线段末端的手柄可以旋转光照角度和高度。

（3）调整点光："点光"可以投射一束椭圆形的光柱。拖动中央的圆圈可以移动光源；拖动手柄可以增大光照强度或旋转光照。

（4）添加新光源：将对话框底部的光源图标拖动到预览区域的图像上，可以添加光源，最多可以添加16个光源。

（5）删除光源：单击光源的中央圆圈，然后将它拖动到预览区域右下角的图标上，可删除光源。

3. 设置纹理通道

"纹理通道"选项可以通过一个通道正的灰度图像来控制光从图像反射的方式，从而生成立体效果。

（1）纹理通道：可以选择用于改变光照的通道。

（2）白色部分凸出：选中该复选框，通道的白色部分将凸出表面，取消选中则黑色部分凸出。在"纹理通道"中选择"无"以外的其他选项时，"白色突出"选项可用。

（3）高度：拖动"高度"滑块可以将纹理从"平滑"（0）改变为"凸起"（100）。

4. 设置光源属性

（1）强度/颜色：用来调整灯光的强度，该值越高光线越强。单击该选项右侧的颜色块，可在打开的"拾色器"中调整灯光的颜色。

（2）聚焦：可以调整灯光的照射范围。

（3）光泽：用来设置灯光在图像表面的反射程度。

（4）材料：用来设置反射的光线是光源色彩，还是图像本身的颜色。滑块越靠近"塑石膏效果"，反射光越接近光源色彩；反之越靠近"金属质感"，反射光越接近反射体本身的颜色。

（5）曝光度：该值为正值时，可增加光照；为负值时，则减少光照。

（6）环境：单击该选项右侧的颜色块，可以在打开的"拾色器"中设置环境光的颜色。当滑块越接近"阴片"时，环境光越接近色样的互补色；滑块接近"正片"时，则环境光越接近于颜色框中设定的颜色。

提示："光照效果"滤镜只能用于 RGB 图像。

18.14.3 "镜头光晕"滤镜

"镜头光晕"滤镜用来表现玻璃、金属等的反射光，或用来增强日光和灯光的效果，可以模拟亮光照射到相机镜头所产生的折射。执行"滤镜"→"渲染"→"镜头光晕"命令，可以打开"镜头光晕"对话框，如图 18 - 74 所示。

（1）光晕中心：在图像缩览图上单击或者拖动十字手柄，可以指定光晕的中心。

（2）亮度：用来控制光晕的强度，变化范围为 10% ~ 300%。

（3）镜头类型：用来选择产生光晕的镜头类型，不同的类型产生不同的效果。

18.14.4 "纤维"滤镜

"纤维"滤镜使用前景色和背景色随机产生编织纤维的外观效果。执行"滤镜"→"渲染"→"纤维"命令，可以打开"纤维"对话框，如图 18 - 75 所示。

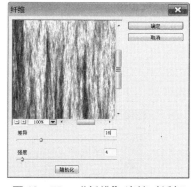

图 18 - 74　"镜头光晕"滤镜对话框　　图 18 - 75　"纤维"滤镜对话框

（1）差异：用来设置颜色的变化方式。该值较低时会产生较长的颜色条纹；该值较高时会产生较短且颜色分布变化更大的纤维。

（2）强度：用来控制纤维的外观。该值较低时会产生松散的织物效果；该值较高时会产生短的绳状纤维。

（3）随机化：单击该按钮可随机生成新的纤维外观。

18.15　艺术效果滤镜组

艺术效果滤镜组中包含 15 种滤镜。这些滤镜模仿自然和传统介质效果，可以制作出绘画效果或艺术效果。

18.15.1 "壁画"滤镜

"壁画"滤镜使用短而圆的、粗略涂抹的小块颜料，以一种粗糙的风格绘制图像，使图像呈现一种古壁画般的效果。打开一幅图像执行"滤镜"→"艺术效果"→"壁画"命令，可以打开"壁画"对话框，如图 18 - 76 所示。

图 18 - 76　　"壁画"滤镜对话框

（1）画笔大小：用来设置画笔的大小。

（2）画笔细节：用来设置图像细节的保留程度。

（3）纹理：用来设置添加的纹理的数量。该值越大，绘制的效果越粗犷。

18.15.2　"彩色铅笔"滤镜

"彩色铅笔"滤镜使用彩色铅笔在纯色背景上绘制图像，同时保留其重要的边缘，使外观呈现出粗糙的阴影线，而纯色背景色会透过比较平滑的区域显示出来。打开一幅图像执行"滤镜"→"艺术效果"→"彩色铅笔"命令，可以打开"彩色铅笔"对话框，如图 18 - 77 所示。

（1）铅笔宽度：用来设置铅笔线条的宽度，该值越高，铅笔线条越粗。

（2）描边压力：用来设置铅笔的压力效果，该值越高，线条越粗。

（3）纸张亮度：用来设置画纸纸色的明暗程度，该值越高，纸的颜色越接近背景色。

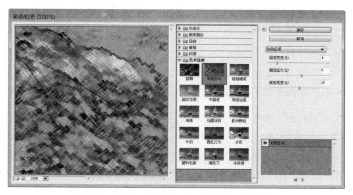

图 18 - 77　　"彩色铅笔"滤镜对话框

18.15.3　"粗糙蜡笔"滤镜

"粗糙蜡笔"滤镜可以模拟用彩色蜡笔在带纹理的图像上的描边效果。在亮色区域，粉笔看上去很厚，几乎看不见纹理；在深色区域，粉笔似乎被擦除，纹理会显露出来。打开一幅图像，执行"滤镜"→"艺术效果"→"粗糙蜡笔"命令，可以打开"粗糙蜡笔"对话框，如图 18 - 78 所示。

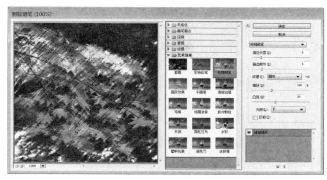

图 18 - 78　"粗糙蜡笔"滤镜对话框

（1）描边长度：用来设置画笔线条的长度。

（2）描边细节：用来设置线条刻画细节的程度。

（3）纹理：在该下拉列表框中可以选择一种纹理样式，包括"砖形"、"粗麻布"、"画布"和"砂岩"。单击选项右侧的按钮，在打开的下拉菜单中选择"载入纹理"命令，可以载入一个 PSD 格式的文件作为纹理文件。

（4）缩放、凸现：用来设置纹理的大小和凸出程度。

（5）光照：在该下拉列表框中可以选择光照的方向。

（6）反相：选中该选项后，可以反转光照的方向。

18.15.4　"底纹效果"滤镜

"底纹效果"滤镜可以模拟选择的纹理与图像相互融合在一起的效果。打开一幅图像，执行"滤镜"→"艺术效果"→"底纹效果"命令，可以打开"底纹效果"对话框，如图 18 - 79所示。

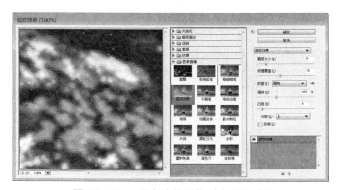

图 18 - 79　"底纹效果"滤镜对话框

（1）画笔大小：用来设置产生底纹的画笔的大小。该值越大，绘画效果越强烈。

（2）纹理覆盖：用来设置纹理的覆盖范围。

提示："底纹效果"滤镜的"纹理"选项类似于"粗糙蜡笔"滤镜的相应选项，在这里就不再赘述。

18.15.5　"调色刀"滤镜

"调色刀"滤镜通过减少图像的细节生成描绘的很淡的画布效果，同时显示出下面的纹理。执行"滤镜"→"艺术效果"→"调色刀"命令，可以打开"调色刀"对话框，如图 18 - 80所示。

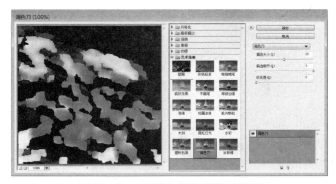

图18-80 "调色刀"滤镜对话框

（1）描边大小：用来设置图像颜色混合的程度。该值越大，图像越模糊；该值越小，图像越清晰。

（2）描边细节：用来设置图像细节的保留程度。该值越高，图像的边缘月明确。

（3）软化度：用来设置图像的柔化程度。该值越高，图像越模糊。

18.15.6 "干画笔"滤镜

"干画笔"滤镜是使用干画笔技术（介于油彩和水彩之间）绘制图像边缘。此滤镜通过将图像的颜色范围降到普通颜色范围来简化图像。执行"滤镜"→"艺术效果"→"干画笔"命令，可以打开"干画笔"对话框，如图18-81所示。

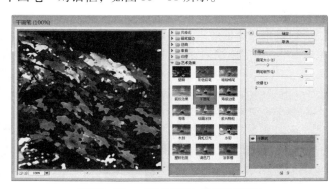

图18-81 "干画笔"滤镜对话框

（1）画笔大小：用来设置画笔的大小。该值越小，绘制的效果越细腻。

（2）画笔细节：用来设置画笔的细腻程度。该值越大，效果与原图像越接近。

（3）纹理：用来设置画笔纹理的清晰程度，该值越大，画笔的纹理越明显。

18.15.7 "海报边缘"滤镜

"海报边缘"滤镜通过查找图像的边缘，在边缘上绘制黑色线条，按照设置的选项自动跟踪图像中颜色变化剧烈的区域，大而宽的区域会产生简单的阴影，而细小的深色细节则遍布图像，使图像产生海报的效果。执行"滤镜"→"艺术效果"→"海报边缘"命令，可以打开"海报边缘"对话框，如图18-82所示。

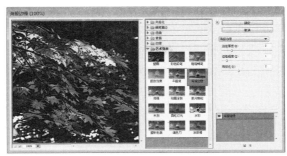

图 18-82　"海报边缘"滤镜对话框

（1）边缘厚度：用来设置图像边缘像素的宽度。该值越大，轮廓越宽。

（2）边缘强度：用来设置图像边缘的强化程度。

（3）海报化：用来设置颜色的浓度。

18.15.8　"海绵"滤镜

"海绵"滤镜使用图像中颜色对比强烈、纹理较重的区域创建图像，以模拟海绵绘画的效果。执行"滤镜"→"艺术效果"→"海绵"命令，可以打开"海绵"对话框，如图 18-83 所示。

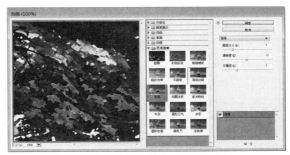

图 18-83　"海绵"滤镜对话框

（1）画笔大小：可设置用于模拟海绵的画笔的大小。

（2）清晰度：可调整海绵上的气孔的大小。该值越大，气孔的印记越清晰。

（3）平滑度：用来模拟海绵的压力。该值越大，画面的浸湿感越强，图像越柔和。

18.15.9　"绘画涂抹"滤镜

"绘画涂抹"滤镜可以使用不同类型的画笔来创建绘画效果。执行"滤镜"→"艺术效果"→"绘画涂抹"命令，可以打开"绘画涂抹"对话框，如图 18-84 所示。

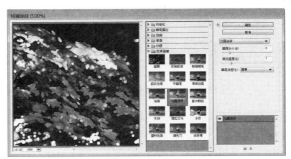

图 18-84　"绘画涂抹"滤镜对话框

（1）画笔大小：用来设置画笔的大小。该值越大，涂抹的范围越广。

（2）锐化程度：用来设置图像的锐化程度。该值越大，效果越锐利。

（3）画笔类型：在该下拉列表框中可以选择一种画笔，系统提供了6种类型的画笔。

18.15.10 "胶片颗粒" 滤镜

"胶片颗粒"滤镜将平滑图案应用于阴影和中间色调，将一种更平滑、饱和度更高的图案添加到亮区。执行"滤镜"→"艺术效果"→"胶片颗粒"命令，可以打开"胶片颗粒"对话框，如图18-85所示。在消除混合的条纹和将各种来源的图像在视觉上进行统一时，该滤镜是非常有用的。

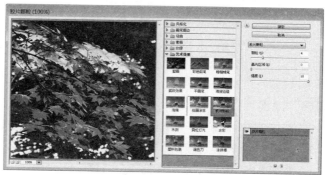

图18-85 "胶片颗粒"滤镜对话框

（1）颗粒：用来设置生成的颗粒的密度。该值越大，颗粒越多。

（2）高光区域：用来设置图像中高光的范围。

（3）强度：用来设置颗粒效果的强度。该值越低时，会在整个图像上显示颗粒；该值越高时，只在图像的阴影部分显示颗粒。

18.15.11 "木刻" 滤镜

"木刻"滤镜制作出的效果看上去好像是由从彩纸上剪下的边缘粗糙的剪纸片组成的，高对比度的图像看起来呈剪影状，而彩色图像看上去是由几层彩纸组成的。执行"滤镜"→"艺术效果"→"木刻"命令，可以打开"木刻"对话框，如图18-86所示。

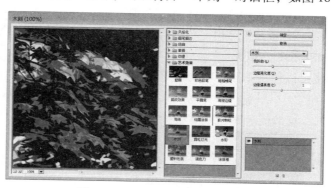

图18-86 "木刻"滤镜对话框

（1）色阶数：用来设置简化后的图像的色阶数量。该值越大，图像的颜色层次越丰富；该值越小，图像的简化效果越明显。

（2）边缘简化度：用来设置图像边缘的简化程度。

（3）边缘逼真度：用来设置图像边缘的精确度。

18.15.12　"霓虹灯光"滤镜

"霓虹灯光"滤镜可以在柔化图像外观时给图像着色,产生光片图像以及将各种类型的灯光添加到图像中产生彩色氖光灯照射的效果。执行"滤镜"→"艺术效果"→"霓虹灯光"命令,可以打开"霓虹灯光"对话框,如图 18-87 所示。

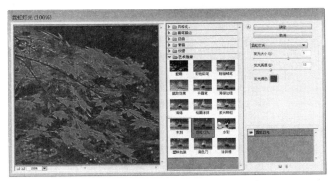

图 18-87　"霓虹灯光"滤镜对话框

(1) 发光大小:用来设置发光范围的大小。该值为正值时,光线向外发射;该值为负值时,光线向内发射。

(2) 发光亮度:用来设置发光的亮度。

(3) 发光颜色:单击该选项右侧的颜色框,可以打开"拾色器"对话框,从中选择一种颜色设置为发光颜色。

18.15.13　"水彩"滤镜

"水彩"滤镜能够以水彩的风格绘制图像,使用蘸了水和颜料的中号画笔绘制以简化细节。当边缘有显著的色调变化时,此滤镜会使颜色更饱满。执行"滤镜"→"艺术效果"→"水彩"命令,可以打开"水彩"对话框,如图 18-88 所示。

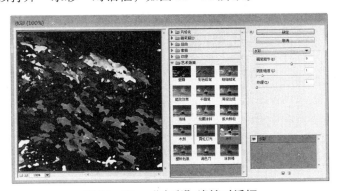

图 18-88　"水彩"滤镜对话框

(1) 画笔细节:用来设置画笔的精确程度。该值越大,画面越精细。

(2) 阴影强度:用来设置暗调区域的范围。该值越大,暗调范围越广。

(3) 纹理:用来设置图像边界的纹理效果。该值越大,纹理效果越明显。

18.15.14　"塑料包装"滤镜

"塑料包装"滤镜给图像涂上一层光亮的塑料,以强调表面细节。执行"滤镜"→"艺术效果"→"塑料包装"命令,可以打开"塑料包装"对话框,如图 18-89 所示。

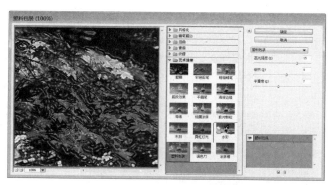

图 18 – 89   "塑料包装"滤镜对话框

（1）高光强度：用来设置高光区域的亮度。

（2）细节：用来设置高光区域细节的保留程度。

（3）平滑度：用来设置颜料效果的平滑程度。该值越大，塑料质感越强。

18.15.15   "涂抹棒"滤镜

"涂抹棒"滤镜使用较短的对角线条涂抹图像中的较暗的区域，从而柔化图像，较亮的区域会因变亮而丢失细节，整个图像显示出涂抹扩散的效果。执行"滤镜"→"艺术效果"→"涂抹棒"命令，可以打开"涂抹棒"对话框，如图 18 – 90 所示。

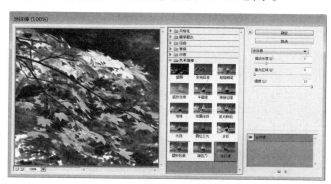

图 18 – 90   "涂抹棒"滤镜对话框

（1）描边长度：用来设置图像中生成的线条的长度。

（2）高光区域：用来设置图像中高光范围的大小。该值越大，被视为高光区域的范围就越广。

（3）强度：用来设置高光强度。

18.16   杂色滤镜组

杂色滤镜组中包含 5 种滤镜。杂色滤镜组中的滤镜可以添加或去除杂色或带有随机分布色阶的像素。

18.16.1   "减少杂色"滤镜

"减少杂色"滤镜可基于影响整个图像或各个通道的用户设置保留边缘，同时减少杂色。执行"滤镜"→"杂色"→"减少杂色"命令，可以打开"减少杂色"对话框，如图 18 – 91 所示。

图 18-91　"减少杂色"滤镜对话框

（1）"基本"选项用来设置滤镜的基本参数，包括"强度"、"保留细节"、"减少杂色"、"锐化细节"和"移去 JPEG 不自然感"。

（2）设置：如果保存了预设参数，可在该下拉列表框中选择。单击"存储当前设置的拷贝"按钮 ，打开"新建滤镜设置"对话框，在"名称"文本框中输入相应值即可保存当前设置。

（3）强度：用来控制应用于所有图像通道的亮度杂色减少量。

（4）保留细节：用来设置图像边缘和图像细节的保留程度。当该值为 100% 时，可保留大多数图像细节，但会将杂色减到最少。

（5）减少杂色：用来去除随机的颜色像素。该值越大，减少的杂色越多。

（6）锐化细节：用来对图像进行锐化。

（7）移去 JPEG 不自然感：选中该选项，可去除由于使用低品质的 JPEG 存储图像而导致斑驳的图像伪影和光晕。

（8）如果亮度杂色在一个或两个颜色通道中较明显，便可以选择相应的通道来去除杂色。方法是选中对话框中的"高级"按钮，在"减少杂色"对话框中选择"每通道"，设置颜色"通道"，再使用"强度"和"保留细节"来减少该通道中的杂色。

提示：使用数码相机拍照时，如果用很高的 ISO 设置、曝光不足或者用较慢的快门速度在黑暗区域中拍照，就可能会导致出现杂色。"减少杂色"滤镜对于除去照片中的杂色非常有效。

18.16.2　"蒙尘与划痕"滤镜

"蒙尘与划痕"滤镜通过更改相异的像素来减少杂色。执行"滤镜"→"杂色"→"蒙尘与划痕"命令，可以打开"蒙尘与划痕"对话框，如图 18-92 所示。如果需要，可以调整预览缩放比例，直到包含杂色的区域可见。为了在锐化图像和隐藏瑕疵之间取得平衡，可尝试"半径"与"阈值"设置的各种组合。"半径"值确定在其中搜索不同像素的区域大小，"半径"值越高，模糊程度越强；"阈值"确定像素具有多大差异后才应将其消除。"阈值"的取值范围为 0～255。

图 18-92　"蒙尘与划痕"滤镜对话框

18.16.3　"去斑"滤镜

"去斑"滤镜用来检测图像边缘发生显著颜色变化的区域，并模糊除边缘外的所有选区，去除图像中的斑点,同时保留细节。执行"滤镜"→"杂色"→"去斑"命令,可以看到"去斑"后的图像效果。该命令没有对话框。

18.16.4 "添加杂色"滤镜

"添加杂色"滤镜将随机像素应用于图像。使用"添加杂色"滤镜可以用来减少羽化选区或渐变填充中的条纹,或使经过重大修饰的区域看起来更加真实。执行"滤镜"→"杂色"→"添加杂色"命令,可以打开"添加杂色"对话框,如图18-93所示。

(1)数量:用来设置杂色的数量。

(2)分布:用来设置杂色的分布方式。杂色分布选项包括"平均分布"和"高斯分布",选择"平均分布",使用随机数值分布杂色的颜色值以获得细微效果;选择"高斯分布",将沿一条钟形曲线分布的方式来添加杂点,杂点效果较为强烈。

(3)单色:选中该复选框,此滤镜只应用于图像中的色调元素,而不改变其颜色。

18.16.5 "中间值"滤镜

图18-93 "添加杂色"滤镜对话框

图18-94 "中间值"滤镜对话框

"中间值"滤镜通过混合选区中像素的亮度来减少图像的杂色。执行"滤镜"→"杂色"→"中间值"命令,可以打开"中间值"对话框,如图18-94所示。该滤镜可以搜索像素选区的半径范围以查找亮度相近的像素,扔掉与相邻像素差异太大的像素,并用搜索到的像素的中间亮度值替换中心像素,在去除或减少图像的动感效果时非常有用。

18.17 其他滤镜组

其他滤镜组中包含5种滤镜。在其他滤镜组中,可以自定义滤镜效果,还可以使用滤镜修改蒙版、在图像中使选区发生位移和快速调整颜色的命令。

18.17.1 "高反差保留"滤镜

"高反差保留"滤镜可以在有强烈颜色转变发生的地方按指定的半径保留边缘细节,并且不显示图像的其余部分。执行"滤镜"→"其他"→"高反差保留"命令,可以打开"高反差保留"对话框,如图18-95所示。

通过设置"半径"值可调整原图像保留的程度。该值越大,所保留的原图像像素就越多;该值越小,所保留的原图像像素就越少。

18.17.2 "位移"滤镜

"位移"滤镜可以为图像中的选区指定水平或垂直量,而选区的原位置变成空白区域。执行"滤镜"→"其他"→"位移"命令,可以打开"位移"对话框,如图18-96所示。

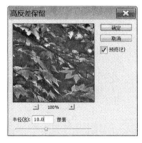

图 18－95　"高反差保留"滤镜对话框

图 18－96　"位移"滤镜对话框

（1）水平：用来设置水平偏移的距离。正值向右偏移，负值向左偏移。

（2）垂直：用来设置垂直偏移的距离。正值向下偏移，负值向上偏移。

（3）未定义区域：用来设置偏移图像后产生的空缺部分的填充方式。

（4）设置为背景：选中该选项，将以背景色填充空缺部分。

（5）重复边缘像素：选中该选项，可在图像边界不完整的空缺部分填入扭曲边缘的像素颜色。

（6）折回：选中该选项，可在空缺部分填入溢出图像之外的图像内容。

18.17.3　"自定"滤镜

　　"自定"滤镜是 Photoshop 为用户提供的一项自定义滤镜效果的功能，它可以根据预定义的数学运算更改图像中每个像素的亮度值，这种操作与通道的加、减计算类似。用户可以存储创建的自定滤镜，并将其用于其他 Photoshop 图像。执行"滤镜"→"其他"→"自定"命令，可以打开"自定"对话框，如图 18－97 所示。单击"存储"按钮，打开"存储"对话框。单击"保存"按钮，即可将自定义滤镜存储。

图 18－97　"自定"滤镜对话框

（1）缩放：输入一个值，用该值去除计算机中包含的像素的亮度值总和。

（2）位移：输入要与缩放计算结果相加的值。

18.17.4　"最大值"滤镜

　　"最大值"滤镜可以在指定的半径内，用周围像素的最高或最低亮度值替换当前像素的亮度值。"最大值"滤镜具有应用阻塞的效果，可以扩展白色区域、阻塞黑色区域。执行"滤镜"→"其他"→"最大值"命令，可以打开"最大值"对话框，如图 18－98 所示。

图 18－98　"最大值"滤镜对话框

通过设置"半径"值可调整原图像模糊程度。该值越大，模糊程度越强。

18.17.5 "最小值"滤镜

"最小值"滤镜可以在指定的半径内，用周围像素的最高或最低亮度值替换当前像素的亮度值。"最小值"滤镜具有伸展的效果，可以扩展黑色区域、收缩白色区域，阻塞黑色区域。执行"滤镜"→"其他"→"最小值"命令，可以打开"最小值"对话框，如图18－99所示。

图18－99 "最小值"滤镜对话框

通过设置"半径"值可调整原图像模糊程度。该值越大，模糊程度越强。

提示："最大值"滤镜和"最小值"滤镜通常用来修改蒙版。"最大值"滤镜用于收缩蒙版，"最小值"滤镜用于扩展蒙版。

18.18 Digimarc 滤镜组

Digimarc 滤镜组可以将数字水印嵌入到图像中以储存版权信息，使图像的版权通过 Digimarc Image 技术的数字水印受到保护。水印是一种肉眼看不见的、以杂色方式添加到图像中的数字代码。Digimarc 水印在数字和印刷形式下都是耐久的，经过通常的图像编辑和文件格式转换后仍然存在。Digimarc 滤镜组中包括"嵌入水印"滤镜和"读取水印"滤镜。

在图像中嵌入水印之前，应注意以下几个方面：

1. 颜色变化

为了有效地嵌入水印使肉眼察觉不到，图像必须包含一定程度的颜色变化或随机性。图像不能大部分或全部由一种单调颜色构成。

2. 像素大小

如果不希望在实际使用前修改或压缩图像，建议用 100×100 像素；如果希望在添加水印后裁剪、旋转、压缩或以其他方式修改图像，建议用 256×256 像素；如果希望图像最终以 300dpi 或更高的打印形式显示，建议用 750×750 像素。用于水印的像素尺寸没有上限。

3. 文件压缩

一般来说，使用有损压缩方法（如 JPEG）后 Digimarc 水印会保留下来，但建议首先考虑图像品质，再考虑文件大小。此外，嵌入水印时选取的"水印耐久性"设置越高，数字水印在压缩后仍存在的可能性就越大。

18.18.1 "嵌入水印"滤镜

"嵌入水印"滤镜可以在图像中加入著作权信息。执行"滤镜"→"Digimarc"→"嵌入水印"命令，打开"嵌入水印"对话框，如图18－100所示。

图 18 – 100　"嵌入水印"滤镜对话框

（1）Digimarc 标识号：设置创建者的个人信息。

（2）图像信息：用来填写版权的申请年份等信息。

（3）图像属性：用来设置图像的使用范围。选择"限制使用"选项，可以限制图像的用途；选择"请勿拷贝"选项，可指定不能拷贝的图像；选择"成人内容"选项，将图像内容标识为只适于成人。

（4）目标输出：指定图像是用于显示器显示、Web 显示或是打印显示。

（5）水印耐久性：设置水印的耐久性和可视性。

提示：在嵌入水印前，用户必须先向 Digimarc Corporation 公司注册，取得一个 Digimarc ID，然后将这个 ID 号码随同著作权信息一并嵌入到图像中，但需要支付一定的费用。"嵌入水印"滤镜只能用于 CMYK、RGB、Lab 或灰度图像中。

18.18.2　"读取水印"滤镜

"读取水印"滤镜主要是用来阅读图像中的数字水印内容。当一个图像中含有数字水印时，则在图像窗口标题栏和状态栏上会显示一个"C"状符号。

执行该命令时，Photoshop 即对图像内容进行分析，并找出内含的数字水印数据。若找到了 ID 及相关数据，则可以连接到 Digimarc 公司的站点，依据 ID 号码，找到作者的联系资料等。若在图像中找不到数字水印效果，则 Photoshop 会弹出提示框，提示"在这个图像中找不到 Digimarc 水印"信息。

18.19　浏览联机滤镜

执行"滤镜"→"浏览联机滤镜"命令可以链接到 Adobe 网站，提供了各种滤镜插件的简介和开发商网址，如图 18 – 101 所示。用户可以选择进入一个页面，下载试用版或者购买插件。

图 18 – 101　Adobe 网站

18.20　外挂滤镜

Photoshop 除了可以使用它本身自带的滤镜之外，还允许安装使用其他厂商提供的滤镜，这些从外部装入的滤镜，可称之为外挂滤镜。

18.20.1　了解外挂滤镜

外挂滤镜是由第三方厂商或个人开发的滤镜，也称为第三方滤镜，专为 Photoshop 开发的滤镜多达近千种，这些滤镜不仅种类繁多，而且功能也十分强大，有些滤镜的版本也在不断地升级。

在众多的外挂滤镜中，Mete Tools 公司的 KPT 滤镜和 Alien Skin 公司的 Eye Candy 4000 滤镜是最具代表性的外挂滤镜。这些外挂滤镜有的用于出售，有的则免费发放，有些滤镜还提供了试用版。要获得有关 KPT 滤镜的最新消息，可登录 www. corel. com 查看，要获得有关 Eye Candy 4000 滤镜的最新消息，可登录 www. alienskin. com 查看。也可以到相关网站上下载 Eye Candy 4000 滤镜的试用版和其他免费的滤镜。

18.20.2　安装外挂滤镜

由于外挂滤镜有很多种，不同的外挂滤镜安装方法也有所不同，一般都可以按照以下两种方法进行安装。

（1）很多外挂滤镜本身带有安装程序，可以像安装一般软件一样进行安装。首先找到该外挂滤镜的安装程序文件（通常为 Setup. exe），双击它启动安装程序，然后根据安装程序的提示进行安装即可。

提示：一般滤镜在安装过程中会提示用户选择一个文件夹以放置程序文件。此时应当将该位置设置为 Photoshop 安装目录下的 Plug _ins 文件夹。例如，Photoshop 中自带的滤镜安装位置是 \ Program Files \ Adobe \ Adobe Photoshop CD5 \ Plug – ins，那么安装外挂滤镜的位置也应该在此位置，根据以上操作完成安装后，启动 Photoshop 可以在 "滤镜" 菜单中看到刚刚安装的外挂滤镜。

（2）有些外挂滤镜本身不带有安装程序，而只是一些滤镜文件，只需要手动将其复制到 Photoshop 安装目录下的 Plug _ins 文件夹中即可。如果没有将外挂滤镜安装在 Plug _ins 文件夹内也不要紧，可执行 "编辑" → "首选项" → "增效工具" 命令，打开 "增效工具" 对话框。选中 "附加的增效工具文件夹" 选项，然后在打开的对话框中选择安装外挂滤镜的文件夹即可。不使用外挂滤镜时，可以取消选中的 "附加的增效工具文件夹" 选项的复选框，并重新运行 Photoshop。

提示：外挂滤镜不仅可以为用户的创作提供更为丰富的表现手段，也为创作过程增添了更多的乐趣。但外挂滤镜虽然吸引人，也不宜安装得过多，对于那些不是经常使用的外挂滤镜，最好将它们删除。这是因为 Photoshop 启动时要初始化这些滤镜，也就是说它们会拖慢启动过程，并且过多的外挂滤镜也会降低 Photoshop 的运行速度。

第三篇　动画制作软件 Flash CS5

第 19 章　Flash 的基础知识

Flash 原为 Macromedia 公司旗下的二维矢量动画制作软件，其版本经历了从 Flash1.0 到 Flash MX2004、Flash 8 的发展。2005 年，Adobe 公司收购了 Macromedia 公司，对 Flash 进行了全面的改进和革新，开发了 Flash CS 系列产品，2011 年 5 月发布 Flash CS5。

19.1　Flash 动画的特点

Flash 吸收了传统动画制作的技巧和精髓，利用计算机强大的运算能力，对动画制作流程进行了简化，提高了工作效率，迅速风靡全球。其特点主要表现在以下几个方面：

1. 数据量小

在 Flash 动画中主要运用的是矢量图，使用少量的矢量数据就可以描述一个相当复杂的对象。此外，在导出 Flash 动画的过程中，程序会压缩、优化动画组成元素（例如位图图像、音乐和视频等），这就进一步减少了文件的储存容量，使其在网络上传输更加方便。

2. 品质高

矢量图形可以无限放大，不会失真，保持了图形的原有品质。

3. 交互性强

动画运行过程中，观众不仅能够欣赏到动画，还可以成为其中的一部分，通过单击、选择等动作，决定动画的运行过程和结果，从而实现人机交互。

4. 创作环境佳

Flash 借鉴了 Director 的时间轴和图层的概念，使得动画的创作非常容易理解，垂直方向上是图层的叠加，水平方向上是时间的运动，而且强化补间动画，只需设置好一个对象的初始状态和结束状态，中间的动画过程由 Flash 自动实现。

5. "流"式播放技术

Flash 动画采用了先进的"流"式播放技术，使用户可以边下载边观看，避免了长时间的等待。同时，用户也可以在 Flash 独有的 ActionScript 脚本中加入等待程序，使动画在下载完毕以后再观看，有效地解决了网络传输中速度的隐患。

19.2　Flash 动画的应用领域

随着 Flash 动画的流行，创作队伍不断扩大，Flash 软件本身功能也逐渐增强，它的应用领域不断扩展，广泛被应用于教学课件、网络动画、网站片头、网站广告、交互游戏、电子贺卡、手机应用等领域。

19.2.1　教学课件

随着多媒体技术的普及，教学方式也不再是单一的书本教程。利用 Flash 制作的教学课件，凭借其强大的声图文并茂的功能、生动形象的表现手段、引人入胜的交互方式以及良好的教学效果，得到了众多教师和学生的认同，在教学中已越来越多地被采用。

19.2.2　网络动画

动画为观众带来了诸多生活乐趣，Flash 的出现更是激发了人们的创作热情。其对矢量图的应用、对音频视频的良好支持，以及采用"流"媒体的形式进行播放等特点，使得 Flash 作品易于在网络传输。这是众多 Flash 爱好者热衷的一个领域，是展现自我的平台。许多原创的 Flash 动画上传到网上，供其他用户欣赏，在网上已经形成了一种文化。

19.2.3　网站片头

网站是宣传企业形象、拓展企业业务的重要途径，为了吸引浏览用户的注意力，达到一定的视觉冲击效果，很多企业网站往往在进入主页之前播放一段使用 Flash 制作的欢迎页（也称为引导页），对企业形象或主打产品作生动的介绍。精美的片头动画，在很短的时间内把企业的重要信息传播给浏览用户，既可以给用户留下深刻的印象，也能在用户心中建立良好的形象，大大提升了网站的含金量。

19.2.4　网站广告

通常一个浏览量较大的网站，都会嵌套许多网络广告。而网络的一些特性，决定了网站上的广告必须是短小精悍、表现力强的，Flash 动画正好可以满足这些要求，因而在网站广告制作中得到广泛应用。此外，采用 Flash 制作广告，也可以保存为视频格式在传统的电视台播放。一次制作，多平台发布，将会受到越来越多企业的青睐。

19.2.5　交互游戏

运用 Flash 中 ActionScript 语句可以编制游戏程序，实现内容丰富、视觉精良的游戏动画效果。其强大的交互功能，更是引人入胜，置身游戏情境。Flash 以其特有的魅力在游戏领域独占一席。

19.2.6　电子贺卡

网络的发展给电子贺卡带来了商机。逢年过节，贺卡不再是单调的文字加图片，而是配以声情并茂的 Flash 动画，欢快、典雅、热烈、抒情，虽然风格各异，但都寄托着亲人深深的祝福。

19.2.7　手机应用

Flash 不仅被应用在计算机中，它已进入无线移动领域。手机技术的发展为 Flash 的传播提供了技术保障，采用 Flash Lite 开发的 Flash 游戏和 Flash 应用程序，已经可以被运用到多种型号的手机上。

19.3　Flash CS5 的新增功能

Adobe 公司收购了 Macromedia 公司后，对原有的 Flash 不断进行优化和改进，经过几个版本的更新，Flash CS5 增加了更多新功能。

19.3.1　全新的文本引擎

相对于早期版本，Flash CS5 增加了文本引擎 TLF（Text Layout Framework，文字排版框架），提供专业级的排版印刷效果，如紧排、连字、间距、行距、多列等，大大增强了对文本属性的控制。TLF 文本是 Flash CS5 默认的文本类型，可以直接应用 3D 旋转、色彩效果和混合模式等属性，无需先将文本转换为影片剪辑元件。

19.3.2　动画编辑器

Flash CS5 增加了"动画编辑器"面板，可以控制补间动画各种动作的属性，如旋转、色彩效果、率将、缓动等合并生成关键帧。它对动作的控制可以精确到每一帧。

19.3.3　"代码片段"面板

在新增的"代码片段"面板中，Flash CS5 预先建立了多个代码块，非专业程序员使用这些现成的代码块，即可轻松运用 ActionScript。使用"代码片段"面板可以添加能够影响行为的代码，添加能在时间轴中控制播放头移动的代码，也可以创建新的代码片段到面板中。

19.3.4　IK 反向运动

Flash CS5 延续了 CS4 中的骨骼工具，并进一步增强其功能。骨骼工具不仅可以控制元件的联动，更可控制单个形状的扭曲及变化。Flash CS5 中的骨骼工具新增的 IK 方式可用于建立 3D 动画的关节动作，创建出更加逼真的反向运动效果。

19.3.5　3D 变形

Flash CS5 使用新的 3D 变形工具，在 3D 空间内对 2D 对象进行动画处理。变形工具可以在 X、Y 和 Z 轴上进行动画处理，应用局部或全局旋转可以将对象或舞台旋转。

19.3.6　Deco 工具

Deco 工具是一种类似"喷涂刷"的填充工具，首次出现是在 Flash CS4 版本中，可以快速完成大量相同元素的绘制，制作复杂的动画效果。在 Flash CS5 中，Deco 工具增加了新的绘制效果，如"颗粒"、"树"、"火焰动画"、"闪电"等，为用户绘制图形及动画创作带来了许多便利。

19.3.7　增强的视频控制能力

在 Flash CS5 中，用户可以更轻松地向视频添加视频提示点，控制事件在视频中的特定时间触发。其中包括编码的提示点和 ActionScript 提示点两种。

19.3.8　基于 XML 的 FLA 源文件

Flash CS5 新增加的未压缩的 XFL 文件保存格式，是一种基于 XML 的开放式文件夹的方式。其中最重要的文件是 DOMDocument.xml，其内容包含所制作的 Flash 动画的全部信息，如时间轴，动作，运动路径等。借助 XFL 格式，不同的人员可以单独使用 Flash 文件的各个部分，还可以使用源控制系统对未压缩的 XFL 文件中的每个子文件进行查看或更改。作为协作项目，可以使多个设计人员和开发人员在大型项目上的合作更加轻松。

19.4　Flash CS5 的安装与卸载

19.4.1　运行环境需求

Flash CS5 的安装，对于 Windows 和 Mac 操作系统有不同的要求。

1. Windows 操作系统

（1）处理器：Intel Pentium 4 或 AMD Athlon 64 处理器。

（2）操作系统：Microsoft Windows XP（带有 Service Pack 2，推荐 Service Pack 3）；Windows Vista Home Premium、Business、Ultimate 或 Enterprise（带有 Service Pack 1）；Windows 7。

（3）内存：1GB 或更多。

（4）硬盘空间：安装需要 3.5GB 可用硬盘空间；安装过程中会需要更多的可用空间（无法在基于闪存的存储设备上安装）。

（5）显卡：1024×768 分辨率（推荐使用 1280×800 分辨率），16 位或更高的显卡。

（6）光驱：DVD-ROM 驱动器。

（7）多媒体功能：需要 QuickTime 7.6.2。

（8）网络：实现在线服务需要宽带 Internet 连接。

2. Mac OS

（1）处理器：Multicore Intel 处理器。

（2）操作系统：Mac OS X 10.5.7 或 10.6 版。

（3）内存：1GB 或更多。

（4）硬盘空间：安装需要 4GB 可用硬盘空间；安装过程中会需要更多的可用空间（无法在使用区分大小写的文件系统的卷或基于闪存的存储设备上安装）。

（5）显卡：1024×768 分辨率（推荐使用 1280×800 分辨率），16 位或更高的显卡。

（6）光驱：DVD - ROM 驱动器。

（7）多媒体功能：需要 QuickTime 7.6.2。

（8）网络：实现在线服务需要宽带 Internet 连接。

19.4.2 Flash CS5 的安装

确认系统配置达到 Flash CS5 的安装要求后，安装过程按照安装向导进行。

步骤 1：将 Adobe Flash CS5 安装盘放入光驱，自动进入"初始化安装程序"界面。初始化完成后，进入"欢迎使用"界面，如图 19 - 1 所示，在"显示语言"下拉列表中选择"简体中文"，单击"接受"按钮接受"软件许可协议"。

步骤 2：在"请输入序列号"界面输入产品序列号，如图 19 - 2 所示，在"选择语言"下拉列表中选择"简体中文"。若没有序列号，Adobe 公司提供了为期 30 天的试用版，单击"安装此产品的试用版"。单击"下一步"按钮。

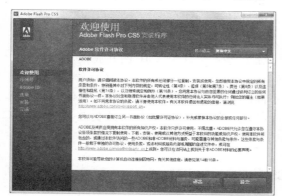

图 19 - 1　"欢迎使用"界面

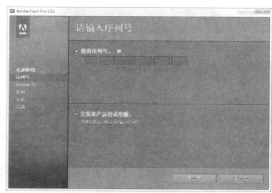

图 19 - 2　"请输入序列号"界面

步骤 3：在"输入 Adobe ID"界面中输入 Adobe ID 和密码，如图 19 - 3 所示。单击"下一步"按钮。

步骤 4：在"安装选项"界面选择所要安装的组件，设置安装路径（系统默认是 C：\ Program Files \ Adobe），单击"安装"按钮，软件就开始安装了，如图 19 - 4 所示。

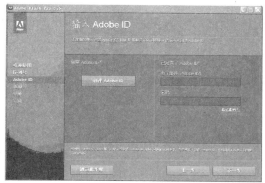
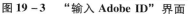

图 19 – 3　"输入 Adobe ID"界面

图 19 – 4　"安装选项"界面

步骤 5：进入"安装进度"界面，系统开始计算安装所需的时间，并将文件复制到计算机中，如图 19 – 5 所示。为保证安装的顺利进行，安装过程中，若有打开的应用程序，系统将提示关闭。

步骤 6：系软件安装完毕，将出现"谢谢"界面，单击"完成"按钮，即可完成安装如图 19 – 6 所示。

图 19 – 5　"安装进度"界面

图 19 – 6　完成安装界面

19.4.3　Flash CS5 的卸载

卸载 Flash CS5 之前，应关闭系统中正在运行的所有应用程序，然后执行下列操作之一：

（1）若是使用 Windows XP 操作系统，需打开 Windows 控制面板，双击"添加或删除程序"，单击选择"Adobe Flash Professional CS5"，单击"删除"按钮。

（2）在 Windows Vista 和 Windows 7 中，需打开 Windows 控制面板，双击"程序和功能"。选择选择"Adobe Flash Professional CS5"，单击"卸载"按钮。

19.5　Flash CS5 基市界面

19.5.1　欢迎屏幕

在 Windows 桌面上，执行"开始"→"程序"→"Adobe Flash Professional CS5"命令，启动 Flash CS5，显示欢迎界面，如图 19 – 7 所示。

（1）从模板创建：Flash CS5 提供的标准模板，包括"动画"、"范例文件"、"广告"、"横幅"、"媒体播放"、"演示文稿"等类别，用户可使用模板提供的文档进一步编辑，从而提高工作效率，也可以利用它们作为学习范例。

（2）打开最近的项目：单击该选项按钮，打开一个"打开"对话框，快速打开最近使用过的文档。

（3）新建：根据需要建立不同类型的文档。其中，单击"ActionScript 3.0"选项，可以新建一个脚本语言版本为 ActionScript 3.0 的 Flash 文档；单击"ActionScript 2.0"选项，可以新建一个 ActionScript 版本为 2.0 的 Flash 文档。

（4）扩展：单击该选项按钮，在浏览器中打开 Flash Exchange 页面，该页面提供了 Adobe 出品的众多软件的扩展程序、动作文件、脚本、模板等下载资源。

（5）学习：单击"学习"中的相关选项，可在浏览器中查看由 Adobe 公司提供的 Flash 学习课程。

此外，欢迎屏幕还提供了"快速入门"、"新增功能"、"开发人员"和"设计人员"的选项，用户可通过这些链接进一步了解 Flash。

19.5.2 "帮助"菜单项

Adobe 提供了描述 Flash CS5 软件功能的帮助文件。执行"帮助"→"Flash 帮助"命令或"帮助"→"Flash 支持中心"命令，可以连接到 Adobe 网站的帮助社区查看帮助文件，如图 19-8 所示。在 Flash 帮助文件中提供了大量的视频教程的链接地址，单击这些链接地址，可以在线观看由 Adobe 专家录制的各种 Flash 功能的演示视频。

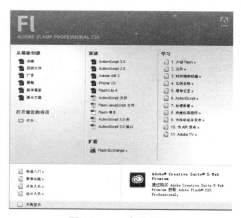

图 19-7　欢迎界面

图 19-8　"帮助社区"窗口

执行"帮助"→"产品注册"命令，可以在线注册。注册之后可以获取最新的产品信息、培训、简讯、Adobe 活动和研讨会的邀请函，以及获得附赠的安装支持、升级通知和其他服务。

Flash 单用户零售许可只支持两台计算机的安装。若需在第三台计算机上安装同一个 Flash，则必须在之前安装的某台计算机上，执行"帮助"→"取消激活"命令，取消激活该软件。

Adobe 会定期提供对软件的更新。在 Flash 中，执行"帮助"→"更新"命令，Adobe Application Manager 将会自动检查可供使用的更新，用户选择需要的选项，单击"下载并安装更新"即可。

19.5.3 环境参数

不同的用户有不同的使用习惯，设置适宜的环境参数会使 Flash 使用起来更加得心应手。

执行"编辑"→"首选参数"命令，弹出"首选参数"对话框，如图 19-9 所示，在对话框左窗格中选择要设置的类别，即可在右窗格中设置所需参数，单击"确定"按钮保存。

"首选参数"共有 9 类，其基本功能如下。

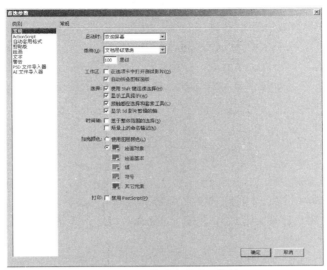

图 19 – 9 "首选参数"对话框

1. 常规

（1）启动时。在其下拉列表中可以设置启动 Flash 时执行的操作，包括"不打开任何文档"、"新建文档"、"打开上次使用的文档"、"欢迎屏幕"4 个选项，默认选项为"欢迎屏幕"。

（2）撤销。用于设置撤销的层技术，值越大，"历史记录"面板保存的记录越多。在其下拉列表中可以选择文档或对象层级撤销，"对象层级撤销"不记录某些操作，比如选择、编辑和移动库项目，创建、删除和移动场景等操作。

（3）工作区。选择"在选项卡中打开测试影片"，使得测试影片时不以弹出窗口方式打开影片，而是以选项卡窗口的方式打开。Flash 安装后，"自动折叠图标面板"默认是选中的，在打开已经折叠为图标的面板后，执行其他不在该面板的操作时，该面板会再折叠回图标状态。

2. ActionScript

用于设置 ActionScript 编辑器的使用习惯，如开启"自动大括号"、"自动缩进"、"代码提示"及编辑器中代码的字体、颜色和式样等。

3. 自动套用格式

在 Flash 编程时，自动套用格式可在此开启或关闭。

4. 剪贴板

设置剪贴板的属性，如"颜色深度"、"分辨率"，以及在内存中占用的大小等。

5. 绘画

用于设置钢笔、线条、形状、骨骼等相关参数。若在"钢笔工具"中选择"显示钢笔预览"，则在未创建线段端点前就能看到绘制的线条；选择"显示精确光标"后，钢笔工具会变成十字型指针 ✕，而不是默认的钢笔图标 ✎ₓ。

6. 文本

包括"字体映射默认设置"、"字体映射对话框"、"垂直文本"、"输入方法"、"字体菜单"等设置。

7. 警告

Flash 在用户执行危险性操作时，都会弹出一个"警告"对话框，在"警告"类别中可以设置 Flash 的某些警告是否显示。

8. PSD 文件导入器

用于设置如何导入 PSD 文件中的特定对象，以及指定将 PSD 文件转换为 Flash 影片剪辑，还可以设置 PSD 插图在 Flash 中的默认发布设置。

9. AI 文件导入器

用于设置 AI 文件导入时是否显示对话框，是否导入隐藏图层等，并对文本和路径的导入提供了详细的初始设置。

19.6　Flash CS5 工作区

启动 Flash CS5，新建一个 Flash 文档，进入 Flash 工作区，如图 19 – 10 所示。默认情况下，Flash 工作区显示菜单栏、舞台、时间轴、工具箱、"属性"面板及其他面板。在 Flash 工作过程中，可以打开、关闭、移动、停放和取消停放面板，以适应不同用户的使用习惯。

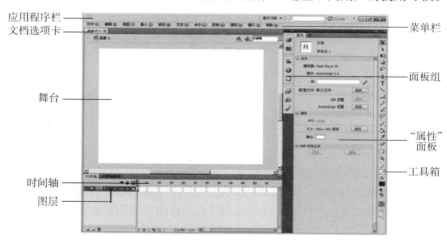

图 19 – 10　Flash 工作区

19.6.1　应用程序栏

与之前的版本相比，Flash CS5 工作区界面实用性更强，与 Adobe 其他软件的界面更加统一。应用程序栏中包含了工作区模式和搜索栏，还有 Adobe CS5 统一加入的 CS Live 在线服务栏。单击工作区模式按钮，用户可以选择不同的工作区模式，适应不同领域专业人员各自的操作特点，如图 19 – 11 所示。系统默认是"基本功能"模式。

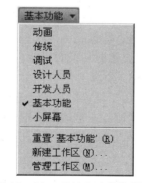

图 19 – 11　"基本功能"按钮

1. 动画
主要用于动画的制作及对实例对象的操作。

2. 传统
与 Flash CS3 的操作界面基本一样。

3. 调试
主要用于对动画，尤其是脚本进行后期的调试和优化。

4. 设计人员
主要用于对动画、实例对象的设计和创作。

5. 开发人员
主要用于开发 Flash 动画项目，包括制作动画和脚本开发。

6. 基本功能

主要用于绘图以及基本动画的制作。

19.6.2　菜单栏

Flash CS5 菜单栏包含"文件"等 11 个菜单项，集合了 Flash CS5 绝大多数命令，通过它们能够完成大部分的功能执行。

1. 打开菜单

菜单项后面的圆括号中带有下划线的英文字母，表示可以使用组合键"Alt + 英文字母"打开下拉菜单。如：　插入(I)，可以使用"Alt + I"打开"插入"下拉菜单。其中，带有黑色三角标记"▶"的命令表示包含扩展菜单，带有省略号"…"的表示将打开一个对话框。如果某一命令显示为灰色，表示该命令在当前状态下不可用。

2. 执行菜单中的命令

下拉菜单中，有的命令后面的圆括号中有一个带下划线的英文字母，表示在打开下拉菜单后，可以直接按该英文字母键执行此命令，如图 19 - 12 所示。如打开"插入"下拉菜单后，可直接按"Z"键创建补间形状。

有些菜单命令后标有快捷键，表示可以在不打开菜单的情况下直接使用。如：新建一个元件，可以使用"Ctrl + F8"快捷键，从而打开"创建新元件"的对话框。

3. 使用快捷菜单

在工作区的空白处或一个对象上单击鼠标右键，可以显示快捷菜单，提高工作效率。

19.6.3　文档选项卡

Flash CS5 允许同时打开多个文档，文档选项卡显示出已打开的文档名称。

1. 设置当前文档

设置当前文档，可以采用以下不同方法。

方法 1：单击某个文档选项卡，即可将该文档切换为当前文档。

方法 2：使用快捷键"Ctrl + Tab"，按排列顺序切换至所需选项卡时，松手即可。

方法 3：使用快捷键"Ctrl + Shift + Tab"，按逆序切换至所需选项卡时，松手即可。

2. 调整文档排列顺序

按住鼠标左键，拖动文档选项卡至适宜位置。

3. 移动文档

将鼠标指针指向任一文档选项卡，按住左键，将其拖出，该文档即成为浮动窗口。将鼠标指针指向浮动窗口的标题栏，按住鼠标左键，拖动至选项卡栏，出现蓝框时松开鼠标，该窗口又会放置在选项卡中。

19.6.4　舞台

工作区中较大的白色矩形称为舞台。与剧院中的舞台一样，Flash 中的舞台是播放影片时观众能够看到的区域。舞台中可以放置的对象包括矢量图形、文本、按钮、导入的位图或视频剪辑。

舞台四周的灰色区域称为粘贴板，编辑 Flash 文档时可以放置各种对象，但在影片播放时不会被观众看到。若只需查看舞台中的对象，可执行"视图"→"粘贴板"命令，取消该项的选择。

1. 更改舞台属性

新建的 Flash 文档，包含系统默认的舞台属性，若要更改，可以通过"属性"面板进行。

步骤 1：在"属性"面板下方，显示出系统默认的舞台大小为 550 × 400 像素，单击"编辑"按钮，打开"文档设置"对话框，如图 19 - 13 所示；

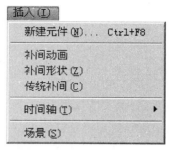

图 19-12 "插入"菜单

图 19-13 "文档设置"对话框

步骤 2：在"宽度"和"高度"文本框中输入新的像素尺寸，如 600×500 像素；

步骤 3：Flash 默认的舞台颜色为白色，单击"背景颜色"按钮，选择一种新的舞台颜色，如红色（#FF0000）；

步骤 4：单击"确定"按钮，舞台显示新的尺寸和颜色。

舞台颜色的设置也可在"属性"面板中单击 舞台：□ 按钮，重新设置。

2. 设置舞台显示比例

编辑 Flash 文档时，可以根据需要放大或缩小舞台显示比例，方法有以下 3 种。

方法 1：单击舞台右上方的"显示比例"下拉按钮，如图 19-14 所示，在下拉列表中选择显示比例，或直接在其文本框中输入显示比例，按回车键确定。舞台最小显示比例为 8%，最大显示比例为 2000%。

方法 2：执行"视图"菜单中的"放大"、"缩小"和 图 19-14 "显示比例"下拉列表

"缩放比率"命令。其中，在"缩放比率"命令中，"显示全部"可以显示当前帧的全部内容分，如图 19-15 所示；"显示帧"则是显示完整的舞台，如图 19-16 所示；"符合窗口大小"将使舞台充满整个应用程序窗口，隐藏滚动条。

图 19-15 "显示全部"示意图

图 19-16 "显示帧"示意图

方法 3：单击"工具箱"中的"缩放工具"按钮 🔍，将鼠标指针移至舞台，呈 🔍 显示，然后单击舞台，即可使舞台放大显示；若是按住 Alt 键，鼠标指针转换呈 🔍 显示，单击舞台，即可使舞台缩小显示。此外，在单击 🔍 后，也可直接在下方的选项栏中单击"放大"按钮 🔍 或"缩小"按钮 🔍，在舞台中单击，进行缩放。

3. 标尺

标尺、网格和辅助线是 3 种辅助设计工具，它们可以帮助用户精确地绘制和安排对象。使用标尺可以度量对象的大小比例，以便更精确地绘制对象。

（1）显示/隐藏标尺。执行"视图"→"标尺"命令，可以显示或隐藏标尺。显示在舞台上的是水平标尺，用来测量对象的宽度；显示在舞台左侧的是垂直标尺，用来显示测量对象的高度。舞台的左上角为标尺的零起点。

（2）更改标尺的度量单位。Flash CS5 允许使用的标尺单位是英寸、点、厘米、毫米和像素，默认是像素。执行"修改"→"文档"命令，弹出"文档设置"对话框，在"标尺单位"下拉列表中即可选择。

4. 网格

在动画制作过程中，借助网格可以方便地绘制规则的图形，并且可以提高图形的绘制精度，提高工作效率。

（1）显示/隐藏网格。执行"视图"→"网格"→"显示网格"命令，可以在舞台上显示或隐藏网格线，网格如图 19－17 所示。这些网格线只在文档编辑环境中起到辅助作用，在导出的影片中不会显示。

（2）编辑网格。执行"视图"→"网格"→"编辑网格"命令，可以打开"网格"对话框，如图 19－18 所示，在对话框中可以编辑网格的各种属性。

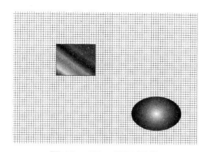

图 19－17　显示网格

图 19－18　"网格"对话框

5. 辅助线

用户在制作动画时，可以根据需要添加少量、精确的辅助线作为参考。

（1）添加辅助线。当标尺处于显示状态时，将鼠标指针指向水平标尺或垂直标尺，按住左键并拖动到舞台，即可创建水平辅助线或垂直辅助线。

（2）显示/隐藏辅助线。执行"视图"→"辅助线"→"显示辅助线"命令，或使用快捷键 Ctrl +；，即可显示或隐藏辅助线。

（3）移动辅助线。单击工具箱里的"选择工具"，鼠标指针呈 形状，将其指向辅助线并拖动，即可将辅助线移动到其他位置。

（4）锁定/取消锁定辅助线。执行"视图"→"辅助线"→"锁定辅助线"命令，设置对勾号"√"，即可锁定辅助线，使其无法移动。再次执行该命令，取消对勾号"√"，即可取消对辅助线的锁定。

（5）清除辅助线。拖动辅助线至水平标尺或垂直标尺，即可清除辅助线。若要清除舞台中所有已设置的辅助线，可执行"视图"→"辅助线"→"清除辅助线"命令。

（6）编辑辅助线。执行"视图"→"辅助线"→"编辑辅助线"命令，打开"辅助线"对话框，如图19－19所示，可以编辑辅助线的颜色，还可以选择"显示辅助线"、"贴紧至辅助线"和"锁定辅助线"，对辅助线

图 19－19　"辅助线"对话框

进行进一步设定。

19.6.5　时间轴

时间轴是 Flash 动画创作的核心部分，由图层、帧、和播放头组成，如图 19－20 所示。

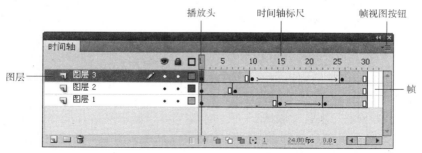

图 19－20　时间轴

（1）图层：图层如同叠加在一起的透明胶片，每个图层都包含独立的动画对象，在当前图层中绘制和编辑对象，不会影响其他图层。

（2）帧：帧是动画中的时间单位，影片的进度通过帧频控制。没有内容的帧以空心圆圈表示，有内容的帧则用实心圆圈表示，普通帧将延续前面关键帧的内容。

（3）播放头：播放头以红色矩形表示，下面连接一条红色的细线。拖动播放头，可以查看播放头经历之处的帧所形成的动画；也可以单击某帧，将播放头移动到该帧，该帧的内容就会显示在舞台上，以便查看或编辑。

19.6.6　"属性"面板

"属性"面板是设置文档属性的常用面板，它所显示的内容会因为用户所选择的工具或元件的不同而有所差异，因而也是动态面板。例如，没有选取任何内容时，"属性"面板中显示的是常规 Flash 文档的参数，包括舞台颜色和尺寸等；若是选取了舞台的某个对象，"属性"面板将会显示该对象的 x 和 y 坐标，以及它的宽度和高度等信息。

设置好文档属性是创作 Flash 动画的基础，文档的长宽大小、帧频和使用的脚本语言等都与文档属性有关，可以通过"属性"面板进行设置。

（1）文档：显示当前文档的文件名，文件名可以在保存文档时修改。

（2）发布：

●播放器：表示当前文档支持的播放器类型是 Flash Player 10。

●脚本：表示当前文档使用的脚本语言是 ActionScript 3.0。

●类：用于链接用户以创建的扩展名为 as 的文档类文件。

（3）属性：

●FPS：Frames Per Second，即帧频，表示每秒传输的帧数，默认值为 24。在 Flash 中，帧频越大，画面越细腻，但若过大，超出芯片的处理能力，也会出现动画播放不畅的问题。单击帧频，或将鼠标指针指向帧频，左右拖动，即可调整帧频。

●大小：当前舞台大小，单击"编辑"按钮即可重新设置。

●舞台：用于设置舞台的颜色，系统默认为白色，单击颜色按钮，可以设置新的舞台颜色。

●SWF 历史记录：用于显示在测试影片、发布和调试影片操作期间生成的所有 SWF 文件的大小，如图 19－21 所示，黄色三角形加感叹号的图标表示文件大小变化超过 50%。

图 19－21　SWF 历史纪录

19.6.7　工具箱

工具箱是位于工作区最右边的狭长面板，如图 19 – 10 所示，包含选择工具、绘图和文字工具、着色和编辑工具、导航工具，以及工具选项等。

1. 展开/折叠工具箱

单击工具箱顶部的■■或■■按钮，可以折叠或展开工具箱。

2. 单列/双列显示工具箱

系统默认工具箱显示为单列，拖动工具箱左边框，可设置为双列显示。

3. 移动工具箱

工具箱默认显示位置位于工作区最右边，按住鼠标左键，可将其拖动到任意位置。

4. 选择工具

单击工具箱中的工具按钮，即可选择该工具。在工具箱中，如果工具按钮右下角有黑色小三角，则表示该按钮是一个工具组，还有一些被隐藏的工具，按住鼠标左键，可以显示该组中的所有工具，选择所需工具即可，如图 19 – 22 所示。

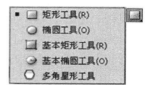

图 19 – 22　矩形工具组

19.6.8　面板

Flash CS5 包含了 20 多个面板，用于设置工具参数，以及执行编辑命令。常用面板包括"属性"面板、工具箱、时间轴、动画编辑器、"颜色"面板、"库"面板、"变形"面板等，默认情况下，面板以成组方式出现。

1. 打开面板

执行"窗口"下拉菜单中的相应命令，其前面显示对勾号时，则可打开相应面板。也可在面板组中单击某个面板，将其设置为当前面板。

2. 折叠/展开面板

单击面板组右上角的■■或■■按钮，可以折叠或展开面板。

3. 调整面板大小

将鼠标指针置于面板的左/右下角或边框，使鼠标指针呈双向箭头显示，即可调整面板大小。

4. 移动面板

将鼠标指针指向面板标签，按住鼠标左键，将其拖动到其他位置，即可将该面板从面板组中分离出来，成为浮动面板。

5. 组合面板

将鼠标指针指向面板标签，按住鼠标左键，将其拖动到另一面板标签旁边，出现蓝色边框时，松开鼠标左键即可组合为一个新的面板组。

6. 打开面板菜单

单击面板右上角的■■按钮，可以打开面板菜单，面板菜单包含了与当前面板有关的各种命令。

7. 关闭面板

单击浮动面板右上角的关闭按钮■，可以关闭面板，也可右击面板标签，在弹出的快捷菜单中选择"关闭"或"关闭组"。

19.6.9　自定义工作区

FLASH CS5 提供了 6 种预先设置的工作区布局供用户选择，包括动画、传统、调试、设计人员、开发人员和基本功能等。如果用户有自己的工作习惯和喜爱的风格，可以将面板重新布局，自定义 FLASH 工作区，打造一个属于自己的工作平台。

1. 新建工作区

调整好面板布局后，执行"窗口"→"工作区"→"新建工作区"命令，打开"新建工作区"对话框，在"名称"文本框中为新工作区命名，如图 19 – 23 所示。用户也可以在应用程序栏的工作区模式按钮中选择"新建工作区"命令设置。

图 19 – 23 "新建工作区"对话框

2. 选择工作区

执行"窗口"→"工作区"命令，在"工作区"级联菜单中选择用户自主定义的工作区名即可。用户也可以在工作区模式的下拉列表中选择所需的工作区。

3. 管理工作区

执行"窗口"→"工作区"→"管理工作区"命令，打开"管理工作区"对话框，如图 19 – 24 所示，选定某一工作区后，可以重新命名，或将其删除。用户也可以在工作区模式的下拉列表中选择"管理工作区"命令。

19.7 Flash CS5 文档的基本操作

19.7.1 新建文档

要制作 Flash 动画，首先必须新建一个文档，方法有以下两种：

方法 1：启动 Flash CS5 后，在"欢迎界面"选择新建文档的类型。

方法 2：启动 Flash CS5 后，在工作窗口执行"文件"→"新建"命令，或使用 Ctrl + N 组合键，打开"新建文档"的对话框，如图 19 – 25 所示。在"常规"或"模板"选项卡中选择新建文档的类型。

图 19 –24 "管理工作区"对话框

图 19 –25 "新建文档"对话框

19.7.2 保存文档

为了防止意外情况导致文档丢失，在制作 Flash 动画时，需要及时保存文档。

1. 保存方法

方法 1：执行"文件"→"保存"命令，或使用 Ctrl + S 组合键，打开"另存为"对话框，如图 19 – 26 所示，选择保存的位置和类型，并为文档命名，单击"保存"按钮即可。

已保存过的文件打开后，经过编辑修改，内容发生变化，需再次保存，才能将修改后的内容永久保存。保存方法与保存新建文档相同，只是不再弹出"另存为"对话框，系统直接使用原有文件名、在相同位置、以同样的文件类型保存，只是以新内容覆盖旧内容。

方法 2：执行"文件"→"另存为"命令，能够将当前文档用其他文件名保存，或保存到其他位置、保存为其他类型，而原有文档不会受到丝毫影响。

方法 3：执行"文件"→"另存为模板"命令，将打开"另存为模板"对话框，如图 19 – 27 所示，可将文档作为模板保存。

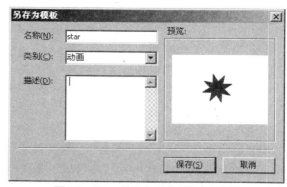

图 19-26　"另存为"对话框　　　　　图 19-27　"另存为模板"对话框

方法 4：执行"文件"→"全部保存"命令，可以保存所有打开的文档。

2. 保存类型

Flash CS5 默认的保存类型为 FLA，此外，其新增了类型 XFL。XFL 是未经压缩的格式，实际上是一个文件夹，使得其他开发人员无需在 Flash 应用程序中打开文档，就可以轻松地编辑文件或管理资源。例如，"库"面板中所有导入的图像都会保存在 XFL 格式内的 LIBRARY 文件夹中，可以编辑库中图像或用新图像代替它们，Flash 将自动在影片中进行替换操作。

19.7.3　关闭文档

不再使用 Flash 文档时，可将其关闭，以释放其占有的内存空间，但不退出 Flash CS5。可以使用以下方法。

方法 1：单击文档选项卡的关闭按钮■。

方法 2：执行"文件"→"关闭"命令，或使用组合键 Ctrl + W，可以关闭当前文档。

方法 3：执行"文件"→"全部关闭"命令，或使用组合键 Ctrl + Alt + W，可以关闭所有已打开的文档。

关闭 Flash 文档时，若文档尚未保存，系统将弹出一个对话框，询问用户是否保存文档。

19.7.4　打开文档

若要显示或编辑一个 Flash 文档，需要打开此文档，可以使用以下两种方法。

方法 1：执行"文件"→"打开"命令，或使用 Ctrl + O 组合键，在"打开"对话框中选择文档所在的位置、类型及文档，如图 19-28 所示。

图 19-28　"打开"对话框

方法 2：执行"文件"→"打开最近的文件"命令，选择列表中的文件即可。在 Windows 的"资源管理器"中，直接双击 Flash 文档打开。

第 20 章　图形的绘制

在 Flash 动画制作过程中，许多动画角色和图形都需要创作者手工绘制。每一位创作者都希望自己的作品生动有趣，具有活力和个性，这除了要求创作者具有一定的美术修养外，还需要具备熟练的操作技能，灵活运用 Flash 提供的绘图工具进行绘制。

在 Flash 中所有直接绘制出来的图形都是矢量图，通过带有方向的直线和曲线来描述图形。这种图形可以任意地缩放大小而不会对画质有任何影响，且完成的图形所占用的存储空间比位图要小得多。

20.1　使用绘图工具

20.1.1　铅笔工具

Flash 的每幅图形都开始于一种形状。形状通常由两个部分组成：笔触和填充。前者是形状的轮廓线，后者是形状里面的内容。笔触和填充是彼此独立的，可以移动、修改或删除其中一个，而另一个不会受到影响；若要编辑整个形状，应确保同时选择了笔触和填充。

使用铅笔工具可以绘制任意形状的矢量图形。单击工具箱中的铅笔工具按钮 ，将鼠标移动到舞台中时变为 ，按住鼠标左键随意拖动即可绘制任意直线和曲线，绘制方式与使用真实铅笔大致相同。在绘制线条时，按住 Shift 键可以绘制出水平或垂直方向的直线。

1. 铅笔工具的模式

选择了铅笔工具后，在工具箱下部出现"铅笔模式"选项按钮 ，单击该按钮，将出现 3 种不同模式，如图 20 - 1 所示。

（1）伸直：是铅笔工具的默认模式，具有很强的线条形状识别能力，能够将接近直线的线条自动拉直，将接近三角形、椭圆

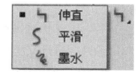

图 20 - 1　"铅笔模式"选项

形、矩形和正方形的形状转换为这些常见的几何图形。

（2）平滑：使用该模式绘制线条，可以自动平滑曲线，减少抖动造成的误差，从而明显地减少线条中的碎片，使线条更趋于流畅平滑。

（3）墨水：使用该模式绘制的线条就是绘制过程中鼠标所经过的实际轨迹，在很大程度上保持了实际绘制的线条形状。

2. 铅笔工具的属性

选择铅笔工具的同时，"属性"面板变化成如图 20 - 2 所示，在其中可以对要绘制的线条属性进行设置。

（1）笔触颜色 ：指使用铅笔工具绘制的线条颜色，单击该按钮，在弹出的颜色"样本"面板中选择所需的颜色，如图 20 - 3 所示，可以是纯色、渐变或位图填充，Alpha 值表示颜色的透明度。

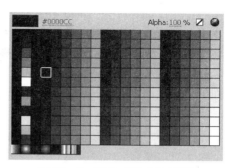

图 20 - 2 铅笔工具"属性"面板　　　　图 20 - 3 颜色"样本"面板

（2）笔触大小 ：设置线条的粗细，其值范围可以是 0.1～200 像素，默认为 1 像素。可以拖动滑块或直接在文本框内输入所需数值，数值越大，线条就越粗。

（3）样式：单击下拉按钮，可以设置线条的样式，共有 7 种，如图 20 - 4 所示。也可以单击右侧的"编辑笔触样式"按钮，在弹出的"笔触样式"对话框中对笔触做出更精细的设置，如图 20 - 5 所示。需要特别说明的是，样式中的"极细线"，无论舞台放大多少倍，始终显示 1 像素的粗细。

（4）缩放：限制笔触在 Flash 播放中的缩放。

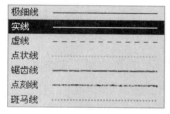

图 20 - 4 笔触样式　　　　图 20 - 5 "笔触样式"对话框

（5）端点：用于设置线段两端的类型，包括"无"、"圆角"和"方形"3 种，如图 20 - 6 所示。端点设置为"方形"和"圆形"的线段，两端增加的长度分别相当于笔触高度值的一半。

（6）接合：用于设置线段折转处的类型，有"尖角"、"圆角"和"斜角"之分，如图 20 - 7 所示。若是选择"尖角"，还可以进一步设置尖角的清晰度，其数值范围在 1～60 之间，数值越大，尖角就越尖锐。

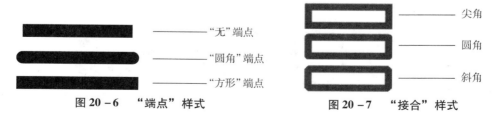

图 20 - 6 "端点"样式　　　　图 20 - 7 "接合"样式

（7）平滑：选择"平滑"模式绘图时，该文本框被激活，可在此对平滑度进行精确设置，数值为 0～100。

3. 对象绘制

在 Flash 中使用绘图工具绘制图形，当形状和线条叠加时，容易出现互相切割的现象，使用工具箱中"绘制对象"按钮,可以用于绘制互不干扰的图形。单击该按钮将其激活,绘制的图形将作为一个整体对象,而不是分解的形状,且有蓝色框线显示。当多个图形叠加时,每个图形都将保持各自的独立和完整。

以铅笔工具绘制水平与垂直相交线段为例,非"对象绘制"时,垂直线段被分解成上下两部分,而"对象绘制"则保持垂直线段的完整性,如图20-8所示。

20.1.2 刷子工具

在 Flash 中,刷子工具  与铅笔工具十分相似,都可以绘制不同形状的线条,但不同的是,使用刷子工具所绘制的形状是被填充的。在刷子工具"属性"面板中,只能设置填充颜色,不能设置笔触颜色,利用这一特性,可以制作出类似书法等特殊效果。

选择刷子工具后,工具箱下面显示对象绘制、刷子模式、刷子大小、刷子形状和锁定填充等选项,如图20-9所示。

图20-8 非"对象绘制"与"对象绘制"十字图形

对象绘制 —————— 锁定填充
刷子模式 —————— 刷子大小
刷子形状 ——————

图20-9 刷子工具的选项按钮

1. 对象绘制

只在刷子模式为"标准绘画"时有效,其他刷子模式下,对象绘制不起作用。

2. 刷子模式

包含5种模式。单击该按钮,显示如图20-10所示。

(1)标准绘画:可以直接涂抹线条或填充。

(2)颜料填充:对填充区域或空白区域涂色,不影响线条。

(3)后面绘画:只涂抹空白区域,填充区域和线条不受影响。

(4)颜料选择:可以涂抹已经选择的区域,其他区域不受影响。

(5)内部绘画:若刷子工具起始于填充区域,则对填充区域涂色,线

图20-10 刷子模式

条及线条外区域不受影响;若刷子工具起始于空白区域,则对空白区域涂色,不影响填充区域。

分别使用不同的刷子模式,在舞台中绘制图形,效果如图20-11所示。

标准绘画　　颜料填充　　后面绘画　　颜料选择　　内部绘画

图20-11 不同刷子模式的绘图效果

3. 刷子形状

单击该按钮,在下拉列表中,可以选择不同的刷子形状,如图20-12所示。

4. 刷子大小

单击该按钮，在下拉列表中，有 8 种不同大小的刷子可供选择，如图 20 – 13 所示。

图 20 – 12　刷子形状　　　　图 20 – 13　刷子大小

5. 锁定填充

锁定填充的状态将会影响渐变色和位图填充的区域范围。当选择锁定填充时，所有用这种渐变色或位图填充的图形会被看做是一个整体，而取消选择时，这些图形是独立填充的。

以刷子工具绘制直线段为例，将填充颜色设置为渐变色后，未激活锁定填充时，每条绘制的线段都独立使用填充色，而激活锁定填充后，绘制的所有线段共同使用同一填充色，如图 20 – 14 所示。

20.1.3　钢笔工具

使用钢笔工具，能够绘制精确的路径，可以调整直线段的长度和角度，以及曲线段的斜率。

1. 设置钢笔工具首选参数

使用钢笔工具之前，可以根据不同的需要选择钢笔的现实状态。

执行"编辑"→"首选参数"命令，在弹出的"首选参数"对话框的"类别"中选择"绘画"，其中"钢笔工具"选项如图 20 – 15 所示。

图 20 – 14　锁定填充的不同状态

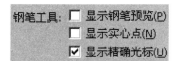

图 20 – 15　"钢笔工具"选项

（1）显示钢笔预览：选择该选项，在绘图过程中，创建线段终点之前，可以直接预览线段。

（2）显示实心点：选择该选项，将选定的锚点显示为空心点，并将取消选定的锚点显示为实心点。若未选择该选项时，则是将选定的锚点显示为实心点，将取消选定的锚点显示为空心点。

（3）显示精确光标：选择该选项，钢笔工具指针以十字指针的形式出现，而不是以默认的钢笔工具图标的形式出现，这样可以提高线条的定位精度。取消该选项会显示默认的钢笔工具图标。

使用钢笔工具绘图时，按 Caps Lock 键可在十字指针和默认的钢笔工具图标之间进行切换。

2. 使用钢笔工具

选择钢笔工具后，可在"属性"面板中选择笔触颜色、笔触高度、笔触大小和样式等。绘制线段，需要创建锚点，以便确定线段的长度和方向，方法如下：

步骤 1. 按住钢笔工具按钮 ，选择钢笔工具，在舞台上单击确定线段起始锚点。

步骤 2. 确定线段的终点，有以下 3 种不同的方式：

（1）单击舞台另一位置，可以确定直线段终点。

（2）按住 Shift 键单击，可以将线段按倾斜角度为 45°的倍数绘制。

（3）在舞台其他位置按住鼠标左键并拖动，将会出现曲线的切线手柄，其长度和斜率决定了曲线段的形状，此时释放鼠标，即可绘制曲线段。

步骤 3. 按住 Ctrl 键，在其他地方单击，或按 Esc 键，结束路径绘制。

3. 调整锚点

（1）调整锚点位置。选择工具箱中部分选取工具后，单击路径，能够显示路径和路径上的锚点。拖动路径上的锚点，可以调整曲线的长度和角度。也可以单击选定需要调整的锚点，通过键盘上的光标移动键调整。

（2）增、删锚点。使用钢笔工具在线段上任意一点进行单击，可以添加锚点，也可以在工具箱中按住钢笔工具按钮，选择"添加锚点工具" ，然后在线段中单击，添加锚点。

删除锚点，可以选择不同方法。在工具箱中按住钢笔工具按钮，选择"删除锚点工具" ，在需要删除的锚点上单击，可以删除锚点。此外，使用工具箱中部分选取工具，单击选定需要删除的锚点，按 Delete 键，也可以删除锚点。

适当删除曲线路径上不必要的锚点，可以优化曲线并改变 Flash 文件的大小。

（3）转换锚点。锚点有平滑点、直角点、曲线角点及组合角点 4 种类型。直角点是两条直线的交点，没有控制柄；平滑点有两个相关联的控制柄，改变一个控制柄的角度，另一个也会变化，而改变一个控制柄的长度则不会影响另一个；曲线角点是两条不同的曲线段在一个角交汇处的锚点，这样的锚点也有两个控制柄，但是两者之间没有任何联系，它们分别控制曲线角点两边的不同曲线；组合角点是曲线和直线的焦点，只有一个控制曲线的手柄，不同类型的锚点如图 20 - 16 所示。

单击转换锚点工具 ，在非平滑点上按住鼠标左键拖动，可以将该锚点转换为平滑点；反之，在非直角点上单击，则可以将该锚点转换为直角点。

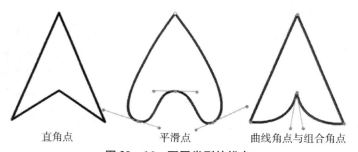

直角点　　　　　　平滑点　　　　曲线角点与组合角点

图 20 - 16　不同类型的锚点

20.2　使用几何形状工具

20.2.1　矩形工具与基本矩形工具

1. 矩形工具

单击工具箱中的矩形工具按钮 ，在舞台中按住鼠标左键拖动，即可绘制矩形；若在拖动鼠标同时按住 Shift 键，可以绘制正方形。绘制矩形时，按住 Alt 键，将以鼠标拖动起点为中心绘制矩形；同时按住 Alt 和 Shift 键，可以绘制以鼠标拖动起点为中心的正方形。

　　此外，选择矩形工具后，按住 Alt 键，在舞台上需要绘制矩形的地方单击，将打开"矩形设置"对话框，如图 20 – 17 所示，在此可以精确设置矩形宽度和高度。

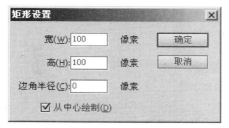

图 20 – 17　"矩形设置"对话框

　　矩形由"笔触"和"填充"两部分构成，如图 20 – 18 所示，其参数设置可在"属性"面板中进行，如图 20 – 19 所示。

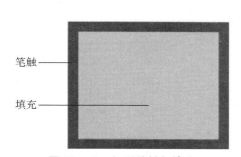

图 20 – 18　矩形笔触与填充

图 20 – 19　矩形工具"属性"面板

　　（1）笔触颜色 ![icon]：设置矩形的笔触颜色。
　　（2）填充颜色 ![icon]：设置矩形的填充颜色。
　　（3）笔触：设置笔触高度。默认值为 1 像素，拖动滑动条上的滑块，可以调整笔触高度，也可以直接在文本框中输入数值。
　　（4）样式：设置笔触样式。可以单击下拉箭头，在下拉列表中选择；也可以单击右侧的"编辑笔触样式"按钮 ![icon]，在弹出的"笔触样式"对话框中设置。
　　（5）缩放：限制笔触在 Flash 播放器中的缩放。
　　（6）端点：设置矩形端点样式，有"无"、"圆角"、"方形" 3 种样式。
　　（7）接合：设置两条直线的接合方式，包含"尖角"、"圆角"、"斜角" 3 种样式。
　　（8）矩形选项：设置矩形的边角半径，取值范围是 – 100 ~ 100，默认值为 0，创建的是直角。值越大，矩形的边角钝化程度越高；值为负数时，边角向内凹陷，如图 20 – 20 所示。默认情况下，4 个角的边角半径设置为相同值，单击锁按钮 ![icon]，解锁后，可以分别对每个角单独设置边角半径。设置边角半径，可以使用滑块，或直接输入数值。单击"重置"按钮，边角半径恢复为默认设置。

　　2. 基本矩形工具
　　按住矩形工具按钮，选择基本矩形工具 ![icon]，使用方法与矩形工具相同，但绘制的矩形是一个整体对象，四角有控制柄，如图 20 – 21 所示。绘制完成后，使用选择工具，拖动控制柄，可以调整边角半径，也可以在"属性"面板中重新设置相关参数。

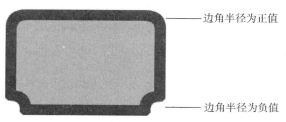

图 20-20 矩行的边角半径

图 20-21 基本矩形

20.2.2 椭圆工具与基本椭圆工具

1. 椭圆工具

按住矩形工具按钮，能够选择椭圆工具。在舞台中按住鼠标左键拖动，即可绘制椭圆；若在拖动鼠标同时按住 Shift 键，可以绘制正圆形。绘制椭圆时，按住 Alt 键，将以鼠标拖动起点为中心绘制椭圆；同时按住 Alt 和 Shift 键，可以绘制以鼠标拖动起点为中心的正圆形。

此外，选择椭圆工具后，按住 Alt 键，在舞台上需要绘制矩形的地方单击，将打开"椭圆设置"对话框，如图 20-22 所示，在此可以精确设置椭圆的宽度和高度。

在"属性"面板中可以设置相关参数，如图 20-23 所示。

图 20-22 "椭圆设置"对话框

图 20-23 椭圆工具"属性"面板

（1）开始角度与结束角度：用于指定椭圆的起始点和结束点的角度。拖动滑块或在文本框中输入角度值，可以轻松地绘制扇形、半圆等形状，如图 20-24 所示。

（2）内径：用于设置椭圆的内径。拖动滑块或在文本框中输入内径值，范围为 0~99，表示删除椭圆填充的百分比，如图 20-25 所示。

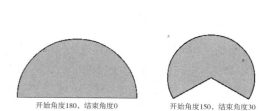

图 20-24 开始角度与结束角度示意图

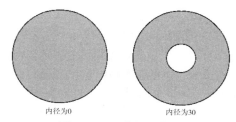

图 20-25 内径示意图

（3）闭合路径：用于确定椭圆内径是否闭合。选择该项，路径闭合，否则为开放。若为开放路径，且未应用填充，则绘制的图形仅有笔触，如图 20-26 所示。

2. 基本椭圆工具

按住矩形工具按钮，选择基本椭圆工具，使用方法与椭圆工具相同，但绘制的椭圆是一个整体对象。绘制完成后，使用选择工具，拖动控制柄，可以调整开始角度、结束角度，以及内经，如图 20 - 27 所示，也可以在"属性"面板中重新设置相关参数。

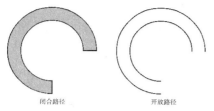

闭合路径　　　　　开放路径

图 20 - 26　路径闭合状态

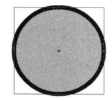 

图 20 - 27　基本椭圆调整前后

20.2.3　多角星形工具

利用多角星形工具，可以绘制多边形和星形。按住矩形工具按钮，选择多角星形工具 ，在舞台中按住鼠标左键并拖动，默认绘制正五边形。

在"属性"面板中可以修改相关参数。单击"工具设置"中的"选项"按钮，将弹出"工具设置"对话框，如图 20 - 28 所示。

（1）样式：用于设置多角星形的样式，有"多边形"与"星形"两个选项。

（2）边数：设置多边形的边数或星形的顶点数，取值范围为 3 ~ 32。

（3）星形顶点大小：设置星形的锐化程度。取值范围为 0 ~ 1，值越小，锐化程度越深。该项设置对多边形无效。

不同参数的设置效果如图 20 - 29 所示。

图 20 - 28　"工具设置"对话框

图 20 - 29　不同参数的设置效果示例

20.2.4　线条工具

单击选择线条工具按钮 ，在舞台中按住鼠标左键拖动，即可绘制直线，若是同时按住 Shift 键，则可以绘制 45°角倍数的线条，如水平、垂直线条。

在"属性"面板中可以设置线条的参数，其设置方式与铅笔工具基本一致，不再赘述。需要说明的是，在默认情况下，线条工具不支持填充颜色的使用，但在选中线条之后，执行"修改"→"形状"→"将线条转化为填充"命令，则可激活填充颜色按钮，从而对线条进行颜色填充，如图 20 - 30 所示。

图 20 - 30　将线条转化为填充

20.3 使用选择工具

20.3.1 选择工具

使用选择工具，可以选择需要编辑的对象、移动复制对象，或对对象进行变形处理。

1. 选择对象

如果需要选择的对象是笔触、填充、组、实例或文本块，则可以单击该对象；如果需要选择的对象是连接线，则双击其中一条，即可选中整条连接线；如果需要选择的对象是由笔触和填充构成的形状，则需双击填充。此外，拖动鼠标形成选取框，则选取框中的内容即为选择的对象；执行"编辑"→"全选"命令，或使用快捷键 Ctrl + A，可以选择工作区中所有对象。各选择结果如图 20 - 31 所示。选择对象之后，可在对象之外单击或按 Esc 键取消选择。

选择线条　　选择填充　　选择连接线　　框选对象　　选择全部

图 20 - 31　不同选择结果

选择对象时，按住 Shift 键连续单击，则可以选择多个对象，称为"加选"。若是已经选择了多个对象，再次按住 Shift 键，可以将单击的对象取消，称为"减选"。

2. 移动、复制对象

选择对象后，将鼠标指针指向对象，按住鼠标左键拖动，可以将对象移动到适当的位置；若是按住 Alt 键并拖动，则可以将已选择的对象复制到需要的地方。

3. 变形操作

若要将直线修改为曲线，使用选择工具选择线条后，将鼠标指针指向线条中任一点，使其呈形状，拖动鼠标即可，如图 20 - 32 所示；若是将鼠标指针指向线条中任一点时，按住 Ctrl 键并拖动，鼠标指针呈显示，可以在曲线上创建新的直角点或曲线角点；若将鼠标指针指向线条端点，使其呈形状，拖动鼠标，则可延长或缩短该线条，如图20 - 33 所示。

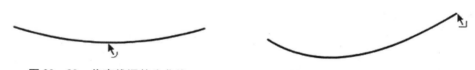

图 20 - 32　将直线调整为曲线　　　　　　图 20 - 33　延长或缩短线条

4. 贴紧对象

使用选择工具选择并移动对象时，可以应用贴紧功能来使对象之间贴紧，或者使对象与网格、辅助线对齐。

（1）按钮操作。单击"选择工具"按钮，工具箱下面有一个"贴紧至对象"按钮，便于贴紧对象。当拖动一个对象移动时，指针下面会出现一个黑色的小圆环，即贴紧环，移动该对象至另一对象的贴紧距离时，小圆环会变大，两个对象自动贴紧。制作动画时，若要将形状与运动路径贴紧，该功能凸显重要。需要注意的是，若要在贴紧时更好地控制对象位置，可以从对象的转角或中心点开始拖动。

（2）菜单命令。执行"视图"→"贴紧"→"贴紧至对象"命令，也可以使两个对象在达到贴紧距离时，自动贴紧。

贴紧方式有多种，执行"视图"→"贴紧"→"编辑贴紧方式"命令，可以打开"编辑
贴紧方式"对话框，如图 20 - 34 所示。

图20 - 34　"编辑贴紧方式"对话框

● 贴紧对齐：将对象拖动到指定的贴紧对齐容差位置时，舞台上将出现提示线。
● 贴紧至网格：当移动对象到网格指定容差距离时，对象与网格自动贴紧。
● 贴紧至辅助线：当移动对象到辅助线指定容差距离时，对象与辅助线自动贴紧。
● 贴紧至像素：对象以像素为单位移动。当舞台显示比率设置为 400% 或更高的时候，才
会出现像素网格。
● 舞台边界：用于设置对象和舞台边界之间的贴紧对齐容差。
● 对象间距：用于设置对象的水平或垂直边缘之间的贴紧对齐容差。

20.3.2　部分选取工具

利用部分选择工具 可以对路径上的锚点进行选取和编辑。

1. 调整曲线

选择工具箱中的部分选择工具后，单击路径，能够显示路径及路径上的锚点，此时锚点呈
空心显示。单击锚点，该锚点呈实心显示，且该锚点及相邻锚点显示控制柄。拖动控制柄，即
可改变锚点两边曲线的弧度，如图 20 - 35 所示。若是按住 Shift 键，控制柄将以 45°的倍数调
整方向；若是按住 Alt 键，可以单独拖动一侧控制柄，从而调整一边曲线的弧度。

2. 调整直线

选择直线路径后，拖动直线上的锚点，能够改变直线的长度和方向，如图 20 - 36 所示。
此外，还可以使用键盘上的方向键→、←、↑、↓对锚点位置进行微调。

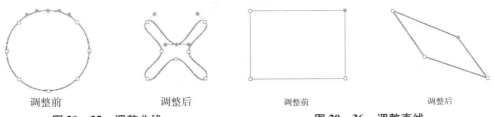

调整前　　　　　　　　调整后　　　　　　　　　　调整前　　　　　　　　调整后
图 20 - 35　调整曲线　　　　　　　　　　图 20 - 36　调整直线

3. 平滑和伸直

在 Flash 中，让线条平滑和伸直，可以减少线条路径的锚点数，使图形更加美观。

（1）伸直线条。在 Flash 中，若要将线条调整伸直，可以使用选择工具选择线条，然后单击
工具箱下面的"伸直"按钮 。该项功能可以多次使用，线条将更加趋向直线，如图 20 - 37
所示。

此外，还可以执行"修改"→"形状"→"高级伸直"命令，将弹出"高级伸直"对话框，如图 20-38 所示，通过修改"伸直强度"数值调整线条。

图 20-37　"伸直"前后比对　　　　图 20-38　"高级伸直"对话框

（2）平滑线条。在舞台上绘制图形，有时很难一次达到满意结果，线条出现抖动，不够连贯，使用"平滑"功能可以解决这个问题。

使用选择工具选择需要调整的线条，多次单击工具箱下面的"平滑"按钮，直到满意为止，如图 20-39 所示。

此外，还可以执行"修改"→"形状"→"高级平滑"命令，将弹出"高级平滑"对话框，如图 20-40 所示，通过修改"平滑强度"值调整线条。

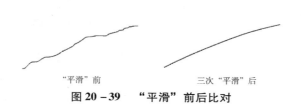

图 20-39　"平滑"前后比对　　　　图 20-40　"高级平滑"对话框

4. 优化曲线

Flash 的优化曲线功能，不仅能使曲线变得更加平滑，而且可以减少线条数量，从而缩小文件的存储空间，使文件发布更为顺畅。

以图 20-41 所示螺旋线优化为例。

步骤 1. 选择螺旋图形。

步骤 2. 执行"修改"→"形状"→"优化"命令，弹出"优化曲线"对话框，如图 20-42 所示，拖动或双击"优化强度"值，进行调整，其取值范围介于 0~100 之间。单击"确定"按钮。

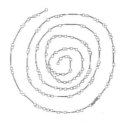

图 20-41　螺旋线原图　　　　图 20-42　"优化曲线"对话框

步骤 3. 弹出的对话框显示出优化曲线后的结果，如图 20-43 所示，再次单击"确定"按钮，最终螺旋线效果如图 20-44 所示。

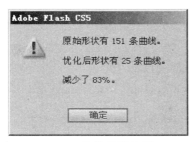
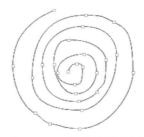

图 20 – 43　优化曲线结果显示　　　　图 20 – 44　螺旋线优化图

5. 扩展和柔化

（1）扩展填充。选择一个图形，执行"修改"→"形状"→"扩展填充"命令，弹出"扩展填充"对话框，如图 20 – 45 所示，在"距离"文本框中输入像素值，并选择方向，"扩展"能够放大图形，"插入"能够缩小图形。该命令在没有笔触的图形上使用效果最佳。

（2）柔化填充边缘。选择一个图形，执行"修改"→"形状"→"柔化填充边缘"命令，弹出"柔化填充边缘"对话框，如图 20 – 46 所示。其中：

图 20 – 45　"扩展填充"对话框　　　图 20 – 46　"柔化填充边缘"对话框

● 距离：表示柔化边缘的宽度，单位是像素。

● 步长数：控制用于柔边效果的曲线数，步长数的值越大，效果就越平滑，也会使文件变大。

● 方向：用于控制柔化边缘时，图形是放大还是缩小。"扩展"为放大图形，"插入"为缩小图形。

图形柔化边缘前后效果如图 20 – 47 所示。

图 20 – 47　柔化边缘前后对比

第 21 章　应 用 颜 色

21.1　"样本"面板

"样本"面板用于存储颜色。执行"窗口"→"样本"命令，或使用快捷键 Ctrl + F9，可以打开"样本"面板，如图 21 - 1 所示。单击某种色样，可以选择该颜色；单击面板右上角的 按钮，能够弹出下拉菜单，如图 21 - 2 所示，选择相应菜单项，可以对色样进行复制、删除、添加、替换等操作。

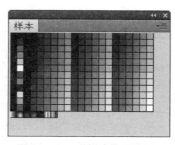

图 21 - 1　"样本"面板图　　　　图 21 - 2　"样本"面板下拉菜单

（1）直接复制样本：系统自动复制当前选定的色样。

（2）删除样本：删除当前选定的色样。

（3）添加/替换颜色：单击该菜单项，将打开"导入色样"对话框，选择需要添加或替换的颜色，添加到面板或替换选定的色样。

（4）加载默认颜色：将改变的"样本"面板恢复到默认状态。

（5）保存颜色：单击选择该菜单项，将弹出"导出色样"对话框，选择保存位置后，将色样保存。

（6）保存为默认值：将当前的面板保存为默认的调色板。

（7）清除颜色：删除颜色，仅保留黑色、白色和黑白渐变色。

（8）Web 216 色：将当前面板切换到 Web 调色板，即"样本"面板的初始设置。

（9）按颜色排序：根据色调排列颜色。

21.2　"颜色"面板

利用"颜色"面板，可以在 RGB 或 HSB 模式下选择颜色，还可以通过设置 Alpha 值来定义颜色的透明度。

执行"窗口"→"颜色"命令，或使用快捷键 Alt + Shift + F9，可以打开"颜色"面板，如图 21 - 3 所示。单击 按钮，可以设置笔触颜色，单击 按钮，可以设置填充颜色，单击 按钮，可以恢复到系统默认的黑色笔触和白色填充，单击 按钮，可以将笔触或填充设置为无色，单击 按钮，可以交换笔触和填充的颜色。

单击面板中的"颜色类型"下拉箭头，在弹出的下拉列表中包含 5 个选项，如图21 - 4 所示，用以设置笔触或填充颜色类型。

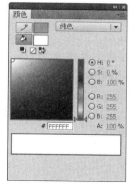

图 21 - 3　"颜色"面板　　　图 21 - 4　颜色类型

（1）无：选择"无"，表示将笔触或填充设置为无色。

（2）纯色：选择"纯色"，表示将笔触或填充设置为单一颜色。

对于 RGB 模式，可以单击或拖动 R（红色）、G（绿色）、B（蓝色）颜色值进行调整，R、G、B 的取值范围是 0～255；对于 HSB 模式，可以单击或拖动 H（色相）、S（饱和度）、B（亮度）值进行调整，H 的取值范围是 0°～360°，S 和 B 的取值范围是 0%～100%。

A（Alpha）值表示颜色的不透明度，取值范围介于 0%～100% 之间，其中 0% 表示完全透明，100% 表示完全不透明，单击或拖动 A 值，均可以调整不透明度。

"#"后面的文本框，用以显示或设置颜色的十六进制值，由 6 个十六进制的字符构成。其中前两个字符表示红色 R 的值，中间两个字符表示绿色 G 的值，最后两位表示蓝色 B 的值，如：FFFFFF 表示 R、G、B 的值均为 255，因此当前颜色是白色。

（3）渐变：表示一种颜色向另一种颜色的转变是逐渐进行、平滑过渡的，可以是多种颜色的渐次变化，Flash CS5 允许多达 15 种颜色的渐变。渐变有线性渐变和径向渐变两种模式。

（4）线性渐变：线性渐变是沿着一条直线进行颜色变化的方式。选择线性渐变后，"颜色"面板如图21 - 5 所示。

（5）"流"：可以设置超出线性或径向渐变范围时颜色的应用方式。其中，"扩展颜色"按钮██为默认方式，将最后一种颜色应用于渐变末端之外；"反射颜色"按钮██，利用反射镜效果方式，将渐变颜色填充到形

图 21 - 5　选择线性渐变的"颜色"面板

状，即从初始颜色渐变到最末颜色，然后以相反顺序从最末颜色渐变到初始颜色，再从初始颜色渐变到最末颜色，直到所选形状填充完毕；"重复颜色"按钮██，表示从初始颜色到最末颜色重复渐变，直到所选形状填充完毕。

（6）线性 RGB：选择该项，可以创建兼容 SVG（可伸缩的矢量图形）的线性或径向渐变。

（7）渐变编辑区：如图 21 - 6 所示，在此可以添加或删除色标，以及调整色标的位置或颜色。将鼠标指针指向渐变编辑区，呈▣显示，单击鼠标，即可以添加新的色标，如图 21 - 7 所示；拖动色标，可以调整其位置；向下拖动色标，可以删除该色标；单击或双击色标，可以调整其颜色。

图 21 - 6　渐变编辑区

图 21 - 7　添加颜色色标

（8）径向渐变：径向渐变是从中心等半径放射呈现的颜色渐变，使用方法与线性渐变相同。

（9）位图填充：位图填充是将指定的位图应用到笔触或填充。

在颜色类型中选择"位图填充"，如果在此前没有导入过位图，此时会直接弹出"导入到库"对话框，在此对话框中选择所需位图，单击"打开"按钮，即可将指定位图导入到"颜色"面板中。导入一个位图之后，若还需导入其他位图，单击"位图填充"下面的"导入"按钮，弹出"导入到库"对话框，再次选择即可。

各填充结果如图 21 - 8 所示。

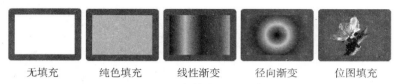

　　无填充　　　　纯色填充　　　　线性渐变　　　　径向渐变　　　　位图填充

图 21 - 8　各填充结果示意图

21.3　创建笔触和填充颜色

Flash CS5 中的图形由笔触和填充组成，若要调整图形颜色，需分别调整笔触和填充颜色。

21.3.1　"工具"面板中的"笔触颜色"和"填充颜色"控件

使用工具箱中的"笔触颜色"和"填充颜色"控件，如图 21 - 9 所示，可以方便快捷地为图形创建笔触颜色和填充颜色。

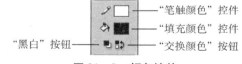

图 21 - 9　颜色控件

单击"笔触颜色"或"填充颜色"控件，弹出"样本"面板，如图 21 - 10 所示，选择需要的颜色，在舞台上拖动鼠标，即可按选择的笔触和填充颜色绘制图形。

单击"黑白"按钮，可以恢复到系统默认的黑色笔触和白色填充，单击"交换颜色"按钮，可以使笔触和填充的颜色相互交换。

"样本"面板右上角是"自定义颜色"按钮，单击该按钮可以打开"颜色"对话框，如图 21 - 11 所示，便于用户进一步设置所需颜色。

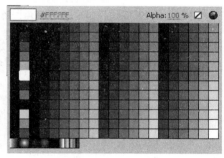

图 21 - 10　"样本"面板

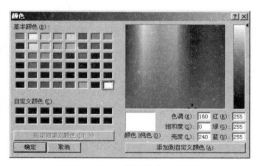

图 21 - 11　"颜色"对话框

21.3.2　"属性"面板中的"笔触颜色"和"填充颜色"控件

在"属性"面板中也可以使用"笔触颜色"和"填充颜色"控件。当使用绘图工具时，如"铅笔"工具、"矩形"工具，"属性"面板中将显示"笔触颜色"和"填充颜色"控件，在此可以设置笔触颜色和填充颜色，方法与工具箱中的方法相同。

21.4　修改笔触和填充颜色

21.4.1　墨水瓶工具

使用"墨水瓶工具"，可以给图形添加轮廓，或者改变图形的线条颜色、笔触高度等属性。

按住工具箱中的"颜料桶工具"按钮，选择"墨水瓶工具"  ，单击工具箱下面的"笔触颜色"控件，选择需要的颜色，也可在"属性"面板中进一步设置笔触大小、样式等，然后在舞台中单击需要添加或修改的图形的笔触。图 21 – 12 所示为笔触添加前后示意图。

图 21 – 12　笔触添加前后示意图

21.4.2　颜料桶工具

使用"颜料桶工具"不仅可以填充颜色，还可以对已填充的颜色进行修改，填充的颜色可以是纯色，也可以是渐变色和位图。单击工具箱中的"颜料桶工具"按钮 ，在"填充颜色"控件或"颜色"面板中选择颜色，然后在需要填充的区域中单击鼠标左键即可。

选择"颜料桶工具"后，在工具箱下面将出现"空隙大小"和"锁定填充"两个选项，如图 21 – 13 所示。

"空隙大小"选项有四种，如图 21 – 14 所示，分别是"不封闭空隙"、"封闭小空隙"、"封闭中等空隙"和"封闭大空隙"，用来填充有空隙的图形。

需要说明的是，这里所指的空隙是指较小的空隙，否则，不能填充。

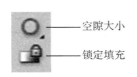

图 21 –13　"颜料桶工具"选项

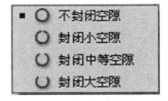

图 21 –14　"空隙大小"选项

21.4.3　渐变变形工具

"渐变变形工具"可以调整填充的中心、大小和方向，使填充产生变形。

1. 调整渐变填充

按住"任意变形工具"按钮 ，在列表中选择"渐变变形工具" ，单击已有的渐变填充，将出现渐变编辑边框及控制手柄，如图 21 – 15 所示。其中左边图形显示的是线性渐变编辑边框及控制手柄，右边图形显示的是径向渐变编辑边框及控制手柄。

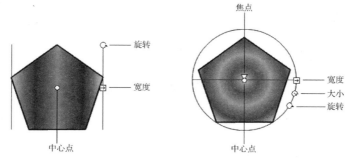

图 21 – 15　渐变编辑边框及控制手柄

（1）中心点：是渐变填充的中心，呈圆形显示。将鼠标移至中心点，呈十字形状，拖动中心点，可以调整渐变中心。

（2）旋转：将鼠标指针指向该手柄，呈 4 个首尾相接的箭头形状时，拖动手柄，进行顺时针或逆时针旋转，可以改变线性渐变的角度。

（3）宽度：将鼠标指针指向该手柄，呈双向箭头显示，可以调整渐变的宽度。

（4）大小：改变渐变的大小。将鼠标指针指向该手柄，拖动即可等比例缩放渐变的长度和宽度。

（5）焦点：是紧贴中心点的倒三角形手柄。将鼠标指针指向该手柄，呈倒三角形形状，拖动可以调整颜色聚焦的位置。

2. 调整位图填充

按住“任意变形工具”按钮，在列表中选择“渐变变形工具”，单击已填充的位图，将出现编辑框及控制手柄，如图 21 – 16 所示，拖动控制手柄可以改变位图填充效果，如图 21 – 17 所示。

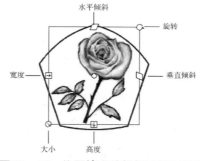

图 21 – 16　位图填充编辑框及控制手柄

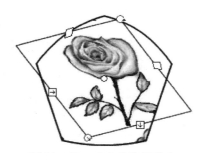

图 21 – 17　改变的位图填充

（1）水平倾斜：拖动该手柄，可以使位图沿水平方向倾斜。

（2）垂直倾斜：拖动该手柄，可以使位图沿垂直方向倾斜。

（3）宽度：拖动该手柄，可以改变填充位图的宽度。

（4）高度：拖动该手柄，可以改变填充位图的高度。

（5）大小：拖动该手柄，可以等比例缩放填充位图的长度和宽度。

（6）旋转：拖动该手柄，可以沿着顺时针或逆时针方向旋转填充位图。

21.4.4　滴管工具

使用滴管工具，可以获取对象的颜色等相关属性，将其应用到其他对象中。

1. 获取笔触属性

单击滴管工具，鼠标指针呈滴管形状 ，将其移至某一对象的笔触，鼠标指针变为滴管和铅笔形状 。单击对象的笔触，即可获取笔触的颜色、粗细、样式等相关属性，且鼠标指针改变为墨水瓶形状 ，工具箱显示应用墨水瓶工具。此时，将鼠标指针移至另一对象的笔触并单击，即可将获取的属性应用到该笔触。

2. 获取填充属性

选择滴管工具后，将其移至某一对象的填充，鼠标指针将变为滴管和刷子形状 。单击对象的填充，即可获取填充的颜色、样式等相关属性，且鼠标指针改变为颜料桶形状 ，工具箱显示应用颜料桶工具，并处于锁定状态。将鼠标指针移至另一对象的填充并单击，即可将获取的属性应用到该填充。

若获取的填充是渐变色，在颜料桶工具为锁定状态下，应用到新填充的是渐变色的中间色，即纯色。若取消"锁定填充"状态，则所获取的渐变色被完整填充。

3. 获取位图属性

使用滴管工具，可以对导入的位图进行采样，获取位图属性，将其应用到其他对象的笔触或填充中，如图 21 – 18 所示。

原图　　　　　　　　　　　应用位图填充

图 21 – 18　位图属性应用

21.4.5　橡皮擦工具

橡皮擦工具主要用于擦除笔触或填充。单击工具箱中的橡皮擦工具 ，在下面的选项栏中显示相关选项，如图 21 – 19 所示。

1. 橡皮擦模式

橡皮擦有 5 种不同的模式，用户可以根据不同需求进行选择。按住工具箱中的 按钮，打开模式下拉列表，如图 21 – 20 所示。

橡皮擦模式 —— 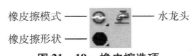 —— 水龙头

橡皮擦形状 ——

图 21 – 19　橡皮擦选项

■ 标准擦除
　擦除填色
　擦除线条
　擦除所选填充
　内部擦除

图 21 – 20　橡皮擦模式

（1）标准擦除：可以擦除笔触和填充。

（2）擦除填色：只擦除填充，不擦除笔触。

（3）擦除线条：只擦除笔触，不擦除填充。

（4）擦除所选填充：只能擦除被选中的填充，对笔触及其他区域的填充无影响。

（5）内部擦除：从填充区域内部开始擦除填充，如果从外部开始擦除，则不会擦除任何内容。该模式只适用于填充，不擦除笔触。

使用不同的橡皮擦模式，效果如图 21 – 21 所示。

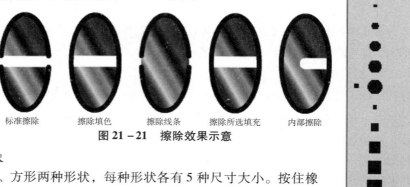

标准擦除　　擦除填色　　擦除线条　　擦除所选填充　　内部擦除

图 21 – 21　擦除效果示意

2. 橡皮擦形状

橡皮擦有圆形、方形两种形状，每种形状各有 5 种尺寸大小。按住橡皮擦形状按钮，显示下拉列表，如图 21 – 22 所示，可以根据需求进行选择。

图 21 – 22　橡皮擦形状

3. 水龙头

水龙头工具用来擦除一定范围内的线条或填充色，是一种智能的删除工具。

在工具箱中选择"橡皮擦工具"，然后单击工具箱下方的"水龙头"按钮 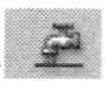 ，在需要删除的线条或填充区域内部单击，即可快速擦除。当擦除的填充部分使用的是渐变色时，将会擦除整个渐变色块。

21.5　3D 效果

在 Flash CS5 中，可以在 3D 空间中移动和旋转影片剪辑来创建 3D 效果。

21.5.1　在 3D 空间中旋转对象

使用 3D 旋转工具，可以在 3D 空间中旋转影片剪辑实例。

选择 3D 旋转工具 ，在对象上单击，将显示 3D 旋转控件，如图 21 – 23 原图所示。其中，X 轴控件为红色，将鼠标指针移至此轴，显示为 $\blacktriangleright_X$；Y 轴控件为绿色，鼠标指针移至该轴时，显示为 $\blacktriangleright_Y$；Z 轴控件为蓝色，鼠标指针移至此轴时，显示为 $\blacktriangleright_Z$。拖动轴控件，可以使对象绕该轴旋转。另外，橙色为自由旋转控件，鼠标指针在此处显示为 $\blacktriangleright$，拖动此控件，可以使对象同时绕 X 轴和 Y 轴旋转。拖动不同轴控件，将产生不同旋转效果，如图 21 – 23 所示。

原图　　拖动 X 轴控件　　拖动 Y 轴控件　　拖动 Z 轴控件　　拖动自由旋转控件

图 21 – 23　3D 空间旋转示意图

旋转控件的中心是旋转中心点，用以控制对象以何处为中心进行旋转。在舞台上选择一个影片剪辑实例，若 3D 旋转控件不在所选对象上，可以双击控件的中心点，将其移动到选定对象的中心，也可以拖动中心点到期望位置。旋转控件中心点的位置在"变形"面板中显示为

"3D 中心点"属性。

当选择多个影片剪辑实例时，3D 旋转控件将显示在最近一个选择的对象上。

3D 旋转工具的默认模式为"全局"。在全局 3D 空间中，X、Y、Z 轴的方向是固定的，以舞台为参照物进行旋转；在局部 3D 空间中，X、Y、Z 轴的方向随对象调整而变化，是以对象为参照物进行旋转。可以通过工具箱下面选项栏的"全局转换"按钮 来切换全局或局部模式。

21.5.2　在3D空间中移动对象

使用 3D 平移工具，可以在 3D 空间中移动影片剪辑实例。

选择 3D 平移工具 ，在对象上单击，将显示 3D 平移控件，如图 21 - 24 原图所示。其中，X 轴控件为红色，将鼠标指针移至此轴，显示为 ；Y 轴控件为绿色，鼠标指针移至该轴时，显示为 ，X、Y 轴上的箭头分别表示对应的轴的方向。

Z 轴控件默认为影片剪辑中间的黑点，即 X 轴与 Y 轴相交的地方，默认方向为该对象中心与舞台平面垂直的方向，用于设置离用户远近的距离，上下拖动 Z 轴控件可在 Z 轴上移动对象，并显示为蓝色，鼠标指针移至此轴时，显示为 。在 Z 轴上移动对象，对象外观大小将发生变化，外观大小在"属性"面板中显示为属性的"3D 定位和查看"中的"宽度"和"高度"值。拖动不同轴控件，将产生不同平移效果，如图 21 - 24 所示。

原图　　拖动X轴控件　　拖动Y轴控件　　拖动Z轴控件

图 21 - 24　3D 空间平移示意图

若需对多个影片剪辑实例进行移动，可以同时选择多个对象，使用 3D 平移工具移动其中一个对象，其他对象将以相同方式移动。选择所有对象后，通过双击 Z 轴控件，可以将轴控件移动到所选对象的中间。

21.5.3　调整透视角度和消失点

在观看物体时，常有这样视觉经验，即相同大小的物体，较近的比较远的要大，两条相互平行的直线最终消失在无穷远的某个点，这个点就是消失点。人们在观察物体时，视线的出发点称为视点，视点与观察物体之间形成一个透视角度，透视角度的不同会产生不同的视觉效果。在 Flash CS5 中，用户可以通过调整实例透视角度和消失点位置来获得更为真实的视觉效果。

1. 调整透视角度

在舞台上选择一个 3D 实例，在"属性"面板的"3D 定位和查看"栏中通过 按钮设置，可以拖动右侧的滑块或直接在文本框内输入所需数值，图 21 - 25 所示为调整透视角度效果图。

原图　　　透视角度175

图 21 - 25　调整透视角度示意图

2. 调整消失点

3D 实例的"消失点"属性可以控制其在 Z 轴的方向，调整该值将使实例的 Z 轴朝着消失点方向后退。通过重新设置消失点的方向，能够更改沿着 Z 轴平移的实例的移动方向，同时也可以实现精确控制舞台上的 3D 实例的外观和动画效果。

3D 实例的消失点默认位置是舞台中心，如果需要调整其位置，可以在"属性"面板的"3D 定位和查看"栏中通过 ⚠ 按钮设置，可以拖动右侧的滑块或直接在文本框内输入数值，调整消失点 X 和 Y 的值。

第 22 章　编 辑 对 象

22.1　查看对象

22.1.1　预览模式

在 Flash CS5 中，舞台中的图形对象有"轮廓"、"高速显示"、"消除锯齿"、"消除文字锯齿"、"整个"5 种预览模式，呈现不同的品质，文档的显示速度也因此而不同。执行"视图"→"预览模式"命令，即可根据需要进行选择。

1. 轮廓

选择预览模式中的"轮廓"后，舞台的图形将会以"边线轮廓"显示，舞台中复杂的图形将变为细线，如果我们要对图形外形进行调整，可以选择"轮廓"。在图层名称后面的 3 个选项中，最后一个也是"轮廓"，两个"轮廓"具有相同的作用，如图 22 – 1 所示。

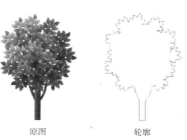

原图　　　　　轮廓

图 22 – 1　显示轮廓

2. 高速显示

"高速显示"是 Flash 中显示文档速度最快的模式，选择该选项，将关闭消除锯齿功能，图形的边缘将出现锯齿。

3. 消除锯齿

"消除锯齿"是最为常用的模式，与"高速显示"预览模式相反，使用该模式后，可以明显地看到图中的形状和线条被消除了锯齿，线条和图像的边缘更加平滑。

4. 消除文字锯齿

"消除文字锯齿"也是经常使用的选项，可以消除文本锯齿，平滑文本边缘。但是对于大量文字，选择了"消除文字锯齿"后，显示速度会变慢。

5. 整个

"整个"显示，可以显示舞台中的所有内容，图形、边线和文字都会以消除锯齿的方式显示，但对于复杂图形来说，会增加计算机的运算时间，使操作速度减慢。

22.1.2　移动查看区域

使用手形工具，可以在不改变舞台缩放比例的情况下移动舞台，查看位于舞台显示区域外的内容。

在工具箱中单击手形工具按钮，将鼠标指针移至舞台，呈手形显示，即可拖动舞台，显示所需的区域。另外，用户也可直接按住空格键，将鼠标指针转换成手形工具。

22.2　选取对象

22.2.1　使用"套索工具"

套索工具是一种选取工具，可以全部或部分选取对象，主要用于处理被分离的以像素为单位的位图。

单击工具箱中的套索工具按钮 🎯，鼠标指针呈 🎯 显示，在舞台对象上拖动鼠标指针，即可选取自由绘制的选区中的对象。此外，工具箱下方的选项栏有 3 个选项，如图 22 - 2 所示，也可使用不同的选项进行选择。

图22 - 2　套索工具　　　　图22 - 3　"魔术棒设置"对话框

1. 魔术棒

使用魔术棒 🪄 可以选取对象上颜色相近的区域，这个区域的容差数值可以在"魔术棒设置"中设置。

2. 魔术棒设置

单击"魔术棒"按钮 🪄，将弹出"魔术棒设置"对话框，如图 22 - 3 所示。"阈值"用于定义所选区域内相邻像素的颜色接近程度，取值范围为 0~200，数值越高，包含的颜色范围越广，若数值为 0，表示只选择与单击处像素的颜色完全相同的像素；"平滑"用于定义所选区域边缘的平滑程度。

3. 多边形模式

激活该按钮 🎯，可以绘制多边形区域作为选择对象。在需要选择区域的起点单击，然后单击另一点，勾画出第一个线段，接着单击下一点，勾画相连的线段。若要闭合选择区域，双击即可。

22.2.2　使用接触感应选取功能

使用"对象绘制"模式创建形状时，可以指定选取、部分选取和套索工具的接触感应选项。执行"编辑"→"首选参数"→"常规"命令，若选择"接触感应选择和套索工具"，当选取、部分选取和套索工具选择了欲选对象的部分时，即认为选择了该对象；若取消选择"接触感应选择和套索工具"，只有当选取、部分选取和套索工具选取欲选对象的全部时，才认为选择了该对象。

22.3　移动对象

对图形对象进行移动，可以使用不同的方法改变位置，下面介绍 4 种对图形对象进行移动的方法。

22.3.1　鼠标拖动

选择图形对象之后，鼠标指针指向该对象，呈移动形状，即可拖动该对象至期望位置。若是在拖动对象时，同时按住 Shift 键，可使对象沿 45° 倍数的角度移动。

22.3.2　使用方向键

选择图形对象之后，每按一次键盘上的方向键，可使该对象沿着选择的方向移动 1 个像素；若是按住 Shift 键，则每按一次键盘上的方向键，可使该对象沿着选择的方向移动 10 个像素。

22.3.3　使用"属性"面板

选择图形对象之后，在"属性"面板的"位置和大小"选项中修改"选区 X 位置"和"选区 Y 位置"的值，可以使对象位置发生变化，如图 22 - 4 所示。

场景中坐标原点（0，0）位于场景左上角的顶点，X 坐标向右，Y 坐标向下。拖动"选区 X 位置"和"选区 Y 位置"的值，或双击并修改 X、Y 的值，都可以移动对象位置。

图 22 - 4　"属性"面板

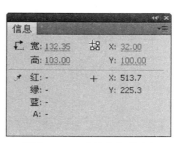

图 22 - 5　"信息"面板

22.3.4　使用"信息"面板

选择图形对象之后，执行"窗口"→"信息"命令，打开"信息"面板，如图 22 - 5 所示。在该面板中拖动"选区 X 位置"和"选区 Y 位置"的值，或双击并修改 X、Y 的值，也可以移动对象。

22.4　变形对象

22.4.1　使用"任意变形工具"

利用任意变形工具，可以对图形对象进行旋转与倾斜、缩放、扭曲、封套等变形操作。任意变形工具的扭曲和封套功能只适用于形状对象，若选择的是没有分离的对象，如元件、文本、位图等，这两种功能不可使用。

选择工具箱中的任意变形工具按钮，单击要变形的对象，对象四周出现带有 8 个控制柄的变形框，工具箱下方有 5 个选项按钮。

（1）贴紧至对象：该按钮被激活后，拖动图形时可以进行自动吸附。

（2）旋转与倾斜：该按钮被激活后，鼠标指针移至变形框的任一角点控制柄，呈显示，即可拖动对象进行旋转；将鼠标指针移至变形框的任意一边的中点控制柄，呈或显示，即可拖动对象进行倾斜，如图 22 - 6 所示。按住 Alt 键，将以白色中心点为基准倾斜。

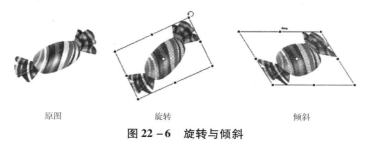

原图　　　旋转　　　倾斜

图 22 - 6　旋转与倾斜

（3）缩放：该按钮被激活后，将鼠标指针移至任一控制柄，呈双向箭头显示，即可拖动调整对象的大小。按住 Alt 键，将以中心点为基准进行对称缩放；按住 Shift 键，可以进行等比例缩放。

（4）扭曲▢：该按钮被激活后，将鼠标指针移至任一控制柄，呈 ▷ 显示，拖动即可将原本规则的图形变为不规则的形状；若是按住 Shift 键拖动角点控制柄，鼠标指针呈 ▷ 显示，可以锥化图形，如图 22 - 7 所示。

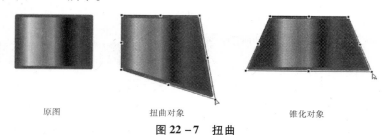

原图　　　　　　扭曲对象　　　　　　锥化对象

图 22 - 7　扭曲

（5）封套▢：该按钮被激活后，对象的变形框上将出现方形的控制柄和圆形的切线手柄，拖动控制柄和切线手柄，可以将对象进行更加精细的变形，如图 22 - 8 所示。

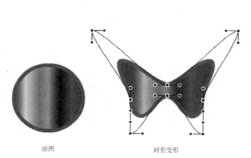

原图　　　　　　封套变形

图 22 - 8　封套

图 22 - 9　"变形"面板

22.4.2　使用"变形"面板

在 Flash CS5 中使用"变形"面板，可以对对象进行更加精细的缩放、旋转和倾斜。

执行"窗口"→"变形"命令，打开"变形"面板，如图 22 - 9 所示。

1. 缩放

在变形面板中拖动"缩放宽度"和"缩放高度"的值，或双击并修改缩放宽度和高度的值，可以调整对象的大小。约束按钮呈 ▢ 显示时，对象将等比例缩放，单击取消约束，呈 ▢ 显示时，可自由缩放。单击重置按钮 ▢，将对象恢复到调整前的初始值。

2. 旋转和倾斜

旋转和倾斜是单选项，可以分别设置。在"变形"面板中拖动"旋转"、"水平倾斜"或"垂直倾斜"的角度值，也可以双击并修改数值。

单击"重制选区和变形"按钮 ▢，可以将选择的对象按照已设置的缩放、旋转和倾斜值进行复制，如图 22 - 10 所示。单击"取消变形"按钮 ▢，将取消所选对象的所有变形。

原图　　　　　　　　　旋转 20° 后重制选区和变形

图 22 – 10　重制选区和变形

22.4.3　使用"变形"菜单

选择对象后，执行"修改"→"变形"命令，可以打开"变形"级联菜单，如图 22 – 11 所示，选择相应命令，可使对象进行不同的变形。

22.5　排列与对齐对象

22.5.1　排列对象

在同一图层中，当出现多个对象叠加时，Flash CS5 按照先绘制的对象在底层，后绘制的对象在顶层的顺序排列。用户可以根据需要调整叠加顺序。

选择对象后，执行"修改"→"排列"命令，可以打开"排列"级联菜单，如图 22 – 12 所示，选择相应命令，可以调整对象的叠加顺序。

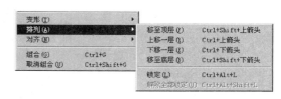

图 22 – 11　"变形"级联菜单　　　　　**图 22 – 12　"排列"级联菜单**

（1）移至顶层：将选择的对象移动到所有对象的上面。

（2）上移一层：将选择的对象向上移动一层。

（3）下移一层：将选择的对象向下移动一层。

（4）移至底层：将选择的对象移动到所有对象的下面。

（5）锁定：选择的对象被设置为"锁定"后，处于不可编辑状态，不能参与排列，也无法通过选择工具选取。

（6）解除全部锁定：解除所有对象的锁定状态，使对象能够重新被选择和编辑。

图 22 – 13 所示为由方形、花形、圆形构成的图形，方形对象调经不同顺序调整后的效果。

22.5.2　使用"对齐"面板

使用 Flash CS5 的对齐功能，可以将选定的对象进行精确排列、调整对象间距或匹配大小。执行"窗口"→"对齐"命令，将打开"对齐"面板，如图 22 – 14 所示。

原图　　　　　　方形上移一层　　　　　　方形移至顶层

图 22 – 13　排列对象

图 22 – 14　"对齐"面板

（1）对齐：使选定的对象沿着左边缘、中心或右边缘垂直对齐，或沿着选定对象的上边缘、中心或下边缘水平对齐。包括左对齐、水平中齐、右对齐、顶对齐、垂直中齐、底对齐等6 种方式，如图 22 – 15 所示。

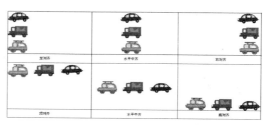

图 22 – 15　对齐示意图

（2）分布：将选定的对象按等距离平均分布。包括顶部分布、垂直居中分布、底部分布、左侧分布、水平居中分布、右侧分布等 6 种方式。

（3）匹配大小：用于调整多个选定对象的大小，使所选对象的宽度或高度与其中最大的对象相同。包括匹配宽度、匹配高度、匹配宽和高等 3 种方式，如图 22 – 16 所示。

原图　　　　　匹配宽度　　　　　匹配高度　　　　　匹配宽和高

图 22 – 16　匹配大小示意图

（4）间隔：使选定的对象在垂直方向或水平方向的间隔距离相等。包括垂直平均间隔和水平平均间隔两种方式。间隔与分布有些类似，不同的是，分布的间距标准是选定对象的同一侧，而间隔则是相邻两个对象的间距，如图 22 – 17 所示。

（5）与舞台对齐：选择该选项，可使对齐、分布、匹配大小、间隔等操作以舞台为参照物。

对齐对象也可以通过执行"修改"→"对齐"命令，打开级联菜单，从中选择选项执行，如图 22 – 18 所示。

图 22 - 17 间隔示意图

图 22 - 18 "对齐"级联菜单

22.6 组合与分离对象

在 Flash CS5 中,若需要对同一图层中的多个元素同时进行移动、变形等操作,可以将其进行组合,作为一个组对象来处理,这样可以节省时间,提高编辑效率。此外,也可以将组合的对象进行解组合和分离,重新进行单独编辑。

22.6.1 组合对象

组合是将多个元素作为一个组对象来处理,这些元素可以是形状、其他组、元件、文本等。执行"修改"→"组合"命令,或者按 Ctrl + G 组合键,即可将选定的元素组合。组合之前,每个元素是一个可独立编辑的对象,组合之后,各元素组成一个组,成为一个整体编辑对象,如图 22 - 19 所示。当选择已组合的组时,"属性"面板将显示该组的 X 和 Y 坐标及大小,可以对组进行编辑。

若需要编辑组或组中的元素,则选择该组,执行"编辑"→"编辑所选项目"命令,或使用选择工具双击组或多次双击组对象,可逐级打开组,进入编辑状态。

若需要取消组合,首先选择组,然后执行"修改"→"取消组合"命令,或按 Ctrl + Shift + G 组合键,则可以将组合的对象分开,将组合元素返回到组合之前的状态。

22.6.2 分离对象

将组、实例和位图分解成可单独编辑的元素,称为分离,可以通过以下方式进行:

方法 1. 执行"修改"→"分离"命令。

方法 2. 使用 Ctrl + B 组合键。

方法 3. 选择要分离的对象并右击,在弹出的快捷菜单中选择"分离"选项。

分离与取消组合不同。取消组合命令可以将组合的元素分开,返回到组合之前的状态,但不能分离位图、实例或文字。

选择分离之前和之后的对象对比如图 22 - 20 所示。

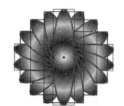 

图 22 - 19 组合前后选择对象对比

图 22 - 20 选择分离前后的对象对比

22.6.3 合并对象

通过合并对象,可以改变现有图形的形状。执行"修改"→"合并对象"命令,将打开级联菜单，包含联合、交集、打孔和裁切4个选项。

需要注意的是，使用绘图工具绘制对象时，如果对象之间有重叠部分，则需要在绘制前单击"对象绘制"按钮，保证对象之间的独立性。如果没有选择"对象绘制"，也可以使用联合来生成对象。

（1）联合：将两个或多个形状合并，生成一个"对象绘制"模式的形状，该形状由联合之前的形状上所有可见的部分组成。

提示：联合命令与组合不同，联合之后的对象不可再分开，而组合后的对象可以通过执行"修改"→"取消组合"命令进行拆分。

（2）交集：用于创建两个或多个绘制对象的交集。生成的形状由合并的形状重叠的部分组成，删除形状上非重叠部分，最上面形状的颜色决定了交集后形状的颜色。

（3）打孔：当两个或多个形状重叠时，根据最上面的形状删除下面形状的相应部分，所得到的对象仍然是独立的，不会合并成一个对象。

（4）裁切：当两个或多个形状重叠时，比照最上面形状的区域，留下下面形状的相应部分，删除其余部分及最上面的形状。裁切后的形状保持原有形状的独立性，不会合并成单个对象。

提示：裁切与交集非常相似，但有所不同。使用裁切合并，是用上面的形状去裁剪下面的形状，留下的是下面形状的剩余部分；而使用交集合并，是用下面的形状去裁剪上面的形状，留下的是上面形状的剩余部分。

如图22-21所示，原图为由圆形与星形叠加的形状，4种不同的合并对象方式，产生不同的结果。

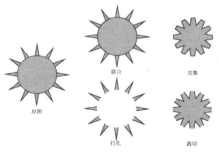

图22-21　合并对象示意图

第 23 章　图层的使用

23.1　图层的概念

在 Flash 动画中，可以将图层看做一张张透明的胶片，每张胶片上都有不同的内容，将这些胶片叠加在一起就组成一幅比较复杂的画面。在某图层添加内容，会遮挡住下一图层中相同位置的内容。如果上一图层的某个位置没有内容，透过这个位置就可以看到下一图层相同位置的内容。

图层有利于方便灵活地组织文档中的内容。Flash 中的图层都是相互独立的，拥有独立的时间轴，包含独立的帧，在图层上绘制和编辑对象，不会影响其他图层的对象。在制作复杂的动画时，图层的作用尤为显著。

当创建一个新的 Flash 文档后，时间轴上的图层区会自动创建一个图层。Flash 对每一个文档中的图层数没有限制，一个 Flash 文档中通常包含多个图层，输出时，Flash 会将这些图层合并，因此图层数量不会影响输出动画文件的大小。

图层集中放置在时间轴的图层区中，默认位于舞台下方，若要更改时间轴中显示的图层数，可将鼠标指针指向舞台与时间轴的分割线，呈双向箭头显示时，拖动鼠标指针即可。

23.2　图层的类型

Flash CS5 提供了多种类型的图层供用户选择，每种类型的图层均具有图层的基本属性，同时，各类型图层间也存在很大差异。按制作动画时的功能划分，图层共分为 6 种，即普通图层、遮罩层、被遮罩层、普通引导层、运动引导层和被引导层，如图 23 - 1 所示。

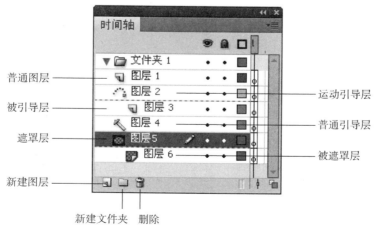

图 23 - 1　图层

23.2.1　普通图层

普通图层图标为⬛，是 Flash CS5 默认的图层，也是图层中最基础的图层，放置的对象一一般是最基本的动画元素，如矢量图形、位图和元件等。

23.2.2　遮罩层

遮罩层图标为█，和与其相链接的图层（被遮罩层）建立遮罩关系，使用户透过该层中对象的形状看到被遮罩层中的内容，至少遮罩一个图层。

23.2.3　被遮罩层

被遮罩层是被遮罩的图层，位于遮罩层下方，图标为█，使用户透过遮罩层中对象的形状看到该层中的内容。

23.2.4　运动引导层

运动引导层图标为█，用于绘制运动路径的图层，至少引导一个图层。运动路径在舞台中可以显示，但在输出影片时则隐藏。

23.2.5　被引导层

被引导层位于运动引导层下方，图标为█，图层中的对象按照运动引导层中的路径运动。

23.2.6　普通引导层

普通引导层图标为█，独立成为一层，用于绘制辅助图形的图层，可以理解为除标尺、网格等辅助工具以外的另一种辅助制图手段。在该图层下方建立被引导层时，图标变为█，成为运动引导层。

23.3　图层的基本操作

23.3.1　创建与删除图层

1. 创建图层

在创建大型的 Flash 动画时，如果只在一个图层中操作，不仅会产生混乱，而且会导致某些功能出现问题。此时，有必要为每个对象或元件创建一个图层，以便更好地控制动画制作过程。

一个新建的 Flash 文档在默认情况下只有一个图层，系统默认的图层名为"图层1"，用户可根据自己的需要添加图层，方法有如下几种：

方法 1. 单击图层区底部的"新建图层"按钮█。

方法 2. 右击某一图层，在弹出的快捷菜单中选择"插入图层"命令。

方法 3. 执行"插入"→"时间轴"→"图层"命令。

新图层建立在当前图层之上。

2. 删除图层

当不再需要图层时，可以将其删除。选择要删除的图层后，执行以下任意操作即可：

方法 1. 单击图层区底部的"删除"按钮█。

方法 2. 按住鼠标左键不放，拖动已选择的图层到█按钮上释放鼠标。

方法 3. 单击鼠标右键，在弹出的快捷菜单中选择"删除图层"命令。

23.3.2　重命名图层

对于新建的普通图层，Flash 默认的图层名为"图层1"、"图层2"等，而对于新建的运动引导层，Flash 默认的图层名为"引导层：图层1"、"引导层：图层2"等，这些名称看起来不够直观。为了便于识别每个图层放置的内容，可以为图层取一个易于识别的名称，这就是图层的重命名，可以采用以下不同方法：

方法 1. 双击图层的名称，进入文本编辑状态，在文本框中输入新名称后，按 Enter 键或单击其他图层即可确认该名称。

方法 2. 双击图层图标，打开"图层属性"对话框，在"名称"文本框中输入新名称。

方法 3. 右击要重命名的图层，在快捷菜单中选择"属性"，也可打开"图层属性"对话框，在"名称"文本框中输入新名称。

23.3.3　选择与复制图层

1. 选择图层

要编辑图层，必须首先选择图层。在 Flash CS5 中既可以选择单个图层，也可以选择相邻图层和不相邻的图层，如图 23 – 2 所示。

（1）选择单个图层。选择单个图层的方法有以下几种：

方法 1. 在图层区中单击某个图层即可选中该图层。

方法 2. 在时间轴中单击图层中的任意一帧即可选中该图层。

方法 3. 在场景中选择某一图层中的对象也可选中该图层。

当图层处于选中状态时，该图层被突出显示，右侧会出现一个铅笔图标 ，向舞台添加的任何对象都将被分配给这个图层。

（2）选择相邻图层。选择相邻图层的方法是，首先单击要选择的第一个图层，然后按住 Shift 键，再单击要选择的最后一个图层，即可选择两个图层及其之间的所有图层。

（3）选择不相邻图层。若要选择不相邻的图层，首先单击要选择的其中一个图层，然后按住 Ctrl 键，单击需要选择的其他图层。

选择单个图层
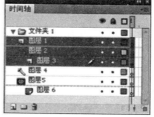
选择相邻图层

选择不相邻图层

图 23 – 2　选择图层

2. 复制图层

在制作动画时，常常需要在新建的图层中创建与原有图层的所有帧内容完全相同或类似的内容，这时可通过复制图层功能将原图层中的所有内容复制到新图层中，再进行一些修改，从而避免重复工作。复制图层就是把某一图层中所有帧的内容复制到另一图层中，可以采用以下几种方式：

方法 1. 单击图层区中的图层名称，即可选中该图层中的所有帧，然后在时间轴选中的帧上单击鼠标右键，在弹出的快捷菜单中选择"复制帧"命令。再单击目标图层名，在时间轴上右击第 1 帧，在弹出的快捷菜单中选择"粘贴帧"命令。

方法 2. 单击图层区中的图层名称，选择所有帧，执行"编辑"→"时间轴"→"复制帧"命令。再单击目标图层名，执行"编辑"→"时间轴"→"粘贴帧"命令。

方法 3. 单击图层区中的图层名称，选择所有帧，按快捷键 Ctrl + Alt + C。再单击目标图层名，按快捷键 Ctrl + Alt + V。

方法 4. 单击要复制的图层的名称，选择所有帧，然后按住 Alt 键，拖动所有帧到目标图层。

23.3.4 调整图层顺序

图层的顺序决定了位于该图层上的对象是覆盖其他图层的内容，还是被其他图层的内容所覆盖。有时需要调整图层顺序，以达到期望的效果。

调整图层顺序的方法非常简单，只需选择要移动的图层，按住鼠标左键拖动图层，此时图层以一条前端带黑色圆圈的粗横线表示，当图层达到需要放置的位置时释放鼠标左键即可，如图 23 - 3 所示。

23.3.5 显示与隐藏图层

在图层区的上面，设置了图层状态的小按钮，如图 23 - 4 所示。Flash CS5 在图层编辑过程中为每个图层提供了一些相同属性，通过这些按钮，可以设置图层的显示或隐藏、锁定或解锁、是否显示轮廓等状态。

锁定或解除锁定
显示或隐藏　显示轮廓

图 23 - 3　调整图层顺序　　　　图 23 - 4　图层状态

在制作动画过程中，有时只需要对某一个图层进行编辑，为了避免误操作，可将其他图层隐藏，待完成编辑后，再重新显示。图层被隐藏后，用户不能看到该隐藏图层中的任何对象，因此也不能进行编辑。显示或隐藏图层可以采用以下不同方法：

（1）若要将某图层设置为隐藏，单击图层区中👁按钮下方对应该图层的显示按钮小黑点，将其转换成隐藏按钮✖即可，如图 23 - 5 所示；若要将该图层重新设置为显示，则再次单击✖，使其转换成小黑点。

（2）若要将所有显示的图层同时隐藏，则直接单击图层区中👁按钮，使该按钮下的所有小黑点转换成✖，如图 23 - 6 所示；若要将所有隐藏的图层同时显示，则再次单击图层区中👁按钮，使该按钮下的所有✖重新转换成小黑点。

图 23 - 5　设置单个图层隐藏　　　　图 23 - 6　设置所有图层隐藏

（3）若要隐藏或显示多个连续的图层，只需在👁按钮下方对应图层的显示或隐藏按钮上垂直拖动，即可实现。

（4）按住 Alt 键，单击某一图层的显示或隐藏按钮，则可同时显示或隐藏其他图层。

（5）右击当前图层名，在弹出的快捷菜单中选择"隐藏其他图层"，可将除当前图层外的其他图层都设置为隐藏状态。

23.3.6　锁定与解锁图层

为了避免破坏已编辑好的图层中的内容，可锁定该图层。图层被锁定后，用户可以看到该锁定图层中的对象，但不能进行编辑。被锁定的图层也可以解锁，对图层进行锁定和解锁有以下几种方法：

方法 1. 若要将某图层设置为锁定，单击图层区中■按钮下方对应该图层的解锁按钮小黑点，将其转换成锁定按钮■即可，如图 23 – 7 所示；若要将该图层重新设置为解锁，则再次单击锁定按钮，使其转换成小黑点。

方法 2. 若要将所有解锁的图层同时锁定，则直接单击图层区中■按钮，使该按钮下的所有小黑点转换成■，如图 23 – 8 所示；若要将所有锁定的图层同时解锁，则再次单击图层区中■按钮，使该按钮下的所有■重新转换成小黑点。

图 23 – 7　设置单个图层锁定

图 23 – 8　设置所有图层锁定

方法 3. 若要锁定或解锁多个连续的图层，只需在■按钮下方对应图层的解锁或锁定按钮上垂直拖动，即可实现。

方法 4. 按住 Alt 键，单击某一图层的解锁或锁定按钮，则可同时锁定或解锁其他图层。

23.3.7　以轮廓方式显示图层

在制作动画时，可以根据需要查看某些对象的轮廓线，有以下几种方法：

方法 1. 若要将某图层设置为以轮廓形式显示，单击图层区中□按钮下方对应该图层的彩色实心矩形按钮，将其转换成空心即可。若要将该图层重新恢复为正常显示，则再次单击空心矩形按钮，使其转换成实心。

方法 2. 若要将所有图层同时设置为以轮廓形式显示，则直接单击图层区中□按钮，使该按钮下方的所有实心按钮转换成空心；若要将所有以轮廓形式显示的图层同时恢复为正常显示，则再次单击图层区中□按钮，使该按钮下方的所有空心按钮转换成实心。

方法 3. 若要以轮廓形式显示或正常显示多个连续的图层，只需在□按钮下方对应图层的按钮上垂直拖动，即可实现。

方法 4. 按住 Alt 键，单击某一图层的轮廓形式或正常显示按钮，则可同时使其他图层正常显示或以轮廓形式显示。

方法 5. 右击当前图层名，在弹出的快捷菜单中选择"锁定其他图层"，可将除当前图层外的其他图层都设置为锁定状态。若是选择"全部显示"，则将所有图层都设置为显示状态。

方法 6. 执行"视图"→"预览模式"→"轮廓"命令，可以将舞台中的所有对象以轮廓形式显示。

23.3.8　设置图层属性

图层的属性包括图层名称、类型、轮廓颜色、图层高度等，这些属性的设置可以在"图层属性"对话框中完成。双击图层名左侧的图标，或者用鼠标右键单击图层名，在弹出的快捷菜单中选择"属性"命令，都将打开"图层属性"对话框，如图 23 – 9 所示，该对话框中的一些选项与图层区中的按钮是一一对应的。

（1）名称：在该文本框中输入字符，可以为图层重命名。

（2）显示：选择该复选框，可以使图层处于显示状态。

（3）锁定：选择该复选框，可以使图层处于锁定状态。

（4）类型：用于设置图层的类型。

（5）轮廓颜色：选择下方的"将图层视为轮廓"复选框后，可将图层设置为轮廓显示模式，并可单击"颜色"按钮，在弹出的颜色列表中设置轮廓颜色。

（6）图层高度：单击下拉按钮，在列表框中选取不同的值用以调整图层的高度。当需要在时间轴上突出或者详细编辑某图层内容时（例如声音波形），可以使用该选项。图 23 – 10 所示图层 1 的高度为 200%。

图 23 – 9　"图层属性"对话框

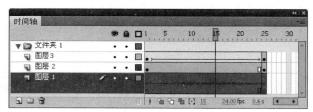

图 23 – 10　图层高度示意图

23.4　多个图层的管理

为了使图层的管理更加有序、便利，可以将其分门别类地放入不同文件夹。图层文件夹中可以包含图层，也可以嵌套下级图层文件夹，其组织形式类似树形结构。

23.4.1　创建图层文件夹

图层文件夹是在当前图层之上建立的，有以下几种创建方式：

方法 1.　单击图层区下面的"新建文件夹"按钮。

方法 2.　在图层上单击鼠标右键，在弹出的快捷菜单中选择"插入文件夹"命令，如图 23 – 11 所示。

图 23 – 11　"插入文件夹"快捷命令

方法 3. 执行"插入"→"时间轴"→"插入文件夹"命令。

图层文件夹具有许多与图层相同的属性，如显示或隐藏、锁定或解锁、显示轮廓、命名等，其设置方法与图层一致。

23.4.2　将图层移入和移出图层文件夹

创建图层文件夹的目的是存放图层。建立图层文件夹后，选择相应的图层并拖动，此时会产生一条前端带黑色圆圈的粗横线，到达图层文件夹下方时，向里缩进，松手即可将所选图层移入图层文件夹。

若要将图层移出图层文件夹，可将选择的图层向上拖动到图层文件夹之上，或是向下拖动到文件夹所包含的所有图层之下，再向外拖动即可。

23.4.3　展开与折叠图层文件夹

在 Flash CS5 中通过展开或折叠图层文件夹，可以查看文件夹中包含的图层。使用这种方法可以隐藏时间轴上所有相关的图层，而不会影响舞台中显示的内容。

若图层文件夹左边图标是▼，表示该文件夹是展开的，单击可以折叠，图标变为▶；若图层文件夹左边图标是▶，表示该文件夹是折叠的，单击可以展开，图标变为▼，如图 23 - 12 所示。

展开图层文件夹

折叠图层文件夹

图 23 - 12　展开与折叠图层文件夹

23.4.4　多个对象分散到图层

在 Flash CS5 中编辑动画，使用"分散到图层"命令，可以将一个图层中某一帧内的多个对象分散到不同图层的第 1 帧中。步骤如下：

步骤 1. 选择要编辑的所有对象；

步骤 2. 执行"修改"→"时间轴"→"分散到图层"命令，或使用快捷键 Ctrl + Shift + D，则选择的对象被分配到各自独立的图层里，没有被选择的对象（包括其他帧中的对象）仍保留在它们原有的位置，新的图层由系统自动增加。

提示："分散到图层"命令可以对舞台中任何类型的元素进行应用，包括图形对象、实例、位图、视频剪辑和分离文本等。

第 24 章　帧的使用

24.1　帧的概念

医学证明，人类具有视觉暂留的特点，即人眼看到物体或画面后，在 1/24 秒内不会消失。利用这一原理，在一幅画没有消失之前播放下一幅画，就会给人造成流畅的视觉变化效果。所以，动画就是通过连续播放一系列静止画面，给视觉造成连续变化的效果。

在 Flash CS5 中，这一系列单幅的画面叫做帧，在时间轴上显示为一个个的单元格。帧是 Flash 动画制作中最基本的单位，在各个帧中可以放置图形、文字、声音等各种素材或对象，多个帧按照先后顺序以一定速率连续播放形成动画。

在 Flash 影片中，每秒钟播放的帧数叫帧频或帧速率，Flash CS5 默认是每秒播放 24 帧。如果帧频太慢，就会给人造成视觉上不流畅的感觉。尽管理论上较高的帧频会使动画运动平滑，但是较高的帧频也可能使得 Flash 文件过大而产生停顿。所以，按照人的视觉原理，一般将动画的帧频设为 24 帧/秒。

24.2　帧的类型

不同的帧代表不同的动画，无内容的帧是显示为空的单元格，有内容的帧则以一定的颜色显示。帧的类型有以下几种：

1. 关键帧

关键帧 定义了动画的变化环节，在时间轴上显示为实心的圆点，表示该帧有内容。每个关键帧可以是相同的画面，也可以是不同的。不同的关键帧分布在时间轴上，播放时就会呈现出动态的视觉效果。逐帧动画的每一帧都是关键帧，而补间动画则在重要位置创建关键帧。

2. 空白关键帧

空白关键帧 是不包含任何内容的关键帧，在时间轴上显示为空心的圆点。当新建一个图层时，图层的第 1 帧默认为空白关键帧，一旦在空白关键帧中创建了内容，就变成了关键帧。

3. 普通帧

普通帧 在时间轴上显示为一个个的单元格。有内容的普通帧显示出一定的颜色，不同的颜色代表不类型同的动画，如动作补间动画的帧显示为浅蓝色，形状补间的帧显示为浅绿色，而静止关键帧后的帧显示为灰色，其内容是该关键帧内容的延续。

4. 空白帧

空白帧 属于普通帧，但不包含任何内容，是前一个空白关键帧的延续。

5. 结束帧

结束帧 属于普通帧，代表一段相同内容帧的最后一帧，在时间轴上显示为长方形。

6. 动作关键帧

动作关键帧 是添加了 ActionScript 脚本命令的帧，相应的帧会显示字母 "a"。

7. 音频帧

音频帧～～是添加了声音的帧，在时间轴上显示为波形线。

8. 帧标签

有些时候，我们需要为动画做一些标记，就可以利用帧标签。帧标签的类型有"名称"
、"注释"和"锚记"。

24.3　帧的基本操作

在时间轴的任意帧上单击鼠标右键，将弹出一个快捷菜单，在菜单中包括了帧的主要操作
命令。当然，这些命令也可以通过选择"插入"菜单中的相关命令执行，或通过快捷菜单
操作。

24.3.1　创建帧

创建帧有以下几种不同方式：

方法 1. 单击选择某一帧，执行"插入"→"时间轴"→"帧"命令（如图24 – 1 所示），
或按 F5 键，也可以右击弹出快捷菜单，选择"插入帧"命令，则在时间轴上插入一个普通帧。

方法 2. 单击选择某一帧，执行"插入"→"时
间轴"→"关键帧"命令，或按 F6 键，也可以右
击弹出快捷菜单，选择"插入关键帧"命令，则在
时间轴上插入一个关键帧。

图 24 – 1　"插入"→"时间轴"级联菜单

方法 3. 单击选择某一帧，执行"插入"→"时
间轴"→"空白关键帧"命令，或按 F7 键，也可
以右击弹出快捷菜单，选择"插入空白关键帧"命令，则在时间轴上插入一个空白关键帧。

方法 4. 若要插入多个帧，可以选择多帧，然后使用上述方法插入帧。也可以多层同时选
中，再使用上述方法实现多层同时插入帧。

提示：同一图层中，在前一个关键帧的后面任一帧处插入关键帧，是复制前一个关键帧上
的对象；如果插入普通帧，是延续前一个关键帧上的内容；若是插入空白关键帧，可清除该帧
后面的延续内容，在空白关键帧上添加新的对象。

24.3.2　选择帧

1. 选择一个帧

用鼠标单击时间轴上的某一帧，呈深蓝色显示，即可选择该帧。

2. 选择多个相邻的帧

选择多个相邻的帧，方法有以下几种：

方法 1. 用鼠标在要选择的帧上拖动，其间鼠标经过的帧全部被选中。

方法 2. 单击第一帧，然后按住"Shift"键，单击选择其他帧，即可选择两次单击及其之
间的所有帧。

方法 3. 执行"编辑"→"首选参数"命令，在弹出的"首选参数"对话框中选择"基于
整体范围的选择"复选框，则单击某个帧时，将会选择两个关键帧之间的整个帧序列。

3. 选择不相邻的帧

按住 Ctrl 键的同时，用鼠标单击要选择的帧，可以选择多个不相邻的帧。

4. 选择所有帧

若要选择时间轴中的所有帧，可以采用以下几种方法：

方法 1. 执行"编辑"→"时间轴"→"选择所有帧"命令。

方法 2. 使用快捷键 Ctrl + Alt + A。

方法 3. 用鼠标右击任一帧,在弹出的菜单中选择"选择所有帧"命令。

选择帧的效果如图 24 - 2 所示。

选择一个帧

选择多个相邻的帧

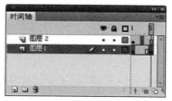
选择不相邻的帧

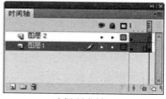
选择所有帧

图 24 - 2　帧选择示意图

24.3.3　复制与粘贴帧

复制与粘贴帧都有多种方法可以使用。

1. 复制帧

方法 1. 执行"编辑"→"时间轴"→"复制帧"命令,菜单如图 24 - 3 所示。

方法 2. 选择要复制的帧,单击鼠标右键,在弹出的菜单中选择"复制帧"命令。

方法 3. 使用快捷键 Ctrl + C。

方法 4. 选择一个或多个帧,按住 Alt 键,用鼠标左键拖动所选帧到目标位置。

2. 粘贴帧

方法 1. 单击目标帧,执行"编辑"→"时间轴"→"粘贴帧"命令。

方法 2. 在目标帧上右击,在弹出的菜单中选择"粘贴帧"命令。

图 24 - 3　"编辑"→"时间轴"级联菜单

方法 3. 使用快捷键 Ctrl + V,将已复制的帧上的图形粘贴到舞台的中心位置。粘贴前需插入空白关键帧,

方法 4. 使用快捷键 Ctrl + Shift + V,将已复制的帧上的图形粘贴在当前位置,即粘贴位置和原位置相同。

24.3.4　移动、剪切帧

选择一个或多个帧,按住鼠标左键,拖动所选帧到目标位置,即可实现帧的移动。

选择要剪切的帧,然后单击鼠标右键,在弹出的菜单中选择"剪切帧"命令,即可将选择的帧剪切掉,粘贴到其他位置。

24.3.5　删除与清除帧

删除帧是删除帧及帧的内容,清除帧是清除帧的内容,但帧依然存在。

1. 删除帧

若要删除帧，可以使用以下几种方式：

方法 1. 选择要删除的帧，然后执行"编辑"→"时间轴"→"删除帧"命令。

方法 2. 选择要删除的帧，然后用鼠标右键单击其中任意一帧，在弹出的菜单中选择"删除帧"命令。

方法 3. 选择要删除的帧，然后使用快捷键 Shift + F5。

2. 清除帧

若要清除帧，可以使用以下几种方式：

方法 1. 选择要清除的帧，然后执行"编辑"→"时间轴"→"清除帧"命令。

方法 2. 选择要清除的帧，然后用鼠标右键单击其中任意一帧，在弹出的菜单中选择"清除帧"命令。

方法 3. 选择要清除的帧，然后按快捷键 Alt + Backspace。

方法 4. 使用快捷键 Shift + F6，可以清除关键帧的内容，使其转变为普通帧。

24.3.6　翻转帧

翻转帧是将图层上指定的帧的排列顺序翻转为倒序排列。有时候用户希望制作的动画能倒着播放，就可以使用"翻转帧"命令来达到效果。选择时间轴上一段帧的序列，用鼠标右键单击，在弹出的菜单中选择"翻转帧"即可。

24.3.7　帧的转换

在编辑动画过程中，有时需要调整帧的类型，即实现帧的转换。

若要将普通帧转换为关键帧或者空白关键帧，只需用鼠标右键单击需要转换的帧，在弹出的菜单中选择"转换为关键帧"或者"转换为空白关键帧"命令。

同样，关键帧或者空白关键帧也可以转换为普通帧。选择需要转换的帧，用鼠标右键单击，在弹出的菜单中选择"清除关键帧"命令。

24.3.8　添加帧标签

帧标签在 Flash 中是一种使用非常普遍的功能，就像我们平常使用的书签一样。其原理就是给某个帧加上一个名字，在需要用到的时候，可以直接跳转到那里。

在时间轴上单击选择一个关键帧，在"属性"面板的帧标签"名称"文本框中输入帧标签名，在"类型"下拉列表中选择帧标签的类型，有名称、注释和锚记之分，如图 24-4 所示。

图 24-4　帧标签

（1）名称：用于标识时间轴中的关键帧名称。在动作脚本中定位帧时，使用帧的名称；在时间轴中用红旗标识。

（2）注释：对所选择的关键帧加以注释和说明。文件发布为 Flash 影片时，不包含注释的标识信息，不会增大导出 SWF 文件的大小。在时间轴中用两条绿色斜杠标识。

（3）锚记：可以使用浏览器中的"前进"和"后退"按钮，从一个帧跳转到另一个帧，或是从一个场景跳转到另一个场景，从而使得 Flash 动画的导航变得简单。将文档发布为 SWF 文件时，文件内部会包括帧名称和帧锚记的标识信息，文件的体积会相应增大。在时间轴中用金色的锚标识。

24.3.9 设置帧频

在 Flash 中，将每秒钟播放的帧数称为帧频，帧频是动画播放的速度，单位是 fps。默认情况下，Flash CS5 默认的帧频是 fps，即每一秒钟可以播放 24 帧画面。以每秒播放的帧数为度量，帧频太慢会使动画看起来不连贯，帧频太快会使动画的细节变得模糊。

设置动画播放速度的方法就是设置帧频，帧频越大，播放速度越快；帧频越小，播放速度越慢。设置帧频可以采用以下不同方法：

方法 1. 单击时间轴下方的帧频值 24.00 fps，在文本框中输入新值，即可调整帧频，其右侧的"运行时间"值 0.8 s 显示了按照设置的帧频，从第一帧到播放头所在帧的播放时间。

方法 2. 鼠标指针指向时间轴下方的帧频，使鼠标指针呈手指加双向箭头显示，左右拖动直到满意的帧频值。

方法 3. 单击"属性"面板的帧频值，在文本框中输入新值。

方法 4. 鼠标指针指向"属性"面板的帧频值，使鼠标指针呈手指加双向箭头显示，左右拖动直到满意的帧频值。

24.4 多帧的编辑

一般情况下，Flash CS5 的舞台只能显示当前帧中的对象。如果希望在舞台上出现多帧对象，以帮助当前帧对象进行定位和编辑，则可以使用绘图纸功能进行多帧编辑，按钮如图 24 - 5 所示。

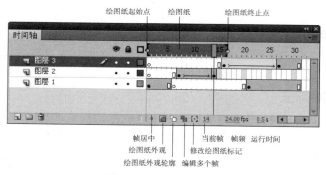

图 24 - 5　绘图纸功能

24.4.1 同时显示多帧

单击"绘图纸外观"按钮，时间轴标尺上出现绘图纸的标记，除当前帧外，在标记范围内的帧上的其他对象将同时显示在舞台中，呈现半透明的运动轨迹。其中，当前帧显示为彩色，而其余帧是暗淡的，看起来就像每个帧是画在一张透明的绘图纸上的，而这些绘图纸相互层叠在一起，如图 24 - 6 所示。在这些轨迹中，除了播放头所在的关键帧外，其他帧的对象是不可编辑的。拖动绘图纸起始点手柄和终止点手柄，可以增加或减少绘图纸标记所包含的帧的数量。

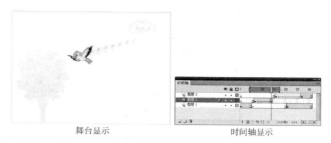

舞台显示　　　　　　　　　　　　　　时间轴显示

图 24 - 6　绘图纸外观

"当前帧"数值调节框 1 显示了播放头所在帧的编号，单击可以修改数值，从而调整播放头位置，也可以将鼠标指针指向数值，呈手指加双向箭头显示，左右拖动调整数值，改变播放头位置。

当播放头所在帧的位置不在当前显示的时间轴中心时，单击"帧居中"按钮 ，可以将当前帧置于时间轴中心。如图 24 - 7 所示，左图当前帧居于时间轴右侧，单击"帧居中"按钮，Flash 自动将时间轴左移，使当前帧显示在时间轴中心。

"帧居中"前　　　　　　　　　　　　"帧居中"后

图 24 - 7　帧居中

24.4.2　以轮廓线方式显示帧

当对象形状较为复杂，或帧与帧之间的位移不明显的时候，使用"绘图纸外观轮廓"功能，能够更加清晰地显示对象的运动轨迹。单击"绘图纸外观轮廓"按钮 ，除播放头所在的关键帧外，在绘图纸标记范围内的其他帧上的对象将以轮廓线的形式同时显示在舞台中，但只有播放头所在的关键帧的内容是可以编辑的。每个图层的轮廓颜色决定了绘图纸轮廓的颜色，如图 24 - 8 所示。

24.4.3　同时编辑多帧

若要在舞台上同时编辑多个关键帧，则使用"编辑多个帧"功能。单击"编辑多个帧"按钮 ，绘图纸标记范围内的关键帧上的对象将同时显示在舞台中，如图 24 - 9 所示，这些对象均可进行选择和编辑。

图 24 - 8　"绘图纸外观轮廓"示意图

图 24 - 9　"编辑多个帧"示意图

24.4.4 更改显示模式

通常情况下，移动播放头，绘图纸的位置会随之发生变化，而"修改绘图纸标记"功能可以改变这种模式。单击此按钮，将弹出下拉菜单，如图24－10所示。

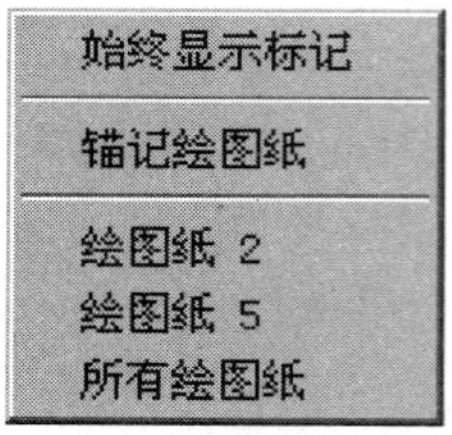

（1）始终显示标记：选择该选项，无论用户是否启用了绘图纸功能，都会在时间轴显示绘图纸标记范围。

（2）锚记绘图纸：选择该选项，可以将时间轴上的绘图纸标记锁定在当前位置，不再跟随播放头的移动而发生位置变化。

（3）绘图纸2：选择该选项，在当前帧的左右只显示2个帧。

图24－10　"修改绘图纸标记"下拉菜单

（4）绘图纸5：选择该选项，在当前帧的左右只显示5个帧。

（5）所有绘图纸：选择该选项，表示绘图纸的长度为所有帧。

提示：绘图纸的各项功能可以综合应用。例如，舞台尺寸发生变化，需要整体移动Flash文档中的所有对象，则可以首先单击选择"编辑多个帧"，再选择"修改绘图纸标记"中的"所有绘图纸"功能，此时在舞台上将显示所有关键帧中所包含的对象，然后选择舞台上所有对象，并拖动对象，就可以使对象整体移动了。

第 25 章 元 件、实 例 与 库

25.1 元件

元件又叫做符号或组件，是在 Flash 中可以重复使用的对象，包括图形、按钮、影片剪辑等。元件创建后，自动存放在 Flash 的"库"里面，使用时，只需将元件从"库"面板中拖动到舞台上，这样就产生了该元件的一个实例。实例是元件的具体应用，可以有多个。若是对实例进行修改，仅在一个小的文本文件中增加少量描述，而影片文件的总尺寸不会因此增加太多。

每个元件都具有独立的时间轴、工作区和图层。修改了元件，由它派生出来的所有实例都会与其同步变化，无需逐一修改；若是删除了元件，那么它的实例也会随之删除。用户可以进一步修改实例的相关属性，如缩放、颜色、透明度等，但对元件没有影响。

元件在制作 Flash 动画时应用广泛。例如，制作很多花瓣飘落的动画场景，可以基于一个花瓣完成。若是使用多次复制粘贴方式制作，再对每个花瓣进行编辑，会使文件的尺寸变得很大，不利于存储和上传下载。在 Flash 中，把花瓣转换为元件，保存到"库"面板里，使用时，将其多次从"库"面板拖到舞台上，成为实例，再分别进行编辑即可。

25.1.1 元件的类型

根据内容和功能的不同，元件可分为图形元件、按钮元件和影片剪辑元件 3 种类型。

1. 图形元件

图形元件是最基本的元件类型，通常用于创建静止的对象，如位图图像、矢量图形、文本等，也可以用来创建连接到主时间轴的可重用动画片段，但交互式控件和声音在图形元件的动画序列中不起作用。图形元件中可以包含其他图形元件，与主时间轴同步运行，在"库"面板中显示图标为 ▦。

2. 按钮元件

按钮元件用于创建动画的控制按钮，以响应鼠标的按下、单击等事件。按钮元件包括"弹起"、"指针经过"、"按下"和"点击"4 种状态，在按钮元件的不同状态上创建不同的内容，可以使按钮对鼠标操作进行相应的响应。按钮元件在"库"面板中显示图标为 ▩。

3. 影片剪辑元件

影片剪辑元件是 Flash 中应用最为广泛的元件类型，拥有独立于主时间轴的多帧时间轴，可以将其看做主时间轴内的嵌套时间轴。无论一个影片剪辑元件有多长，它在主动画中只需占用一个关键帧。影片剪辑元件可以包含交互式控件、声音，甚至其他图形、按钮或影片剪辑实例，也可以将影片剪辑实例放在按钮元件的时间轴内，以创建动画按钮。影片剪辑元件在"库"面板中显示图标为 ▧。

元件可以嵌套使用，一个影片剪辑元件中可以包含按钮元件、图形元件、影片剪辑元件；按钮元件中也可以包含影片剪辑元件和图形元件。

25.1.2 元件的注册点

在 Flash 中有两个坐标系，一个是主场景的坐标系，另一个是元件内的坐标系，两者均是

X轴水平向右为正，Y轴垂直向下为正。在主场景内，坐标系的原点位于舞台左上角，而元件内的坐标系，其原点位于十字中心，如图25-1所示。

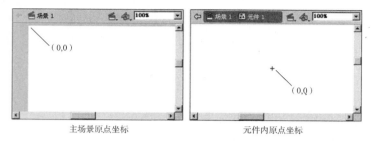

主场景原点坐标　　　　　　　　　　　　元件内原点坐标

图25-1　不同坐标系

注册点是一个对象的坐标基准点，或称为参照点。对象的坐标就是它的注册点在当前参照系中的坐标。

当用户为元件创建一个实例时，所看到的黑色十字即为注册点，是对象自身的参考点，亦即元件内的坐标原点。在"属性"面板中设置不同的X、Y坐标，实例在舞台的位置会发生变化。图25-2所示为XY坐标分别是（0，0）和（100，50）时，实例所处舞台位置的示意图。

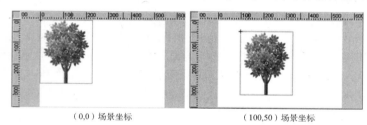

（0,0）场景坐标　　　　　　　　　　　　（100,50）场景坐标

图25-2　场景坐标示意图

若要修改注册点，需进入元件编辑状态，在"属性"面板中进行。

25.1.3　创建元件

创建一个元件有两种途径，一种是直接创建一个空白元件，然后在这个空白元件中创建和编辑元件的内容；另一种是将舞台上已有的对象转换成元件。

1. 创建图形元件

（1）创建新的图形元件。确保没有在舞台上选择任何对象，依次执行下列步骤：

步骤1. 执行"插入"→"新建元件"命令，或者单击"库"面板左下角的"新建元件"按钮，也可以使用快捷键Ctrl + F8，打开"创建新元件"对话框，如图25-3所示。

步骤2. 在"名称"文本框中输入元件的名称，在"类型"下拉列表中选择"图形"。

步骤3. 单击"确定"按钮，进入图形元件的编辑模式，元件编辑模式和场景编辑模式的环境和功能是一样的。

元件制作完成后，单击"场景"标签，返回到场景编辑状态。

（2）将已有的对象转换成图形元件。将已有的对象转换成图形元件的方法如下：

步骤1. 在工作区中选择一个或多个对象，执行"修改"→"转换为元件"命令，或者使用功能键F8，也可以右击选中的对象，在弹出的快捷菜单中选择"转换为元件"命令，此外，还可以直接将选中的对象拖入到元件库。

步骤2. 在弹出的"转换为元件"对话框中，输入元件名称并选择"图形"类型，然后在"对齐"选项中单击选择注册点位置，如图25-4所示。

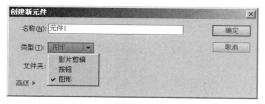
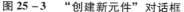

图 25 – 3 "创建新元件"对话框

图 25 – 4 "转换为元件"对话框

步骤 3. 单击"确定"按钮，转换成功的元件将自动存入元件库中，同时，被选择的对象已成为该元件的一个实例。

2. 创建影片剪辑元件

影片剪辑是位于影片中的小影片，可以在影片剪辑片段中增加动画、动作、声音、其他元件及其他的影片片段。影片剪辑有自己的时间轴，其运行独立于主时间轴。与图形元件不同，影片剪辑只需要在主时间轴放置单一的关键帧就可以启动播放。

创建影片剪辑元件的方法如下：

步骤 1. 执行"插入"→"新建元件"命令，或者单击"库"面板左下角的"新建元件"按钮，也可以使用快捷键 Ctrl + F8，打开"创建新元件"对话框。

步骤 2. 在"名称"文本框中输入元件的名称，在"类型"下拉列表中选择"影片剪辑"。单击"确定"按钮，进入影片剪辑元件的编辑模式。

3. 创建按钮元件

按钮元件就是响应鼠标事件的元件，可以看作是四帧的交互影片剪辑。创建按钮元件的方法如下：

步骤 1. 执行"插入"→"新建元件"命令，或者单击"库"面板左下角的"新建元件"按钮，也可以使用快捷键 Ctrl + F8，打开"创建新元件"对话框。

步骤 2. 在"名称"文本框中输入元件的名称，在"类型"下拉列表中选择"按钮元件"。单击"确定"按钮，进入按钮元件的编辑模式。

在元件编辑窗口的时间轴上有 4 个已经命名的帧，分别用来体现按钮的 4 种状态，如图 25 – 5 所示。

图 25 – 5 按钮元件时间轴

（1）弹起帧：表示鼠标不在按钮上面时的显示状态。

（2）指针经过帧：表示鼠标经过按钮时，按钮的显示状态。

（3）按下帧：表示鼠标单击按钮时，按钮的显示状态。

（4）点击帧：定义对鼠标作出反应的区域，该反应区域在影片播放时不会显示。若是在按钮上使用了文本，这一帧尤为重要。如果没有点击状态，那么有效的点击区域就只是文本本身，这将导致点击按钮非常困难。

25.1.4 编辑元件

当对元件进行编辑时，舞台上所有该元件的实例都会发生相应的变化；反之，当对某一实例进行编辑时，仅仅该实例发生变化，该实例的元件不会变化。

1. 在当前位置编辑元件

在当前位置编辑元件的步骤如下：

步骤1. 在舞台中双击元件的一个实例，或右击实例，在弹出的快捷菜单中选择"在当前位置编辑"命令，也可以在选择实例后，执行"编辑"→"在当前位置编辑"命令。

步骤2. 根据需要编辑元件，此时，仍然保留原工作区的其他对象，但不可编辑，仅供参考。

步骤3. 元件编辑完毕，单击舞台上方的场景标签，或执行"编辑"→"编辑文档"命令，也可以双击舞台空白处，返回原场景。

2. 在新窗口中编辑元件

在新窗口中编辑元件的步骤如下：

步骤1. 在舞台中右击元件的一个实例，在弹出的快捷菜单中选择"在新窗口中编辑"命令。

步骤2. 打开一个新的舞台工作区窗口，在该窗口中编辑元件。

步骤3. 元件编辑完毕，单击窗口标签的⊠按钮，关闭新窗口，返回原舞台工作区。

3. 在元件编辑模式下编辑元件

在元件编辑模式下编辑元件的步骤如下：

步骤1. 选择元件，可执行以下任意一个操作：①双击"库"面板中需要编辑的元件图标。②右击"库"面板中的元件，在弹出的快捷菜单中选择"编辑"命令。③右击舞台上元件的一个实例，在弹出的快捷菜单中选择"编辑"命令。④在舞台上选择元件的一个实例后，执行"编辑"→"编辑元件"命令。

步骤2. 进入元件编辑模式，根据需要编辑元件。

步骤3. 元件编辑完毕，可使用以下方式返回文档编辑状态：①单击场景名称左侧的返回按钮◀；②执行"编辑"→"编辑文档"命令。

25.2 使用元件实例

25.2.1 创建实例

执行"窗口"→"库"命令，打开"库"面板，如图 25－6 所示，将元件从"库"面板中拖到舞台上，就创建了该元件的一个实例，如图 25－7 所示。

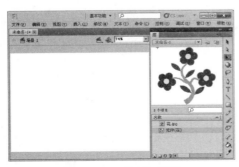
图 25－6 "库"面板

图 25－7 创建实例

25.2.2 编辑实例

实例是元件的具体应用。每个实例都具有自己的属性，这些属性相对于元件来说是独立的，可以利用"属性"面板设置单个实例的位置、大小、颜色、亮度、透明度等属性，也可以对实例进行缩放、旋转或扭曲等操作，还可以重新设置实例的类型和动画播放模式。修改的属性只会应用于当前所选的实例，对元件和场景中的其他实例没有影响。

1. 对实例进行缩放、旋转和倾斜

选中一个实例后，可以使用变形功能，对它进行缩放、旋转和倾斜等各种形状变化处理，如图 25－8 所示。

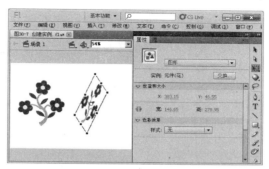

图 25－8　缩放、旋转和倾斜实例

2. 设置实例的颜色和透明度

每个实例都可以有自己的色彩效果。若要设置实例的颜色和透明度，可使用"属性"面板，方法如下：

步骤 1. 在舞台上选择一个实例，然后执行"窗口"→"属性"命令。

步骤 2. 在"属性"面板的"色彩效果"选项中单击"样式"下拉按钮，选择下列选项之一，如图 25－9 所示：

（1）无：默认设置，表示不为实例设置色彩效果。

（2）亮度：用于设置实例的亮度，取值范围为 －100%～100%，拖动滑块或直接输入数值，即可调节，数值越大，亮度越高。

（3）色调：用于设置实例的颜色色调。色调取值范围为 0%～100%，直接输入数值或拖动滑块调整着色量；红、绿、蓝三原色取值范围为 0～255，直接输入颜色分量值或拖动滑块调整。

（4）Alpha：用于设置实例的不透明度，取值范围为 0%～100%。数值越小，透明度越高，0% 是完全透明，100% 是不透明。

（5）高级：选择"高级"样式，可以同时设置实例的色调与不透明度的百分比和偏移值。

图 25－9　"属性"面板的"色彩效果"选项

3. 改变实例的名称和类型

影片中的实例可以根据需要改变其原有的类型，3 种类型之间可以随意互换。实例类型的改变仅限于所选的实例，不会影响到"库"面板中元件的类型。具体操作方法如下：

选中实例，单击"属性"面板中的"实例行为"下拉箭头，在弹出的列表中选择另外一种类型，如图 25－10 所示，即可改变当前实例的类型。

如果实例的类型是按钮或影片剪辑，那么还可以设置该实例的名称，便于在制作过程中对它进行引用。只需选中实例，在"属性"面板上的"实例名称"文本框中输入名称即可。

4. 分离实例

由元件创建出来的实例会随着元件的修改而改变，分离实例能够切断实例与元件的联系，在元件发生改变后，实例并不随之变化。

分离实例就是将实例打散，完全打散后的实例变成形状，可以对其进行任意修改，而不会影响其他的实例与元件。

5. 交换实例

交换实例就是在当前位置中，将选中的实例转变成以另一元件为基础的实例。交换后的实例除了位置与原来的实例保持一致以外，原来实例的各种属性设置也会被应用于交换后的实例上，如实例颜色、尺寸、旋转角度以及脚本语言等。

在"属性"面板中单击"交换"按钮 交换... ，弹出"交换元件"对话框，如图 25 – 11 所示，选择要交换的元件，单击"确定"按钮即可。

图 25 – 10   改变实例的类型

图 25 – 11   "交换元件"对话框

25.2.3   设置动态图形实例播放模式

在文档编辑模式下，可以设置动态图形实例的播放模式。选择动态图形元件的实例，"属性"面板中将显示"循环"属性，如图 25 – 12 所示。单击"选项"下拉按钮，在弹出的列表中选择实例的播放模式，有循环、播放一次和单帧等 3 种，如图 25 – 13 所示。

图 25 – 12   "循环"属性

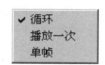

图 25 – 13   "循环"选项

（1）循环：无论在影片编辑模式下，还是在预览模式下，均会按照当前实例占有的帧数循环播放该实例内的所有动画序列，"第一帧"后面的文本框用于指定实例播放的起始帧。

（2）播放一次：实例中的内容只播放一次。

（3）单帧：用于显示元件中某一指定帧的内容。

（4）第一帧：在文本框中输入帧编号，可以设置播放时首先显示的帧。

动态图形元件与影片剪辑元件极为相似，可以在"库"面板中将影片剪辑元件的类型改变为图形元件，也可以将动态图形元件的元件类型改变为影片剪辑元件。

动态图形元件与影片剪辑元件最大的区别就是影片剪辑元件的实例有独立的时间轴，在场景中作为静态对象显示，也就是说，在影片编辑模式下不能显示它的动态效果；而动态图形元件的实例依赖于影片的时间轴，所以在影片编辑模式下可以显示动态效果。

25.2.4   查看实例信息

在舞台上选择实例后，可以通过以下方式查看实例信息：

1. 通过"属性"面板查看实例信息

执行"窗口"→"属性"命令，打开"属性"面板，对于所有类型的实例，均可以查看实例的色彩效果设置、位置和大小。此外，对于动态图形实例，可以查看循环模式和播放的第一帧编号；对于按钮和影片剪辑实例，可以查看实例名称、滤镜和混合模式。

2. 通过"信息"面板查看实例信息

执行"窗口"→"信息"命令，打开"信息"面板，如图 25－14 所示。在"信息"面板中，可以查看实例的大小和位置、注册点位置、实例的红、绿、蓝三原色的分量值和不透明度Alpha（A）值，以及指针的位置。

25.3 使用库管理元件资料

25.3.1 库的概念

"库"面板是 Flash CS5 存储和组织元件、位图、图形、声音和视频的容器。"库"将所有的元件保留下来，以便反复使用；存储位图、声音和视频，方便用户对素材进行浏览和选择；此外，Flash 还具有使用外部库元件的功能，避免重复创建元件，提高了资源共享率。

在"库"面板中，每种媒体有自己的图标，用户很容易识别不同的库资源。

25.3.2 库的使用

使用以下任一方式，均可以打开"库"面板，如图 25－15 所示：

方法 1. 执行"窗口"→"库"命令。

方法 2. 按功能键 F11。

方法 3. 使用快捷键 Ctrl + L。

图 25－14 "信息"面板

图 25－15 "库"面板

（1）库菜单 ▤：显示与库操作相关的各种命令。

（2）文档列表：显示当前库资源所属的文档。单击下拉箭头，将显示所有已打开的文档的列表，用于切换不同文档的库资源。

（3）预览窗：用于显示所选对象的内容。若元件包含多帧，则预览区中会出现播放控制按钮，单击"播放"按钮，可以播放该元件的动画效果；单击"暂停"按钮，则暂停播放。

（4）新建"库"面板 ⊡：单击"新建库面板"按钮，能够同时打开多个"库"面板，每个面板可以显示不同文档的库，通常在库的资源列表较长或元件在多文档中调用时使用方便。

（5）固定当前库 ⊡：单击"固定当前库"按钮，使之变成 ⊘ 形状，则当切换不同文档时，"库"面板固定显示指定文档，不会随文档的改变而改变。

（6）预览区：在"库"面板中选中一个项目后，预览区将预览显示该项目。若选中的项目为含有动画的元件，可通过预览区右上角的"播放"、"停止"按钮控制预览。

（7）搜索框：在搜索框中输入相应关键字或素材的名称，系统在"库"面板中进行搜索，快速锁定目标项目，并在左侧显示搜索结果数目。

（8）名称：显示"库"面板中项目的名称，若单击 名称 ▲ 按钮，所有的项目将按照名称顺序排列，再次单击，则逆序排列。

（9）链接：可以让项目为其他影片调用。

（10）使用次数：项目在影片中的使用次数。

（11）修改日期：项目的最后修改日期。

（12）类型：项目的类型，包括位图、图形、影片剪辑、声音和按钮等。若单击 类型 按钮，项目将按照类型名称顺序排列，再次单击，则逆序排列。

25.3.3 库的管理

使用"库"面板，可以非常方便地管理库中的项目。

1. 库项目基本操作

（1）选择库项目。若只选择一个项目，只需单击该项目；若是选择相邻的项目，首先单击要选择的第一个项目，然后按住 Shift 键，再单击要选择的最后一个项目，即可选择两个项目及其之间的所有项目；若要选择不相邻的项目，首先单击要选择的其中一个项目，然后按住 Ctrl 键，单击需要选择的其他项目。

（2）重命名库项目。在"库"面板中，选中一个项目，单击鼠标右键，在弹出的快捷菜单中选择"重命名"命令，输入新的项目名称，按 Enter 键即可。也可双击项目名称进行修改。

（3）复制元件。制作 Flash 动画时，通过直接复制元件功能，可以使用现有的元件作为创建新元件的起点，来创建具有不同外观的各种版本的元件。

复制元件可以使用以下不同方式：

方法 1. 选择元件后，单击"库"面板右上角的"库菜单"按钮 ，选择"直接复制…"命令，打开"直接复制元件"对话框，如图 25 – 16 所示，输入新元件名即可。

方法 2. 选择一个元件，右击弹出快捷菜单，选择"直接复制"命令，打开"直接复制元件"对话框，输入新元件名。

方法 3. 执行"修改"→"元件"→"直接复制元件（D）…"命令，如图 25 – 17 所示。打开"直接复制元件"对话框，输入新元件名。

图 25 – 16　"直接复制元件"对话框

图 25 – 17　"直接复制元件（D）…"命令

（4）删除库项目。若要删除"库"中的项目，可以选用以下方式：

方法 1. 选择要删除的项目，单击鼠标右键，在弹出的快捷菜单中选择"删除"命令。

方法 2. 选择要删除的项目，单击"库"面板右上角的"库菜单"按钮，选择"删除"命令。

方法 3. 选择要删除的项目，单击"库"面板左下角的"删除"按钮🗑。

（5）删除未使用库项目。在"库"中，可能有一些项目从未使用，为了减小文件的体积，可以将它们删除。通过以下方法，可以选择未使用的项目：

方法 1. 单击"库"面板右上角的库菜单按钮，选择"选择未用项目"命令。

方法 2. 在"库"面板下方的空白处右击，在弹出的快捷菜单中选择"选择未用项目"命令。

（6）查看与编辑项目属性。选中一个项目，单击属性按钮🛈，可以查看与编辑库项目的属性。也可在选中项目后，单击鼠标右键，在弹出的快捷菜单中选择"属性"命令。

例如：选择的项目是位图，单击属性按钮，弹出的对话框将显示该位图的名称、类型、路径及创建的日期等一系列属性。若选择的项目是元件，则可在"属性"对话框中对元件的名称和类型进行重新设置。

2. 通过文件夹管理库项目

使用文件夹，可以方便用户分门别类地组织和管理库项目。

（1）创建文件夹。单击"库"面板左下角的"新建文件夹"按钮📁，输入文件夹名，按 Enter 键，即可建立一个新的文件夹。

选择要放入该文件夹中的项目，然后用鼠标左键将它们拖动到文件夹图标上，即可将这些项目放入该文件夹中。

（2）展开与折叠文件夹。文件夹之下可以嵌套下级子文件夹，如同 Windows 中文件夹的管理方式，在 Flash 中可以单击文件夹之前的▶按钮，展开文件夹，或者单击▼按钮，折叠文件夹。此外，双击文件夹图标，也可以展开或折叠文件夹。

25.3.4　公用库

Flash CS5 附带的范例库称为公用库，可以利用公用库向文档添加声音和按钮，还可以创建自定义的公用库。

1. 调用公用库资源

Flash CS5 附带的公共库分为"声音"、"按钮"和"类" 3 类，如图 25 – 18 所示。执行"窗口"→"公用库"命令，选择其中一类，打开该类"库"面板。单击选择一个库项目，可以在预览窗中进行预览或试听，将选中的项目拖动到舞台上，即可创建实例。打开一个公用库，可以在任意打开的文档中使用该库项目。

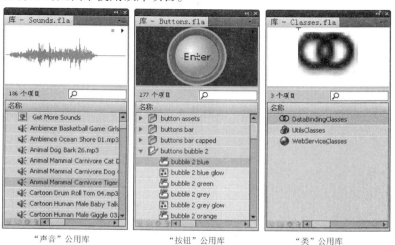

"声音"公用库　　　　"按钮"公用库　　　　"类"公用库

图 25 – 18　公用库

2. 创建公用库

Flash CS5 允许用户将自己常用的资源创建一个库，以弥补公用库的局限。创建方法如下：

步骤 1. 新建一个 Flash 文档，将常用项目创建在"库"面板中。

步骤 2. 执行"文件"→"另存为"命令，在打开的"另存为"对话框中，将"保存在"位置设置为"C：\ Program Files \ Adobe \ Adobe Flash CS5 \ zh ＿CN \ Configuration \ Libraries"，输入文档名称，单击"保存"按钮。

步骤 3. 执行"窗口"→"公用库"命令，将在级联菜单中显示新建公用库名。

25.3.5　使用其他文件的库

在 Flash 中编辑文档，不仅可以使用本文档的库、公用库，还可以使用其他 FLA 文档的库资源。执行"文件"→"导入"→"打开外部库"命令，打开"作为库打开"对话框，从中选择要使用的库项目所在的文档，将打开该文档的"库"面板，如图 25 – 19 所示。将库项目拖动到舞台，该项目同时被复制到当前文档的"库"面板中。

图25 – 19　其他文件"库"面板

第 26 章　文本的处理

26.1　创建文市

　　文本是 Flash 动画中重要的组成元素之一，它不仅可以帮助影片表述内容，也可以对影片起到一定的美化作用。

26.1.1　文本引擎

　　Flash CS5 在保持和丰富了以前的文本引擎（传统文本）的基础上，又引入了全新的文本引擎——文本布局框架 TLF（Text Layout Framework），两种文本引擎均包含不同文本类型。TLF 是 Flash CS5 的默认文本引擎，支持更丰富的文本布局功能和对文本属性的精细控制，与传统文本引擎相比，TLF 文本引擎可以使用户更有效地加强对文本的控制。两种文本引擎的"属性"面板如图 26 - 1 所示。

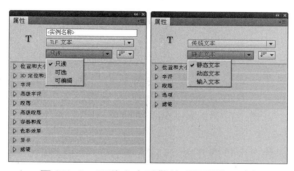

图 26 - 1　两种文本引擎的"属性"面板

　　1. TLF 文本引擎

　　根据文本在动画播放时的不同表现形式，TLF 文本包括 3 种类型的文本块，它们是只读、可选和可编辑。选择在舞台上创建的文本，在"属性"面板"文本类型"下拉列表中可以选择文本的类型。

　　（1）只读：当文档作为 SWF 文件发布时，文本无法被选择或进行编辑。

　　（2）可选：当文档作为 SWF 文件发布时，文本可以被选择并能将文本复制到剪贴板，但不能进行编辑。

　　（3）可编辑：当文档作为 SWF 文件发布时，文本可以被选择，也可以进行编辑。

　　2. 传统文本引擎

　　（1）静态文本。静态文本主要应用于文字的输入与编排，起到解释说明的作用，是大量信息的传播载体，也是文本工具的最基本功能，具有较为普遍的属性。

　　（2）输入文本。输入文本主要应用于交互式操作的实现，目的是让用户填写一些信息，以达到某种信息交换或收集目的，例如常见的会员注册表、搜索引擎等。

　　选择输入文本类型后创建的文本框，在生成 Flash 影片时，可以在其中输入文字。

　　（3）动态文本。动态文本可以显示外部文件中的文本，主要应用于数据的更新，在 Flash 中制作动态文本区域后，创建一个外部文件，通过脚本语言的编写，使外部文件链接到动态文本框中，要修改文本框中的内容，只需更改外部文件中的内容即可。

26.1.2 文本方向

无论是 TLF 文本，还是传统文本，都可以在"属性"面板中单击改变文本方向按钮 ，选择不同的输入方向，如图 26 - 2 所示。

图 26 - 2 文本方向　　　　图 26 - 3 不同文本方向示意图

（1）水平：使输入的文本按水平方向显示。

（2）垂直：使输入的文本按垂直方向从右向左显示。

（3）垂直，从左向右：使输入的文本按垂直方向从左向右显示。

不同文本方向示意图如图 26 - 3 所示。

26.1.3 创建文本

创建文本可以使用两种方式，即可扩展文本和固定宽度的文本。它们之间最大的区别就是有无自动换行功能。

1. 创建可扩展文本

在工具箱中选择"文本工具"按钮，在舞台上单击，得到一个可自动扩展的文本框，使用 TLF 文本时，称为点文本容器。在文本框中输入文本，文本框会随着字符的增加而向右扩展，但不会自动换行。在需要换行时，按 Enter 键即可。

2. 创建固定宽度的文本

选择文本工具后，在舞台中单击并拖动鼠标，出现一个虚线框，调整虚线框的宽度，释放鼠标，即得到一个固定宽度的文本框。使用 TLF 文本时，称为区域文本容器。在文本框中输入文本，当字符增加到文本框的边缘时将自动换到下一行。

3. 调整文本框位置和大小

（1）调整文本框位置。调整文本框位置可以采用以下两种方式：

方法 1. 选择文本框后，拖动调整其位置。

方法 2. 在"属性"面板中进行精确设置，如图 26 - 4 所示。双击 X 轴和 Y 轴的数值激活键盘，然后直接输入数值；或者在数值上按住鼠标，通过左右拖动鼠标的方式来增加或减少数值。

（2）调整文本框大小。无论以何种方式创建文本，之后都可以重新调整文本框大小，通常采用以下两种方式：

方法 1. 拖动文本框的控制手柄，即可调整其大小。

方法 2. 在"属性"面板中设置文本框高度与宽度，对文本框的尺寸进行更为精确的调整。单击"将宽度值和高度值锁定在一起"按钮，使其呈 显示，可以将宽度和高度之间的比例锁定，调整其中一个数值，另一个将同比例自动调整。再次单击按钮，可以解除锁定状态。

图 26 - 4　"属性"面板设置文本框大小

26.2　设置文本属性

26.2.1　设置字符属性

1. 设置传统文本的字符属性

传统文本的字符属性包括字体系列、样式、大小、间距、颜色等，如图 26 – 5 所示。

图 26 – 5　传统文本的字符属性

（1）系列：为选中的文本设置字体。可以单击下拉箭头，在列表里选择，也可以在文本框里输入字体名称，进行设置。

（2）样式：设置文本的样式，不同的字体可以选择的样式也不同，通常情况下，可以选择的样式有 Regular（正常样式）、Italic（斜体）、Bold（仿粗体）、Bold Italic（仿斜体）。

（3）大小：设置文本的大小。双击数值激活键盘，然后直接输入数值；或者在数值上按住鼠标左键，左右拖动鼠标，依此增加或减少数值。

（4）字母间距：调整文本之间的距离。双击数值以激活键盘，然后直接输入数值；或者在数值上按住鼠标左键，左右拖动鼠标，可以增加或减少数值。

（5）颜色：设置文本颜色。单击颜色，可以在打开的颜色样本中选择，或在左上角的文本框中输入颜色的十六进制数值。

（6）消除锯齿：设置平滑的文本边缘。

（7）使用设备字体：指定 SWF 文件使用本地计算机上安装的字体来显示。尽管此选项不会增加 SWF 文件的大小，但还是会强制根据安装在用户计算机上的字体来显示字体。因此，使用设备字体时，应选择最常安装的字体系列。

（8）位图文本：关闭消除锯齿功能，不对文本进行平滑处理。将用尖锐边缘显示文本，而且由于字体轮廓嵌入了 SWF 文件，从而增加了 SWF 文件的大小。当位图文本的大小与导出大小相同时，文本比较清晰，但对位图文本缩放后，文本显示效果比较差。

（9）动画消除锯齿：通过忽略对齐方式和字距微调信息来创建较平滑的动画。由于字体轮廓是嵌入的，因此会创建较大的 SWF 文件。

（10）可读性消除锯齿：使用 Flash 文本呈现引擎来改进字体的清晰度，尤其是较小字体的清晰度。由于字体轮廓是嵌入的，因此会创建较大的 SWF 文件。

（11）自定义消除锯齿：自主定义修改字体的属性。

（12）"可选"按钮：设置 SWF 文件中的文本是否允许用户通过鼠标进行选择和复制，但输入文本不能对该属性设置。

（13）"将文本呈现为 HTML"按钮 ：设置动态文本和输入文本框中的文本是否可以使用 HTML 格式，静态文本不可设置。

（14）"在文本周围显示边框"按钮 ：设置动态文本和输入文本是否显示输入边框，静态文本不可设置。

（15）"切换上标"按钮 ：单击该按钮，可以将水平文本显示在基线之上，或将垂直文本显示在基线右侧。

（16）"切换下标"按钮 ：单击该按钮，可以将水平文本显示在基线之下，或将垂直文本显示在基线左侧。

2. 设置 TLF 文本的字符属性

TLF 文本（文本布局框架）是 Flash CS5 新增的文本引擎，只可用于 ActionScript 3.0 创建的场景中。TLF 文本支持更丰富的文本布局功能，对文本属性的设置更加精细。但 TLF 文本无法用于遮罩，若要使用文本创建遮罩，需要使用传统文本。

（1）增加的字符属性。TLF 文本扩展了字符属性，并增加了高级字符属性，如图 26－6 所示。

图 26－6　TLF 文本的字符及高级字符属性

● 加亮显示：选择该选项，可以为文本设置底纹，突出显示文本。单击颜色控件 ，可以在打开的颜色样本中选择，或在左上角的文本框中输入颜色的十六进制数值。图 26－7 所示为文本加亮前后对比图。

图 26－7　文本加亮前后对比图

● 旋转：对文本进行旋转操作。

● 下划线按钮 ：为文本添加下划线，再次单击可取消设置。

● 删除线按钮 ：为文本添加删除线，再次单击可取消设置。

（2）高级字符。

● 链接：为选中的文本添加超链接，指定要加载的 URL。

● 目标：设置链接属性，指定 URL 要加载到其中的窗口。

● ＿self：指定当前窗口中的当前帧。

● ＿blank：指定一个新窗口。

● ＿parent：指定当前帧的父级。

- __top：指定当前窗口中的顶级帧。
- 大小写：设置如何使用大写字符和小写字符。
- 默认：使用每个字符的默认大小写。
- 大写：设置所有字符使用大写。
- 小写：设置所有字符使用小写。
- 大写转为小型大写字母：设置所有大写字符使用小型大写。此选项要求选定字体包含小型大写字母字型。通常，Adobe Pro 字体定义了这些字型。
- 将小写转换为小型大写字母：指定所有小写字符使用小型大写字型。此选项要求选定字体包含小型大写字母字型。通常，Adobe Pro 字体定义了这些字型。希伯来语文字和波斯—阿拉伯文字（如阿拉伯语）不区分大小写，因此不受此设置的影响。
- 数字格式：设置在使用 OpenType 字体提供等高和变高数字时应用的数字样式。
- 默认：指定默认数字大小写。结果视字体而定；字符使用字体设计器指定的设置，而不应用任何功能。
- 全高：也成"对齐"，数字是全部大写数字，通常在文本外观中是等宽的，这样数字会在图表中垂直排列。
- 数字宽度：设置在使用 OpenType 字体提供等高和变高数字时，是使用等比数字还是定宽数字。
- 默认：设置默认数字宽度。结果视字体而定，字符使用字体设计器指定的设置，而不应用任何功能。
- 等比：设置等比数字。显示字样通常包含等比数字。这些数字的总字符宽度基于数字本身的宽度加上数字旁边的少量空白。等比数字可以是等高数字或变高数字。等比数字不垂直对齐，因此在表格、图表或其他垂直列中不适用。
- 定宽：设置定宽数字。定宽数字是数字字符，每个数字都具有同样的总字符宽度。字符宽度是数字本身的宽度加上两旁的空白。定宽间距又称单一间距，允许表格、财务报表和其他数字列中的数字垂直对齐。定宽数字通常是全高数字，表示这些数字位于基线上，并且具有与大写字母的相同高度。
- 基准基线：该选项仅在打开文本"属性"面板选择亚洲文字选项时可用，用以设置文本的基准基线。
- 自动：根据所选的区域设置自动调整，该设置为默认设置。
- 对齐基线：仅在打开的文本"属性"面板选择亚洲文字选项时可用，可以为段落内的文本或图形图像设置不同的基线。
- 使用基准：指定对齐基线使用"主体基线"设置。
- 罗马文字：对于文本，文本的字体和点值决定此值；对于图形元素，使用图像的底部。
- 上缘：设置上缘基线。对于文本，文本的字体和点值决定此值；对于图形元素，使用图像的顶部。
- 下缘：设置下缘基线。对于文本，文本的字体和点值决定此值；对于图形元素，使用图像的底部。
- 表意字顶端：可将行中的小字符与大字符全角字框的指定位置对齐。
- 表意字中央：可将行中的小字符与大字符全角字框的指定位置对齐。
- 表意字底端：可将行中的小字符与大字符全角字框的指定位置对齐。此设置为默认设置。
- 连字：主要对英文字母进行设置，使英文达到很好的连字效果。如某些字体中"fi"和"fl"，让它们看起来更像是一个字符。

- 最小值：最小连字。
- 通用：常见或"标准"连字。此设置为默认设置。
- 不通用：不常见或自由连字。
- 外来：外来语或"历史"连字。仅包括在几种字体系列中。
- 间断：用于防止所选的词在行尾中断，可以将多个字符或词组放在一起。
- 自动：断行机会取决于字体中的 Unicode 字符属性，是默认设置。
- 全部：将所选文字的所有字符视为强制断行机会。
- 任何：将所选文字的任何字符视为断行机会。
- 无间断：不将所选文字的任何字符视为断行机会。
- 基线偏移：设置文本基线偏移的百分比或点值，默认值为 0，点值设置范围是 −720 ~ 720。此外，也可以设置选中的文本为"上标"或"下标"。
- 区域设置：设置文本所属地区。

26.2.2 设置段落属性

1. 设置传统文本的段落属性

传统文本的段落属性如图 26 − 8 所示。

（1）格式：设置文本的对齐方式，即段落中每行文本相对于文本块边缘的位置，包括左对齐、居中对齐、右对齐、两端对齐等方式。

（2）间距：包括缩进和行距。

（3）缩进：设置段落边界与首行开头字符之间的距离。

（4）行距：设置段落中相邻行之间的距离。

（5）边距：设置文本边框与文本之间的距离，包括左边距和右边距。

2. 设置 TLF 文本的段落属性

TLF 文本扩展了段落属性，并增加了高级段落属性，如图 26 − 9 所示。

图 26 − 8　传统文本的段落属性

图 26 − 9　TLF 文本的段落及高级段落属性

（1）对齐：设置文本的对齐方式，增加了两端对齐，末行左对齐；两端对齐，末行居中对齐；两端对齐，末行右对齐；全部两端对齐。

（2）边距：设置文本的起始边距（即左边距）和结束边距（即右边距）。

（3）缩进：设置所选段落的第一个词的缩进。

（4）间距：设置所选段落的前后距离。

（5）段前间距：设置所选段落与前一段落之间的距离。

（6）段后间距：设置所选段落与后一段落之间的距离。

（7）文本对齐：设置文本的对齐方式。

（8）字母间距：在字母之间进行字距调整。

（9）单词间距：在单词之间进行字距调整。

（10）标点挤压：用于确定如何应用段落对齐，调整段落中的标点间距。在罗马语版本中，逗号和日语句号占整个字符的宽度，而在东亚字体占半个字符宽度。此外，相邻标点符号之间的间距变得更小，这一点符合传统的东亚字面惯例。

（11）自动：基于在文本"属性"面板的"字符"部分所选的区域应用字句调整。

（12）间隔：使用罗马语字句调整规则。

（13）东亚：使用东亚语言调整规则。

（14）避头尾法则类型：用于处理日语中不能出现在行首或行尾的字符。

（15）自动：根据文本属性面板中的"容器和流"部分所选的区域设置进行解析。

（16）优先进行最小调整：使字距调整基于展开行或压缩行，以哪个结果最接近于理想宽度而定。

（17）行尾压缩避头尾字符：使对齐基于压缩行尾的避头尾字符。如果没有发生避头尾或者行尾空间不足，则避头尾字符将展开。

（18）仅向外推动：使字距调整基于展开行。

（19）行距模型：是由行距基准和行距方向的组合构成的段落格式。行距基准确定了两个连续行的基线，它们的距离是行高设置的相互距离。行距方向确定度量行高的方向。如果行距方向为向上，行高就是一行的基线与前一行的基线之间的距离；如果行距方向为向下，行高就是一行的基线与下一行的基线之间的距离。

（20）自动：行距模型是基于在文本"属性"面板的"容器和流"部分所选的区域设置来解析。

（21）罗马文字（上一行）：行距基准为罗马语，行距方向为向上。在这种情况下，行高是指某行的罗马基线到上一行的罗马基线的距离。

（22）表意字顶端（上一行）：行距基线是表意字顶部，行距方向为向上。在这种情况下，行高是指某行的表意字顶基线到上一行的表意字顶基线的距离。

（23）表意字中央（上一行）：行距基线是表意字中央，行距方向为向上。在这种情况下，行高是指某行的表意字居中基线到上一行的表意字居中基线的距离。

（24）表意字顶端（下一行）：行距基线是表意字顶部，行距方向为向下。在这种情况下，行高是指某行的表意字顶端基线到下一行的表意字顶端基线的距离。

（25）表意字中央（下一行）：行距基线是表意字中央，行距方向为向下。在这种情况下，行高是指某行的表意字中央基线到下一行的表意字中央基线的距离。

26.2.3　设置"容器和流"属性

所谓容器，指的就是放置文本的文本框，TLF 文本"属性"面板的"容器和流"栏中的各个设置项用于对文本框进行设置，这些设置对容器中文本的样式也会有所影响。

1. 行为

此选项可控制容器如何随文本量的增加而扩展。

（1）单行。使输入的文本以单行方式出现，当输入的字符超过容器宽度时，超出部分不显示。

（2）多行。使输入的文本根据容器的宽度自动换行。

（3）多行不换行。仅当遇到"Enter"键是换行，否则，输入的字符超过容器宽度时，超出部分不显示。

（4）密码。使字符显示为密码"＊"而不是字母，以确保安全。仅当文本类型为"可编辑"时菜单中才会提供此选项，不适用于"只读"或"可选"文本类型。

2. 最大字符数

设置文本容器中允许的最多字符数。仅适用于类型设置为"可编辑"的文本容器，最大值为 65 535。

3. 对齐方式

设置容器内文本的对齐方式。

（1）顶对齐：从容器的顶部向下垂直对齐文本。

（2）居中对齐：将容器中的文本行居中。

（3）底对齐：从容器的底部向上垂直对齐文本行。

（4）两端对齐：在容器的顶部和底部之间垂直平均分布文本行。

提示：若文本方向设置为"垂直"，"对齐"选项会相应更改。

4. 列与列间距

设置容器内文本的列数和列间距。此属性仅适用于区域文本容器。

（1）列：设置文本的列数。默认值是 1，最大值为 50。

（2）列间距：设置选定容器中的每列之间的间距。默认值是 20，最大值为 1000。此度量单位根据"文档设置"中设置的"标尺单位"进行设置。

设置列数与列间距，可以获得文本框中文字分栏的效果。如图 26 - 10 所示。

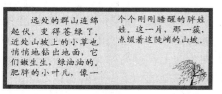

图 26 - 10   设置列数与列间距

5. 填充

设置文本和选定容器之间的边距宽度。所有 4 个边距都可以设置"填充"。

6. 边框与背景

设置容器的边框和宽度。

（1）容器边框颜色 点：设置容器的边框颜色和宽度，默认为无边框。

（2）容器背景颜色：设置容器中的背景颜色，默认值是无色。

7. 首行偏移

设置首行文本与文本容器顶部的对齐方式。

（1）点：设置首行文本基线和框架上内边距之间的距离（以点为单位）。

（2）自动：将行的顶部（以最高字型为准）与容器的顶部对齐。

（3）上缘：文本容器的上内边距和首行文本的基线之间的距离是字体中最高字型（通常是罗马字体中的"d"字符）的高度。

（4）行高：文本容器的上内边距和首行文本的基线之间的距离是行的行高（行距）。

26.3   编辑文市

26.3.1   分离文本

Flash 动画需要丰富多彩的文本效果，因此在对文本进行基础排版之后，常常还需要对其进行更进一步的加工。分离文本就是将文字完全打散，使文字变成图形，这样就可以对图形进行编辑，制作出各种文字效果。方法如下：

步骤 1. 使用工具箱中的选择工具，单击选择文本。

步骤 2. 使用下述任一方法，对文本进行分离。

（1）执行"修改"→"分离"命令。

（2）使用 Ctrl + B 组合键。

（3）选择要分离的对象并右击，在弹出的快捷菜单中选择"分离"选项。

步骤 3. 若文本块含有两个或两个以上的字符，需要再次分离。

选择分离前后的文本，其显示不同，如图 26 - 11 所示。

图 26 - 11　分离文本

使用图形编辑功能，用户可以对分离后的文本进行处理，如使用颜料桶工具填充、墨水瓶工具描边、变形工具变形等，如图 26 - 12 所示。

图 26 - 12　分离后文本编辑示例

26.3.2　分散文本到图层

使用"分散到图层"命令，可以将文本块的每一个字符分散到每个图层，最后得到多个图层，以方便文字的调整和制作。

例如，将文本块"多媒体"分散到图层，可以使用以下方法：

步骤 1. 在图层 1 中输入文本"多媒体"，如图 26 - 13 所示。

步骤 2. 将文本分离。

步骤 3. 右击文本，在打开的快捷菜单中选择"分散到图层"命令，或者执行"修改"→"时间轴"→"分散到图层"命令，即可将原文本块以"多"、"媒"、"体"单字符形式分散在三个不同图层中，如图 26 - 14 所示。

图 26 - 13　文本分散到图层之前

图 26 - 14　文本分散到图层之后

Flash 中的"分散到图层"，在实际的工作中提高了工作效率，相比较传统的 Ctrl + X 剪切，Ctrl + Shift + V 粘贴到当前位置的操作更便捷。

26.4　为文市添加超链接

为文本添加超链接，可以将静态文本做成一个允许用户单击的连接点。

选择要建立超链接的文本，在"属性"面板中"选项"栏的"链接"文本框中输入网址，在"目标"选项右侧下拉菜单中选择超链接打开浏览器页面的方式，如图 26－15 所示。

图 26－15　为文本添加超链接

（1）＿blank：在新窗口中打开链接地址。

（2）＿parent：在包含该链接的框架的双亲结构或窗口中装载链接到的地址。

（3）＿self：在包含该链接的窗口或框架本身中打开。

（4）＿top：将链接的地址装载到整个浏览器窗口。

第 27 章　滤 镜 和 混 合

27.1　创建和应用滤镜

在 Flash CS5 中，可以对文本、影片剪辑和按钮应用滤镜，以创建各种特殊的视觉效果。

27.1.1　滤镜操作

滤镜操作可以在"属性"面板的"滤镜"选项中进行，如图 27 - 1 所示。

1. 添加滤镜

选择需要添加滤镜的对象，单击添加滤镜按钮，可以添加滤镜。

一个对象可以添加多个滤镜，一个滤镜也可以多次应用于同一对象。添加后的滤镜按顺序显示在滤镜列表中，如图 27 - 2 所示。

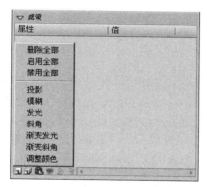

图 27 - 1　"滤镜"选项

图 27 - 2　滤镜列表

2. 展开与折叠滤镜设置

单击滤镜列表前的三角形按钮，可以展开滤镜的设置选项，对滤镜参数进行设置；单击按钮，可以折叠滤镜的设置选项。

3. 调整滤镜顺序

添加在对象上的滤镜按先后顺序，上下叠加在一起，上面的滤镜会遮盖下面的滤镜。若要调整滤镜叠加顺序，只需在滤镜列表中上下拖动。

4. 预设滤镜

在设置滤镜过程中，往往会有出其不意的效果，可以将其存储为预设，以备将来使用。

（1）保存预设滤镜。保存预设滤镜可采用以下步骤：

步骤 1. 选择已设置滤镜的对象。

步骤 2. 单击预设按钮，显示预设菜单，如图 27 - 3 所示。

步骤 3. 在预设菜单中选择"另存为……"，打开"将预设另存为"对话框，如图 27 - 4 所示，输入预设滤镜名称。

步骤 4. 单击"确定"按钮。

预设滤镜的名称将显示在预设滤镜菜单下面。

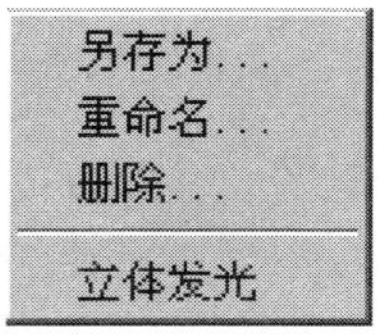

图 27 - 3　预设滤镜菜单　　　　图 27 - 4　"将预设另存为"对话框

（2）应用预设滤镜。若要将已预设的滤镜应用到新对象中，首先选择要应用的对象，然后单击预设按钮，在预设滤镜菜单下面的列表选择预设滤镜即可。

（3）预设滤镜重命名。单击预设按钮，在预设菜单中选择"重命名……"命令，打开"重命名预设"对话框，如图 27 - 5 所示。双击需要修改的滤镜名称，输入新的预设名称，单击"重命名"按钮，即可对预设滤镜重新命名。

（4）删除预设滤镜。单击预设按钮，在预设菜单中选择"删除……"命令，打开"删除预设"对话框，如图 27 - 6 所示。选择要删除的滤镜，单击"删除"按钮，即可删除预设滤镜。

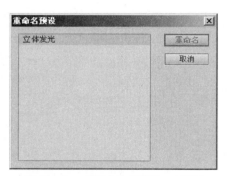

图 27 - 5　"重命名预设"对话框　　　图 27 - 6　"删除预设"对话框

5. 复制滤镜

在 Flash CS5 中，可以复制已经设置好的滤镜，粘贴到所选对象中，为其应用形同的滤镜效果。

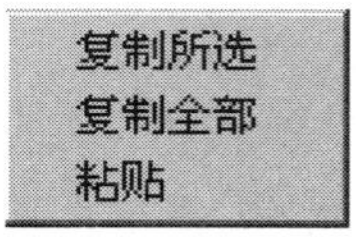

单击剪贴板按钮，显示下拉菜单，如图 27 - 7 所示。

（1）复制所选：复制当前选择的滤镜设置。

（2）复制全部：复制"滤镜"列表中所有的滤镜设置。

图 27 - 7　"剪贴板"菜单

（3）粘贴：将复制的滤镜设置应用到所选对象中。

6. 启用或禁用滤镜

通过启用或禁用滤镜功能，可以方便、快捷地将对象是否应用滤镜的效果进行比对和选择。方法有以下两种：

方法 1. 单击添加滤镜按钮，在弹出的菜单中有 3 个关于启用或禁用滤镜的选项。

（1）删除全部：删除滤镜列表中的所有滤镜。

（2）启用全部：启用滤镜列表中的所有滤镜。

（3）禁用全部：禁用滤镜列表中的所有滤镜，滤镜名称后面显示为禁用标识×。

方法 2. 使用"启用和禁用滤镜"按钮。

按钮是启用和禁用滤镜的切换按钮。选择某个启用的滤镜，单击按钮，可以禁用该滤镜；选择某个禁用的滤镜，单击按钮，可以重新启用该滤镜。

7．重置滤镜

将滤镜设置单数恢复为系统的默认值。

8．删除滤镜

删除滤镜可以使用以下两种方法：

方法 1．单击删除按钮 ，删除所选的滤镜。

方法 2．单击添加滤镜按钮 ，在下拉菜单中选择"删除全部"命令，删除滤镜列表中的所有滤镜。

27.1.2　滤镜效果

单击添加滤镜按钮，在弹出的下拉菜单中显示可以使用的 7 种滤镜。

1．投影

投影滤镜给对象添加投影效果，用来模拟物体在光线照射下产生的阴影，投影滤镜参数如图 27 - 8 所示。

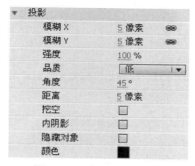

图 27 - 8　投影滤镜参数

（1）模糊 X。设置 X 轴方向上投影的模糊程度，其值决定了投影的宽度。取值范围在 0 ~ 255 之间，可以通过直接在数值上拖动鼠标或单击数值在文本框中输入数值来进行调整。

（2）模糊 Y。设置 Y 轴方向上投影的模糊程度，其值决定了投影的高度。取值范围在 0 ~ 255 之间，可以通过直接在数值上拖动鼠标或单击数值在文本框中输入数值来进行调整。

模糊 X 和模糊 Y 选项后面分别有"链接 X 和 Y 属性值"按钮 ，表示 X 和 Y 轴的模糊值相互链接，调整其中一个数值，另一数值将等比例变化。单击 按钮，使之变成 ，则断开两者的链接，调整其中一个数值，另一数值将不会随之变化。

（3）强度。设置投影的明暗程度，其取值范围在 0 ~ 25 500 之间，数值越大，投影就越暗。

（4）品质。设置投影的品质。在其下拉列表中有 3 个设置项，分别是"高"、"中"和"低"，品质设置得越高，阴影过渡就越流畅。

（5）角度。设置投影的角度，其取值范围在 0° ~ 360° 之间。可以直接单击输入数值，也可以拖动数值进行调整。

（6）距离。设置投影与对象之间的距离，其值范围在 - 255 ~ 255 之间。

（7）挖空。选择该复选框，将挖空源对象。

（8）内阴影。选择该复选框将获得内阴影效果，即将投影效果应用到对象的内侧。

（9）隐藏对象。选择该复选框将隐藏对象只显示阴影。

（10）颜色。设置投影颜色。单击"颜色"控件，在打开的调色板中选择投影的颜色。

投影滤镜效果如图 27 - 9 所示。

柳暗花明　柳暗花明

原文本　　　　　　　　　　　投影滤镜

图 27 - 9　投影滤镜效果图

2. 模糊

模糊滤镜给对象添加模糊效果，柔化对象的边缘和细节，模糊滤镜参数如图27 - 10 所示。

（1）模糊 X/模糊 Y。设置对象在 X 轴或 Y 轴方向的模糊程度，其值在 0 ~ 255 之间，值越大，模糊程度越高。

（2）品质。设置模糊的质量级别，有"高"、"中"、"低"之分。

图 27 - 10　模糊滤镜参数

模糊滤镜效果如图 27 - 11 所示。

柳暗花明　柳暗花明

模糊滤镜　　　　　　　　　　发光滤镜

图 27 - 11　模糊滤镜与发光滤镜效果图

3. 发光

发光滤镜在对象周围应用颜色，为对象添加发光效果，发光滤镜参数如图 27 - 12 所示。

（1）模糊 X/模糊 Y。可以分别在 X 轴和 Y 轴方向设置发光的模糊程度，取值范围在 0 ~ 255 之间。

（2）强度。设置发光的清晰度，其取值范围在 0 ~ 25 500 之间，数值越大，清晰度越高。

（3）品质。设置发光的质量级别，有"高"、"中"、"低"之分。设置为"高"，则近似于高斯模糊，设置为"低"，可以实现最佳的回放性能。

图 27 - 12　发光滤镜参数

（4）颜色。设置发光的颜色。

（5）挖空。选择该复选框，可将对象实体隐藏，只显示发光效果。

（6）内发光。选择该复选框，可在对象边界内应用发光。

发光滤镜效果如图 27 - 11 所示。

4. 斜角

斜角滤镜控制对象的受光面和背光面，使其看起来凸出于背景表面，制作出立体浮雕的效果，斜角滤镜参数如图 27 - 13 所示。

图 27 - 13　斜角滤镜参数

（1）模糊 X/模糊 Y。用于设置斜角的宽度和高度，取值范围在 0 ~ 255 之间。

（2）强度。设置斜角的不透明度，其值在 0 ~ 25 500 之间，其值越大，斜角效果越明显。

（3）品质。设置斜角的品质，有"高"、"中"、"低" 3 个选项，品质越高，斜角就越明显。

（4）阴影。单击打开调色板，设置斜角阴影颜色。

（5）加亮显示。单击打开调色板，设置斜角高光加亮的颜色。

（6）角度。设置斜边投下的阴影角度，其值在 0°~360° 之间。

（7）距离。设置斜角与对象之间的距离，其值在 −255~255 之间。

（8）挖空。选择该复选框，则从视觉上隐藏源对象，只显示对象上的斜角。

（9）类型。设置应用到对象的斜角类型，有以下 3 个不同选项：

- 内侧：在对象内侧应用斜角滤镜效果。
- 外侧：在对象外侧应用斜角滤镜效果。
- 全部：在对象内侧和外侧应用斜角滤镜效果。

斜角滤镜效果如图 27 −14 所示。

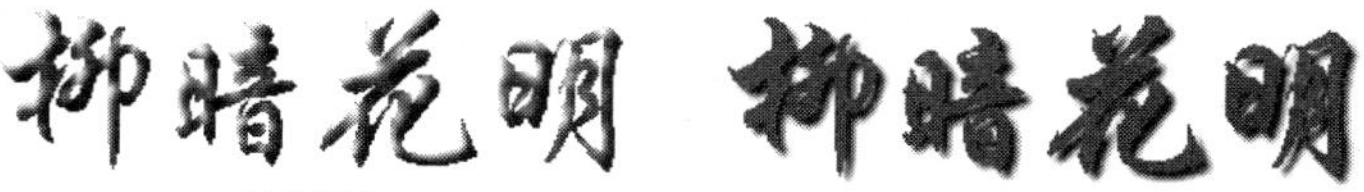

图 27 −14　斜角滤镜与渐变发光滤镜效果图

5. 渐变发光

应用渐变发光滤镜，可以使发光表面具有渐变效果，渐变发光滤镜参数如图27 −15 所示。

（1）模糊 X/模糊 Y。设置发光的宽度和高度，取值范围在 0~255 之间。

（2）强度。设置发光的清晰度，其取值范围在 0~25 500 之间，数值越大，清晰度越高。

（3）品质。设置发光的质量级别，有"高"、"中"、"低"之分。

（4）角度。设置渐变发光的角度，其值在 0°~360° 之间。

（5）距离。设置渐变发光与对象之间的距离，其值在 −255~255 之间。

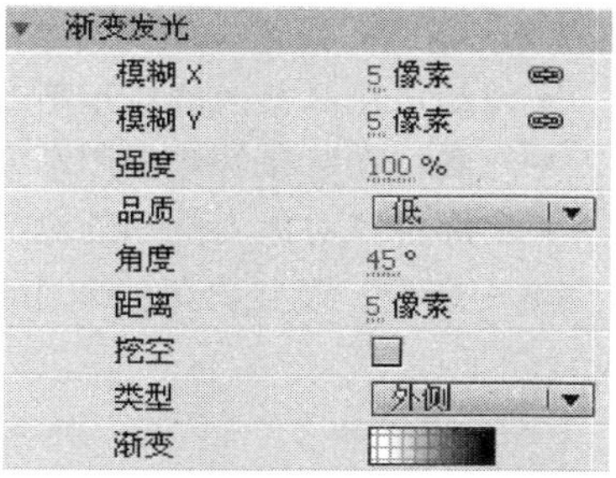

图 27 −15　渐变发光滤镜参数

（6）挖空。选择该复选框，可将对象实体隐藏，只显示渐变发光效果。

（7）类型。在下拉列表中选择渐变发光的类型，有"内侧"、"外侧"和"全部"3 个不同选项：

- 内侧：在对象内侧应用渐变发光滤镜效果。
- 外侧：在对象外侧应用渐变发光滤镜效果。
- 全部：在对象内侧和外侧渐变应用发光滤镜效果。

（8）渐变。设置发光的渐变颜色。单击渐变按钮，打开渐变编辑区，如图 27 −16 所示。

渐变编辑区使用方法参见 26. 2 节。

渐变发光滤镜效果如图 27 −14 所示。

6. 渐变斜角

添加渐变斜角滤镜，可以使对象产生凸起效果，并且斜角表面具有渐变颜色，渐变斜角滤镜参数如图 27 −17 所示。

图 27 - 16　渐变发光编辑区　　　图 27 - 17　渐变斜角滤镜参数

（1）模糊 X/模糊 Y。用于设置斜角的宽度和高度，取值范围在 0 ~ 255 之间。

（2）强度。设置斜角的不透明度，其值在 0 ~ 25 500 之间，其值越大，斜角效果越明显。

（3）品质。设置斜角的品质，有"高"、"中"、"低" 3 个选项，品质越高，斜角就越明显。

（4）角度。设置斜边投下的阴影角度，其值在 0° ~ 360° 之间。

（5）距离。设置斜角与对象之间的距离，其值在 - 255 ~ 255 之间。

（6）挖空。选择该复选框，则从视觉上隐藏源对象，只显示对象上的斜角。

（7）类型。设置应用到对象的斜角类型，有以下 3 个不同选项：

● 内侧：在对象内侧应用渐变斜角滤镜效果。

● 外侧：在对象外侧应用渐变斜角滤镜效果。

● 全部：在对象内侧和外侧应用渐变斜角滤镜效果。

（8）渐变。设置斜角的渐变颜色。单击渐变按钮 ，打开渐变编辑区，如图 27 - 18 所示。

图 27 - 18　渐变斜角编辑区

渐变斜角编辑区与渐变发光编辑区的使用方法相似，只是第二个色标称为 Alpha 色标，不能改变位置，但可以改变颜色。按住 Ctrl 键，单击此色标，才可以删除。

渐变斜角滤镜效果如图 27 - 19 所示。

7. 调整颜色

添加调整颜色滤镜，可以很好地设置对象的颜色属性，在处理位图时作用显著。调整颜色滤镜参数如图 27 - 20 所示。

图 27 - 19　渐变斜角滤镜效果图　　　图 27 - 20　调整颜色滤镜参数

（1）亮度。调整对象的亮度，其值范围为 - 100 ~ 100。

（2）对比度。调整对象的对比度，其值范围为 - 100 ~ 100。

（3）饱和度。调整对象颜色的饱和度，其值范围为 - 100 ~ 100。

（4）色相。调整颜色的色相，其值范围为 – 180 ~ 180。

调整颜色滤镜效果如图 27 – 21 所示。

原图　　　　　　　　　　　调整颜色滤镜

图 27 – 21　调整颜色滤镜效果图

27.2　使用混合模式

混合模式是改变两个或两个以上重叠对象的透明度，或者相互的颜色关系的过程，这个功能只能应用于影片剪辑元件和按钮元件。使用该功能，可以创建复合图像，混合重叠影片剪辑或者按钮的颜色，从而创造出独特的效果。

混合模式的创建是通过"属性"面板中"显示"选项来实现的，如图 27 – 22 所示。

图 27 – 22　混合模式

27.2.1　一般

可以正常应用颜色，不与基准颜色产生混合变化。

27.2.2　图层

层叠各个影片剪辑，相互之间颜色没有影响。

一般及图层混合模式效果如图 27 – 23 所示。

原图　　　　　　　　　　一般　　　　　　　　　　图层

图 27 – 23　一般及图层混合模式效果图

27.2.3 变暗

只替换比混合颜色亮的区域，比混合颜色暗的区域保持不变。

27.2.4 正片叠底

将基准颜色与混合颜色复合，产生较暗的颜色。

27.2.5 变亮

只替换比混合颜色暗的区域，比混合颜色亮的区域保持不变。

变暗、正片叠底、变亮混合模式效果如图 27 - 24 所示。

变暗　　　　　　　　　正片叠底　　　　　　　　变亮

图 27 - 24　变暗、正片叠底、变亮混合模式效果图

27.2.6 滤色

将混合颜色的反色与基准颜色复合，从而产生漂白的效果。

27.2.7 叠加

复合或过滤颜色，具体操作取决于基准颜色。

27.2.8 强光

复合或过滤颜色，具体操作取决于混合模式颜色。这个效果与在对象上投射聚光灯的效果很相似。

滤色、叠加、强光混合模式效果如图 27 - 25 所示。

滤色　　　　　　　　　叠加　　　　　　　　　强光

图 27 - 25　滤色、叠加、强光混合模式效果图

27.2.9 增加

通常用于在两个图像之间创建动画的变亮分解效果。

27.2.10 减去

通常用于在两个图像之间创建动画的变暗分解效果。

27.2.11 差值

从基本颜色减去混合颜色，或是从混合颜色减去基本颜色，结果颜色视亮度值较高者而定。这个效果与彩色负片的特效相似。

增加、减去、差值混合模式效果如图 27 - 26 所示。

增加　　　　　　　　　减去　　　　　　　　　差值

图 27-26　增加、减去、差值混合模式效果图

27.2.12　反相

可以反转基准颜色。

27.2.13　Alpha

应用 Alpha 遮罩层。

27.2.14　擦除

删除所有基准颜色，包括背景图像中的基准颜色像素。

反相、Alpha、擦除混合模式效果如图 27-27 所示。

反相　　　　　　　　Alpha　　　　　　　　擦除

图 27-27　反相、Alpha、擦除混合模式效果图

混合模式不仅取决于要应用混合的对象颜色，还取决于基础颜色。使用时，用户可试验不同的混合模式，以获得所需的效果。

第 28 章 处 理 多 媒 体 文 件

28.1 在 Flash 中使用图片

28.1.1 在 Flash 中导入图片

1. 可导入图片的格式

在 Flash CS 5 中，可以导入的图片格式有多种，包括图形和图像的不同格式，如 PSD、AI、PNG、DXF、BMP、GIF、JPG 等。

（1）PSD 格式。PSD 格式是 Photoshop 默认的文件格式。在 Flash CS5 中可以直接导入 PSD 文件并保留许多 Photoshop 功能，如图层、不透明度和混合信息等，而且可以在 Flash CS5 中保持 PSD 文件的图像质量和可编辑性。

（2）AI 格式。AI 格式是 Illustrator 软件所特有的矢量图形存储格式，此文件格式支持对曲线、线条样式和填充信息的非常精确的转换。

（3）BMP 格式。BMP 格式在 Windows 环境下使用最为广泛，而且使用时最不容易出问题。BMP 格式的特点是包含图像信息较丰富，几乎不对图像进行压缩，但由于文件量较大，一般在网上传输时，不考虑该格式。

（4）JPG 格式。JPG 格式是一种高压缩比、有损压缩真彩色的图像文件格式。在压缩保存过程中，会以失真最小的方式丢掉一些肉眼不易察觉的数据，文件存储空间大大降低。

（5）GIF 格式。GIF 格式即位图交换格式，是一种 256 色的位图格式，存储空间小，适合 Internet 上的图片传输。

（6）PNG 格式。PNG 格式是一种新兴的网络图像格式，采用无损压缩的方式，其目的是试图替代 GIF 和 TIFF 格式，同时增加一些 GIF 文件格式所不具备的特性。PNG 格式能把位图文件压缩到极限以利于网络传输，保留所有与位图品质有关的信息，支持透明位图。

2. 导入图片到舞台

（1）导入方法。若要将图片导入到舞台，可以按下列方式进行：

步骤 1. 执行"文件"→"导入"→"导入到舞台"命令，打开"导入"对话框，如图 28－1 所示。

步骤 2. 在"导入"对话框中，选择需要导入的图片，单击"打开"按钮，即可将图片显示在舞台中。

● 单击要选择的第一个图片，然后按住 Shift 键，再单击要选择的最后一个图片，即可选择两个图片及其之间的所有图片。

● 若要选择不相邻的图片，首先单击要选择的一个图片，然后按住 Ctrl 键，单击需要选择的其他图片。

将图片导入到舞台，Flash CS5 会自动将其存放在"库"中。

（2）导入 PSD 格式的文件。若是选择了 PSD 格式的文件，则会打开"将'PSD 文件'导入到舞台"的对话框，如图 28－2 所示，其中：

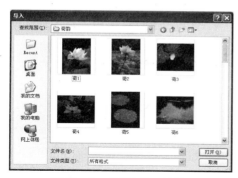
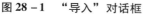

图 28-1　"导入"对话框　　　　图 28-2　"将'PSD 文件'导入到舞台"的对话框

● 可以在此对话框中选择需要导入的部分图层。

● 选择"将图层转换为'Flash 图层'",可将 PSD 图像选中的图层转换为 Flash 文件的不同图层。

● 选择"将图层转换为'关键帧'",可将 PSD 图像选中的图层转换为 Flash 文件的不同关键帧。

（3）导入图片序列。图片序列是指一组按顺序命名的图片,如荷 1.jpg、荷 2.jpg、荷 3.jpg、荷 4.jpg……但图片本身不一定存在特定联系。选择某个文件打开时,会出现提示是否导入序列中的所有图像的对话框,如图 28-3 所示。单击"是"按钮,将导入全部序列,时间轴的每一帧会放置一张序列图片;单击"否"按钮,只导入所选图片。

图片组的导入多用于将连续变化的图片导入到 Flash 中制成动画,如连续的电影胶片、手绘卡通等。

3. 导入图片到库

若要将图片导入到库,可以按下列方式进行:

步骤 1. 执行"文件"→"导入"→"导入到库"命令,打开"导入到库"对话框,如图 28-4 所示。

步骤 2. 选择需要导入的图片,单击"打开"按钮,即可将图片导入到"库"面板。

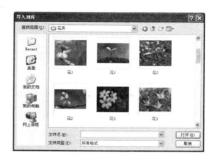

图 28-3　导入序列提示对话框　　　图 28-4　"导入到库"对话框

28.1.2　处理导入的位图

1. 分离位图

Flash CS5 是一种矢量图形处理软件,但也具有一定的位图处理能力,如可以使用魔术棒选择相近的颜色、截取部分位图等。在对位图进行处理前,需要先将位图分离。

选择位图，执行"修改"→"分离"命令，或者使用快捷键 Ctrl + B，可以将位图分离，使它具备矢量图的属性。

分离后的位图，从"属性"面板上看，已经是形状对象，也就是矢量图对象了，笔触为"无"，填充颜色是一个自定义的图案，即分离的位图。这个填充图案可以使用滴管工具，将其应用到其他图形或分离的文本中。图28 – 5 所示为位图分离前后属性对比示意。

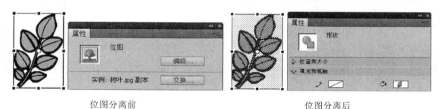

位图分离前　　　　　　　　　　　　位图分离后

图28 – 5　位图分离前后属性对比示意图

2. 将位图转换为矢量图

分离位图，虽然可以使其转变为矢量属性，但实际上只是把填充的属性由颜色改为图案。而图案还是位图属性，因此对该对象进行放大处理，仍旧会出现锯齿现象。可以说，分离位图，仅仅是一种组合方式上的转换，本质上并没有发生很大变化。

将位图转换成矢量图，将真正改变对象属性，矢量图与原位图不再有任何连接关系。下列方式可以实现转换：

步骤1. 选择位图，执行"修改"→"位图"→"转换为图为矢量图"命令，弹出"转换位图为矢量图"对话框，如图28 – 6所示。

步骤2. 在"转换位图为矢量图"对话框中设置参数，单击"确定"按钮。

图28 – 6　"转换位图为矢量图"对话框

（1）颜色阈值：设置转换时图形的颜色容差度，值越小，色彩过渡越柔和，取值范围为0 ~ 500。

（2）最小区域：设置最小转换区域，小于该尺寸的色彩区域将被忽略。值越小，转换后的图形越精细，取值范围为1 ~ 1000。

（3）曲线拟合：设置转换时图形轮廓曲线的光滑程度。

（4）角阈值：设置转换过程中对边角所采取的处理方法。

（5）在转换为矢量图之前设置不同参数，将获得不同的转换效果。如果要求转换效果好，则需要较大的存储空间。如果导入的位图所包含的图形过于复杂，而转换的矢量图要求效果较高，那么转换后的矢量图可能会比原来的位图要大得多。所以，在位图转换过程中要兼顾图像质量及文件大小。

3. 设置位图属性

位图在图像质量和真实度上有自身的优势，所以并非所有的位图都要转换为矢量图，许多时候，可以继续在 Flash 中使用位图，但应对它的属性进行调整，使之更适应影片的需要。

将位图导入到舞台或库之后，在"库"
面板中双击位图图标，或右击位图图标，在
快捷菜单中选择"属性……"命令，打开
"位图属性"对话框，如图 28 – 7 所示，在对
话框中设置相应参数。

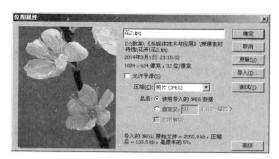

（1）允许平滑：选择该选项，将使图像更
加平滑，撤销该选项，图像会出现锯齿状。

（2）压缩：设置图像的压缩方式。

（3）照片（JPEG）：可以设置压缩比，
压缩结果对图像质量有损失。在输入框中输

图 28 – 7　　"位图属性"对话框

入压缩值，数值越高，图像质量越好，文件容量也越大。80% 以上的压缩比已经可以很好地保
证图像的品质了。

（4）无损（PNG/GIF）：无损压缩，图像质量有保证，但不可调整压缩比。

28.2　在 Flash 中使用声音

28.2.1　Flash 支持的声音格式

在 Flash CS5 中，可以使用的声音类型包括两种，即音频流（Stream Sounds）和事件声音
（Event Sounds）。音频流的声音可以独立于时间轴，自由地播放，如给作品添加背景音乐，可
以与动画同步播放；事件声音允许将声音文件添加在按钮上，更好地体现按钮的交互性。

可以导入到 Flash 中使用的声音素材，一般说来有 3 种格式：WAV、AIFF 和 MP3。

1. WAV 格式

WAV 格式仅限于 Windows 使用，是微软公司开发的一种声音文件格式，也叫波形文件，
是最早的数字音频格式。该格式记录声音的波形，所以只要采样频率高、采样字节长、机器速
度快，利用该格式记录的声音文件，就能够与原声基本一致，质量非常高，但文件尺寸也
很大。

2. AIFF 格式

AIFF 格式仅限 Macintosh 使用，是一种很优秀的文件格式，但由于它是苹果计算机上的格
式，因此在 PC 上没有得到很大的流行。

3. MP3 格式

MP3 格式可以在 Windows 或 Macintosh 上使用，是一个实用的有损音频，也是当前最流行
的音乐格式之一。在众多的格式里，常使用 MP3 格式的素材，因为 MP3 格式的素材既能够保
持高保真的音效，还可以在 Flash 中得到更好的压缩效果。

28.2.2　添加声音

1. 导入声音

导入声音文件的操作步骤如下：

步骤 1. 执行"文件"→"导入"→"导入到库"命令，打开"导入到库"对话框。

步骤 2. 在"导入到库"对话框中选择要使用的声音文件。

步骤 3. 单击"打开"按钮，将声音导入到库中。

2. 引用声音

导入到库中的声音，必须在时间轴上引用，才能真正应用到影片中。引用声音可以采用以

下方法：

步骤1. 为声音创建一个专用图层，即音频层。

步骤2. 单击音频层上需要添加声音的帧，按F6键插入关键帧。

步骤3. 将"库"面板中已导入的声音拖动到舞台上，该帧出现一条短线，即声音对象的波形起始点。

步骤4. 在声音起始帧后适当位置按F5键插入普通帧，即可显示声音波形，如图28－8所示。

一个图层中可以放置多个声音，但为了便于管理，建议将每个声音放在各自独立的图层上。每个图层将作为一个独立的声道，播放SWF文件时，Flash将混合所有图层上的声音。

28.2.3　编辑声音

把声音从库中拖动到舞台上，它就自动添加到所选择的关键帧上，此后用户可以设置声音的参数，编辑声音的播放效果。

1. 声音属性

在"属性"面板中单击"名称"下拉列表框，可以看到导入的声音文件，如图28－9所示。只有在此选择了音频文件后，才能设置音效和编辑声音。

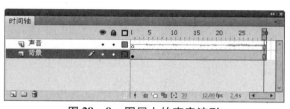

图28－8　图层上的声音波形　　　　图28－9　声音属性

（1）名称。显示当前帧的声音名称。单击下拉列表按钮，在弹出的下拉列表中显示出可供选择的声音文件，如图28－10所示。

（2）效果。用于设置声音的播放效果。单击下拉列表按钮，在弹出的下拉列表中选择需要设置的效果，如图28－11所示。

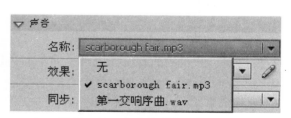

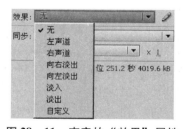

图28－10　声音的"名称"属性　　　　图28－11　声音的"效果"属性

- 无：不对声音进行任何设置。
- 左声道：只播放声音的左声道。
- 右声道：只播放声音的右声道。
- 向右淡出：声音在播放的过程中，左声道逐渐减弱，右声道逐渐增强。
- 向左淡出：声音在播放的过程中，右声道逐渐减弱，左声道逐渐增强。
- 淡入：声音在播放时开始音量小，随后逐渐增大。
- 淡出：声音在播放时开始音量大，随后逐渐减小。

● 自定义：用户自行定义编辑声音的变化效果，选择自定义选项或单击"编辑声音封套"
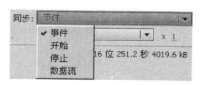
按钮后，弹出"编辑封套"对话框。

（3）同步。设置声音与动画的同步模式。单击下拉列表按钮，在弹出的下拉列表中进行选择，如图 28 – 12 所示。

● 事件：是默认的同步方式，常用于背景音乐。当动画播放到此声音的关键帧时，无论是否正在播放其他的声音，此声音即开始播放，而且独立于时间轴播放，即使动画结束，仍会继续播放声音，直至播放完毕。

图 28 – 12　声音的"同步"属性

如果在下载动画的同时播放动画，则动画要等声音下载完成后才开始播放；如果声音已经下载完成，而动画内容还在下载，则会先行播放声音。为按钮元件添加声音时，必须使用"事件"同步类型。

● 开始：采用事件方式播放多个声音时，如果这些声音在时间上有重叠，就会产生多个声音同时播放的现象，使声音变得杂乱。为了避免这种情况发生，可使用"开始"方式。当动画到了声音播放的帧时，如果没有其他的声音在播放，则该声音开始播放；如果此时有其他声音在播放，则会自动停止将要播放的声音，以避免声音的重叠。

● 停止：用于将声音停止。当动画播放到该方式的帧时，不但此声音不会播放，其他所有正在播放的声音均停止播放。

● 数据流：通常用于网络传输中。在这种方式下，动画的播放强迫与声音的播放同步。如果动画的传输速度较慢，而声音的速度较快，动画会跳过一些帧进行播放；当动画播放完毕，而声音还没有结束，声音也会停止播放。使用"数据流"同步模式，可以在下载的过程中同时进行播放，不必像"事件"同步模式那样必须等到声音下载完毕后才可以播放。

（4）重复/循环。

设置声音在动画中重复播放的次数或循环播放。单击下拉列表按钮，在弹出的下拉列表中进行选择，如图 28 – 13 所示。

图 28 – 13　设置声音重复/循环

● 重复：设置声音循环次数。

● 循环：连续不间断重复声音。

若要连续播放，可以输入一个足够大的数值，以便在动画持续时间内播放声音。如果设置为循环播放，帧就会添加到文件中，文件的大小就会根据声音循环播放的次数而倍增，因此不建议使用循环方式。

2. 编辑声音效果

在"属性"面板上单击"编辑声音封套" 按钮，弹出"编辑封套"对话框，如图 28 – 14 所示。

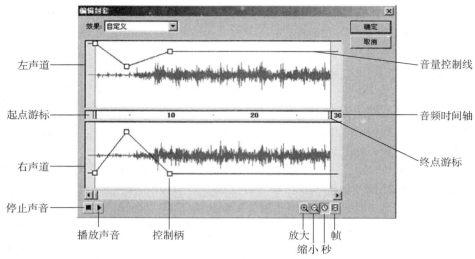

左声道

音量控制线

起点游标

音频时间轴

右声道

终点游标

停止声音

播放声音　控制柄　　　　　　放大　帧
　　　　　　　　　　　　　　　缩小　秒

图 28 – 14　"编辑封套"对话框

在对话框中，上半部分为左声道编辑区，下半部分为右声道编辑区，分别显示对应声道的波形。中间为音频时间轴，显示单位可以是帧，也可以是秒，单击 🎞 或 🕐 按钮可以切换。编辑声音效果可以采用以下方法：

（1）在音频时间轴上，拖动起点游标和终点游标，可以改变声音的起点和终点。

（2）拖动音量控制线上的控制柄，可以改变声音在不同位置的音量。用鼠标在音量控制线上单击，可以创建新的控制柄，将控制柄拖到窗口外可以删除手柄。

（3）单击"放大"或"缩小"按钮，可将波形显示区域放大或缩小，有利于对声音进行微调，从而更精确地编辑声音。

（4）单击对话框左下角的"播放声音"按钮，可以试听编辑音频后的效果；单击"停止声音"按钮可以停止声音的播放。

（5）单击"效果"下拉列表按钮，可以在弹出的下拉列表中选择所需的效果选项，方式同"属性"面板中的效果设置。

28.2.4　优化声音

1. 设置声音属性

在"库"面板中，双击声音左边的图标 🔊 或单击"库"面板下面的"属性"图标 ⓘ，弹出"声音属性"对话框，如图 28 – 15 所示。其中显示了声音文件的相关信息，包括文件名、文件路径、创建时间和声音长度等。

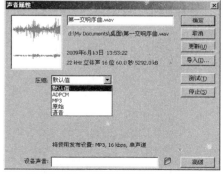

图 28 – 15　"声音属性"对话框

如果导入的文件在外部进行了编辑，则可通过单击"更新"按钮来更新文件的属性；单击右侧的"导入"按钮可以选择其他声音文件，以替换当前的声音；"测试"按钮和"停止"按钮用于测试和停止声音文件的播放。

2. 压缩声音

制作含有声音的动画，可以把声音压缩后再导出，以减小动画文件的存储空间。

在"声音属性"对话框中可以对声音进行压缩处理。不同的采样率和压缩比会造成导出的 SWF 文件中声音的品质和大小有很大的不同。声音的压缩倍数越大，采样率越低；声音文件就越小，声音品质也越差，因此应当通过调试找到声音品质和文件大小的最佳平衡。

"声音属性"对话框的"压缩"下拉列表包含"ADPCM"、"MP3"、"原始"、"语音"等 4 个选项。

（1）"MP3"压缩选项。MP3 是公认的压缩格式，用 MP3 压缩原始的声音文件可以使文件大小减小为原来的 1/10，而音质不会有明显的损坏，特别是在导出像乐曲这样较长的音频文件时，通常使用该选项。"MP3"压缩选项包含"预处理"、"比特率"和"品质"3 个参数，如图 28 - 16 所示。

参数 1：预处理：该项只有在选择的比特率为 20kbps 或更高时才可用。选择"将立体声转换为单声道"的复选框，表示将混合立体声转换为单声道，即非立体声，单声道则不受影响。

参数 2：比特率：用于确定导出的声音文件中每秒播放的位数。Flash CS5 支持 8kbps ~ 160kbps。比特率越低，声音压缩的比例就越大。但是在设置时应注意，导出音乐时，需要将比特率设为 16kbps 或更高，如果设置过低，声音效果很难令人满意。

参数 3：品质：用于设置导出声音的音质。

- 快速：压缩速度较快，但声音品质较低。
- 中等：压缩速度较慢，但声音品质较高。
- 最佳：压缩速度最慢，但声音品质最高。

若是通过网页发布 Flash，可以选择"快速"选项；若是本地发布，则可以选择"中等"或"最佳"选项。

（2）"原始"压缩选项。选择此选项，表示导出声音时不进行压缩，将显示"预处理"和"采样率"两个参数，如图 28 - 17 所示。

图 28 - 16　"MP3"压缩

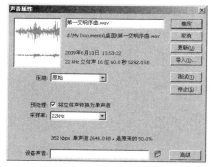

图 28 - 17　"原始"压缩

参数 1：预处理：选择"将立体声转换为单声道"复选框，表示将混合立体声转换为单声道，单声道则不受影响。

参数 2：采样率：在下拉列表中选择一个选项，可以控制声音的保真度和文件大小。较低的采样率可以减小文件大小，但也会降低声音的品质。Flash 不能提高导入声音的采样率，如果导入的音频为 11kHz，输出效果也只能是 11kHz。

- 对于语音来说，5kHz 的采样率是最低的可接受标准。
- 对于音乐短片来说，11kHz 的采用率是标准 CD 音质的 1/4，而这只是最低的建议声音品质。
- 22kHz 的采样率是用于 Web 回放的常用选择，是标准 CD 音质的 1/2。
- 44kHz 的采样率是标准的 CD 音质比率。

（3）"ADPCM"压缩选项。"ADPCM"压缩选项用于 8 位或 16 位声音数据的压缩设置，如单击按钮这样的短事件声音，一般选择"ADPCM"压缩方式。此时显示"预处理"、"采样率"和"ADPCM 位"3 个参数，如图 28 - 18 所示。"ADPCM 位"用于决定在 ADPCM 编辑中使用的位数，压缩比越高，声音文件越小，音效也越差。

（4）"语音"压缩选项。"语音"压缩选项适用于设定声音的采样频率对语音进行压缩，常用于动画中人物或者其他对象的配音。"采样率"用于控制声音的保真度和文件大小，如图 28 - 19 所示。

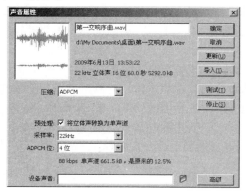

图 28 - 18　"ADPCM"压缩

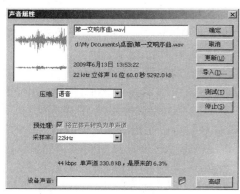

图 28 - 19　"语音"压缩

28.3　在 Flash 中使用视频

28.3.1　Flash 支持的视频格式

在 Flash CS5 中，可以将不同格式的视频导入到文档。就 Windows 平台而言，如果系统安装了 Quick Time 6.5，则在导入视频时支持 MOV（QuickTime 影片）、AVI（音频视频交叉文件）和 MPG/MPEG（运动图像专家组文件）等格式的视频剪辑。

如果系统安装了 DirectX 9 或更高版本，则在导入嵌入式视频时支持 AVI（Audio Video Interleaved，音频视频交错格式）、ASF（Advanced Stream Format，高级串流格式）、WMV（Widows Media Video）和 MPG/MPEG（Moving Pictures Experts Group，运动图像专家组）。

如果导入的视频文件是系统不支持的文件格式，那么 Flash 将显示一条警告信息，提示无法完成文件导入。

从 Flash 8 开始，Flash 软件引入了视频格式 FLV，这是一种流媒体格式。由于它形成的文件体积小巧、加载速度快、视频质量良好，其在网络应用中盛行。

28.3.2　导入视频

根据文件的大小及网络条件，可以使用渐进式下载或嵌入方式将视频导入到 Flash 文档，也可以直接将视频导入到库中。

1. 导入渐进式下载视频

渐进式下载允许用户使用脚本将外部的 FLV 格式文件加到 SWF 文件中，采用流式播放，并且可以在播放时控制文件的播放和回放。由于视频内容独立于其他 Flash 内容和视频回放控件，因此只需更新视频内容，无需重复发布 SWF 文件，使视频内容的更新更加容易。导入方式如下。

步骤 1. 执行"文件"→"导入"→"导入视频"命令，打开"导入视频"对话框，如图 28 - 20 所示。

步骤 2. 单击"浏览"按钮，弹出"打开"对话框，从中选择要导入的视频，单击"打开"按钮，此时在"导入视频"对话框中可以看到导入的视频路径。

步骤 3. 选择默认的"使用回放组件加载外部视频"选项，单击"下一步"按钮。

步骤 4. 在"外观"下拉列表中选择一种外观及颜色，如图 28 - 21 所示，系统将通过 FLVPlayback 组件创建视频的外观。单击"下一步"按钮。

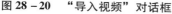

图 28 - 20　"导入视频"对话框

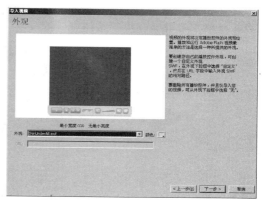

图 28 - 21　"外观"设置

步骤 5. 进入"完成视频导入"界面，如图 28 - 22 所示，单击"完成"按钮，视频文件即导入到舞台中。

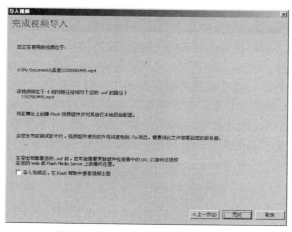

图 28 - 22　"完成视频导入"界面

播放影片时，既可以欣赏导入的视频效果，还可以通过视频组件上的按钮控制视频的播放和声音的大小。

2. 嵌入视频

嵌入视频允许将视频文件嵌入到 SWF 文件中，使用这种方法导入视频，该视频将被放在时间轴上，与导入的其他文件一样，嵌入的视频成了 Flash 文档的一部分。要播放嵌入视频的

SWF 文件，必须先下载整个影片，所以嵌入视频不宜过大。嵌入视频方式如下：

步骤 1. 执行"文件"→"导入"→"导入视频"命令，打开"导入视频"对话框，如图 28 - 20 所示。

步骤 2. 单击"浏览"按钮，弹出"打开"对话框，从中选择要导入的视频，单击"打开"按钮，此时在"导入视频"对话框中可以看到导入的视频路径。

步骤 3. 选择"在 SWF 中嵌入 FLV 并在时间轴中播放"选项，单击"下一步"按钮，进入"嵌入"界面，如图 28 - 23 所示。

（1）嵌入的视频：直接将视频导入到时间轴上。

（2）影片剪辑：将视频导入到影片剪辑中，可以更加灵活地控制视频对象。

（3）图形：将视频导入到图形元件中，这样无法使用 ActionScript 与该视频进行交互。

步骤 4. 选择嵌入视频的方式，单击"下一步"按钮，进入"完成视频导入"界面，如图 28 - 24 所示，单击"完成"按钮。

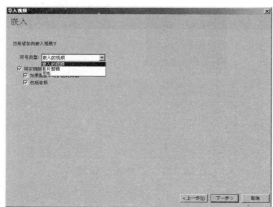

图 28 - 23　"嵌入"界面

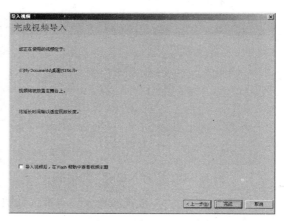

图 28 - 24　"完成视频导入"界面

28.3.3　设置视频属性

使用"属性"面板，可以设置已导入的视频剪辑的实例属性。

选中导入的视频文件，执行"窗口"→"属性"命令，或使用快捷键 Ctrl + F3，打开"属性"面板，如图 28 - 25 所示。也可以在"库"面板中，右击视频文件，在弹出的快捷菜单中，选择"属性"选项，进行相应的设置。在"属性"面板中的"实例名称"文本框中，可以为该视频剪辑指定一个实例名称；在"宽"、"高"、"X"和"Y"文本框中可以设置影片剪辑在舞台中的位置及大小。打开"组件参数"选项组，可以设置视频组件播放器的相关参数。

图 28 - 25　"属性面板"界面

第 29 章　动画的制作

Flash CS5 的动画分为逐帧动画、形状补间动画、传统补间动画、补间动画、遮罩动画和引导层动画6 种类型。

29.1　制作逐帧动画

29.1.1　逐帧动画的特点

逐帧动画是指由连续的关键帧组成的动画，是 Flash 最基本的动画形式。制作者在动画的每个关键帧中创建不同的内容，当播放动画时，按照顺序逐帧显示每一帧中的内容。

逐帧动画具有很大的灵活性，几乎可以表现任何想要表现的内容。逐帧动画有如下特点：

（1）逐帧动画的每一帧都是关键帧，每个帧的内容都需要手动编辑，工作量很大，但它的优势也很明显。由于它与电影播放模式相似，很适合表现细腻的动画，如 3D 效果、面部表情、人物行走转身等效果。

（2）逐帧动画由许多单个关键帧组合而成，每个关键帧均可独立编辑，且相邻关键帧的对象变化不大。

（3）由于逐帧动画的每一帧都是关键帧，使得最终输出的文件存储空间较大。

29.1.2　制作逐帧动画的方法

创建逐帧动画可以使用多种方法创建。

1. 用导入的静态图片制作逐帧动画

分别在每一帧中导入静态图片，建立逐帧动画，静态图片的格式可以是 JPG、PNG 等。

2. 绘制逐帧动画

在每个关键帧中，直接使用 Flash 的绘图工具绘制出每一帧的图形。

3. 文字逐帧动画

用文字作为逐帧动画中的关键帧，实现文字跳跃、旋转等特效。

例如：制作在矩形框中逐字显示"云卷云舒"的逐帧动画，基本过程如下：

步骤 1. 在图层 1 的第一帧绘制矩形框，输入字符"云"，可以添加滤镜，如投影、斜角。单击"滤镜"设置中的"剪贴板"按钮，将已设置好的滤镜样式复制到剪贴板中。

步骤 2. 单击第 2 帧，按 F6 键插入关键帧，输入字符"卷"。单击"滤镜"设置中的"剪贴板"按钮，将已保存在剪贴板中的滤镜样式粘贴应用到当前文本。

步骤 3. 单击第 3 帧，按 F6 键插入关键帧，输入字符"云"。单击"滤镜"设置中的"剪贴板"按钮，将已保存在剪贴板中的滤镜样式粘贴应用到当前文本。

步骤 4. 单击第 4 帧，按 F6 键插入关键帧，输入字符"舒"。单击"滤镜"设置中的"剪贴板"按钮，将已保存在剪贴板中的滤镜样式粘贴应用到当前文本。

逐帧动画的图层显示如图 29 - 1 所示，每一帧在舞台的显示如图 29 - 2 所示。

图 29-1　逐帧动画的图层显示

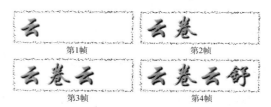

图 29-2　逐帧动画的每一帧显示

4. 导入序列图像

直接导入 JPG、GIF 序列图像。将序列图像导入到 Flash 中，系统会自动分配到每一个关键帧中。

5. 导入 SWF 动画

直接导入已经制作完成的 SWF 动画，也可以创建逐帧动画，或者导入第三方软件（如 swish、swift 3D 等）产生的动画序列。

29.2　制作补间动画

补间动画又叫做中间帧动画或渐变动画，只要建立起始关键帧和结束关键帧，中间动画即可由系统自动生成。由于只是创建了两个端点的关键帧的内容，仅仅需要存储这些内容以及中间过渡变化的值，所以，补间动画可以使文件的尺寸变小。

补间动画分为形状补间动画和动作补间动画。

29.2.1　制作形状补间动画

1. 形状补间动画的特点

形状补间动画即通常所说的变形动画，是指形状逐渐发生变化的动画，是 Flash 中非常重要的表现手法之一。常用于大小、形状、位置、颜色等的变化，利用它可以制作出各种奇妙的、不可思议的变形效果。

形状补间动画是在两个关键帧之间创建，通过形状补间可以使两个不同图形间的转换过程由系统自动生成，无需人工干预。

形状补间的对象只能是分离的可编辑图形，形状补间使图形形状发生变化，一个图形变成另一个图形。如果是对文本、组、实例或位图图像应用形状补间，必须首先将这些元素进行分离。

形状补间动画创建成功后，时间轴上两个关键帧的背景色变为淡绿色，在起始帧和结束帧之间显示实线箭头。

2. 创建一般形状补间动画

（1）创建一般形状补间动画的方法。创建形状补间动画的一般步骤如下：

步骤 1. 在时间轴上动画开始的地方创建一个关键帧，设置要开始变形的对象，一般以一个对象为好。

步骤 2. 在动画结束的地方创建一个关键帧，设置最终变成的对象。

步骤 3. 用鼠标右击起始帧与结束帧之间的任意一帧，在弹出的快捷菜单中选择"创建补间形状"命令，或者单击起始帧与结束帧之间的任意一帧，执行"插入"→"补间形状"命令。

若要取消补间，可使用鼠标右击起始帧与结束帧之间的任意一帧，在弹出的快捷菜单中选择"删除补间"命令。

（2）应用实例。例如：将文本"太阳花"逐渐变换为太阳花图形，可使用下述方法：

步骤 1. 在图层 1 的第 1 帧输入文本"太阳花"，并设置文本的颜色、大小、字体、位置等属性，然后将其进行 2 次分离。

步骤 2. 在图层 1 的第 30 帧绘制太阳花图形。

步骤 3. 在 1 到 30 帧之间的任一帧上右击，在弹出的快捷菜单中选择"创建补间形状"命令，即可创建形状补间动画。时间轴如图 29 - 3 所示。

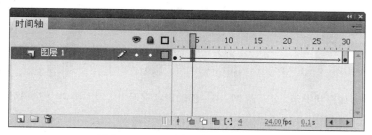

图 29 - 3　形状补间动画时间轴

图 29 - 4 所示为舞台上显示的第 1 帧、第 10 帧、第 20 帧及第 30 帧的对象。

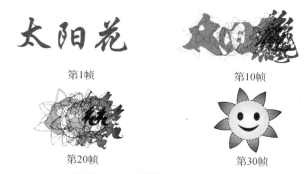

第1帧　　　　　　　　　　第10帧

第20帧　　　　　　　　　　第30帧

图 29 - 4　形状补间动画的不同帧

3. 创建使用形状提示的补间动画

（1）设置形状提示。由于形状补间是由系统自动生成，变形过渡是随机的。在前后图形差异较大，或复杂对象变形时，中间过程无法预见。若要控制对象的变形，可以使用"形状提示"功能。

以字母"A"变换成"W"为例，可以使用以下步骤：

步骤 1. 在图层 1 的第 1 帧输入字母"A"，并设置字母的颜色、大小、字体、位置等属性，然后将其分离。

步骤 2. 在图层 1 的第 30 帧输入字母"W"，并设置字母的颜色、大小、字体、位置等属性，然后将其分离。

步骤 3. 在 1 到 30 帧之间的任一帧上右击，在弹出的快捷菜单中选择"创建补间形状"命令。

步骤 4. 单击图层 1 的第 1 帧，执行"修改"→"形状"→"添加形状提示"命令，形状提示会显示一个带有字母 a 的红色圆圈，如图 29 - 5 所示。形状提示的编号包含从 a ~ z 的 26 个字母，与之对应，结束帧显示相同编号的形状提示。

步骤 5. 在第 1 帧中将形状提示拖动到相应的位置，如图 29 – 6 所示。放置成功的形状提示，红色圆圈变成黄色。

步骤 6. 单击图层 1 的第 30 帧，将与第 1 帧对应编号的形状提示拖动到需要的位置，如图 29 – 7 所示。放置成功的形状提示，红色圆圈变成绿色。

步骤 7. 重复上述方法设置其他形状提示，如图 29 – 8 所示。字母的变换即可按照预先对应设置的形状提示进行。

图 29 – 5　添加形状提示　　图 29 – 6　移动形状提示　　图 29 – 7　标记对应点

图 29 – 8　起始与结束形状提示对应点

（2）调整形状提示的位置。若要调整形状提示的位置，只需将其拖动到需要的位置即可。

（3）删除形状提示。删除形状提示，可以采用下述不同方法：

方法 1. 右击相应的形状提示，在快捷菜单中选择相应命令，如图 29 – 9 所示。

方法 2. 执行“修改”→“形状”→“删除所有提示”命令。

4. 设置形状补间动画的属性

单击已创建形状补间动画的任意一帧，打开“属性”面板，如图 29 – 10 所示，包含两个参数。

图 29 – 9　“形状提示”快捷菜单　　图 29 – 10　形状补间动画“属性”面板

（1）缓动。用于设置动画变换速度的速度。拖动数值或单击后输入数值，形状补间动画会随之发生相应变化。

● 缓动值为 0 是系统的默认值，表示动画变换的速度是均匀不变的。

● 缓动值介于 –100 ~ –1 之间时，动画变换的速度由慢到快，朝运动结束的方向加速度补间。

- 缓动值介于 1 ~ 100 之间时，动画变换的速度由快到慢，朝运动结束的方向减速度补间。

（2）混合。混合下拉列表中有两个选项可供选择。

- 分布式：创建的动画中间形状比较平滑和不规则。
- 角形：创建的动画中间形状会保留明显的角和直线，适合于具有锐化转角和直线的混合形状。

29.2.2　制作动作补间动画

动作补间动画是补间动画的另一种类型，在 Flash 应用中非常广泛。在 Flash CS5 的版本中，动作补间动画包括传统补间和补间动画两种形式。

1. 创建传统补间动画

（1）传统补间动画的特点。传统补间动画是一个对象在两个关键帧上被设置了不同的属性（如位置、大小、颜色及旋转角度等），并由系统自动创建中间的运动变化过程的动画。

创建传统补间动画与创建形状补间动画的方法类似，需要建立起始关键帧和结束关键帧，由计算机自动在两个关键帧之间生成过渡动画。

构成传统补间动画的元素必须是元件、位图、组合图形或文本。对于分离的图形，要制作传统补间动画时，必须要先将它组合或转换为元件后，才能进行。传统补间动画常用于制作场景中元件位移和大小的变化。

（2）创建传统补间动画的方法。创建传统补间动画的一般步骤如下：

步骤 1. 在时间轴上动画开始的地方创建一个关键帧，设置要开始动作的对象，一般以一个对象为好；

步骤 2. 在动画结束的地方创建一个关键帧，设置动作对象的位置、大小等属性；

步骤 3. 用鼠标右击起始帧与结束帧之间的任意一帧，在弹出的快捷菜单中选择"创建传统补间"命令，或者单击起始帧与结束帧之间的任意一帧，执行"插入"→"传统补间"命令。

传统补间动画创建成功后，时间轴上两个关键帧的背景色变为淡蓝色，在起始帧和结束帧之间显示实线箭头。

若要取消补间，可使用鼠标右击起始帧与结束帧之间的任意一帧，在弹出的快捷菜单中选择"删除补间"命令。

制作一般的 Flash 动画，使用传统补间方式较多，因为它更容易控制，而且生成的文件较小，放在网页中，更容易加载。

（3）应用实例。例如：制作轿车在街道驶过的动画，基本步骤如下：

步骤 1. 双击图层 1 名称，将其更名为"背景"。

步骤 2. 单击"背景"图层的第 1 帧，执行"文件"→"导入"→"导入到舞台……"命令，导入 1 张可作为背景的街道图片，使用任意变形工具将其调整为与舞台大小一致。

步骤 3. 右击"背景"图层的第 30 帧，在弹出的快捷菜单中选择"插入帧"命令。

步骤 4. 在"背景"图层上建立一个新图层，将其更名为"轿车"。

步骤 5. 单击"轿车"图层的第 1 帧，执行"文件"→"导入"→"导入到舞台……"命令，导入 1 张汽车图片，放置舞台左边。

步骤 6. 右击"轿车"图层的第 30 帧，在弹出的快捷菜单中选择"插入关键帧"命令，将汽车拖动至舞台右边。

步骤 7. 在 1 到 30 帧之间的任一帧上右击，在弹出的快捷菜单中选择"创建传统补间"命令，即可创建传统补间动画。时间轴如图 29 - 11 所示。

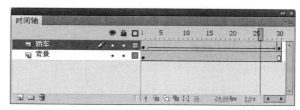

图 29 – 11　传统补间动画的时间轴

图 29 – 12 所示为舞台上显示的第 1 帧及第 30 帧的舞台。

第1帧　　　　　　　　　　　第30帧

图 29 – 12　传统补间动画的首尾帧

（4）设置传统补间动画的属性。创建传统补间动画之后，可以对动画的过程进行调整。单击补间中的任意一帧，在"属性"面板中展开"补间"属性，如图 29 – 13 所示。

●缓动：用于设置动画变换的速度。左右拖动数值或单击后输入数值，传统补间动画会随之发生相应变化。

缓动值为 0 是系统的默认值，表示动画变化的速度是均匀不变的。

缓动值介于 – 100 ~ – 1 之间时，动画的运动速度由慢到快，朝运动结束的方向加速度补间。

图 29 – 13　传统补间动画的属性

缓动值介于 1 ~ 100 之间时，动画的运动速度由快到慢，朝运动结束的方向减速度补间。

单击"缓动"右边的"编辑缓动"按钮 ，可以弹出"自定义缓入/缓出"对话框，拖动坐标系内的直线，可以制作更加丰富的变速动画效果，如图 29 – 14 所示。

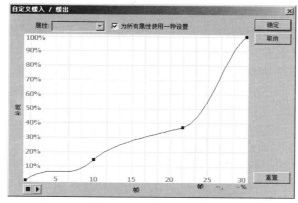

图 29 – 14　"自定义缓入/缓出"对话框

在"自定义缓入/缓出"对话框中单击播放按钮 ，可以在舞台上查看动画效果，单击停止播放按钮 ，则可以停止动画演示。在默认状态下，"为所有属性使用一种设置"复选框是勾选的，若取消选择，则可以对不同属性的动画定义不同的设置。

- 旋转：对旋转动画进行设置。
- 无：不设置旋转动画。
- 自动：设置为自动补间。
- 顺时针：设置对象的旋转方向为顺时针，并可在右边的数值框中设置旋转次数。
- 逆时针：设置对象的旋转方向为逆时针，并可在右边的数值框中设置旋转次数。
- 贴紧：当使用辅助线定位时，能够使对象贴紧辅助线。主要应用于引导路径运动，根据注册点将补间对象吸附到运动路径。
- 调整到路径：将补间对象的基线调整到运动路径，主要应用于引导路径动画。在定义引导路径动画时，选择该选项，可以使动画对象根据路径调整身姿，使动画更自然逼真。
- 同步：使图形元件实例的动画和主时间轴同步。
- 缩放：在制作补间动画时，如果在结束关键帧上改变了动画对象的大小，那么，选择该选项，则在播放动画时，对象从大到小（或从小到大）逐渐变化。

2. 创建补间动画

（1）补间动画的特点。补间动画在 Flash CS4 中引入，功能强大且易于创建。与传统补间动画相比，这种动画方式的操作更加灵活，能控制每个帧的属性，而且可以看到每个帧的动画轨迹。补间动画可以理解为，一个对象从一帧到另一帧的相关属性发生了变化，然后由计算机自动完成这两个帧之间的渐变过程。使用 Flash CS5 的 3D 功能时候，常用到这种补间动画。

补间动画主要是通过自动记录关键帧的方法，将对象的各种属性变化保存下来。能够创建补间动画的对象包括按钮、文本、图形元件和影片剪辑。

补间动画中可记录对象的属性包括位置、缩放、倾斜、旋转、颜色、滤镜等。补间动画与传统补间动画不同，后者由关键帧组成，前者由属性关键帧组成。属性关键帧是指在补间动画中的特定时间或帧中定义的属性值，用小菱形图标表示，但是补间的第一帧例外，它是默认的属性关键帧，以黑色实心圆点表示。

（2）创建补间动画的方法。创建补间动画常用两种方式：

方法一：

步骤 1. 在起始帧创建一个元件的实例或文本；

步骤 2. 用鼠标右击实例所在的帧，在弹出的快捷菜单中选择"创建补间动画"命令，补间默认为 24 帧；

步骤 3. 拖动最后一帧的右侧边缘增减帧的数量。

方法二：

步骤 1. 在起始帧创建一个元件的实例或文本；

步骤 2. 在结束帧插入普通帧；

步骤 3. 用鼠标右击起始帧与结束帧之间的任一帧，在弹出的快捷菜单中选择"创建补间动画"命令。

补间动画创建成功后，时间轴上两个关键帧的背景色变为蓝色。

（3）应用实例。例如：制作气球在空中腾飞的动画，基本步骤如下：

步骤 1. 双击图层 1 名称，将其更名为"背景"。

步骤 2. 单击"背景"图层的第 1 帧，执行"文件"→"导入"→"导入到舞台……"命令，导入 1 张可作为背景的图片，使用任意变形工具将其调整为与舞台大小一致。

步骤 3. 右击"背景"图层的第 50 帧，在弹出的快捷菜单中选择"插入帧"命令。

步骤 4. 在"背景"图层上建立一个新图层，将其更名为"气球"。

步骤 5. 单击"气球"图层的第 1 帧，绘制 1 个气球，调整大小，放置舞台左下角，如图 29–15"第 1 帧"所示。

步骤 6. 右击气球，在弹出的快捷菜单中选择"转换为元件……"命令，将其转换为图形元件。

步骤 7. 右击"气球"图层的第 1 帧，在弹出的快捷菜单中选择"创建补间动画"命令。此时时间轴自动添加到 24 帧，并显示为蓝色背景，图层图标变为 ▱。

步骤 8. 鼠标指针指向"气球"图层的 24 帧右侧边缘，使其呈双向箭头显示，向右拖动至 50 帧。

步骤 9. 将气球拖动至右上角，将其调小，舞台显示从第 1 帧到 50 帧的运动轨迹，如图 29–15"第 50 帧"所示。路径上有许多节点，每个节点代表一帧，每个节点的位置代表此帧中的运动对象（气球）在舞台的位置，第 50 帧成为属性关键帧，显示为小菱形图标，记录了该帧中对象（气球）的所有属性值。舞台上对应该帧的节点略大于普通帧的节点。

步骤 10. 若要调整对象的运动轨迹，只需单击某一帧，然后在舞台上拖动运动对象至适宜的位置即可。如在第 15 帧、30 帧调整气球的位置，如图 29–15"第 15 帧"、"第 30 帧"所示。第 15 帧、30 帧成为属性关键帧。

步骤 11. 上述方式调整的路径是直线段，若要调整为曲线段，可以采用以下方式：

• 单击选择工具 ▶，将鼠标指针移至路径，当指针变为 ▶ 时，拖动路径改变其弧度，如图 29–16 所示。如果要更改路径端点的位置，则将鼠标移至端点，使其变为 ▶，拖动端点至适宜位置。如果要移动整个路径，则使用选择工具单击路径，使其呈较粗线条显示，拖动即可。

• 若要进行更加精细的调节，可以单击"部分选取工具" ▶，此时属性关键帧的节点显示为小正方形图标。单击属性关键帧的节点，将显示调节手柄，通过拖动控制手柄来调节属性关键帧两侧的路径，如图 29–17 所示。

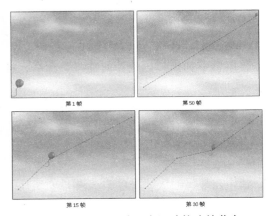

图 29–15　补间动画中运动轨迹的节点

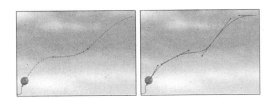

图 29–16　选择工具调整曲线路径

步骤 12. 补间动画制作完成，图层显示如图 29–17 所示。

（4）设置补间动画的属性。创建补间动画之后，可以对动画的过程进行调整。单击补间中的任意一帧，在"属性"面板中展开"补间"属性，如图 29–18 所示。

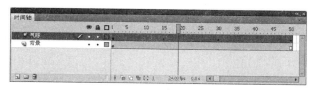

图 29－17　补间动画的图层

图 29－18　补间动画的属性

● 缓动：用于设置动画变换的速度。左右拖动数值或单击后输入数值，补间动画会随之发生相应变化。

缓动值为 0 是系统的默认值，表示动画变化的速度是均匀不变的。

缓动值介于 − 100 ～ − 1 之间时，动画的运动速度由慢到快，朝运动结束的方向加速度补间。

缓动值介于 1 ~ 100 之间时，动画的运动速度由快到慢，朝运动结束的方向减速度补间。

● 旋转：设置动画对象的旋转次数和旋转角度。

● 方向：设置旋转方向。

● 无：不设置旋转动画。

● 顺时针：设置对象的旋转方向为顺时针。

● 逆时针：设置对象的旋转方向为逆时针。

● 调整到路径：将补间对象的基线调整到运动路径，主要应用于引导路径动画。在定义引导路径动画时，选择该选项，可以使动画对象根据路径调整身姿，使动画更自然逼真。

● 路径：设置路径的位置和宽度、高度。

● 选区 X/Y 位置：设置路径在舞台中的位置。

● 选区宽度/高度：设置路径的宽度和高度，对路径曲线进行调整。锁定状态  时，宽度和高度的比例保持不变；单击呈解锁状态 时，解除比例锁定。

● 同步图形元件：选择此项，将重新计算补间的帧数，从而匹配时间轴上分配给它的帧数，使图形元件实例的动画和主时间轴同步。

29.3　制作遮罩动画

29.3.1　遮罩动画的特点

遮罩动画在 Flash 动画制作中很常见，许多独特的效果都是用它来实现的，如水波、万花筒、百叶窗、放大镜、望远镜等。

遮罩，顾名思义就是遮挡住下面的对象。在 Flash 中，遮罩动画是通过遮罩层来实现有选择地显示位于其下方的被遮罩层中的内容的。

遮罩动画的创建至少需要两个图层，即遮罩层和被遮罩层，遮罩层位于上方，用于设置遮罩图形，就像一个窗口，透过它可以看到被遮罩层中的对象及其属性，遮罩图形的填充不会显示在动画中；被遮罩层位于遮罩层的下方，用来设置遮罩图形中显示的对象。

在一个遮罩动画中，遮罩层只有一个，被遮罩层可以有多个。

遮罩层中的对象可以是填充的形状、文字对象、图形元件的实例或影片剪辑的实例。可以将多个图层组织在一个遮罩层之下来创建复杂的效果。

在 Flash 动画中，遮罩主要有两种用途：一个作用是用在整个场景或一个特定区域，使场景外的对象或特定区域外的对象不可见；另一个作用是用来遮罩住某一元件的一部分，从而实现一些特殊的效果。

29.3.2 创建遮罩动画的方法

1. 创建遮罩动画的一般方法

创建遮罩动画可以使用以下不同方式：

方法 1. 在某个图层上单击鼠标右键，在弹出的快捷菜单中选择"遮罩层"命令，该图层就会从普通图层转换为遮罩层，图标显示为蓝色■，下一图层也被自动设置为被遮罩层，图标显示为蓝色■。

方法 2. 双击图层名左侧的图标，或者用鼠标右键单击图层名，在弹出的快捷菜单中选择"属性"命令，都将打开"图层属性"对话框，选择类型为"遮罩层"，该图层就被设置为遮罩层。对于下面的图层，用相同方式打开"图层属性"对话框，选择类型为"被遮罩层"，该图层就被设置为被遮罩层。

若要将遮罩层或被遮罩层还原为普通图层，只需在"图层属性"对话框中选择类型为"一般"即可。

2. 应用实例

例如：制作一个风景遮罩动画，基本步骤如下：

步骤 1. 双击图层 1 名称，将其更名为"风景"；

步骤 2. 单击"风景"图层的第 1 帧，执行"文件"→"导入"→"导入到舞台……"命令，导入 1 张风景图片，使用任意变形工具将其调整为与舞台大小一致；

步骤 3. 右击"风景"图层的第 40 帧，在弹出的快捷菜单中选择"插入帧"命令；

步骤 4. 在"风景"图层上建立一个新图层，将其更名为"遮罩"；

步骤 5. 单击"遮罩"图层的第 1 帧，绘制 1 个圆形，调整大小，放置舞台左边界之外，如图 29-19 所示；

步骤 6. 用鼠标右键单击"遮罩"图层的第 40 帧，在弹出的快捷菜单中选择"插入关键帧"命令，将圆形拖动到舞台右边界之外，如图 29-20 所示；

图 29-19　"遮罩"图层第 1 帧　　　　图 29-20　"遮罩"图层第 40 帧

步骤 7. 用鼠标右键单击"遮罩"图层图标，在弹出的快捷菜单中选择"遮罩层"命令，该图层类型被转换成遮罩，图标显示为蓝色■，"风景"图层也被自动设置为被遮罩层，图标显示为蓝色■，图 29-21 所示为 20 帧的遮罩效果；

步骤 8. 单击时间轴下边的"帧速率"按钮将其设置为10fps，时间轴显示如图 29-22 所示。

图 29 - 21　遮罩效果第 20 帧

图 29 - 22　遮罩动画的时间轴

29.4　制作引导路径动画

29.4.1　引导路径动画的特点

在生活中，很多运动路径是弧线或不规则的，如地球绕太阳公转、花瓣在空中飘舞、行驶在盘山公路等。在 Flash 中可以使用引导路径动画来实现动画效果。

制作引导路径动画，至少需要两个图层，即引导层与被引导层。引导层位于上方，在这个图层中绘制一条辅助线作为运动路径，引导层不会导出，因此不会显示在发布的 SWF 文件中，即辅助线在动画播放时是看不到的；被引导层位于下方，用于放置沿路径运动的对象，运动对象可以是文字、组以及实例。

在一个引导路径动画中，引导层只有一个，被引导层可以有多个。

29.4.2　创建引导路径动画的方法

1. 普通引导层与运动引导层

引导层分为普通引导层与运动引导层两种形式，在 Flash CS5 中分别称为"引导层"和"传统运动引导层"。

普通引导层图标显示为 ✎ ，只起到辅助绘图和绘图定位作用，有着与一般图层相类似的属性，可以单独使用。

运动引导层图标显示为 ⌒ ，与被引导层相关联，使被引导层的对象沿着运动引导层上的路径进行运动。

2. 创建引导路径动画的一般方法

（1）创建普通引导层。创建普通引导层有以下两种方式：

方法 1. 用鼠标右键单击普通图层，在弹出的快捷菜单中选择"引导层"命令，即可将普通引导层转换为普通引导层，图层的图标变成 ✎ 。

方法 2. 用鼠标右键单击普通图层，在弹出的快捷菜单中选择"属性"命令，打开"图层属性"对话框，选择类型为"引导层"，单击"确定"按钮即可。

（2）创建传统运动引导层。用鼠标右键单击普通图层，在弹出的快捷菜单中选择"添加传统运动引导层"命令，系统在该图层上创建一个引导层，命名为"引导层：图层名"，图层的图标变成 ⌒ ，该图层也自动转换为被引导层，图标和名称向右缩进显示。

（3）普通引导层与运动引导层的转换。若要将普通引导层转换为运动引导层，只需给普通引导层添加一个被引导层，即将一个普通图层拖动到普通引导层下方，并向右缩进。

若要将运动引导层转换为普通引导层，只需将被引导层拖动到运动引导层的上方，或者用鼠标右键单击被引导层，在弹出的快捷菜单中选择"属性"命令，打开"图层属性"对话框，选择类型为"一般"，单击"确定"按钮即可。

（4）制作引导层动画。创建引导路径动画可以使用以下两种基本方式：

方法1：

步骤1. 用鼠标右键单击普通图层，在弹出的快捷菜单中选择"添加传统运动引导层"命令，系统在该图层上创建一个引导层，该图层也自动转换为被引导层；

步骤2. 在引导层中绘制运动路径；

步骤3. 在被引导层中单击运动起始帧，绘制或导入运动对象，将其中心点吸附在运动路径的起始端；

步骤4. 在被引导层中用鼠标右键单击运动结束帧，在弹出的快捷菜单中选择"插入关键帧"命令，拖动运动对象，将其中心点吸附在运动路径的末端；

步骤5. 在被引导层中的起始帧与结束帧之间单击鼠标右键，在弹出的快捷菜单中选择"创建传统补间"命令。

方法2：

步骤1. 创建一个普通引导层，并绘制运动路径；

步骤2. 将一个普通图层拖动到普通引导层下方，并向右缩进，成为被引导层；

步骤3. 在引导层中绘制运动路径，在被引导层中绘制或导入运动对象，并创建传统补间，方法同方法1，不再赘述。

3. 应用实例

例如：制作一个蝴蝶飞舞的引导路径动画，基本步骤如下：

步骤1. 双击图层1名称，将其更名为"背景"；

步骤2. 单击"背景"图层的第一帧，执行"文件"→"导入"→"导入到舞台……"命令，导入1张风景图片，使用任意变形工具将其调整为与舞台大小一致；

步骤3. 右击"背景"图层的第60帧，在弹出的快捷菜单中选择"插入帧"命令；

步骤4. 在"背景"图层上建立一个新图层，将其更名为"蝴蝶"；

步骤5. 用鼠标右键单击"蝴蝶"图层，在弹出的快捷菜单中选择"添加传统运动引导层"命令，系统在"蝴蝶"图层上创建一个引导层，"蝴蝶"图层也自动转换为被引导层；

步骤6. 单击引导层的第1帧，使用铅笔工具在舞台上绘制一条蝴蝶飞舞的路径；

步骤7. 单击"蝴蝶"图层的第1帧，绘制或导入一只蝴蝶，将其中心点吸附在运动路径的起始端，如图29-23所示。如果按下工具箱中的"贴紧至对象"按钮，可以使吸附操作更易实现；

步骤8. 用鼠标右键单击"蝴蝶"图层的第60帧，在弹出的快捷菜单中选择"插入关键帧"命令，拖动蝴蝶，将其中心点吸附在运动路径的末端；

步骤9. 在"蝴蝶"图层的起始帧与结束帧之间用鼠标右键单击，在弹出的快捷菜单中选择"创建传统补间"命令；

步骤10. 单击帧速率，将其设置为10fps，引导路径动画的时间轴如图29-24所示。

图29-23　运动对象的中心点吸附在路径的起始端

图29-24　引导路径动画的时间轴

第 30 章 场景的使用

30.1 场景概述

生活中，人们观看舞台剧，通常是多幕，一幕结束，下一幕继续；电影拍摄，一景结束，再拍另一景。创建大型的 Flash 动画，经常采用相同方式，使用场景来组织影片。可以把场景理解为整个演出中的一幕，或者电影中的一个分镜头。每个场景有独立的时间轴，但实际上它只是主时间轴的延续。使用场景会使动画在组成上更合乎逻辑，并方便管理。

启动 Flash 后，系统默认进入"场景 1"，如图 30 – 1 所示。在此可以制作编辑各种类型的动画。之后，可以添加新的场景，并允许根据情节调整场景顺序，Flash 将根据场景的先后顺序进行播放，此外，还可以利用动作脚本实现不同场景间的跳转。

30.2 "场景"面板

30.2.1 打开"场景"面板

"场景"面板是管理场景所使用的面板，打开"场景"面板，可以使用两种不同方法。

图 30 – 1 场景

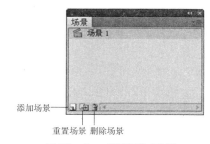

图 30 – 2 "场景"面板

方法 1. 执行"窗口"→"其他面板"→"场景"命令。
方法 2. 使用快捷键 Shift + F2。
"场景"面板如图 30 – 2 所示。

30.2.2 使用"场景"面板

使用"场景"面板可以对场景进行管理操作。

1. 添加场景

新场景是在当前场景之下创建，单击"场景"面板下方的添加场景按钮，即可添加一个场景，如图 30 – 3 所示。

2. 复制场景

在制作动画时，有时需要在新建的场景中创建与原有场景内容完全相同或类似的内容，这时可通过重置场景的功能将原场景中的所有内容复制到新场景中，再进行一些修改，从而避免重复工作。

选择要复制的场景，然后单击"场景"面板下方的重置场景按钮，即可复制一个与原场景相同的副本，如图 30 – 4 所示。

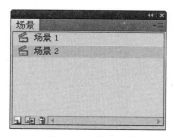

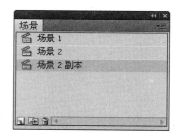

图 30-3　添加场景　　　　　　　　图 30-4　复制场景

3. 删除场景

当不再需要某个场景时，应该及时将其删除，以减小文件的存储空间。

选择要删除的场景，然后单击"场景"面板下方的删除场景按钮 🗑，即可删除所选场景。

4. 重命名场景

对于新建的普通场景，Flash 默认的场景名为"场景 1"、"场景 2"等，这些名称看起来不够直观。为了便于识别每个场景制作的动画内容，可以为场景取一个易于识别的名称，这就是场景的重命名。

在"场景"面板中双击要重新命名的场景名称，进入名称编辑状态，然后输入新名称，如图 30-5 所示，按 Enter 键即可。

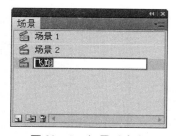

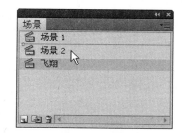

图 30-5　场景重命名　　　　　　　图 30-6　调整场景顺序

5. 调整场景顺序

场景的顺序决定了动画播放时的先后顺序。有时需要调整场景顺序，以达到动画设计期望的效果。

调整场景顺序的方法非常简单，只需选择要移动的场景，按住鼠标左键拖动场景，此时场景以一条前端带绿色圆圈的横线表示，当场景达到需要放置的位置时释放鼠标左键即可，如图 30-6 所示。

6. 转换场景

若要编辑查看某个场景的内容，需要转换到该场景中。转换场景可以采用两种不同方式。

方法 1. 在"场景"面板中单击要转换的场景名称。

方法 2. 在舞台中单击编辑场景按钮 🎬，在下拉列表中选择需要转换到场景，如图30-1 所示。

第 31 章　测 试 和 发 布 影 片

31.1　测试影片

　　测试是制作 Flash 动画时非常重要的环节，它贯穿于整个制作过程，用户在制作各个元件和动画片段时，应该经常进行测试和优化，以提高动画的质量。Flash 动画制作完成后，也需要进行整体测试，以便查看动画效果是否与预期相同，是否能够流畅地进行播放。

　　若要将影片输出后应用于网页，可以在预览测试时，全真模拟网络下载速度，测试是否有延迟现象，找出影响传输速率的原因，以便尽早发现问题，解决问题。通过合理的参数设置，尽量减小文件尺寸，使作品能够更加方便地进行存储、传输和播放。

31.1.1　在编辑环境中进行测试

　　在编辑环境中能快速地进行一些简单的测试，由于测试任务繁重，编辑环境不是用户的首选测试环境。

　　1. 测试元件

　　制作完的元件会出现在"库"面板中，用户可以在"库"面板中选择元件后，单击"播放"按钮▶进行测试。若是按钮元件，也可以执行"控制"→"启用简单按钮"命令来测试按钮在弹起、指针经过、按下和点击状态下的动画。

　　2. 测试声音

　　在一些 MTV 中，经常需要音乐与相应的文本同步出现，这时通常采用数据流同步声音。若要对声音进行同步效果测试，可以执行"窗口"→"工具栏"→"控制器"命令，打开"控制器"面板，如图 31–1 所示，单击要测试声音的起始位置，然后分别单击"控制器"面板中的"播放"、"停止"等不同按钮测试。

图 31–1　"控制器"面板

　　此外，还可以在时间轴上单击要测试声音的起始位置，然后按"Enter"键直接测试，当需要停止时，只需用鼠标单击"时间轴"面板中的其他位置即可。

　　声音文件导入到库之后，在"库"面板中单击"播放"按钮也可以进行测试。

　　3. 测试时间轴动画

　　在制作完时间轴动画（如逐帧动画或补间动画等）之后，应及时测试这部分动画片段是否流畅。若要测试时间轴动画，只需单击动画的起始位置，然后按"Enter"键，或者执行"控制"→"播放"命令。

31.1.2　在测试窗口中测试

　　执行"控制"→"测试影片"→"在 Flash Professional 中"命令，或使用Ctrl + Enter 组合键，Flash 将自动导出当前动画中的所有场景，在与 FLA 文件相同的位置创建一个 SWF 文件，并在测试窗口中播放。SWF 文件是可以上传到 Web 的压缩过的、发布的文件。

　　执行"控制"→"测试场景"命令，或使用 Ctrl + Alt + Enter 组合键，Flash 仅导出动画中的当前场景，并在测试窗口中播放。

Flash 默认此种预览模式下是自动循环播放影片。若要停止循环，需执行"控制"→"循环"命令，取消选项前的对勾号。

在测试窗口中，执行"视图"→"带宽设置"命令，预览窗口将打开带宽查看面板，如图 31 - 2 所示。

图 31 - 2   测试影片

1. 面板左窗格显示动画的基本参数、测试设置和动画状态

（1）影片：显示被测试动画的信息。

（2）设置：显示当前的带宽设置。

（3）状态：显示播放状态和所处帧的信息。

2. 面板右窗格下载性能的直观图表

执行"视图"→"帧数图表"命令，右窗格显示为带宽视图。该视图以逐帧方式显示动画带宽情况，有助于查看哪些帧导致数据流延迟。其中，交替显示的深灰色和浅灰色矩形块表示动画中的每一帧，矩形块面积的大小表示了该帧的字节大小。单击矩形块，左窗格即显示相应帧的详细信息，包括帧序号和字节大小。第一个帧存储元件的内容，因此，它通常大于其他帧。

Flash 动画采用流式播放，如果其后所需的数据尚未下载，则会出现停滞。信息刻度上有一条红色警戒线，当矩形超过红线时，该帧可能会出现停滞现象。尽量使每一帧的文件量控制在红线以下，以便影片能够流畅播放。

执行"视图"→"数据流图表"命令，右窗格将显示为数据流图表。

3. 测试不同带宽的影片运行速度

网络传输速率因时间、地域等诸多因素而不同，执行"视图"→"下载设置"命令，可以选择所要模拟的网速，然后执行"视图"→"模拟下载"命令，即可模拟在设置带宽下的影片运行情况。此时，左窗格增加了"已加载"项显示，它由已下载数据量的百分比和已下载的数据总量两个数据来表示，用户可以通过它们评估动画的下载性能，右窗格上方的进度条以绿色显示已下载的部分。当进度条速度超过 Flash 播放速度，影片播放流畅，否则会出现停滞现象。

31.2   优化影片

由于用户使用的网络传输速度不同，当 Flash 文件较大时，其下载和播放时间也会增加，在不影响动画播放质量的前提下，尽可能地优化动画文件是十分必要的。优化 Flash 动画文件可以从不同方面着手进行。

31.2.1　在制作静态元素时进行优化

1. 尽量采用实线线条

多用实线，少用虚线，限制特殊线条类型（如点状线、斑马线等）的数量。实线占用的资源较少，可以使文件变小。此外，使用铅笔工具绘制的线条比用刷子工具绘制的线条占用的资源更少。

2. 优化线条

矢量图形越复杂，CPU 运算起来就越费力，因此在制作矢量图形后，可以通过执行"修改"→"形状"→"优化"命令，减少线条数量，从而减小文件大小。

3. 位图优化

导入尽可能小的位图图像，并以 JPG 方式压缩。

4. 尽量使用矢量图形

Flash 并不擅长位图处理，通常只将位图用于静态元素和背景图，而矢量图形可以任意缩放而不影响 Flash 的画质，因此在生成动画时应多用矢量图形。

5. 元素优化

尽可能组合相关元素。将动画过程中发生变化的元素与保持不变的元素分散在不同的图层上。

6. 文字优化

尽量减少字体和字体样式的数量。将字体打散并不能减少文件体积，相反会使文件变大。如果要重复使用文字，可将其转换为元件。

7. 色彩优化

尽量使用"颜色"调色板中的颜色，减少使用过渡色。

31.2.2　在制作动画时进行优化

1. 尽量使用元件

如果一个对象在影片中多次出现，应将其转换为元件，然后，重复使用。重复使用元件并不会使动画文件明显增大。

2. 尽量采用补间动画

关键帧使用得越多，文件的尺寸就越大。因此应尽量以补间动画的方式产生动画效果，而少用逐帧方式生成动画。

3. 尽量缩小动作区域

动作区域越大，Flash 动画文件就越大，因此应限制每个关键帧中发生变化的区域，使动画发生在尽可能小的区域内。

4. 尽量避免在同一时间内多个元素同时产生动画

由于在同一时间内多个元素同时产生动画会直接影响到动画的流畅播放，因此应尽量避免在同一时间内多个元素同时产生动画。同时还应将产生动画的元素安排在各自独立的图层中，以便加快 Flash 动画的处理过程。

5. 合理使用声音文件

尽可能使用 MP3 这种占用空间最小的声音格式，如非必需，不要添加太长的声音文件。

6. 制作小电影

为减小文件，可以将 Flash 中的电影尺寸设置得小一些，然后将其在发布为 HTML 格式时进行放大。执行"文件"→"发布设置"命令，在弹出的"发布设置"对话框中选择"HT-ML"选项卡，然后将"尺寸"选为"像素"或"百分比"，调整大小。发布后的 HTML，可以看到在网页中的电影尺寸放大了，而画质却保持不变。

31.3 发布影片

若要与其他人共享影片，应将其发布，默认情况下，Flash 将在同一目录下创建一个 HTML 文件和一个 SWF 文件，文件主名与保存的文件相同。其中 SWF 文件是最终的 Flash 影片，而 HTML 文件则是指示浏览器如何显示 SWF 文件。用户需要将这两个文件都上传到 Web 服务器上的同一个文件夹中。

此外，还可以根据需要将影片发布为 MOV、AVI 等视频格式。

31.3.1 发布设置

在发布之前需进行必要的发布设置，定义发布的格式以及相应的设置，以达到最佳效果。

执行"文件"→"发布设置"命令。弹出"发布设置"对话框，如图 31-3 所示。

1. 格式设置

选择"类型"选项组中的格式，可以设置发布的文件类型，默认只发布 Flash 和 HTML 两种格式文件，当选择其他文件类型前的复选框（如 GIF 图像、JPEG 图像和 PNG 图像），则会添加该类型文件的选项卡。

在"文件"下面的文本框中有与 Flash 源文件（*.fla）同名的名称，也可以输入文件名为相应的文件类型命名。如果选择了多种发布格式，动画发布后，可以同时生成多个文件。

2. Flash 发布设置

这是 Flash 默认的发布格式，Flash 发布设置选项卡如图 31-4 所示。

图 31-3 "发布设置"对话框

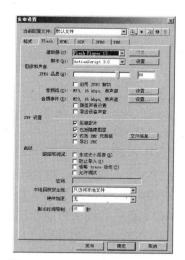

图 31-4 Flash 发布设置选项卡

（1）播放器。用于设置输出的动画可以在哪种浏览器上进行播放。版本越低，浏览器对其的兼容性越强，但低版本无法容纳高版本的 Flash 技术，播放时会失掉高版本技术创建的部分。版本越高，Flash 技术越多，但低版本的浏览器无法支持其播放。因此要根据需要选择适合的版本。

（2）脚本。选择在影片中使用的 ActionScript 版本。

（3）图像和声音。设置影片中的图像和声音。

● JPEG 品质：对位图进行压缩控制，数值越小，图像品质越低，生成的文件也就越小；数值越大，品质越好，但生成的文件也就越大。

● 音频流：用于设置同步类型为"数据流"、压缩类型为"默认"的声音的压缩格式和传输速度。可以通过单击其右侧的"设置"按钮来设置音频流的压缩方式。

● 音频事件：用于设置同步类型为"开始"或"事件"、压缩类型为"默认"的声音的压缩格式和传输速率。

（4）SWF 设置。设置影片的相关信息。

● 压缩影片：将对生成的动画进行压缩，以减小文件。当文件包含大量文本或 ActionScript 时，选择该选项十分有益。

● 包括隐藏图层：导出 Flash 文档中所有隐藏图层，如没有选择该选项，则在最终导出的影片中看不到隐藏图层。

● 包括 XMP 元数据：在发布的 SWF 文件中包括 XMP 元数据。也可以单击通过"文件信息"按钮或者执行"文件"→"文件信息"命令修改此文档的 XMP 元数据。

● 导出 SWC：导出 SWC 文件，该文件包含有关组件的信息，包括编译的影片剪辑和 ActionScript，允许将其分发给其他用户。

（5）高级。

● 生成大小报告：生成一个文本文件，记录有关影片中所有元素大小的详细信息，它将被发布到与其他文件相同的目录中。

● 防止导入：防止发布的动画文件被他人导入到 Flash 程序中进行编辑，可使用密码保护。

● 省略 trace 动作：使 Flash 忽略当前的 SWF 文件中的 ActionScript 语句，选择该选项，trace 语句的信息不会显示在"输出"面板中，以防止别人偷窥用户的源代码。

● 允许调试：激活调试器，并允许远程调试影片。

3. HTML 发布设置

在 Web 浏览器中播放 Flash 时，需要一个能激活 SWF 文件，并指定了浏览器设置的 HTML 文档。单击"HTML"标签，打开"HTML"选项卡，可以进行 HTML 文件的参数设置，如图 31 - 5 所示。

（1）模板。Flash 提供了多种网页模板，可以依据需要选择适当的模板来发布网页。选择模板后，单击其右侧的"信息"按钮，可以显示对所选模板的说明，如图 31 - 6 所示

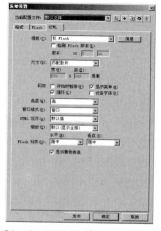

图 31 - 5　HTML 发布设置选项卡

图 31 - 6　模板信息

（2）尺寸。设置动画在网页中播放的画面尺寸。

● 匹配影片：动画在网页中播放的尺寸与制作中时相同。

● 像素：设置动画在网页中播放的像素值。

● 百分比：按浏览器视窗大小的百分比设置。选择该选项并设置宽、高的百分比，动画外框会随着视窗的缩放而改变尺寸。若宽和高都设置成100%，则动画充满整个浏览器窗口。

（3）回放。设置动画的播放属性。

● 开始时暂停：不自动播放动画，直到用户发出播放指令才开始播放。

● 显示菜单：选中该选项，会在按下鼠标右键后显示一个快捷菜单。

● 循环：选中该选项，将使动画循环播放。

● 设备字体：选中该选项，若用户系统没有安装动画中的字体，则使用消除锯齿的True Type字体代替。

（4）品质。设置动画的播放质量。

● 低：不使用消除锯齿功能，动画显示质量最差。

● 自动降低：先关闭消除锯齿功能，若动画文件的下载速度超过播放速度时启用。

● 自动升高：先打开消除锯齿功能，若动画文件的下载速度无法达到播放速度时自动关闭。

● 中等：完全按照原动画的设置，不对影片作任何调整。显示质量和播放速度同等重要，不分彼此。

● 高：始终使用消除锯齿功能。如果SWF文件不包含动画，则会对位图进行平滑处理；如果SWF文件包含动画，则不会对位图进行平滑处理。

● 最佳：提供最佳的显示品质，所有的输出都已消除锯齿，而且始终对位图进行平滑处理。

（5）窗口模式。设置当动画中含有透明区域时，动画在网页窗口中的播放方式。

● Windows：动画按正常状态播放。

● 不透明无窗口：动画按完全不透明方式播放。

● 透明无窗口：动画按完全透明方式播放。

（6）HTML对齐。设置文档在浏览器中播放时的对齐方式。

● 默认值：按默认方式在浏览器中显示，实际是左对齐。如果有竖向排列时，对齐到中间。

● 左对齐：对齐浏览器左边。

● 右对齐：对齐浏览器右边。

● 顶部：如果有竖向排列时，对齐顶部。

● 底部：如果有竖向排列时，对齐底部。

（7）缩放。设置当播放区域与动画尺寸不同时的调整方式。

● 默认：在指定的区域内显示整个SWF文档，并且保持它的原始比例。

● 无边框：对SWF文档进行缩放，以使它适合指定的区域，并且保持它的原始比例。

● 精确匹配：在指定的区域内显示SWF文档，允许改变它的原始比例。

● 无缩放：禁止在调整播放器窗口大小时缩放SWF文档。

（8）Flash对齐。通过水平和垂直方向的设置，限定文档播放时的对齐方式。

（9）显示警告消息。在标签设置发生冲突时显示错误信息。

4. GIF发布设置

使用GIF文件可以导出绘画和简单动画，以供在网页中使用。单击"GIF"标签，可以打开"GIF"选项卡，进行GIF文件的参数设置，如图31-7所示。

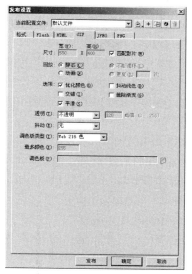

图 31 - 7　GIF 发布设置选项卡

（1）尺寸。设置 GIF 文件的宽度和高度。默认情况下，导出的 GIF 图像或动画与 Flash 动画的尺寸相同，如果取消选中"匹配影片"选项，可以设置动画的输出尺寸。

（2）回放。设置 GIF 文件是静态的还是动态的。

● 静态：导出静态图像。

● 动画：导出动画 GIF，并允许用户设置动画的循环或重复属性。

（3）选项。对输出的 GIF 文件的品质属性进行设置。

● 优化颜色：系统从颜色表中删除不使用的颜色。

● 抖动纯色：对色块进行抖动处理，以防止出现色带不均匀的现象。

● 交错：使 GIF 文件在下载时逐渐显示。

● 删除渐变：将所有的渐变转换为与渐变的第 1 种颜色相同的纯色。

● 平滑：消除导出位图的锯齿，提高图像质量。

（4）透明。设置在输出的 GIF 文件中是否保留透明区域。

● 不透明：使背景完全不透明。

● 透明：使背景完全透明。

● Alpha：使背景局部透明。在其文本框中输入一个 0～255 的阈值，若图像的 Alpha 值低于该值，则透明显示；若图像的 Alpha 值高于该值，则不发生变化。

（5）抖动。设置是否通过混合已有的颜色来模拟当前调色板中没有的颜色。

● 无：关闭抖动，并用基本颜色表中最接近指定颜色的纯色代替该表中没有的颜色。产生的文件较小，但颜色不能令人满意。

● 有序：提供高品质的抖动，同时文件大小的增长幅度也最小。

● 扩散：提供最佳品质的抖动，但会增加文件大小并延长处理时间，只有选择"Web 216色"调色板时才起作用。

（6）调色板类型。设置调色板的类型。

● Web 216 色：使用标准的 216 色浏览器安全调色板来创建 GIF 图像，可以获得较好的图像品质，在服务器上的处理速度最快。

● 最适合：分析图像中的颜色并为选定的 GIF 文件创建唯一的颜色表，适合显示成千上万种颜色，但会增加文件尺寸。

- 接近 Web 最适色：对调色板进行优化处理，并将接近的颜色转换为 Web 216 色。
- 自定义：根据需要自定义调色板。

（7）最多颜色。如果调色板的类型为"最适合"或"接近 Web 最适色"，将激活该选项，用户可以对其最大颜色数进行设置。

（8）调色板。如果调色板的类型为"自定义"，将激活该选项，用户可以在计算机中选择需要的调色板文件。

5. JPEG 发布设置

GIF 是用较少的颜色创建简单图像的最佳工具，但是，如果想导出一个既有清晰的渐变又不受调色板限制的图像，则需要选择 JPEG。单击"JPEG"标签，可以打开"JPEG"选项卡，进行 JPEG 文件的参数设置，如图 31－8 所示。

（1）尺寸。用于设置 JPEG 文件的宽度和高度。

匹配影片：默认情况下，该选项已被选中，输出的 JPGE 图像与 Flash 动画的尺寸相同。如果取消选中"匹配影片"选项，可以设置图像的输出尺寸。

（2）品质。设置输出的 JPEG 图像的品质。品质越低，生成的文件就越小，反之越大。

（3）渐进。若选中该选项，当下载 JPEG 文件时，可以逐渐清晰地显示 JPEG 图像。

6. PNG 发布设置

PNG 是唯一支持透明度的跨平台位图格式，在压缩性能、颜色容量和透明度方面有着很大的优势。单击"PNG"标签，可以打开"PNG"选项卡，进行 PNG 文件的参数设置，如图 31－9 所示。

图 31－8　JPEG 发布设置选项卡

图 31－9　PNG 发布设置选项卡

（1）尺寸。用于设置 PNG 文件的宽度和高度。

- 匹配影片：默认情况下，该选项已被选中，输出的 PNG 图像与 Flash 动画的尺寸相同。如果取消选中"匹配影片"选项，可以设置图像的输出尺寸。

（2）位深度。设置在创建图像时，每个像素所使用的位数。

（3）选项、抖动、调色板类型、最多颜色和调色板与 GIF 格式中的相应参数含义相同，不再赘述。

（4）过滤器选项。用于设置在压缩过程中，以何种方式压缩 PNG 图像。

7. 发布为 Windows 放映文件和 Macintosh 放映文件

Windows 和 Macintosh 是指用户的操作系统，即 Windows 系统和苹果机系统。在"格式"

选项卡中选择"Windows 放映文件"和"Macintosh 放映文件"后，在"发布设置"对话框中不会出现相应的选项卡，但可以将 Flash 影片发布为可执行文件，即在没有安装 Flash 播放器的 Windows 系统或苹果机系统中播放此文件，但是发布后的文件比 Flash 动画文件要大一些，因为 EXE 文件中内建了 Flash 播放器。

31.3.2 发布预览

发布预览命令可以使发布的文件格式在默认打开的应用程序中打开预览，可以预览的文件格式类型是在"发布设置"对话框中已选择的。预览发布效果的操作步骤如下：

步骤 1. 执行"文件"→"发布预览"命令，打开级联菜单，如图 31 – 10 所示；

步骤 2. 选择需要预览的文件类型，显示"正在发布"的进度条，如图 31 – 11 所示；

步骤 3. 发布完成，就可以预览影片发布效果，如果对效果满意，可以将该影片正式发布。

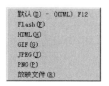 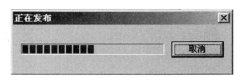

图 31 – 10　"发布预览"级联菜单　　　　　**图 31 – 11　"正在发布"进度条**

31.3.3 发布影片

当动画制作完毕，设置好发布参数，并对预览效果满意，就可以发布动画。执行"文件"→"发布"命令，或者在"发布设置"对话框中单击"发布"按钮，系统显示"正在发布"的进度条。默认情况下，发布完成的文件以所选的文件类型的扩展名保存在和源文件同一个目录下。

31.4　导出动画

优化并测试完下载性能后，即可将动画输出为其他格式的文件。执行"文件"→"导出"命令，打开级联菜单，如图 31 – 12 所示，根据选择的命令将当前动画导出为某种格式的图像或影片文件。

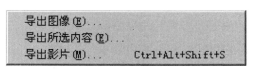

图 31 – 12　"导出"级联菜单

31.4.1 导出静态图像文件

选择"导出图像"命令，可以将当前帧内容或所选图像导出为一种静止图像格式或单帧的 Flash Player 应用程序，操作步骤如下：

步骤 1. 选中动画的某一帧或图像；

步骤 2. 执行"文件"→"导出"→"导出图像"命令，弹出"导出图像"对话框，如图 31 – 13 所示；

步骤 3. 在"文件名"文本框中输入文件的名称；

步骤 4. 在"保存类型"下拉列表中选择一种图像格式；

步骤 5. 单击"保存"按钮。

31.4.2 导出动态影片文件

"导出影片"命令可以将动画输出为指定名字的视频文件或图像序列文件，还可以将动画中的声音导出为 WAV 文件。声音的导出要兼顾声音的质量与输出文件的大小。声音的采样频率和位数越高，声音质量也越好，但输出文件也越大。压缩比越大，输出文件越小，但声音音质越差。

操作步骤如下：

步骤 1. 执行"文件"→"导出"→"导出影片"命令，弹出"导出影片"对话框，如图 31－14 所示；

图 31－13　　"导出图像"对话框　　　　　　图 31－14　　"导出影片"对话框

步骤 2. 在"文件名"文本框中输入文件的名称；

步骤 3. 在"保存类型"下拉列表中选择一种影片格式；

步骤 4. 单击"保存"按钮。

参 考 文 献

1. 钟玉琢主编，沈洪等编著：《多媒体技术与应用》，人民邮电出版社 2010 年版。

2. 林福宗编著：《多媒体技术教程》，清华大学出版社 2009 年版。

3. ［加］李泽年（Ze – Nian Li）著，史元春译：《多媒体技术教程》，机械工业出版社 2007 年版。

4. 刘惠芬编著：《数字媒体——技术、应用、设计》，清华大学出版社 2008 年版。

5. 向华、徐爱芸编著：《多媒体技术与应用》，清华大学出版社 2007 年版。

6. 张云鹏编著：《现代多媒体技术及应用》，人民邮电出版社 2014 年版。

7. 李飞等编著：《多媒体技术与应用》，清华大学出版社 2007 年版。

8. 徐子闻主编：《多媒体技术》，高等教育出版社 2014 年版。

9. 王利霞等主编：《多媒体技术导论》，清华大学出版社 2011 年版。

10. 智西湖等编著：《多媒体技术基础》，清华大学出版社 2011 年版。

11. 周苏等编著：《多媒体技术与应用》，清华大学出版社 2013 年版。

12. 李莉平、马冯主编：《多媒体技术基础及应用教程》，科学出版社 2014 年版。

13. 孔令瑜编著：《多媒体技术及应用》，机械工业出版社 2009 年版。

14. 陆芳等编著：《多媒体技术及应用》，电子工业出版社 2011 年版。

15. ［美］沃恩著，安晓波译：《多媒体技术及应用》，清华大学出版社 2008 年版。

16. 宋红主编：《多媒体技术应用》，中国铁道出版社 2010 年版。

17. 付先平、宋梅萍编著：《多媒体技术及应用》，清华大学出版社 2012 年版。

18. 赵子江等编著：《多媒体技术基础》，机械工业出版社 2011 年版。

19. 李湛主编：《多媒体技术应用教程》，清华大学出版社 2013 年版。

20. 鲁宏伟、汪厚祥编著：《多媒体计算机技术》，电子工业出版社 2011 年版。

图书在版编目（ＣＩＰ）数据

多媒体技术与应用 / 陈莲主编.—北京：中国政法大学出版社，2014.8
ISBN 978-7-5620-5604-1

Ⅰ. ①多… Ⅱ. ①陈… Ⅲ. ①多媒体技术 Ⅳ.①TP37

中国版本图书馆CIP数据核字(2014)第199221号

出 版 者　中国政法大学出版社

地　　址　北京市海淀区西土城路25号

邮　　箱　fadapress@163.com

网　　址　http://www.cuplpress.com（网络实名：中国政法大学出版社）

电　　话　010-58908435(第一编辑部)　58908334(邮购部)

承　　印　固安华明印业有限公司

开　　本　787mm×1092mm　1/16

印　　张　23

字　　数　633千字

版　　次　2014年8月第1版

印　　次　2014年8月第1次印刷

定　　价　39.00元